A CIDADE EM HARMONIA

R795c Rose, Jonathan F. P.
   A cidade em harmonia : o que a ciência moderna, civilizações antigas e a natureza humana nos ensinam sobre o futuro da vida urbana / Jonathan F. P. Rose ; tradução: Ronald Saraiva de Menezes; revisão técnica: Alexandre Salvaterra. – Porto Alegre : Bookman, 2019.
   xiv, 463 p. il. ; 23 cm.

   ISBN 978-85-8260-491-5

   1. Arquitetura e urbanismo. 2. Cidades e vilas. 3. Desenvolvimento urbano sustentável. 4. Planejamento urbano. 5. Urbanização. I. Título.

CDU 711.4

Catalogação na publicação: Karin Lorien Menoncin - CRB - 10/2147

JONATHAN F. P. ROSE

A CIDADE EM HARMONIA

O que a Ciência Moderna, Civilizações Antigas e a Natureza Humana nos Ensinam Sobre o Futuro da Vida Urbana

Tradução:
Ronald Saraiva de Menezes

Revisão Técnica:
Alexandre Salvaterra
Arquiteto e Urbanista pela Universidade Federal do Rio Grande do Sul

2019

Obra originalmente publicada sob o título *The Well-Tempered City*
ISBN 9780062234728

Copyright ©2016 HarperCollins Publishers.

Published by arrangement with Harper Collins Publishers.

Gerente editorial: *Arysinha Jacques Affonso*

Colaboraram nesta edição:

Editora: *Denise Weber Nowaczyk*

Capa: *Márcio Monticelli* (arte sobre capa original)

Fotos da capa: *Getty Images*

Editoração: *Clic Editoração Eletrônica Ltda.*

Reservados todos os direitos de publicação, em língua portuguesa, à
BOOKMAN EDITORA LTDA., uma empresa do GRUPO A EDUCAÇÃO S.A.
Av. Jerônimo de Ornelas, 670 – Santana
90040-340 Porto Alegre RS
Fone: (51) 3027-7000 Fax: (51) 3027-7070

Unidade São Paulo
Rua Doutor Cesário Mota Jr., 63 – Vila Buarque
01221-020 São Paulo SP
Fone: (11) 3221-9033

SAC 0800 703-3444 – www.grupoa.com.br

É proibida a duplicação ou reprodução deste volume, no todo ou em parte, sob quaisquer formas ou por quaisquer meios (eletrônico, mecânico, gravação, fotocópia, distribuição na Web e outros), sem permissão expressa da Editora.

IMPRESSO NO BRASIL
PRINTED IN BRAZIL

Para Peter Calthorpe, que me inspira a olhar para fora e ver a forma das cidades, e para Diana Calthorpe Rose, que me inspira a olhar para dentro, em busca de sabedoria e compaixão.

PREFÁCIO

A cidade em harmonia*

Quando eu tinha 16 anos de idade, Philip Johnson, um arquiteto influente e consultor do governador Nelson Rockefeller, procurou meu pai, Frederick P. Rose, um construtor de prédios de apartamentos que trabalhava para o público, e pediu sua opinião sobre como redesenvolver a Welfare Island, na cidade de Nova York. Atualmente conhecida como Roosevelt Island, essa estreita faixa de terra em meio ao East River, entre Manhattan e Queens, era há muito tempo território dos párias da cidade, inicialmente abrigando uma penitenciária, e depois um "asilo de lunáticos", um campo de isolamento para varíola e dois hospitais assistenciais para doenças crônicas. Meu pai me levou até lá em 1968, e quando estávamos parados sobre as ruínas de prédios abandonados numa paisagem coberta por ervas-daninhas e lixo, ele me perguntou: "O que você faria com isso?".

Desde então, venho tentando responder essa pergunta.

A começar na década de 1960, as cidades nos Estados Unidos ingressaram em décadas de decadência física, social e ambiental. Após o assassinato de Martin Luther King, em 1968, bairros de afro-americanos por todo o país entraram em ebulição, enraivecidos por um século de segregação e negligência. O rio Cuyahoga, em Cleveland, espesso de óleo e lodo, pegou fogo, uma imagem que reverberou a partir da capa da revista *Time* como um símbolo de que a poluição estava asfixiando as cidades do país. Aumento da criminalidade, drogas pesadas, escolas dilapidadas e sistemas de transporte decadentes empurraram as famílias de classe média dos Estados Unidos para os subúrbios, exacerbando a distância social entre os abastados de uma cidade e seus

---

* N. de. E, No original, The well-tempered city. A fim de evitar que o termo "a cidade bem-temperada" sugerisse outras conotações que não a relação com a obra de Bach, optamos por termos alternativos, como "em harmonia", "harmônica", "orquestrada" e similiares, segundo o contexto. Nos trechos em que Bach é mencionado e a referência é evidente, optamos pela tradução literal.

trabalhadores. As bases de arrecadação de impostos minguaram, as taxas de juros subiram e muitos centros urbanos chegaram à beira da insolvência.

Cresci nos subúrbios, mas fui atraído pela vizinha Nova York pois se mostrava determinada e pujante com aquilo que o arquiteto Robert Venturi chamou de complexidade e contradição [...] uma vitalidade desorganizada",[1] pulsante de vida pelas ruas e jazz, blues e rock and roll.

Passei o verão antes de minha visita à Roosevelt Island no Novo México, trabalhando na escavação de um vilarejo anasazi de mil anos atrás. Fora construído com tijolos de adobe, e seu prédios alinhados com o Sol nascente nos equinócios de primavera e outono. As ruínas jazem sobre um platô fervilhante de plantas, insetos, pequenos mamíferos e pássaros. Quando entramos nos ritmos da natureza, com tudo se encaixando entre si em um todo vivo e dinâmico, pude sentir o fluxo de seus padrões misteriosos, embora fossem complexos demais para minha compreensão. Na verdade, também foram complexos demais para os anasazi. O clima mudou e séculos de seca devastaram suas cidades.

Jane Jacobs, uma das maiores pensadoras urbanas do século XX, afirmou: "Mesclas intrincadas de diferentes usos nas cidades não são uma forma de caos. Pelo contrário, representam uma forma complexa e altamente desenvolvida de ordem".[2] Passado o verão, decidi sair em busca dessa tal ordem. Senti que suas sementes estavam em muitos lugares – na biologia e na evolução, na física e na mecânica quântica, na religião e na filosofia, na psicologia e na ecologia, nas histórias de cidades remotas no passado e em cidades agora emergentes. Meu objetivo era integrar lições dessas fontes variadas a fim de entender como dar completude às cidades. E minha inspiração veio de um mestre em dar completude: Johann Sebastian Bach.

A música de Bach entrelaça profundidade e deleite em uma tapeçaria em eterna urdidura, impregnada de sabedoria e compaixão. Escutando sua música, tenho uma sensação da grandiosidade da natureza, sempre avançando rumo à harmonia. Mas trata-se também de uma música urbana, composta nas cidades de Weimar, Köthen e Leipzig.

O Cravo Bem Temperado que Bach compôs em duas seções ou livros, em 1722 e 1742, oferece um ótimo mapa do contraponto, um manual de instrução para compositores e intérpretes organizado em padrões de beleza sobrenatural, uma vasta integração que demonstra a perfeição do todo e a função do individual dentro dele. Em cada livro, Bach passeia por todos os 24 tons maiores e menores, em uma série de prelúdios e fugas, tecendo-as entre si em uma sublime ecologia de sons.

O Cravo Bem Temperado foi composto para provar que um novo sistema de afinação de notas, mediante seu temperamento, deveria substituir um sistema que reinara por dois mil anos. Antes do século XVII, cada escala musical de notas usada na música europeia recebia uma afinação ligeiramente diferente, obedecendo às teorias de Pitágoras. O grande matemático grego propôs que as razões das distâncias entre os planetas eram as mesmas que as razões entre as notas musicais, uma teoria que chamou de "harmonia das esferas". A afinação de cada tom musical a essas proporções planetárias criava escalas lindas dentro de cada escala, mas gerava notas ligeiramente desafinadas com as notas de todos os outros tons. Se dois tons diferentes fossem tocados juntos, o resultado era excruciante de ouvir. O sistema de afinação de Pitágoras, que veio a ser chamado de "entonação justa", permaneceu inalterado por dois mil anos, limitando composições a apenas uma escala.

A solução, para afinar as notas "entre" as alturas perfeitas de Pitágoras, foi proposta pela primeira vez pelo príncipe chinês Zhu Zaiyu, em seu livro *Fusão de Música e Calendário*, publicado em 1580. Matteo Ricci, um monge jesuíta, famoso por suas viagens à China, registrou o conceito em seu diário e levou-o de volta para a Europa, onde a ideia ficou em gestação. Em 1687, o organista alemão e teórico musical Andreas Werckmeister publicou um tratado sobre a matemática da música, em que descrevia um sistema que ficou conhecido como o temperamento Werckmeister. Por meio do temperamento, as notas de cada escala eram afinadas de forma a soarem agradáveis quando mais de uma escala era tocada simultaneamente. O sistema de Werckmeister refletia outra filosofia grega, a "razão áurea", que buscava o intermédio desejável entre dois extremos. O fundador da teoria da razão áurea foi ninguém menos do que Teano, esposa de Pitágoras!

Em 1691, Werckmeister propôs um sistema de afinação batizado por ele de *"musikalische temperatur"*, ou bom temperamento. Seu objetivo era resolver o problema da circularidade musical. No sistema de entonação justa, ao se fazer uma jornada cíclica pelas escalas, cada qual ligeiramente fora de afinação com a anterior, quando a jornada retornava ao início, o ciclo não se fechava. O sistema bem temperado de Werkmeister, que no século XX passou a ser conhecido como temperamento igual, foi desenvolvido para que as distâncias entre as notas estivessem em proporção adequada, para que o fim de um ciclo fosse consoante com o início. O compositor contemporâneo Philip Glass observa: "Sem um sistema bem temperado, não seria possível avançar da escala em Lá para a escala não relacionada em Mi bemol sem desafinar. E por isso, só era possível tocar música uma escala por vez. Com o bom temperamento, todas as notas se abriram para um compositor".

Bach acreditava que Deus criara uma arquitetura sagrada para o universo, e que sua missão como compositor era expressar sua forma magnífica por meio da música. O sistema de afinação bem temperado libertou Bach, permitindo que sua música fluísse através de escalas de formas que ninguém havia explorado antes. *O Cravo Bem Temperado* foi composto para alinhar nossas mais altivas aspirações humanas com a harmonia sublime da natureza. Isso serve de modelo para a tarefa que temos hoje de projetar e remodelar nossas cidades.

As primeiras cidades mundiais foram fundadas como locais sagrados, construídas em torno de templos e muitas vezes projetadas segundo um plano que, como a música de Bach, era organizado para refletir a arquitetura do universo. Elas eram repletas de arte e santuários, animadas por cerimônias que davam sentido à vida de seus habitantes.

A missão dos projetistas dessas comunidades primevas era alinhar o povo com os princípios que deram origem à vida, à moralidade, à ordem e à sabedoria. Conforme os assentamentos foram crescendo, os membros mais confiáveis da comunidade passaram a se responsabilizar pela supervisão dos armazéns de grãos e outras mercadorias. Eles desenvolveram sistemas de governo para ajudar no cumprimento de três responsabilidades principais: fornecer proteção e prosperidade a seus moradores, supervisionar a justa distribuição de recursos e manter um equilíbrio entre sistemas humanos e naturais a fim de elevar o bem-estar.

As cidades atuais são maravilhas técnicas, refletindo os enormes avanços científicos da civilização. A criatividade humana produziu poder e prosperidade inimagináveis, ainda que a prosperidade não esteja distribuída de forma equânime. Porém, a maioria das nossas cidades perdeu seu propósito maior.

O objetivo deste livro é tramar esses fios – nosso potencial técnico e social e o poder gerador da natureza – de volta, rumo a um propósito superior para as cidades. Numa época de crescente volatilidade, complexidade e ambiguidade, a cidade em harmonia possui sistemas para ajudá-la a evoluir rumo a um temperamento mais homogêneo, capaz de equilibrar prosperidade e bem-estar com eficiência e igualdade de modo a restaurar continuamente o capital social e natural da cidade. Muitas dessas qualidades estão atualmente em vigor em cidades ao redor do mundo. O propósito deste livro é mostrar como elas podem ser reunidas entre si.

SUMÁRIO

Introdução: A resposta é urbana 1

PARTE I Coerência 27

Capítulo 1 A maré metropolitana 31

Capítulo 2 Planejamento visando ao crescimento 67

Capítulo 3 A dispersão urbana e seus descontentes 99

Capítulo 4 A cidade de equilíbrio dinâmico 129

PARTE II Circularidade 155

Capítulo 5 O metabolismo das cidades 159

Capítulo 6 Água é uma coisa terrível de se desperdiçar 193

PARTE III Resiliência 217

Capítulo 7 Infraestrutura natural 223

Capítulo 8 Edificações sustentáveis, urbanismo sustentável 251

PARTE IV Comunidade 277

Capítulo 9   Criação de comunidades de oportunidade 279

Capítulo 10   A ecologia cognitiva da oportunidade 315

Capítulo 11   Prosperidade, igualdade e felicidade 339

PARTE V Compaixão 377

Capítulo 12   Entrelace 381

Nota do autor e agradecimentos 399

Notas 403

Bibliografia 421

Índice 443

Sobre o autor 464

INTRODUÇÃO

A resposta é urbana

Nasci em 1952, quando a população mundial era de 2,6 bilhões.[1] Desde então, esse número praticamente triplicou. Em 1952, apenas 30% da população mundial moravam em cidades, mas agora esse percentual ultrapassou os 50%,[2] e até o final do século XXI chegará a 85%. A qualidade e a personalidade das nossas cidades acabarão determinando o temperamento da civilização humana.

Em 1952, as condições em muitas cidades europeias não diferiam muito daquelas no mundo em desenvolvimento atual. Numa das cidades mais austrais da Europa, Palermo, a capital da Sicília, a reconstrução após uma guerra devastadora se estagnou devido à corrupção; carecendo de moradias economicamente acessíveis, famílias acampavam em cavernas enquanto a Máfia construía uma selva de pedra de dispersão suburbana, patrolando parques e fazendas, subornando e ameaçando autoridades locais com tamanho desprezo por códigos de construção e planos diretores que o resultado ficou conhecido como o Saque de Palermo.

Mais ao norte, na Alemanha, 8 milhões das 12 milhões de pessoas deslocadas pela guerra continuavam refugiadas, sem um verdadeiro lar ou emprego. Já no oeste, Londres se viu encoberta pelo "Grande Smog", uma névoa sulfurosa letal gerada por queima de carvão que matou 12 mil pessoas, no pior incidente de poluição do ar da história da metrópole. E a leste, em Praga, o julgamento teatral de Rudolf Slánský, acompanhado pela tortura e execução de judeus a mando de Stalin e sua expulsão do governo, reforçou as fronteiras da Guerra Fria entre os Sovietes e o Ocidente.

Na época, a visão predominante era de que o crescimento econômico representava uma solução-chave para os problemas mundiais. Impelido pelo Plano Marshall dos norte-americanos, o período pós-guerra na Europa deu início à maior expansão econômica de sua história, deixando para trás a inanição, fornecendo emprego e moradias para inúmeros refugiados, financiando serviços sociais e melhorando a qualidade de vida em geral de dezenas de milhões de pessoas. Por sua vez, os Estados Unidos também passaram por um crescimento extraordinário. Depois de chegarem ao fundo do poço na era da depressão, os salários pagos pelas fábricas triplicaram, a classe média norte-americana se expandiu e as populações de muitas cidades alcançaram novos picos. No entanto, por si só o foco no crescimento econômico não foi suficiente para gerar verdadeiro bem-estar.

Os anos 1950 não representaram uma boa época para a natureza. O crescimento das cidades pelo mundo foi impulsionado pelo consumo voraz de recursos naturais: montanhas foram lavradas pela mineração, florestas foram desmatadas, rios foram represados e lençóis freáticos foram drenados do solo – tudo isso num ritmo desenfreado. Pouquíssima atenção era dedicada aos resíduos. A salinização de lençóis freáticos, a poluição de rios e a remoção de solos férteis reduziram a capacidade de autorregeneração da natureza, o que acabou por dificultar em muito a tarefa de alimentar e abastecer nossas cidades. Embora muitas das grandes cidades mundiais tenham crescido nos anos 50, o planejamento para tal crescimento foi em muitos casos míope, ignorando lições milenares de como se construir uma cidade.

Basta olhar para quase qualquer cidade no mundo para perceber que sua parte planejada e construída na década de 1950 tende a ser a menos atraente. Praças históricas se transformaram em estacionamentos, rios foram cobertos e convertidos em vias expressas, prédios baratos ao "Estilo Internacional" substituíram outros de grande elaboração, e conjuntos habitacionais vastos, eficientes e sem alma foram construídas junto aos limites suburbanos da cidade, desconectadas do trabalho, das compras, da cultura e da comunidade.

Em meados do século XX, sem dúvida muitos bairros construídos no século XIX precisavam de renovação. No Anel de Wilhelmina, em Berlim, considerado o maior cortiço do mundo, apartamentos minúsculos e abarrotados eram aquecidos a carvão, e apenas 15% deles tinham ao mesmo tempo vaso sanitário e banheira ou ducha. Na cidade norte-americana de Saint Louis, no Missouri, 85 mil famílias viviam em prédios do século XIX com excesso de moradores e infestados de roedores, muitos deles com banheiros comunitários. A região do Lower East Side, na cidade de Nova York, era o bairro mais densamente povoado do mundo, o que contribuía para consideráveis problemas de saúde e segurança. Esses bairros clamavam por uma regeneração.

Após a Primeira Guerra Mundial, a abordagem dominante ao projeto de renovação urbana aflorou das ideias do arquiteto franco-suíço Charles-Édouard Jeanneret-Gris, conhecido como Le Corbusier. Em 1928, Le Corbusier e um grupo de colegas formaram os Congressos Internacionais de Arquitetura Moderna (CIAM), para formalizar e disseminar sua visão de desenvolvimento urbano. Em 1933, eles declararam que o ideal do planejamento urbano era a "Cidade Funcional", propondo que problemas sociais urbanos poderiam ser resolvidos por um projeto de planejamento e construção que segregava estritamente os usos conforme a função. Como Bach, Le Corbusier buscava expressar a arquitetura do universo em sua obra. "A matemática", escreveu, "é o edifício magistral imaginado pelo homem para sua compreensão do universo. Nela se encontram o absoluto e o infinito, o compreensível e o incompreensível."[3] Inspirado na proporção áurea de Pitágoras, Le Corbusier a propôs como a base ideal para determinar as distâncias apropriadas entre edificações e como a razão entre a altura e a largura de um prédio. O resultado gerou torres isoladas e uniformemente espaçadas, que se situavam em parques desadornados.

A abordagem da Cidade Funcional foi adotada ao redor do mundo. Em muitas cidades, bairros históricos, informais e joviais, entrecortados por densas ruas apinhadas de lojas e edifícios residenciais, foram condenados, demolidos e substituídos pelas "torres no parque" de Le Corbusier, onde novos edifícios residenciais antissépticos, ordenados e imensos, com minúsculos banheiros e cozinhas, encontravam-se separados uns dos outros por espaços abertos e verdes, mas não aproveitáveis. Lojas e oficinas eram mantidas de fora; aqueles eram espaços feitos apenas para morar. Nas cercanias de Amsterdã, o conceito ficou demonstrado no Bijlmermeer, um complexo construído no fim dos anos 60, onde 31 edifícios residenciais octogonais de 10 andares cada serviam de moradia a 60 mil pessoas sem uma loja sequer para atendê-las, e separados da cidade por um amplo espaço verde.

4 A CIDADE EM HARMONIA

Bijlmermeer. *(Arquivos da Cidade de Amsterdã)*

A União Soviética foi especialmente atraída pela Cidade Funcional, e recorreu a muitos arquitetos do CIAM durante a Grande Depressão. Suas ideias foram aplicadas em escala após a Segunda Guerra Mundial como uma maneira barata de reconstruir cidades destruídas pela guerra e para acelerar a expansão soviética pela Europa Oriental. Em janeiro de 1951, Nikita Khruschev, o líder do partido em Moscou, convocou uma conferência sobre construção, propondo que as habitações populares deviam ser erigidas com painéis baratos de concreto pré-fabricado. No ano seguinte, o 19º Congresso Partidário tornou a pré-fabricação de imensos conjuntos habitacionais a ordem do dia, preservando a opção de construção manual para dachas e prédios governamentais luxuosos.

Apesar da receptividade da União Soviética a suas ideias, a Segunda Guerra Mundial acabou levando muitos membros do CIAM para os Estados Unidos, onde se tornaram coordenadores das principais escolas de arquitetura do país. Assim, os princípios lecionados por eles nortearam o programa de renovação urbana do país. Na década de 1950, novos conjuntos habitacionais, como o Pruitt-Igoe de Saint Louis, projetado por Minoru Yamasaki, venceram premiações arquitetônicas por sua dura formalidade. Em 1954, Dick Lee, o recém-eleito prefeito de New Haven, em Connecticut, adotou o modelo corbusiano de renovação urbana e prometeu transformar New Haven numa cidade-modelo. Os esforços de New Haven de substituir bairros antigos por uma arquitetura brutalmente moderna atraíram a atenção do país e ganharam muitos prêmios de projeto, mas ao fim da década de 1960 quase todos tinham fracassado, pois concentraram pobreza, isolaram os residentes dos serviços básicos e limitaram oportunidades para pequenos negócios.

Além da habitação, o desenvolvimento econômico – a criação de negócios e empregos e a melhoria dos padrões de vida – é um elemento importante da renovação urbana. O modelo econômico urbano predominante no século XIX costumava se concentrar no desenvolvimento de poucos projetos de grande porte para revitalizar o centro de uma cidade. Esses shopping centers ou centros de convenções altamente subsidiados muitas vezes fracassavam, pois os planejadores não percebiam que a vitalidade econômica atua em diferentes escalas de um sistema estratificado complexo. Os pequenos negócios – a loja de instrumentos musicais, a loja de tecidos, a mercearia da esquina – são tão essenciais quanto as novas moradias e os grandiosos centros multiuso. New Haven condenou à demolição quarteirões inteiros de prédios históricos para abrir espaço a um shopping center no centro, que acabou em dificuldades. Conforme a área perdeu sua vitalidade, a taxa de ocupação de seus prédios de escritórios diminuiu e os aluguéis despencaram. Em 1969, ao fim de seu mandato, Dick Lee afirmou: "se New Haven é uma cidade-modelo, que Deus ajude as cidades da América".[4]

Em 1970, cheguei a New Haven para ingressar na Universidade de Yale. Era uma época conturbada. Uma das primeiras cidades norte-americanas a se industrializar no fim do século XVIII, New Haven estava perdendo seus empregos de classe média à medida que as fábricas se mudavam para o Sul não sindicalizado ou mesmo para o exterior. A Guerra do Vietnã estava dividindo o país. Uma recessão persistente, taxas de juros em elevação e uma crescente criminalidade urbana vinham acelerando o declínio das cidades norte-americanas, e em New Haven, o julgamento de Bobby Seale, dos Panteras Negras, por assassinato exacerbava as tensões raciais.

Ao cursar a graduação, meu objetivo era compreender e integrar diversas ideias grandiosas: a natureza e o funcionamento da mente humana, os sistemas sociais e o modo como o maravilhoso milagre da vida evolui rumo a uma complexidade cada vez maior em face da entropia e decadência. Minha hipótese se centrava na noção de que os mesmos princípios que aumentam o bem-estar dos sistemas humano e da natureza também poderiam nortear o desenvolvimento de cidades mais felizes e sadias.

Talvez o mais importante ecologista do século XX, o eminente biólogo G. Evelyn Hutchinson ocupava então a cátedra de Sterling Professor em Yale. Cordialmente, ele concordou em se encontrar e discutir comigo essas ideias iniciais que acabaram germinando este livro. Em 1931, então com 28 anos, Hutchinson partiu para o Himalaia, rumo à rarefeita cidade tibetana de Ladakh, onde estudou a ecologia de seus lagos e sua cultura budista. Hutchinson foi o primeiro a propor a ideia de um nicho ecológico, uma zona em que a espécie e seu ambiente coevoluem intimamente, aninhados em sistemas cada vez mais amplos.

Quando Charles Darwin acrescentou a expressão "a sobrevivência dos mais aptos" na quinta edição de seu *A Origem das Espécies* por sugestão do economista Herbert Spenser, "mais aptos" não queria dizer "mais fortes"; ele estava se referindo àquelas espécies que se adaptam melhor entre si. A tendência magnífica da natureza de evoluir rumo à crescente aptidão de suas partes está no cerne de sua capacidade de adaptação a mudanças nas circunstâncias. O conceito de nichos ecológicos de Hutchinson oferecia uma maneira útil de encarar os bairros como aninhados nos sistemas de sua cidade, sua região, seu país e seu planeta. Aqueles que melhor se adaptam perseveram.

Hutchinson também foi profético quanto às mudanças climáticas; em 1947, ele previu que o dióxido de carbono liberado pelas atividades humanas alteraria o clima da Terra. Se até isso, o sistema mais abrangente do planeta, encontrava-se ameaçado, então todos os ecossistemas nele aninhados também deviam estar em risco. Já nos anos 1950, Hutchinson associava a perda de biodiversidade às mudanças climáticas. Ele também foi o primeiro cientista natural a explorar a interseção entre cibernética (sistemas informatizados de controle por *feedback*) e ecologia, descrevendo o modo como energia e informações fluem através de sistemas ecológicos. Junto com o trabalho mais tardio de Abel Wolman, que propôs que as cidades, assim como os sistemas naturais, possuem metabolismos próprios, Hutchinson me transmitiu os elementos que eu acabaria por integrar na compreensão das cidades como sistemas adaptativos complexos.

Em janeiro de 1974, parti em minha própria jornada rumo ao Himalaia, começando por Istambul e avançando pela Ásia na condição de mecânico de ônibus. Em pleno inverno, deparei com os portões da cidade afgã de Herat, sentindo as extraordinárias marés da história. Herat, que alcançara grandeza como parte do Império Persa, acabou capturada por Alexandre, o Grande, quando seus exércitos varriam o mapa rumo ao Oriente, vindo a ser destruída e reconstruída como uma cidade grega. Posteriormente, Herat foi conquistada pelos selêucidas, em sua expansão rumo ao oeste a partir da Índia, e mais tarde por invasores islâmicos do Oriente, e assim por diante ao longo da história. Parado ali, eu era capaz de sentir como as marés das civilizações também contribuíram para o DNA de nossa construção urbana. Também ficou claro para mim que, para compreender as cidades, eu tinha de aprender suas histórias.

A partir daí, também decidi entender as regiões mais amplas em que elas estão aninhadas. No segundo semestre, comecei minha pós-graduação na Universidade da Pensilvânia, estudando planejamento regional com Ian McHarg, que havia publicado um livro revolucionário, *Design with Nature*. McHarg propunha o mapeamento dos padrões naturais, sociais e históricos de uma região em camadas, para então examiná-las em conjunto e ver como as camadas se afetavam mutuamente. Mas aquilo pelo que eu ansiava ainda não estava sendo lecionado, um enfoque mais integrativo que veio a ser conhecido como complexidade.

Um dos motivos pelos quais o mundo é tão volátil e incerto é a alta complexidade de seus sistemas humano e natural, e sistemas complexos podem amplificar a volatilidade. Para entendermos a complexidade, devemos primeiro entender seu parente próximo, a complicação.

Sistemas complicados apresentam muitas partes móveis, mas são previsíveis – funcionam de maneira linear. E embora os dados que entram e que saem de um sistema complicado possam variar, o sistema em si é essencialmente estático. Basta pensar, por exemplo, no sistema de abastecimento de água da cidade de Nova York. A água é captada em reservatórios mais ao norte no estado e, pela força da gravidade, flui por amplos aquedutos rumo à cidade. Assim que a água chega à cidade, ela flui através de milhares de canos e válvulas e acaba jorrando das torneiras de milhões de apartamentos e casas. Esse sistema possui muitos elementos, mas todos eles funcionam numa trajetória linear de entrada e saída no sistema. Em essência, o sistema de abastecimento de água da cidade de Nova York não mudou muito nos últimos 150 anos. Ainda que o fluxo d'água desde o reservatório até uma pia possa variar dependendo da condição das válvulas ao longo do caminho, a estrutura do sistema em si é bastante estática. Sistemas lineares tendem a apresentar baixa volatilidade, e são muito previsíveis.

Sistemas complexos apresentam inúmeros elementos e subsistemas que são todos independentes, de modo que cada parte influencia as demais. Em sistemas complexos, quando um novo dado é alimentado, é dificílimo prever seu resultado. As interações em sistemas complexos podem amplificar ou anular tais *inputs* ao sistema. A economia global é um sistema complexo. Foi por isso que em 2011, quando a Grécia ameaçou dar o calote em metade de sua dívida de US$ 300 bilhões, os mercados acionários globais despencaram em um trilhão de dólares, quase sete vezes o montante real em risco. A natureza é o sistema mais complexo da Terra. E talvez o sistema de autoria humana mais complexo sejam as cidades.

Problemas espinhosos

Em 1973, ao enfrentarem uma série de questões intratáveis de planejamento, W. J. Rittel e Melvin Webber, professores de planejamento da Universidade da Califórnia, Berkeley, publicaram o artigo "Dilemmas in a General Theory of Planning".[5] Eles observaram que o racionalismo científico dos anos 1950, que propunha que a ciência e a engenharia eram capazes de resolver todo e qualquer problema urbano, não dera certo, e que os moradores das cidades estavam resistindo a tudo que os planejadores recomendavam.

Mediante protestos e desobediência civil, as pessoas atravancavam a tal renovação urbana que se propunha exterminar as pragas, e interrompiam a construção de rodovias urbanas que supostamente deveriam aumentar a eficiência no transporte. Os moradores das cidades não apreciavam os novos currículos escolares, e não gostavam das habitações públicas. Até mesmo o fracassado conjunto habitacional Pruitt-Igoe, de Minoru Yamasaki, foi demolido em 1972, em uma série de implosões amplamente televisionada. O que dera errado?

A conclusão de Rittel e Webber representou uma contribuição preliminar ao campo emergente da complexidade, embora ela não fosse assim descrita por eles. Aqueles problemas que a ciência e a engenharia eram capazes de resolver foram caracterizados por eles como *mansos* ou *domados*, problemas com metas claramente definidas e soluções pragmáticas. Neste livro, esses problemas são denominados *complicados*. Rittel e Webber observaram que as questões mais importantes enfrentadas pelas cidades não apresentavam soluções claras, já que cada intervenção melhorava as circunstâncias para alguns residentes, mas piorava para outros. E tampouco havia um referencial claro para decidir quais resultados finais eram os mais equânimes, ou justos. Eles concluíram que era praticamente impossível equilibrar eficiência e equanimidade. Em seus escritos, explicaram que os "tipos de problemas que os planejadores enfrentam, os problemas societais, são inerentemente diferentes dos problemas que os cientistas e talvez algumas classes de engenheiros enfrentam. Os problemas de planejamento são inerentemente espinhosos".

Problemas espinhosos são mal definidos e dependem de um "juízo político elusivo". Eles nunca podem ser resolvidos. Cada problema espinhoso é um sintoma de algum outro problema. A cada intervenção altera o problema e seu contexto.

A impopularidade do planejamento municipal e regional nos anos 1970 o fez perder a força. Em vez de proporem visões transformadoras, a maioria dos planejadores se transformou em gestores de processos, passando a implementar os planos diretores que fragmentavam cidades, em vez de integrá-los num todo coerente. E os planejadores urbanos também tardaram a perceber que estavam sujeitos a forças maiores fora de seu controle.

O maior apagão do mundo

Nova Déli, a capital da Índia, está entre as maiores e mais populosas cidades do mundo, conectada não apenas a outras cidades no subcontinente indiano, como Bombaim e Calcutá, mas também a Dubai, Londres, Nova York e Singapura. Ela é lar de centros médicos soberbos, negócios globais diversificados, um dinâmico setor de TI e um turismo vibrante, aspectos que a fizeram prosperar e criar uma classe média de alto nível educacional e em franca expansão.

Numa segunda-feira, 31 de julho de 2012, a rede elétrica do norte da Índia estremeceu, cambaleou sob o próprio peso e desabou. Nova Déli ficou paralisada. O trânsito engarrafou; trens, metrôs e elevadores congelaram no espaço; aeroportos entraram em colapso; a água não podia ser bombeada; e fábricas pararam. Segundo estimativas, 670 milhões de pessoas ficaram sem luz, cerca de 10% da população mundial. A causa mais óbvia foi a demanda por energia elétrica ter superado a oferta; Nova Déli tem um clima quente e úmido, e, ao se tornar mais próspera, uma parcela maior de sua população espera viver e trabalhar em espaços com ar condicionado, criando enormes picos de demanda durante os meses de verão. Mas as causas subjacentes são mais complexas e enredadas.

O clima mundial está mudando, gerando condições climáticas extremas, incluindo os tipos de temperaturas recordes que levaram Nova Déli a exaurir sua energia elétrica recorrendo a condicionadores de ar. As mudanças climáticas também acabaram abreviando e retardando as chuvas das monções, reduzindo o fluxo hídrico pelas hidrelétricas e limitando sua geração de energia. Além disso, a população cada vez maior e mais próspera da Índia está elevando a demanda nacional por alimentos, bem como pela energia necessária para produzi-los. Na década de 1970, os agricultores da Índia substituíram suas sementes localmente adaptadas por híbridos modernos da "revolução verde", que exigiam bem mais água para germinar. Com a redução dos índices pluviométricos, os agricultores recorreram a bombas para irrigar suas plantações com água de poços artesianos. Conforme a demanda pela água se acirrava, a profundidade do lençol freático ia aumentando, exigindo cada vez mais energia elétrica para bombear a água de poços cada vez mais profundos.

A infraestrutura elétrica sobrecarregada da Índia carece de *software* e controles sofisticados capazes de equilibrar a oferta e a demanda. Para piorar a questão, 27% do suprimento de eletricidade da Índia são desperdiçados durante a transmissão ou são roubados. Em vez de reduzir suas necessidades de energia mediante sistemas inteligentes, conservação e eficiência, a Índia está aumentando sua produção elétrica, tornando-se a maior construtora do mundo de termelétricas abastecidas a carvão. Trata-se de um pacto com o diabo, já que a queima de carvão acelera as mudanças climáticas que já ameaçam tantos dos sistemas indianos. A poluição tinge de um amarelo nauseabundo o ar de muitas cidades da Índia. Numa recente visita a Nova Déli, nem cheguei a ver o Sol se abrir por detrás do espesso ar amarelo-cinzento que encobre a cidade.

A Índia também carece do governo responsivo necessário para lidar com a complexidade de seu crescimento. O descompasso entre oferta e demanda naquela segunda-feira fatídica em Nova Déli já tinha sido previsto. O sistema era sofisticado o suficiente para rastrear o fluxo de energia e prever uma insuficiência perigosa, mas carecia da cultura gerencial para reagir efetivamente a tais informações. Os governadores estaduais foram orientados a reduzir o uso de eletricidade em seus estados em benefício do sistema inteiro, mas não obedeceram. Na verdade, muitos governadores instruíram seus gestores a consumirem ainda mais energia da rede elétrica.

Essa resposta reflete um problema geral mais amplo enfrentado por todos os líderes municipais: a tentação de maximizar benefícios para um distrito, departamento ou empresa individual *versus* otimizar o sistema como um todo. De um ponto de vista evolutivo, um indivíduo pode sair ganhando no curto prazo caso maximize seus próprios ganhos, mas no longo prazo ele se beneficiará mais se colaborar para o sucesso do sistema mais amplo. Desde a fundação das primeiríssimas cidades, governança e cultura vêm sendo usadas para equilibrar o "eu" e o "nós". A governança oferece a proteção, a estrutura, a regulação, as funções e as responsabilidades necessárias para alocar recursos e manter a coerência em meio a uma população vasta e muitas vezes diversa. A cultura oferece à sociedade um sistema operacional embasado na memória coletiva de suas estratégias mais eficientes, orientado por uma moralidade que fala em nome de todos. Cidades sadias precisam dispor tanto de uma governança forte e adaptável quanto de uma cultura de responsabilidade coletiva e compaixão.

Megatendências globais

Os problemas de Nova Déli foram exacerbados pelas mudanças climáticas, uma das grandes megatendências globais com que todas as cidades precisam lidar. Elas também incluem globalização, aumento da ciberconectividade, urbanização, crescimento populacional, desigualdade de renda, consumo crescente, exaurimento dos recursos naturais, perda da biodiversidade, elevação da migração de populações refugiadas e recrudescimento do terrorismo. Essas e muitas outras megatendências encontram-se na categoria de *desconhecidos conhecidos*. Sabemos que eles estão se aproximando, mas não somos capazes de prever seus impactos com precisão.

As mudanças climáticas atingirão todas as cidades com especial gravidade. Ao final do século XXI, é provável que porções consideráveis de cidades ao nível do mar, como Tóquio, Nova Orleans e Dhaka, a capital de Bangladesh, fiquem submersas, a menos que elas invistam pesado na construção e manutenção de diques. Cidades costeiras, como Nova York, Boston, Tampa e Shenzhen, terão de incorrer em enormes custos de infraestrutura para se protegerem da elevação dos oceanos. Cidades continentais situadas próximas a rios ou no caminho de bacias hidrográficas elevadas também sofrerão com mais enchentes, e cidades localizadas no encontro fértil de rios e mares poderão ser atingidas de ambos os flancos. E cidades menos vulneráveis serão inundadas por refugiados fugindo de catástrofes climáticas e conflitos.

Megatendências como as mudanças climáticas ameaçam a segurança de todas as nações do planeta. Num relatório de 2014, o Departamento de Defesa dos Estados Unidos concluiu: "Temperaturas globais em elevação, alterações nos padrões pluviométricos, elevação do nível dos oceanos e a proliferação de eventos climáticos extremos intensificarão os desafios impostos pela instabilidade global, fome, pobreza e conflitos. Isso tudo provavelmente levará a faltas d'água e de alimentos, a doenças pandêmicas, a disputas relativas a refugiados e recursos e à destruição por desastres naturais em regiões por todo o globo. Em nossa estratégia de defesa, nos referimos às mudanças climáticas como um 'multiplicador de ameaças', pois apresentam o potencial de exacerbar muitos dos desafios que enfrentamos atualmente – desde doenças infecciosas até o terrorismo".[6]

A devastadora guerra civil na Síria iniciou por mudanças climáticas. Em 2006, uma seca de cinco anos teve início, a pior em mais de um século, que foi exacerbada por um sistema corrupto de alocação de recursos hídricos. As plantações não vingaram e mais de 1,5 milhão de agricultores e pastores desesperados migrou para as cidades da Síria. Ignorados e incapazes de tocar suas vidas, suas frustrações afloraram em relação ao regime opressivo. Seus protestos desencadearam uma guerra civil. No caos subsequente, o Estado Islâmico e a Al-Qaeda tomaram territórios para si, fraturando ainda mais o país.[7, 8] Em 2015, centenas de milhares de sírios tinham sido mortos, e 11 milhões se tornaram refugiados, inundando países próximos, como Turquia, Líbano, Jordânia e Iraque, além da Europa. No meio do ano, a agência da ONU para refugiados proclamou a guerra civil síria como a maior crise de refugiados em uma geração. A Alemanha, cujo crescimento populacional negativo produzira uma escassez de 5 milhões de trabalhadores, reagiu com presteza e coragem moral abrindo suas portas e dando boas-vindas a milhões de refugiados. Mas seu estabelecimento e integração representará uma tarefa bastante complexa.

No século XXI, muitas das cidades crescentes do mundo acabarão presas num ciclo vicioso: sem recursos naturais e energéticos locais suficientes para se sustentarem, elas passarão cada vez mais a depender de vulneráveis cadeias de suprimento internacionais para assegurar alimentos e água. Suas populações concentradas também ficarão mais suscetíveis à difusão epidêmica de doenças, e com a prosperidade global cada vez mais dependente de um sistema complexo de economias interligadas, suas economias ficarão mais vulneráveis a problemas que podem começar em outra cidade e avançar como uma bola de neve pelo sistema. Da próxima vez, o tipo de crise financeira global pela qual passamos em 2009 poderá se alastrar sem controle. Também é provável que ataques cibernéticos venham a sobrecarregar os sistemas técnicos e sociais de que nossas cidades dependem. E todas essas condições afetarão de forma desigual as populações das grandes cidades.

Talvez o mais perturbador dos desconhecidos conhecidos que ameaçam as cidades seja o terrorismo, porque seu objetivo é solapar a maior das conquistas coletivas da humanidade, a civilização em si. Nos dias de hoje, os terroristas vão desde os fanáticos religiosos até os líderes de narcotraficantes. Eles são motivados por racismo, ódio, fundamentalismo e ganância. Em muitos casos, são financiados pela dependência do mundo desenvolvido a petróleo, diamantes, heroína e cocaína, e recompensados por estupros, pilhagem, fama e promessas de uma vida exaltada (e talvez eterna). Esse terrorismo fundamentalista é a antítese da moralidade incutida na civilização pelos pensadores da Era Axial 2.500 anos atrás. O antídoto ao terrorismo exige abordagens disciplinadas e multissetoriais, mas é essencial que respondamos afirmando os elementos-chave da civilização – cultura, conectividade, coerência, comunidade e compaixão – inspirados por uma visão de mundo em sua integralidade. Sólidas teias sociais que crescem a partir de sociedades livres e abertas são essenciais para a resiliência das cidades sob todas as tensões, mas sobretudo à ameaça do terrorismo. O combate ao terrorismo exige vigilância, segurança e intervenção, mas seu oponente mais poderoso é uma sociedade que interconecta suas partes, que se compromete com a ajuda mútua e que oferece oportunidades para todos. Conectividade, cultura, coerência, comunidade e compaixão são os fatores protetores de cidades civilizadas.

A confiança também é um elemento crucial na capacidade de reação de uma cidade a tamanhas tensões. Confiança se desenvolve lentamente; ansiedade e medo se propagam bem mais depressa. Lamentavelmente, confiança é algo que vem sendo abalado pela crescente desigualdade e injustiça econômica, bem como por conflitos tribais e religiosos que assolam a África, o Oriente Médio e a Índia, juntamente com o crescente fervor anti-imigração na Europa e nos Estados Unidos.

Todos esses desafios ameaçam o futuro de nossas cidades, e haverá muitos outros perigos que não podemos prever. Cabe a nós a tarefa de nos planejarmos para um futuro incerto.

Os militares norte-americanos descrevem essa condição como VUCA, uma sigla para volatilidade, incerteza, complexidade e ambiguidade.

A combinação de megatendências e VUCA requer que pensemos de forma diferente. Nas próximas décadas, à medida que a crescente população mundial se mudar paras as cidades, precisaremos descobrir maneiras de tornar nossos sistemas urbanos mais integrados, resilientes e adaptáveis, aprendendo, ao mesmo tempo, a mitigar as megatendências. As melhores soluções são aquelas que abarcam tanto a adaptação quanto a mitigação; as ações que apresentem mais benefícios servirão melhor ao sistema inteiro. Estratégias simples, como, por exemplo, o rigoroso isolamento térmico de todos os prédios de uma cidade, garantem uma redução significativa de uso de energia, e, com isso, de seus impactos climáticos, isso sem contar com a redução de seus custos operacionais, seu barateamento, mais conforto para os ocupantes e a melhor preparação dos prédios em caso de queda de energia. Isso, por sua vez, acaba criando mais empregos locais e reduzindo a dependência da cidade em relação a suprimentos globais de energia.

Pontos de alavanca para mudanças

Se perguntarmos como a civilização humana poderá prosperar no século XXI, a resposta deve ser urbana. As cidades são os nodos da civilização. Elas são os pontos de alavanca para nivelar o terreno de oportunidades e aprimorar a harmonia entre humanos e a natureza em uma época de VUCA.

A pensadora de sistemas Donella Meadows escreveu em seu ensaio clássico sobre o tema: "Pontos de alavanca [...] são locais dentro de um sistema complexo (uma corporação, uma economia, um corpo vivo, uma cidade, um ecossistema) em que uma pequena mudança em algo específico pode surtir grandes efeitos sobre o todo".[9] Um exemplo de como uma pequena alavanca pode ser eficiente – caso seja aplicada no lugar certo – ocorreu em 1995, quando a agência norte-americana National Parks Service reintroduziu 33 casais de lobos no ecossistema de Yellowstone. As principais presas dos lobos-cinzentos são os alces, cuja população explodiu sem a presença dos lobos para regulá-la. Comedores vorazes, os alces haviam exaurido a paisagem de Yellowstone.

Seis anos após a reintrodução dos lobos, os vales e campinas de Yellowstone estavam verdejantes com florestas renovadas, o que estabilizou o solo que vinha assoreando os leitos dos rios. Pássaros canoros retornaram. As populações de ursos, águias e corvos se proliferaram, banqueteando-se em carniça de alces abatidos pelos lobos. Os lobos também reduziram a população de coiotes, desencadeando uma recuperação para raposas, gaviões, doninhas e texugos. A população de castores cresceu, e, ao construírem suas represas, eles trouxeram de volta os pântanos, aumentando as populações de lontras, ratões-do-banhado, peixes e sapos. As represas dos castores desaceleraram os rios e córregos, estimulando o florescimento de vegetação estabilizante, e melhorando a qualidade da água.[10]

A reintrodução de lobos no ecossistema de Yellowstone restaurou um elemento-chave de volta a uma ecologia de sutil harmonia. Seu retorno foi o ponto de alavanca que impeliu incontáveis elementos de volta a seu saudável equilíbrio, restaurando a pujança do sistema.

Um dos segredos para melhorar a saúde das cidades é compreender como seus sistemas funcionam, e então se concentrar em seus pontos de alavanca. Em 1988, quando o cartel de drogas de Pablo Escobar estava travando uma guerra aberta contra El Cartel del Valle, a revista *Time* citou Medellín, na Colômbia, como a cidade mais perigosa do mundo. Em 2013, Urban Land Institute proclamou Medellín como a cidade mais inovadora do mundo.

O que transformou a cidade? Dentre os pontos nevrálgicos de alavancagem estava a decisão do governo federal de proteger seus cidadãos da criminalidade por meio do reforço das forças municipais de segurança. Como resultado, entre 1991 e 2010, a taxa de homicídios de Medellín diminuiu 80%. Ao mesmo tempo, a cidade investiu em novas bibliotecas públicas, e em escolas em seus *barrios*, ou favelas. *Barrios* até então isolados foram conectados ao centro da cidade por meio de um sistema de transporte inovador, com bondinhos suspensos e escadas rolantes vencendo os íngremes morros onde a população mais pobre morava. Os bondinhos suspensos foram integrados a um metrô subterrâneo moderno que se conectava a centros residenciais e comerciais mais prósperos, tornando-os mais acessíveis aos pobres, e, dessa forma, melhorando seu acesso a empregos, educação e compras. Um transporte em massa seguro proporcionou uma alternativa aos carros, reduzindo a poluição e os engarrafamentos.

A cidade foi então circundada por um cinturão verde de proteção, estabelecendo um limite contra a dispersão não planejada e garantindo terrenos para produção de alimentos. O cinturão verde transformou El Camino de la Muerte – O Caminho da Morte, onde gangues costumavam enforcar seus inimigos em árvores – em El Camino de la Vida, uma trilha para caminhadas com vistas espetaculares do vale.[11] Ao concentrar seus esforços nesses pontos de alavanca básicos, em meros 20 anos Medellín deixou de ser uma cidade moribunda para se transformar num lugar promissor. O influxo de autoridades de segurança nacional restaurou o equilíbrio natural em Medellín, assim como a introdução de lobos em Yellowstone permitiu que um ecossistema mais rico e saudável acabasse emergindo.

Novo urbanismo: rumo a um paradigma de planejamento mais integrado

No fim dos anos 1980, diversos planejadores urbanos e arquitetos que haviam crescido nos idealísticos anos 1960 e que estavam bem familiarizados com as cidades e os vilarejos mais antigos e coerentes da Europa começaram a trabalhar em um novo paradigma mais integrado de planejamento nos Estados Unidos. Em 1993, eles formaram uma nova organização, o Congresso para o Novo Urbanismo (CNU – Congress for the New Urbanism), seguindo o modelo do CIAM; porém, em vez de despedaçar bairros inteiros, a missão do CNU era reconstruí-los, com o máximo possível de diversidade e conectividade.

Hoje, os princípios do CNU substituíram em grande parte os ideais do CIAM. Em 1996, um dos fundadores do CNU, Peter Calthorpe (meu cunhado), foi contratado pelo secretário do Departamento de Habitação e Desenvolvimento Urbano dos Estados Unidos, Henry Cisneros, para criar um novo modelo de planejamento para habitações populares. Sob o programa HOPE 6, o governo federal começou a financiar a demolição dos fracassados projetos de "torres em meio ao parque" nas cidades, a fim de substituí-los por novas comunidades de renda variada, riqueza de serviços e utilização mista. Calthorpe redigiu as diretrizes de planejamento do programa, que incluíam a redução da dimensão dos quarteirões, a reconexão das ruas e a reurdidura do tecido das comunidades. Ao fim e ao cabo, os princípios do Novo Urbanismo se espalharam depressa porque atraíam a natureza humana, e por serem bastante adaptáveis a variações de lugar, cultura e ambiente.

Fora dos Estados Unidos, a renovação urbana também passou a avançar rumo a integração, diversidade e coerência. Na Holanda, as torres de concreto de Bijlmermeer chegaram a abrigar 10 mil pessoas, sobretudo imigrantes pobres de Gana e Suriname. Evitado pela classe média, na década de 1970 Bijlmermeer ficou conhecido como o bairro mais perigoso da Europa. A comunidade ideal se transformara em favela. Então, em 1992, o Voo EI AI 1862 caiu sobre um dos prédios de Bijlmermeer, matando dezenas de pessoas. A reação da Holanda ao desastre deu início a uma nova onda de reflexão sobre como reconstruir cidades.

As torres em meio ao parque foram demolidas e substituídas por prédios mais densos e de meia altura, incrementados por jardins privados. Foram criados espaços para lojas e pequenos negócios, levando serviços aos residentes, além de proporcionar a imigrantes empreendedores uma chance de subir para a classe média. A polícia passou a oferecer mais segurança. O sistema de metrô foi estendido até Bijlmermeer, conectando seus residentes a oportunidades na cidade. Ciclistas, pedestres e motoristas que haviam sido cuidadosamente separados por diferentes sistemas viários foram reconectados, criando ruas mais cheias de vida. E a cidade investiu em melhores serviços sociais e escolas. Em seu conjunto, esses elementos transformaram Bijlmermeer em uma comunidade repleta de oportunidades; hoje, filhos de imigrantes que moram em Bijlmermeer apresentam os mesmos níveis de renda e educação acadêmica que os holandeses étnicos.

A cidade em harmonia

Em 1976, ávido para colocar em prática as ideias que eu vinha elaborando, deixei a escola de planejamento para me tornar um incorporador imobiliário, concentrado na confluência entre questões ambientais e sociais nas cidades.

Desde então, minha função é imaginar e construir soluções manifestando a visão de uma comunidade para seu futuro em território e edificações. Financiados por complexos aportes públicos e privados, meus colegas e eu coordenamos o trabalho de dezenas de consultores, arquitetos, engenheiros e empreiteiros para criar projetos que modelam as soluções necessárias para tornar as cidades mais felizes, sadias e equânimes. Também presto consultoria sobre questões de planejamento em comunidades que vão desde South Bronx a São Paulo, e de Nantucket a Nova Orleans.

Esse trabalho junto a cidades vem sendo extremamente gratificante. Colaboro com colegas inteligentes, eficientes e motivados para transformar o mundo num lugar melhor, e, com nosso trabalho, vemos a vida das pessoas melhorar e a natureza ser menos abusada. Nossa estratégia é imaginar e desenvolver projetos que sirvam para modelar, por assim dizer, as soluções dos problemas enfrentados pelas cidades, para então trabalharmos para disseminar o que aprendemos. Ficou claro que existe um público ávido por soluções que sejam financeiramente viáveis e que ajudem a solucionar desafios sociais e ambientais. Descobrimos que a criação de modelos bem-sucedidos e a ampla promoção de suas lições representavam um ponto de alavanca decisivo. Nossos projetos se tornaram modelos iniciais para os movimentos de habitações sustentáveis financeiramente acessíveis, desenvolvimento voltado ao trânsito, construções ecológicas e crescimento inteligente.

Esse trabalho também é bastante árduo. Os problemas são espinhosos, a maré de megatendências avança contra nossas melhores intenções e não estamos trabalhando numa escala digna dos desafios de nosso tempo. Costumo ler e escrever durante a noite, refletindo sobre os problemas das cidades, o quanto elas estão fora de sincronia com a natureza e com nós mesmos, e penso nas mudanças que poderiam realinhá-las – e escuto Bach. Sua música é impregnada de sabedoria e compaixão, de anseios e resoluções, mas acima de tudo, de uma noção de completude. Percebi que o conceito de temperamento que ajudou Bach a criar harmonia entre escalas poderia ser um guia útil para compor cidades que harmonizem as pessoas entre si e com a natureza. Afinal de contas, a harmonia está no âmago do DNA das cidades; era parte de seu propósito desde a primeira delas, mais de cinco mil anos atrás.

A essa inspiração dei o nome de cidade bem-temperada*. Ela integra cinco qualidades de temperamento para aumentar a adaptabilidade urbana de modo a equilibrar prosperidade e bem-estar com eficiência e equanimidade, sempre avançando rumo à completude.

As cinco qualidades de uma cidade em harmonia

A primeira qualidade de temperamento urbano é a *coerência*, que pode ser vista em funcionamento no temperamento usado para compor *O Cravo Bem Temperado*. Assim como um sistema de afinação equalizador permitiu que 24 escalas musicais diferentes se integrassem e se influenciassem mutuamente pela primeira vez, as cidades precisam de um referencial para unificar seus inúmeros programas, departamentos e aspirações díspares. Sabemos, por exemplo, que o melhor futuro para as crianças é moldado pela estabilidade de suas famílias e de seus lares, pela qualidade de suas escolas, por seu acesso à saúde, pela qualidade dos alimentos que ingerem, pela ausência de toxinas ambientais e por sua conexão com a natureza; ainda assim, cada um desses aspectos pode ser atribuído a uma secretaria municipal em separado. A maioria das cidades carece de uma plataforma integrada para apoiar o crescimento de todas as crianças. A integração é a base do primeiro benefício do temperamento. Quando uma comunidade nutre uma visão de futuro, e um plano para coloca-lá em prática, e é capaz de integrar com coerência seus elementos díspares, então ela começa a funcionar em harmonia. A coerência é essencial para as cidades prosperarem.

A segunda qualidade de uma cidade harmônica é a *circularidade*, a qual é possibilitada pela coerência. Depois que as notas estão temperadas, elas podem ser conectadas. Um dos padrões musicais preferidos de Bach era o círculo de quintas, um veículo que possibilitava que uma composição musical avançasse de escala em escala passando por sua quinta nota, aquela

---

* N. de E. Neste livro, vamos intercalar "em harmonia", "harmônica", "bem orquestrada" e termos similares como tradução do *well-tempered* original, em nome de uma maior clareza do texto em língua portuguesa.

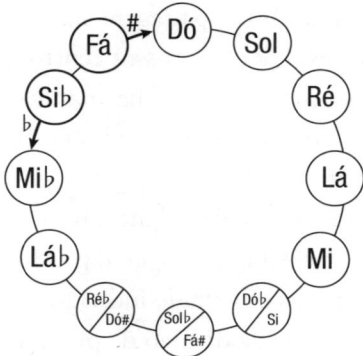

O círculo de quintas. *(Jonathan Rose Companies)*

que se encaixava mais naturalmente com a primeira nota da escala seguinte, acabando por fim de volta onde começara.

Cidades têm metabolismos: energia, informações e materiais fluem através delas. Uma das melhores respostas à ameaça das megatendências, como a limitação dos recursos naturais, é desenvolver metabolismos urbanos circulares. Nossos sistemas municipais atuais são lineares; é preciso que se tornem circulares, obedecendo ao jeito de ser da natureza.

Quando a população mundial chegar aos 10 bilhões de habitantes em meados do século XXI, simplesmente não haverá água, alimento ou recursos naturais suficientes para todos, a menos que migremos de um sistema linear, em que usamos recursos para produzir coisas e então as descartamos, para sistemas circulares baseados em reciclagem. Já acostumada às secas, a Califórnia descobriu que pode purificar seu esgoto e transformá-lo de volta em água potável; pode aproveitar seus dejetos orgânicos como fertilizantes para plantações; pode reciclar suas garrafas de refrigerantes transformando-as em jaquetas da marca Patagonia, criando ao mesmo tempo empregos e independência de recursos.

A terceira qualidade do temperamento, *resiliência*, a capacidade de se recuperar das agruras, é crucial para o potencial de adaptação das cidades à volatilidade do século XXI. Podemos criar resiliência urbana com prédios que consomem consideravelmente menos energia sem perder o conforto, e conectando-os a parques, jardins e paisagens naturais que entrelaçam a natureza de volta nas cidades. Quando nossos centros urbanos enfrentarem o calor e o frio, enchentes e secas, a cidade harmônica poderá usar uma infraestrutura natural para moderar sua temperatura e oferecer a seus moradores um refúgio contra a volatilidade.

A quarta qualidade de uma cidade harmônica é a *comunidade* – tecidos sociais formados por pessoas bem-temperadas. Humanos são animais sociais: a felicidade não é apenas um estado individual; é também coletivo. Esse temperamento comunal surge da difusão de prosperidade segurança, saúde, educação, conectividade social, eficácia coletiva e da distribuição equânime desses benefícios, todos os quais dão origem a um estado de bem-estar. Quando um excesso de moradores de um bairro sofre dano cognitivo pelas tensões da pobreza, racismo, traumas, toxinas, instabilidade habitacional e más escolas, seus bairros ficam menos aptos a lidar com os problemas de uma era de VUCA. E, por sua vez, a saúde ou a enfermidade de um bairro acaba afetando o seu entorno de um modo contagioso. Nosso bem-estar é coletivo.

Essas quatro primeiras qualidades de temperamento revelam como nosso mundo é interligado. Assim como as notas de um piano não passam de meros sons quando tocadas separadamente, mas ganham vida quando compostas em padrões, os átomos e as moléculas ficam inertes por conta própria, mas dão origem à vida quando se relacionam de modo coerente. As cidades também emergem da interdependência de partes relacionadas.

A natureza se relaciona espontaneamente – já os humanos devem escolher como irão se relacionar. A quinta qualidade de uma cidade bem-temperada, a *compaixão*, é essencial para que uma cidade apresente um equilíbrio saudável entre bem-estar individual e coletivo. O escritor Paul Hawken observa que, quando uma comunidade ecológica é perturbada por uma avalanche ou um incêndio florestal, ela sempre se regenera. Sociedades humanas nem sempre recuperam suas comunidades após contratempos. Uma condição-chave para a restauração é a compaixão, que proporciona o tecido conectivo entre o eu e o nós, e nos leva a prezar por algo maior que nós mesmos. O cuidado com os outros é o que confere o acesso à completude para nós e para a sociedade da qual fazemos parte.

Donella Meadows observou: "A parte menos óbvia de um sistema, sua função ou propósito, é muitas vezes o determinante mais crucial de seu comportamento".[12] Para uma cidade verdadeiramente cumprir seu potencial, todos aqueles dentro dela devem partilhar um propósito altruísta comum, a melhoria do todo onde vivem.

No âmbito físico, a cidade harmônica eleva sua resiliência integrando tecnologia urbana e natureza. No âmbito operacional, ela eleva sua resiliência desenvolvendo sistemas de adaptação rápida que coevoluem em equilíbrio dinâmico com megatendências, preservando o bem-estar dos sistemas tanto humano quanto natural. E, no âmbito espiritual, o temperamento integra nossa busca por um propósito com a aspiração por completude.

A cidade harmônica em ação

A cidade harmônica não é apenas um sonho. Muitos dos aspectos do temperamento que examinaremos neste livro já estão em funcionamento no mundo atual. Nossas melhores práticas atuais no planejamento, projeto, engenharia, economia, ciências sociais e governança das cidades estão nos aproximando da melhoria do bem-estar urbano. Mesmo se essas ações surtirem um efeito apenas modesto quando consideradas em isolado, seu poder emerge quando são integradas. Juntas elas proporcionam um caminho em meio a restrições de recursos, crescimento populacional, mudanças climáticas, desigualdade, migrações e outras megatendências ameaçadoras. Cidades harmônicas serão refúgios contra a volatilidade. Se os Estados Unidos, a maior economia do mundo, viessem a fazer investimentos em infraestrutura, sistemas operacionais integrados, restauração de sistemas naturais e no cenário de oportunidades para temperar todas as suas regiões metropolitanas, acabaria se tornando um importante centro de gravidade estabilizador em um mundo volátil.

Imagine uma cidade com as habitações sociais de Singapura, a educação pública da Finlândia, a matriz inteligente de Austin, Texas, a cultura ciclística de Copenhague, a produção alimentar urbana de Hanói, o sistema alimentar regional toscano de Florença, o acesso à natureza de Seattle, as artes e a cultura de Nova York, o sistema de metrô de Hong Kong, o sistema de ônibus rápidos de Curitiba, o programa de bicicletas compartilhadas de Paris, as taxas anticongestionamento de Londres, o sistema de reciclagem de San Francisco, o programa de reaproveitamento de água da chuva de Filadélfia, o projeto de restauração do rio Cheonggyecheon de Seul, o sistema de reciclagem de esgoto de Windhoek, a abordagem para convivência com a elevação do nível do mar de Roterdã, os níveis de saúde de Tóquio, os índices de felicidade de Sydney, a igualdade de Estocolmo, a paz de Reykjavík, a forma harmônica da Cidade Proibida, a vitalidade do mercado de Casablanca, a industrialização cooperativa de Bolonha, a inovação de Medellín, as universidades de Cambridge, os hospitais de Cleveland e a habitabilidade de Vancouver. Cada um desses aspectos de uma cidade harmônica já existe hoje, e está em aprimoramento contínuo. Cada qual evoluiu em seu próprio tempo e espaço, é adaptável e combinável. Basta os reunirmos como sistemas interconectados para garantir a evolução de suas regiões metropolitanas em cidades mais felizes e mais prósperas.

A obra de vida de Bach foi uma busca por entender a harmonia do universo, articular as regras que possibilitam a expressão de tal harmonia e então fazê-la se manifestar. A música de Bach segue nos tocando séculos após ter sido composta. A cidade bem-temperada aspira a grandeza de Bach, infundida por sistemas que conduzem o arco de seu desenvolvimento rumo à igualdade, resiliência, adaptabilidade, ao bem-estar e à harmonia sempre em desdobramento entre civilização e natureza. Esses objetivos nunca serão integralmente alcançados, mas nossas cidades ficarão mais ricas e felizes se aspirarmos por eles, e se incutirmos essa intenção em cada plano e passo construtivo.

Nas páginas a seguir, exploraremos o desenvolvimento das cidades desde o início da civilização até o presente, a fim de entendermos as condições que deram origem às cidades, e as condições que criam comunidades mais felizes. Espero que você aprecie a jornada.

PARTE I

Coerência

A transição do mero temperamento para um temperamento igual criou um referencial que dissipou o isolamento de diferentes notas musicais. Pela primeira vez, elas puderam se tornar parte de algo maior do que a soma de suas partes individuais. Mas embora o *Cravo Bem Temperado* de Bach transmita uma sensação de fluidez e abertura, suas notas são tocadas na mesma ordem, um compasso após o outro.

Ainda que inspirada por Bach, a cidade bem-orquestrada deve ser bem mais dinâmica e estar em contínua evolução para acompanhar o ritmo de um mundo em constante e rápida mudança. Para isso, seu comportamento deve ser similar ao de organismos naturais, detectando e se ajustando continuamente às condições ao seu redor. Assim como os seres humanos evoluem por intermédio de inovações contínuas que aumentam sua aptidão evolucionária, o mesmo se dá com as cidades. Na evolução tanto de humanos quanto de cidades, avanços na forma física, como o dedão opositor e a malha urbana, foram essenciais. Porém, a evolução de seus sistemas operacionais foi ainda mais importante. O sistema operacional humano é a mente.

Dan Siegel, professor de clínica psiquiátrica da Escola de Medicina da UCLA, descreve a mente como um "processo auto-organizado emergente que é materializado e relacional, e que regula o fluxo de energia e de informações".

Há muitos paralelos entre essa compreensão da mente e a natureza das cidades. Uma cidade certamente se materializa em um local físico, mas é muito mais do que ruas e prédios. O Dr. Siegel utiliza a sigla FACES para descrever uma mente sadia: flexível, adaptável a mudanças no contexto, coerente (mantendo-se íntegra, ainda que com fluidez, ao longo do tempo), energizada e estável (*stable*, em inglês). Essas também são as qualidades necessárias para que as cidades prosperem em épocas de VUCA.

Mentes sadias integram continuamente suas partes diferenciadas. Todos os problemas de saúde mental nascem de uma integração comprometida do cérebro. A teoria do caos indica que, quando um sistema auto-organizado não é capaz de interconectar si suas partes diferenciadas, ele avança para o caos ou a rigidez. O mesmo acontece com a mente – Siegel observa que quase todas as deficiências mentais podem ser categorizadas como caos, rigidez ou ambos. As cidades também são mais sadias quando interligam suas partes diferenciadas.

Por outro lado, as cidades podem ser rígidas ou caóticas demais, ou encontrar o meio-termo. A rigidez muitas vezes advém de um comando e controle centralizado, como nas cidades soviéticas em meados do século XX, e mais recentemente em cidades sob jugo do fundamentalismo islâmico. Em tais casos, não há espaço para individualismo nem autoexpressão; diversidade, a fonte da capacidade generativa, é reprimida. Infraestruturas urbanas enrijecidas são incapazes de se adaptar com agilidade a mudanças.

A antítese da rigidez é a espécie de caos que encontramos quando cidades perdem sua capacidade de governo, acabando muitas vezes por se dispersarem sem controle, sem as metas ou orientações claras de um governo em bom funcionamento.

A maneira que a natureza tem de fluir entre rigidez e caos é estimular a diferenciação, ou diversidade, e ao mesmo tempo aumentar a interconectividade. Essas qualidades dão origem à auto-organização, que, como todos os aspectos da natureza, tendem rumo à simetria, ao equilíbrio e à coerência. Assim como essas características melhoram nossa sensação pessoal de bem-estar, melhoram também o bem-estar das cidades.

Esta seção irá explorar como as cidades emergiram ao longo do tempo, e as nove características que deram origem às primeiras cidades conhecidas. O enfoque se dará pela perspectiva da coerência, explorando como elas foram planejadas e os rumos que o planejamento urbano parece estar tomando no futuro próximo. Analisaremos o crescimento dos subúrbios, ressaltando como as cidades e subúrbios só poderão prosperar se estiverem integrados num sistema regional coerente.

Como veremos, muitas outras chaves do futuro podem ser encontradas no passado.

CAPÍTULO 1

A maré metropolitana

Foram três as grandes ondas na história humana. Estamos atualmente em meio à terceira. A primeira onda, de caçadores-coletores que dependiam de forrageamento, caçadas e pesca, elevou consideravelmente nossa ingesta calórica por meio do trabalho cooperativo e do compartilhamento de ganhos com a respectiva família e grupo tribal. Essa elevação nas calorias energizou a evolução das capacidades cognitivas de nossas mentes. A segunda onda foi agrícola, uma época em que avançamos nossas teias sociais e as aplicamos para multiplicar as calorias e abastecer o desenvolvimento da civilização. Na terceira onda, aprimoramos radicalmente nossa capacidade organizacional e técnica, o que possibilitou o florescimento de nossas mais avançadas tecnologias e cidades, que hoje se espalham pelo planeta em uma vasta maré metropolitana. Durante a primeira onda, os humanos encaravam a si mesmos como parte da natureza. Na segunda, passamos a nos ver como profundamente integrados à natureza, mas também moldados pela cultura humana. Nossa terceira onda ignora cada vez mais a natureza. Se conseguir encontrar um modo de integrar essa era técnica que estamos vivendo ao fluxo natural da evolução, então a espécie humana acabará prosperando. Caso não consiga, grande sofrimento nos espera.

    Os últimos dois bilhões de anos de vida na Terra foram marcados por cinco grandes extinções, períodos relativamente curtos em que uma quantidade considerável de espécies foi exterminada, seguidos por uma nova explosão de vida. O registro fóssil indica que são necessários de 10 a 15 milhões de anos para uma recuperação após uma grande extinção, e que a vida subsequente sempre toma uma nova trajetória. Durante a última grande extinção, que ocorreu há cerca de 65 milhões de anos, 95% de todas as espécies da Terra desapareceram. O dinossauro, até então a forma dominante de vida, jamais retornou.

Não existem estados fixos na natureza; populações e ambientes encontram-se em fluxo constante, e às vezes essas próprias flutuações se tornam tão significativas que afetam a própria natureza da vida na Terra. A capacidade de adaptação da vida a mudanças nas condições e de se regenerar após até mesmo as mais drásticas perturbações é digna de admiração. Compreender essa capacidade é uma chave importante para entender como tornar nossas cidades mais resilientes a esses tempos voláteis.

O fluxo da evolução é esplendoroso e misterioso. A evolução seleciona incansavelmente a aptidão sem moralidade. Nós humanos, porém, que desenvolvemos uma forma totalmente nova de pensar, somos imbuídos de intenções, as quais, quando damos nosso melhor, passam pela têmpera da moralidade.

Cognição

Cerca de 170 mil anos atrás, nossos ancestrais diretos, meros cinco mil membros da espécie *Homo sapiens*, emergiram de uma longa cadeia de hominídeos no sul da África. Em grande parte, nosso atual modo de pensar evoluiu como mecanismos adaptativos àquele ambiente. Com o passar do tempo, nos multiplicamos em quantidade e criamos civilizações complexas que se espalharam por todo o planeta, mas nossos corpos, incluindo nossos cérebros, não mudaram muito nos últimos 100 mil anos. Caso déssemos um banho de chuveiro e de loja em um homem ou mulher do Holoceno, ele ou ela ficaria indistinguível de um vizinho seu.

Afinal, se possuíamos o mesmo cérebro 100 mil anos atrás, por que demoramos tanto para evoluir das cavernas para as cidades? Este capítulo traçará essa jornada. De um ponto de vista evolutivo, ela foi na verdade incrivelmente breve. E começa pela cognição, o modo como pensamos.

A cognição humana inclui percepção, discernimento, apreensão, compreensão, *insight*, raciocínio, aprendizado e reflexão – trata-se de uma capacidade impressionante. A complexidade dos dados que nossas mentes digerem, e o grau com que os analisam, poderia tornar o pensamento um processo demorado, lento demais para reagir aos constantes desafios da vida. Frente a isso, desenvolvemos uma série de atalhos, denominados vieses cognitivos, que foram sendo aguçados pela evolução para nos ajudar a sobreviver. Quando um leão, por exemplo, surge de repente de trás de um arbusto, somos programados para ficarmos imóveis (e torcer para que ele não nos veja), encará-lo e lutar ou dar no pé. Não temos tempo para pensar. Essas "pré-configurações" de ficar imóvel, lutar ou fugir foram aquelas que se revelaram as adaptações certas às condições em que evoluímos, levando a nosso sucesso evolutivo. Embora tenham sido forjados em uma época e uma paisagem bastante diferentes, esses antigos vieses cognitivos seguem afetando nosso jeito de pensar e agir nos dias de hoje. No entanto, a maioria de nós vive atualmente em um ambiente bastante diferente. Quando esse viés ancestral é repetidamente desencadeado por *emails* agressivos, ou pela convivência em bairros traumáticos por sua alta criminalidade, a reação de lutar ou fugir pode ter um impacto negativo em nosso bem-estar.

Em outro viés cognitivo, nossas mentes evoluíram para dar mais valor às condições atuais do que às futuras, uma tendência conhecida como descontinuidade hiperbólica. Quando éramos caçadores-coletores, esse viés nos ajudava a nos concentrarmos em necessidades imediatas. Infelizmente, no mundo complexo em que vivemos, planos de longo prazo muitas vezes são mais importantes do que descobrir onde arranjar nossa própria refeição. Esse viés cognitivo é um dos principais motivos pelo qual é tão difícil para nossa sociedade contemporânea se concentrar nas grandes questões que nos ameaçam, como as mudanças climáticas, cujos efeitos emergem lentamente no tempo.

Outro viés cognitivo que ajudou em nosso sucesso como caçadores foi nosso foco incomum em caçar grandes animais adultos em suas idades mais férteis, ao passo que a maioria das outras espécies costuma caçar os jovens ou os muito idosos. Esse viés fez de nós "superpredadores", reduzindo a capacidade reprodutiva das espécies que nos serviam de alimento numa taxa até 14 vezes mais rápida do que a norma para outras espécies caçadoras. Conforme nossa população foi aumentando, nossas presas começaram a se extinguir. Ao nos aproximarmos dos 10 bilhões de habitantes, esse viés só vem fazendo reduzir nossa aptidão biológica no longo prazo. Nossas mentes também apresentam um viés para o favorecimento intragrupal, o sentimento caloroso que nutrimos em relação a familiares e amigos, que é complementado por uma aversão a quem é de fora. Nos primórdios da evolução humana, tratava-se de uma adaptação positiva – sobrevivemos devido à mutualidade da tribo. Como as tribos competiam entre si por recursos, passamos a encarar outras tribos com cautela. Isso também acabou sendo "programado" como uma fortíssima tendência. A obra da neurocientista social Tania Singer revela como esses dois vieses estão profundamente interligados – quanto mais apaixonados nossos sentimentos intragrupais para com nossa família, nossos vizinhos ou nosso time de futebol, mais intensa é nossa antipatia frente àqueles que vemos como "o outro". Esse viés cognitivo está por trás do racismo e do nacionalismo que assolam o mundo atual.

Nem todo pensamento humano, porém, tem como foco questões práticas da vida cotidiana. O esplendor da cognição humana reside em sua abrangência. Ainda que não saibamos ao certo o que pensavam os predecessores do *Homo sapiens*, indícios de que eles ponderavam sobre os mistérios da vida e da morte remontam a 350 mil anos atrás, às cavernas de Atapuerca, na Espanha, onde arqueólogos descobriram o que parecem ser os primeiros sinais de um sepultamento ritualístico. As posições dos mortos sugerem que seus corpos foram cuidadosamente arranjados, acompanhados por armas e ferramentas de sílex.

Por que será que os rituais mais antigos que conseguimos encontrar são vinculados à morte? A morte nos inspira a refletir sobre de onde viemos, e para onde vamos, levando-nos a pensar sobre as questões mais amplas a respeito das origens do universo, o surgimento da vida e seu propósito. Vivendo em meio a natureza, expostos aos ciclos das estações, à Lua e às estrelas, a consciência humana desenvolveu uma ânsia por entender o funcionamento do mundo ao nosso redor. A partir daí, desenvolvemos a capacidade de pensamento simbólico, que deu origem à linguagem, aos mitos e à busca por significado. E isso se alinhou à propensão de nossas mentes em favor de simetria, equilíbrio, coerência e harmonia.

O arqueólogo John Hoffecker, membro do Instituto de Pesquisas Árticas e Alpinas da Universidade do Colorado, acredita que a mente emergiu a partir do cérebro coletivo de humanos em grupos sociais. "Nós somos inteligentes, e intencionais", escreve ele, "precisamente porque somos um 'nós'. Os humanos obviamente desenvolvemos um leque bem mais amplo de ferramentas de comunicação para expressar nossos pensamentos, sendo a linguagem a mais importante delas. Cérebros humanos individuais dentro de grupos sociais se integraram em uma espécie de Internet neurológica, dando nascimento à mente."[1] Dan Siegel descreve isso como um processo relacional – a integração de nós mesmos e dos outros não como "eu" ou "nós", e sim como "eunós". Para se fazer uma cidade, todos os aspectos dependem de nossa cognição. É um processo que exige que pensemos e trabalhemos de modo cooperativo, para acessarmos nossa "Internet neurológica" compartilhada que proporcionou a nós humanos tamanha vantagem evolutiva.

Cooperação

Muitas espécies exibem comportamentos recíprocos. Dois cavalos em um campo, por exemplo, costumam se posicionar lado a lado, cabeça com cauda, para espantar as moscas um do outro. A reciprocidade é um elemento-chave também de comportamento humano, e cooperamos de certos modos que nenhuma outra espécie o faz. É o caso, por exemplo, das habilidades cognitivas necessárias para que trabalhemos juntos numa tarefa, como carregar um tronco. Para que isso seja possível, não apenas uma pessoa tem de considerar as vantagens de transportar tal tronco como também deve ser capaz de comunicar essas vantagens a outros e convencê-los a unir esforços. Essa reciprocidade é o alicerce da moralidade.

Os primeiros humanos viviam em tribos multigeracionais, partilhando um traço que os biólogos chamam de eussocialidade. Em espécies não eussociais, a prole nasce, deixa o ninho e parte em busca de parceiros para estabelecer seus próprios ninhos. Eles se agrupam para fins de proteção e migração, mas seu destino genético é individual. Grupos eussociais contêm múltiplas gerações, dividem o trabalho e contribuem com uma parcela considerável do seu trabalho em benefício do grupo. O sucesso genético de espécies eussociais advém de seu comportamento cooperativo e altruísta, Em vez de depender da força individual, a variabilidade genética de espécies eussociais como o *Homo sapiens* depende do sucesso do grupo. Conforme observou o eminente biólogo E. O. Wilson, o comportamento coletivo humano nos permitiu conquistar a Terra.

A cognição humana nos forneceu a intencionalidade, a empatia pelos amigos e a capacidade de discernir quem é o inimigo. Somos capazes de intuir quem está dizendo a verdade e quem está mentindo. Somos capazes de tomar decisões no curto e médio prazos, de dar sentido ao passado longínquo e de desenvolver cenários para o futuro. Tudo isso requer inteligência pura e uma vasta memória de trabalho. É preciso também inteligência social e a capacidade de equilibrar egoísmo e altruísmo, sobretudo quando os dois impulsos entram em conflito. Essa inteligência social nos separou de nossos primos evolutivos, os neandertais, e nos propeliu à frente. Wilson escreve: "As estratégias desse jogo foram escritas como uma mistura complicada e sutilmente calibrada de altruísmo, cooperação, competição, domínio, reciprocidade, deserção e falsidade".[2] E essas foram habilidades cruciais em se tratando da construção de cidades.

De início, os primeiros representantes dos *Homo sapiens* somavam apenas cinco mil pessoas reunidas em pequenos bandos, e evoluíram com incrível rapidez. Parte dessa transição foi genética, à medida que mutações bem-sucedidas foram contribuindo para o *pool* genético. Outra parcela foi epigenética, parte do processo pelo qual a experiência influencia como os genes são expressos, ou ligados e desligados, dando origem a traços que são passados adiante. E ainda houve uma contribuição cultural, representada pelas mudanças no sistema operacional humano. Em conjunto, conforme nossa população foi tendo um crescimento modesto, todo um leque de comportamentos evoluiu e acabou profundamente entranhado em nós hoje.

Os *Homo sapiens* caçavam melhor em grupos, protegiam uns aos outros e ajudavam-se mutuamente na criação dos filhos. Desde o nascimento até a maturidade, uma criança consome três milhões de calorias, e é difícil para um pai ou uma mãe isolado reunir tanta comida assim por conta própria e ainda cuidar do seu autossustento. Porém, agindo coletivamente, é viável alimentar uma tribo inteira, até mesmo seus membros menores e mais fracos. Na verdade, os humanos são os únicos mamíferos que praticam *cuidado aloparental*, ou criação compartilhada dos filhos.

Convivendo tão próximos uns dos outros, evoluímos para preferir aqueles que são simpáticos e agradáveis, e que contribuem para a comunidade. Aliás, mesmo hoje em dia, quando somos socialmente rejeitados, a vergonha que sentimos acende nosso córtex cingulado anterior, a mesma parte do cérebro que é ativada pela dor física.[3] Somos pré-programados para convivermos bem. Também somos programados para rejeitar aproveitadores, como aquele membro da tribo que não se dispõe a ir caçar, mas que não vê a hora de devorar a comida trazida pelos outros. Cem mil anos atrás, ser rejeitado pela tribo equivalia a uma sentença de morte. Esse viés evolutivo ancestral contra aproveitadores segue nos motivando nos dias de hoje; é por isso que expressões como "mamata" e "sonegador" são tão poderosas.

Esses traços humanos e milhares de outros similares evoluíram ao longo de um brevíssimo período, talvez devido ao nosso tamanho populacional limitado. Ian Tattersall, paleontólogo do Museu Americano de História Natural, observou que grupos pequenos evoluem bem mais depressa do que os grandes. "Populações grandes e densas apresentam inércia genética demais para serem empurradas consistentemente numa mesma direção. Populações pequenas e isoladas, por outro lado, se diferenciam rotineiramente."[4] E o nosso grupo era perigosamente pequeno! Cerca de 73 mil anos atrás, quando um vulcão entrou em erupção na atual ilha de Sumatra, enegrecendo os céus com cinzas vulcânicas, uma onda de frio milenar foi desencadeada, reduzindo a população de *Homo sapiens* a apenas alguns milhares. Todos nós temos esse pequeno número de ancestrais em comum, motivo pelo qual suas adaptações biológicas – incluindo seus vieses pré-programados – persistem em nosso DNA, mesmo agora quando há mais de 7 bilhões de nós no planeta.

Os nove cês

Cognição e cooperação são as primeiras dentre nove características fundamentais do *Homo sapiens* necessárias para o surgimento das primeiríssimas cidades: cognição, cooperação, cultura, calorias, conectividade, comércio, controle, complexidade e concentração. Esses elementos também são essenciais para o contínuo bem-estar das cidades. Neste capítulo, exploraremos esses passos ao longo do trajeto antigo rumo ao urbanismo. Cada um dos nove cês contribui para o primeiro aspecto da cidade harmônica: coerência.

Cultura

A cultura é nosso *software* operacional coletivo, que continuamente evolui, adapta-se e regenera-se, da mesma forma que a natureza. A cultura é capaz de se adaptar mais depressa do que a genética ou a neurologia, o que facilita nossa adequação a mudanças nas circunstâncias. Ela também funciona como nossa memória coletiva, uma maneira de passar adiante comportamentos adaptativos como organização social, sistemas de conhecimento e de comunicação e visões de mundo[5] de uma geração para outra, para que tudo isso não precise ser continuamente redescoberto. A capacidade adaptativa da cultura é uma característica essencial da resiliência humana. A cultura contém nossa ética, os valores que nutrimos em comum e que funcionam como o centro de gravidade do convívio. Uma comunidade só poderá permanecer unida se essas regras éticas permearem a cultura. A coerência cultural forma a base da confiança, e sem confiança uma civilização não tem como prosperar.

O registro arqueológico indica que cerca de 50 mil anos atrás, na era do Paleolítico Superior, houve um salto tremendo em atividades humanas. Ao mesmo tempo, o *Homo sapiens* exibia todo um novo leque de comportamentos que os antropólogos rotularam como "modernidade comportamental". De súbito, encontramos no registro arqueológico indícios de um aumento drástico no pensamento simbólico e na criatividade cultural que parece estar correlacionado à origem da linguagem. Antes disso, é possível que as pessoas já usassem palavras simples, conhecidas como protolinguagem, mas não tinham acesso a gramática complexa e a um amplo vocabulário. A mudança talvez tenha vindo pelo desenvolvimento dos verbos, que nos permitiram descrever não apenas objetos, mas também ações, e não apenas no presente, mas também no passado e no futuro. Entre as expressões de modernidade comportamental estão ferramentas sutilmente elaboradas e decoradas, música e arte, auto-ornamentação, jogos, pesca, culinária, escambos a longa distância e rituais de sepultamento cada vez mais complexos.

Pouco depois do surgimento da linguagem, o *Homo sapiens* começou a se espalhar pelo globo naquilo que se denomina "a saída da África", viajando pelos litorais oceânicos até a Ásia e a Austrália, e ao norte rumo à Europa. Ao que parece, o surgimento das ferramentas, da linguagem e do pensamento simbólico esteve profundamente relacionado. O interessante é que, ainda hoje, quando examinamos por ressonância magnética o cérebro de uma pessoa enquanto ela lasca pedaços de sílex para fazer ferramentas, as principais áreas da linguagem no cérebro se acendem.[6] Para fazermos uma ferramenta, precisamos antes de mais nada imaginar como construí-la e como usá-la, as mesmas habilidades de que precisamos para a linguagem. Essa relação entre linguagem e tecnologias persiste até hoje. Quando crianças iletradas residentes em favelas recebem acesso a computadores, conseguem aprender sozinhas inglês, matemática e outras matérias essenciais à prosperidade no mundo moderno.

Equipados de linguagem e com capacidade de imaginar e articular estratégias, o *Homo sapiens* pôde planejar expedições cooperativas de caça para levar grandes animais a caírem de penhascos ou para tocar suas presas rumo a um bando de caçadores a espreita. Esse sucesso nas caçadas proporcionou mais calorias, peles para se proteger do frio e ossos para ferramentas, aspectos que ofereceram ao *Homo sapiens* uma tremenda vantagem evolutiva. Também é próximo dessa época que os arqueólogos encontram os primeiros indícios de humanos produzindo arte e música. O surgimento contemporâneo da religião indica que, junto com sua nova capacidade para pensamento

Auroques, cavalos e cervos pintados nas cavernas de Lascaux, França, 15.300 anos a.C., mais de 10 mil anos antes da primeira cidade ser construída. *(Prof Saxx, via Wikimedia Commons)*

simbólico e criatividade, os humanos começaram a ponderar sobre as questões mais amplas de sua existência.

Cerca de 40 mil anos atrás, a primeira arte rupestre emergia. Então, passados 10 mil anos, o mesmo estava sendo feito em grande parte do mundo, da Indonésia à África.

Os mais antigos achados são de discos coloridos, símbolos de completude. Eles foram seguidos por obras extraordinárias representando grandes animais, frequentemente em movimento, com sombreamento complexo e em por vezes em pedra entalhada, para criar um efeito tridimensional. Algumas pinturas buscam refletir a vida com precisão, mas outras são míticas, com a cabeça de uma fera no corpo de outra. Pequenas esculturas curvadas de mulheres voluptuosas, conhecidas como "estatuetas de Vênus", começam a aparecer. Seus seios e quadris exagerados celebram a fecundidade, a capacidade de gerar vida. Ao contrário das cavernas em que as pessoas moravam e trabalhavam, essas cavernas com rica ornamentação artística parecem representar santuários apartados da vida cotidiana. A ciência cognitiva já revelou

A Vênus de Willendorf, Áustria, entre 28 mil e 25 mil a.C. *(Matthias Kabel, via Wikimedia Commons)*

que a experiência de deslumbramento está profundamente associada a um aumento da compaixão, assim como a prática de rituais remete à afiliação social. Tais cavernas são a primeira evidência de uma conexão espiritual de humanos com um local específico. Milhares de anos mais tarde, esses locais sagrados se tornaram as sementes das cidades.

Por volta da mesma época em que essa arte primeva estava sendo criada, caçadores-coletores nômades construíam abrigos temporários para se protegerem das intempéries, e para ampliarem a extensão de seu território. No sul da Europa, próximo à água, os abrigos eram feitos com o que o ambiente oferecia: gravetos entrelaçados com folhas de palmeira; já nas planícies, eram erguidos com lama seca; habitações nas montanhas eram construídas a partir de pedras soltas; e no extremo norte, iglus eram esculpidos a partir de neve e gelo.

Vinte mil anos atrás, o clima da Terra começou a esquentar. Durante esse período, a população humana aumentou no Crescente Fértil, no atual

Oriente Médio, a começar ao longo do Nilo, avançando ao norte pela costa do Mar Mediterrâneo e então rumo a leste, em direção aos rios Tigres e Eufrates.

Hoje, essa região inclui partes do Egito, Chipre, Israel, Jordânia, Síria, sul da Turquia, Líbano, Kuwait, Iraque e norte do Irã.

Na época, os oceanos estavam 120 metros abaixo do nível em que se encontram hoje. (A costa da Flórida ficava 25 quilômetros a leste de Miami!) Então, 12.500 a.C., a Terra começou a esquentar durante um evento chamado "pulso de derretimento 1A", e os mares se elevaram em 15 metros.[7]

Por volta de 10.800 a.C., o clima subitamente ficou mais frio e mais seco, dando início a um período de mil anos denominado Dryas Recente. Adaptando-se à transição, as plantas desenvolveram aquilo que os ecologistas chamam de características tipo "r". Para sobreviverem ao abreviamento das estações de crescimento, elas evoluíram e se tornaram mais férteis, diminuindo de tamanho e amadurecendo mais cedo. Para atravessarem invernos mais frios, passaram a armazenar mais calorias em suas sementes.

O clima em transformação varreu do mapa muitas das espécies de grande porte que os humanos vinham caçando. Em resposta, o povo natufiano, que habitava o terço ocidental do Crescente Fértil, passou a selecionar sementes extremamente calóricas como alimento e irrigá-las para estimular seu crescimento. Isso exigia visitas frequentes a suas plantações, o que, por sua vez, instava-os a residir por perto. Dessa forma, a transição climática deu origem aos primeiros assentamentos humanos, embora seus residentes ainda obtivessem boa parte de seu alimento a partir da caça e da coleta. Ao longo dos dois mil anos seguintes, a prática da agricultura transformou a região inteira, conforme os colonizadores domesticavam pela primeira vez plantas e, em seguida, animais. Parece ter levado apenas três séculos para tais povos aprenderem a domesticar plantas, o resultado de dois processos em atuação simultânea: mudanças climáticas e engenhosidade humana.

A evolução ocorre muitas vezes em reação a tensões. Afinal de contas, por que mudar aquilo que está dando certo? Circunstâncias ambientais que reduzem o sucesso reprodutivo de parte de um ecossistema criam uma

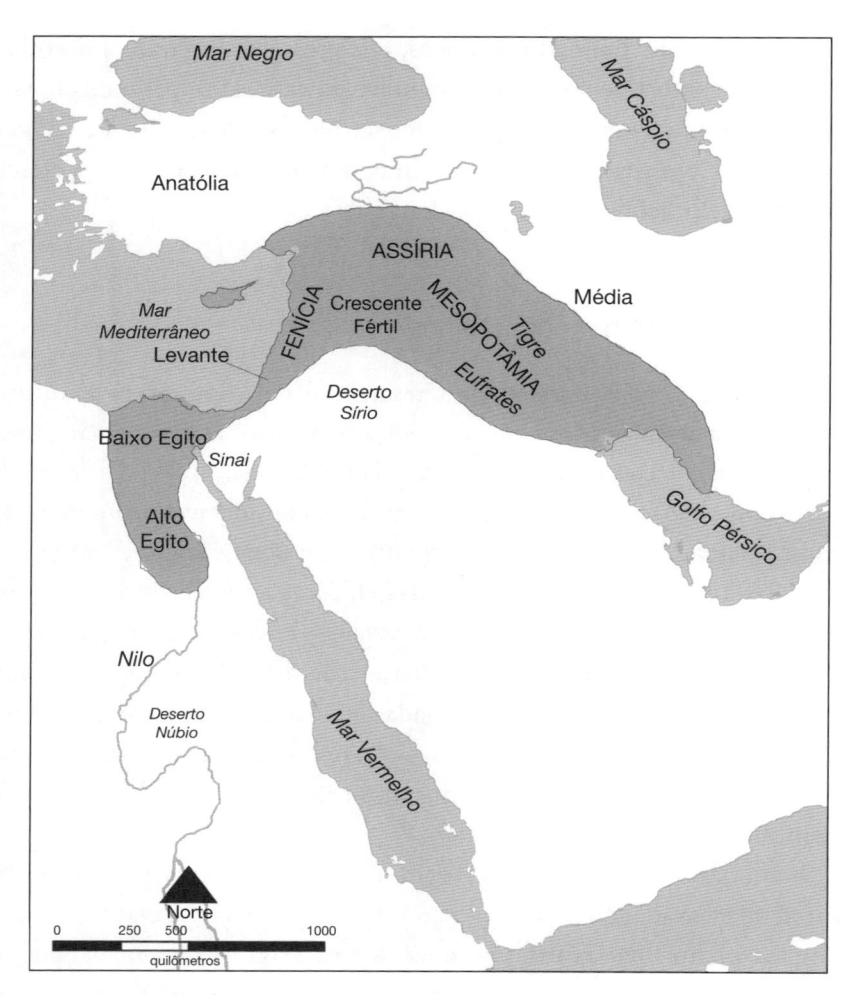

O Crescente Fértil. *(Nafsa)*

condição denominada pressão evolutiva. Ironicamente, o sucesso pode criar sua própria pressão na forma de uma ecologia que apresenta menor biodiversidade, e que é, portanto, mais robusta, mas também mais frágil. O sistema fica mais forte, porém menos resiliente. Esse tipo de solidez, carente de biodiversidade, não se adapta bem a mudanças nas condições; ela deixa o sistema mais vulnerável a colapso ou a falhas. Ao longo da história humana, as mudanças climáticas e o crescimento populacional acabaram criando pressões evolutivas. Em certas ocasiões, tais pressões chegaram a derrubar civilizações, como veremos dentro em breve no caso do império maia. Mas a pressão evolutiva também pode promover respostas engenhosas, como a agricultura. Com sua difusão, as lavouras humanas abasteceram o crescimento das civilizações.

Calorias abastecem a comunidade

À medida que os colonizadores do Crescente Fértil começaram a cultivar grãos, selecionaram aqueles com as maiores sementes e as cascas mais finas, por serem mais fáceis de cozinhar. Em 7700 a.C., essa colheita seletiva de grãos acabou levando a plantas que continham consideravelmente mais calorias. Dos quarenta grãos nativos disponíveis a esses agricultores primevos, oito acabaram se tornando as chamadas culturas agrícolas fundadoras da civilização: trigo tipo *durum* e *einkorn*, cevada, ervilha, lentilha, jero, grão-de-bico e linho.[8] Eram ricas em proteínas, fáceis de cozinhar e aptas a serem armazenadas. Inicialmente, eram irrigadas quando os rios ou córregos inundavam, mas os agricultores ampliaram o alcance dessas águas usando valetas modestas. Sistemas de irrigação sofisticados e interconectados só foram aparecer milhares de anos depois.

Os humanos também começaram a estimular o crescimento de figueiras, macieiras e oliveiras nas regiões em que se assentavam, e derrubavam as plantas não frutíferas concorrentes. Alguns séculos depois, os povos montanhosos migrantes que habitavam o Crescente Oriental, e que já haviam domesticado cães para caça e proteção, descobriram como domesticar cabras e ovelhas. E então, na região central do Crescente, perto do que é hoje a cidade de Damasco, porcos e vacas foram domesticados. Essas novas atividades aumentaram drasticamente a quantidade de calorias disponíveis aos primeiros povos agricultores. As calorias medem os recursos energéticos de uma civilização, e mediante um excedente calórico, essas comunidades primitivas foram capazes de investir em infraestrutura e complexidade organizacional.

Os vilarejos onde cereais eram cultivados tornaram-se até seis vezes maiores do que os vilarejos pré-agrícolas. As residências ficaram maiores, e tais vilarejos às vezes dispunham de obras públicas substanciais, evidência dos primórdios do planejamento central e da organização social. Contudo, ainda que as calorias abastecessem o crescimento das comunidades e a sua taxa de desenvolvimento, os próprios agricultores neolíticos não se deram assim tão bem. Estudos comparando caçadores-coletores aos primeiros agricultores mostram que estes chegavam a ser 15 centímetros mais baixos e eram muito mais suscetíveis a deficiências vitamínicas, deformidades espinhais e doenças infecciosas decorrentes de um convívio tão próximo. É interessante observar, porém, que o apelo da comunidade parece ter suplantado preocupações para com a saúde individual.

Primeiro veio o templo, depois veio a cidade

Segundo uma antiga lenda suméria, o centro da superfície da Terra era marcado por uma montanha sagrada, Ekur, onde o céu e a terra se encontravam. Foi ali que os deuses levaram aos humanos o conhecimento da agricultura, pecuária e tecelagem. E a lenda era incrivelmente precisa: análises de DNA do ancestral genético do primeiro trigo domesticado situam sua origem em um assentamento a apenas 30 quilômetros de distância.

Cerca de 12 mil anos atrás, um grupo de colonizadores neolíticos começaram a visitar esse local sagrado nas montanhas na atual região sudeste da Anatólia, na Turquia, para organizarem cerimônias rituais. Por volta de 9.000 a.C., eles começaram a construir um extraordinário templo composto, Göbekli Tepe. Trata-se de uma das primeiras construções humanas conhecidas, e suas ambições eram descomunais. Em seus níveis mais antigos, os arqueólogos identificaram mais de 200 colunas esculpidas e dispostas em círculos, como Stonehenge, pesando uma média de 10 a 20 toneladas cada, com algumas delas alcançando até o dobro disso.

Tais colunas foram extraídas nas cercanias e transportadas por até 400 metros ao local da construção, uma tarefa que provavelmente exigiu o esforço de 500 pessoas por coluna. Ainda é um mistério como fizeram isso. Göbekli Tepe também apresenta diversos recintos sem janelas encimados por terraços polidos, e bancos de pedra foram dispostos entre as colunas para servirem de assentos. Os entalhes nas colunas são magníficos e misteriosos, e incluem leões, touros, javalis, raposas, cobras, aranhas e pássaros, além de imagens de humanos abstratos e símbolos fálicos. O local não apresenta qualquer sinal de assentamento humano, mas claros indícios de acampamentos de visitantes primitivos, e vestígios de auroques, o gigante bovino do neolítico consumido em banquetes ritualísticos. Os antropólogos acreditam que essas cerimônias eram estimuladas pelo consumo de álcool, e talvez de drogas alucinógenas.[9]

Doze mil anos atrás, ao mesmo tempo em que Göbekli Tepe estava atraindo visitantes espirituais, Ein as-Sultan, perto da margem ocidental do rio Jordão, estava emergindo como uma área de acampamentos popular entre os caçadores-coletores natufianos. Esse também era um local sagrado, onde adoradores se reuniam em honra da deusa da Lua, embora só fossem instalar ali as primeiras construções em 9.600 a.C. Arqueólogos descreveram esse assentamento como um vilarejo "Neolítico pré-cerâmico A", que veio a se desenvolver numa época em que grãos e frutas ainda estavam sendo armazenados em cabaças. Panelas ainda não tinham sido inventadas. Esse local, considerado como a mais antiga comunidade sedentária do mundo, chamava-se Jericó. Como as comunidades que a seguiram, Jericó se espalhava por um lugar onde se situavam divindades; acredita-se que seu nome vem de Yareah, uma divindade local da Lua.

No coração de praticamente todos os assentamentos antigos que se seguiram, os arqueólogos encontram um templo dedicado a algum aspecto da natureza. Klaus Schmidt comentou: "Primeiro veio o templo, depois veio a cidade".[10] Essas moradas sagradas eram ocupadas por sacerdotes respeitados pelos seus seguidores devido a seus conhecimentos quanto à ordem natural, conectando teorias da criação e a fecundidade da terra. O poder de sua liderança provinha de sua capacidade de compreender e manter o equilíbrio entre humanos e a natureza. Com o tempo, esses templos se expandiram, e o mesmo ocorreu com os assentamentos que cresceram a seu redor para sustentar suas atividades espirituais.

Escavando pelas camadas da história de Jericó, arqueólogos descobriram que a camada mais antiga e profunda era composta de pequenas moradias circulares feitas de tijolos de argila e palha, com os mortos da família enterrados sob seu piso, evidência de alguma forma de veneração aos ancestrais. As cabeças encontravam-se separadas dos corpos e os crânios estavam cobertos por gesso e pintados de ocre e exibidos nos cômodos dos pavimentos superiores, fazendo deles os mais antigos retratos conhecidos dos mortos.

Em 9.400 a.C., Jericó havia se expandido para cerca de 70 casas e mais de mil habitantes. O vilarejo era cercado por uma muralha de pedra celebrizada por seu encontro bíblico com Josué quase oito mil anos mais tarde, tornando este o primeiro condomínio fechado do mundo. As muralhas de Jericó eram quase certamente usadas para impedir que as elevações anuais do rio Jordão inundassem o lugarejo. Não há indício algum de guerra nesse período, tampouco no milênio que se seguiu. Com mais de 3,5 metros de altura e 2 metros de largura na base, a muralha circundava o vilarejo, bem como uma torre com 22 degraus de pedra nela esculpidos, que era usada para rituais lunares.

Arqueólogos calculam que deve levado 100 dias para que mais de 100 homens construíssem a grande muralha de Jericó. Esse nível de atividade só se tornou possível pelo excedente de calorias gerado pela agricultura, mas também exigiu um novo grau de governança, além de uma população densa o bastante para angariar voluntários (ou obrigá-los). Em 8000 a.C., os residentes de Jericó organizaram um sistema simples de irrigação para conduzir água fresca até os campos vizinhos.

Os primeiros assentamentos na China também se localizavam em torno de fontes sagradas ou na junção de rios. Eles se desenvolveram em comunidades com um plano rigorosamente definido que refletia aquilo que os chineses acreditavam ser a arquitetura do universo. Tal plano, o sistema de nove quadrados, era adotado por múltiplas escalas para alinhar fazendas, pequenos vilarejos regionais, posteriormente cidades e por fim a capital em si, com o objetivo de criar harmonia entre as forças da humanidade e da natureza.

Essa busca por alinhamento entre humanos e natureza que se encontra no âmago da maior parte das antigas religiões também tem seu lado pragmático. Quando explorarmos o colapso de cidades e de impérios, veremos em muitos casos eles perderam o equilíbrio entre sua sociedade e o sistema ecológico que a sustentava; eles cresceram além de seu suprimento de água, ou esgotaram seu solo e não puderam mais alimentar a si mesmos. Desde o início, o equilíbrio entre civilização e natureza é essencial para o cumprimento de necessidades tanto espirituais quanto práticas.

A temperança da religião

Esses antigos assentamentos também exigiram um novo grau de comportamento cooperativo em larga escala. Embora fossem construídos por caçadores-coletores, havia em sua cultura algo de diferente que os levou a trabalharem juntos numa escala jamais alcançada antes na história humana. O psicólogo Ara Norenzayan, da University of British Columbia, propôs que a transformação adveio do surgimento de um novo sistema de crença, a que ele chamou de "grandes deuses". Até então, humanos acreditavam em deuses que criaram o universo, ou em espíritos locais, que tinham pouco interesse no comportamento das pessoas. Em sociedades de pequena escala, comportamentos cooperativos eram monitorados pelo grupo. Parasitas sociais eram expelidos da comunidade. Em grupos maiores, porém, é mais difícil monitorar as pessoas, bem como fazê-las cooperar. Norenzayan considera que a crença em divindades julgadoras, ou "grandes deuses", tenha proporcionado a argamassa cooperativa necessária para a construção de locais como Göbekli Tepe. Um ou mais deuses vigilantes e punitivos se revelaram um ótimo monitorador de comportamentos, sobretudo quando o deus tinha autoridade sobre sua vida futura ou póstuma. "Grandes deuses" moderaram o temperamento humano.

Edward Slingerland, historiador da UBC Vancouver, observou que grandes deuses oniscientes são "insanamente eficientes" na fiscalização de normas sociais. "Não apenas eles são capazes de lhe observar onde quer que você vá como são capazes até mesmo de olhar dentro da sua mente."[11]

Sociedades com "grandes deuses" precisam dispor de tempo e recursos suficientes para investir em templos e veneração. Nicolas Baumard, um psicólogo francês que estuda a evolução da religião, observou que religiões moralistas eram muito mais prováveis a partir do momento em que uma comunidade se via capaz de oferecer a seu povo mais do que 20 mil calorias em recursos energéticos totais a cada dia.

Essas duas práticas culturais, a crença em "grandes deuses" e avanços na agricultura, evoluíram *pari passu*, e ficam evidentes na fundação das primíssimas cidades na história.

A agricultura logo se espalhou ao longo de áreas ribeirinhas sujeitas a inundações sazonais. A prática avançou rumo ao leste até o rio Indo (no atual Paquistão), ao Ganges (Índia), ao Brahmaputra (Bangladesh), ao Irawaddy (Burma) e por fim aos rios Amarelo e Yangtzé na China. Em 8000 a.C., os chineses começaram a domesticar arroz, milhete, feijão-mungo, soja e feijão-azuqui, e passaram a se assentar para cultivá-los. A agricultura também abriu caminho rumo ao Ocidente, avançando para a Anatólia, Chipre e Grécia por volta de 6500 a.C. A partir dali, avançou para o sul rumo ao Egito e depois África adentro, seguindo também rumo ao oeste pela Itália, França e Alemanha em 5400 a.C., e para a Espanha, Grã-Bretanha e Noruega em 2500 a.C.

Luc-Normand Tellier, professor emérito de economia espacial pela Université du Québec, em Montreal, batizou essa trajetória de "o Grande Corredor".[12] Toda uma série de inovações seguiu essa rota. As comunidades ao longo dela eram as mais propensas ao comércio, à expansão da complexidade e, cedo ou tarde, a se tornarem cidades. A energia dos grãos do Crescente Fértil foi revolucionária. Conforme a prática da agricultura avançou pelo Grande Corredor, ela transformou tribos pastoris em comunidades sedentárias, plantando as sementes das futuras cidades.

Conectividade, comércio e complexidade

Embora Jericó e outros vilarejos de sua era prosperassem, eles não cresceram o suficiente para se tornarem cidades, o que suscita uma pergunta: se a agricultura foi a força motriz da urbanização, como se acredita amplamente, por que houve um hiato de 4 mil anos entre o surgimento da agricultura e o advento das primeiras cidades? Porque os últimos elementos – conectividade, comércio, controle, complexidade e concentração – ainda não haviam emergido numa escala suficiente para estimular a urbanização. E mais uma vez o clima mudou, estagnando o crescimento das cidades. Exames de amostras de gelo e sedimentos indicam que por volta de 6.200 a.C. ocorreu um período de 300 anos de drástico resfriamento.[13] Vilarejos mesopotâmicos como Jericó entraram em declínio, e seus habitantes se espalharam ou pereceram.

Quando o clima começou a esquentar novamente, al-Ubaid, uma nova e notável civilização, espalhou-se pelo Grande Corredor. O período de al--Ubaid, de 5.500 a 4.000 a.C., deu origem a centenas de vilarejos e a pelo menos 20 protocidades conhecidas, grandes assentamentos que apresentavam características tanto rurais quanto urbanas, numa área que ia do sul da Turquia à ponta meridional do Iraque. Quando arqueólogos escavaram os estratos dos assentamentos mesopotâmicos, encontraram uma camada de al-Ubaid abaixo de todas as principais cidades futuras. Como descreve o Dr. Gil Stein, diretor do Instituto Oriental da University of Chicago: "Essa é a mais antiga sociedade complexa do mundo. Quem deseja entender as raízes da revolução urbana precisa estudar o povo ubaida".[14]

Os típicos vilarejos de al-Ubaid abrigavam cerca de três mil pessoas. Os ubaidas construíram as primeiras casas retangulares com múltiplos recintos, que podiam se encaixar umas às outras, dando origem à densidade urbana. Nos primórdios do período de al-Ubaid, os vilarejos eram em grande parte igualitários; mais tarde, porém, no ocaso de seu domínio, sinais de estratificação social aparecem, com algumas casas de grande porte que persistem por séculos, indicando que a riqueza familiar era repassada de geração em geração.

Os vilarejos ubaidas formavam uma vaga rede de comunidades que se estendia do Mar Mediterrâneo ao Golfo Pérsico, e cujas conexões aumentavam o fluxo de ideias e o comércio, formando aquilo que os arqueólogos denominam *esfera de interações*.¹⁵ O comércio criou artérias de conectividade pelas quais culturas variadas fluíam, difundindo inovações.

As primeiras redes comerciais tiveram início em áreas circundadas por deserto – na Mesopotâmia, entre os rios Tigre e Eufrates, no atual norte do Irã, e no Levante, a oeste da Jordânia. Com o tempo, essas redes cruzaram os desertos que as rodeavam e avançaram para o sul até o vale do Nilo, para o norte pela Turquia e para o leste rumo ao Afeganistão. Em seguida, passaram a se interconectar. O poder de al-Ubaid não estava no avanço de uma cidade por si só, e sim no efeito em rede da conexão entre muitas delas.

Uma força motriz do comércio e da conectividade foi o surto criativo no projeto e fabricação de mercadorias dignas de serem comercializadas. Durante o período de al-Ubaid, a fabricação de cerâmica se universalizou, juntamente com a mineração de pedras preciosas e a fundição de metais como o cobre em áreas montanhosas. Incenso, especiarias e perfumes eram produzidos no Oriente. Agora que regiões díspares do Oriente Médio tinham algo de significativo a oferecer umas às outras, suas protocidades começaram a se diferenciar. A civilização de al-Ubaid passou à fabricação em larga escala, não apenas para uso próprio, mas especificamente para o comércio, urdindo lã em tecido e usando rodas lentas de olaria para aumentar a produção. Tigelas com estilos e decorações distintivas começaram a ser amplamente comercializadas. Conforme observou Joan Oates, arqueólogo da Universidade de Cambridge: "É a primeira vez que vemos a difusão de uma cultura material por uma área tão ampla".¹⁶

A conectividade de comunidades diferenciadas, e o comércio e cultura que fluíam por elas, enriqueceu o efeito em rede, o que não apenas aumentou a diversidade do sistema como um todo, mas também permitiu que cada comunidade incrementasse sua própria diversidade. Durante o período de al-Ubaid, à medida que as comunidades se juntavam à rede, o valor generativo do sistema como um todo aumentava geometricamente, um fenômeno descrito como a lei de Metcalf (que foi desenvolvida para descrever o crescimento das redes modernas de comunicação): o valor de uma rede é proporcional ao quadrado do número de usuários conectados ao sistema. As comunidades se diferenciaram, com religiões, tradições culturais, dialetos ou línguas localizados, e as mercadorias comercializadas se especializaram, contribuindo para a complexidade da rede, outro "C" na trajetória rumo ao urbanismo.

Calorias, cooperação e controle

Conforme as comunidades da Mesopotâmia começaram a crescer em tamanho e quantidade, passaram a precisar de mais alimento. Por volta de 4000 a.C., elas começaram a escavar valas de irrigação para estender o fluxo de água dos rios e córregos. Tais valas funcionavam bem, mas logo eram assoreadas e tinham de ser continuamente escavadas para manter o curso d'água. As paredes das valas também tinham de ser constantemente reparadas, e os sedimentos, espalhados pelos campos, eram necessários para recuperar o solo que cobriam. Com o crescimento dos sistemas de redes de irrigação, fazia-se necessário um sistema para alocar adequadamente a água e os sedimentos entre os campos – bem como mão-de-obra para sua manutenção. Essas atividades exigiam ações coletivas.

Dois sistemas cooperativos surgiram. O primeiro foi o acordo para que os agricultores cuidassem individualmente da manutenção das valas que corriam por suas áreas exclusivas de plantio, e que mantivessem de forma coletiva as valas que abasteciam o sistema. O segundo foi a eleição do mais sábio e mais justo entre eles para supervisionar tais atividades, concedendo a ele autoridade para administrar o sistema. É interessante observar que tal indivíduo usava seu poder não para aumentar sua riqueza, e sim para elevar seu *status* como líder. A eleição de um chefe das valas, como a função acabou ficando conhecida, é o processo democrático mais antigo do mundo, e até hoje segue sendo praticado em muitas partes do globo.

A agricultura de al-Ubaid começou a estimular novas tecnologias. Além de melhorias em sistemas de irrigação, agricultores desenvolveram foices de sílex para colher cereais de modo mais eficiente. A necessidade de armazenar excedentes deu origem a silos coletivos, bem como a métodos de administração e contagem. A partir daí, desenvolveram-se os primeiros sistemas de escrita e numeração do mundo, essenciais para a gestão do controle, a sétima das nove condições que viriam a possibilitar o surgimento das primeiras cidades. A gestão dos silos e a administração da protocidade foram assumidas pelo templo, a organização mais sofisticada e confiável na comunidade. Junto com o desenvolvimento da educação e de habilidades administrativas, escavações de assentamentos posteriores em al-Ubaid indicam que as hierarquias sociais estavam crescendo.

Meh

A protocidade mais importante em al-Ubaid, Eridu, não era nem a maior nem a mais bem-sucedida comercialmente, mas a mais poderosa em termos espirituais. Seu grande templo era considerado o portador de todo o conhecimento, *meh* – a dádiva dos deuses aos humanos – a chave para organizar uma sociedade. A antropóloga Gwendolyn Leick descreve isso como "o conjunto de todas aquelas instituições, formas de comportamento social, emoções, sinais de ofício, que em sua totalidade eram vistas como indispensáveis para o funcionamento delicado do mundo".[17]

Meh era tanto uma energia ativadora quanto a fonte das regras que orientavam a base espiritual, social e moral da cultura de al-Ubaid. *Meh* proporcionava um referencial integrador e um propósito que eram essenciais para as pessoas viverem juntas em altas densidades. Na condição de uma força vital e sagrada e um sistema de valores, *meh* se manifestava nos sistemas moral, administrativo e operacional de Eridu. *Meh* foi um sistema de equilíbrio que desencadeou o verdadeiro urbanismo.

A deusa mais importante de Eridu era Inanna, que, rezava a lenda, havia roubado o *meh* sagrado de seu pai, o deus Enki, o qual morava em Eridu, e levara-o ao sul até Uruk. Sem o *meh*, Eridu caiu em rápido declínio. A cidade perdera seu brio. Seu poder sagrado e seu prestígio haviam sido transferidos para Uruk. Com o *meh* de Eridu, Uruk deu o passo final nos nove cês, o da concentração, uma combinação de população e massa suficientes com o bastante de densidade, diversidade e conectividade. Sua população concentrada criou uma esfera de interações que veio a se tornar a primeira cidade conhecida do mundo.

Por volta de 3.800 a.C., muitos vilarejos de al-Ubaid começaram a aumentar rapidamente em tamanho e complexidade, desenvolvendo-se em dezenas de cidades independentes, cada qual com um território claramente definido e identificado por canais e marcos de pedra. Cada uma delas tinha também seu próprio deus padroeiro, seus próprios templos e governantes ou reis sacerdotais que comandavam a cidade. A população típica de uma dessas cidades era de aproximadamente 10 mil pessoas.[18] Dentre todas elas, Ur era a mais bem posicionada para o comércio. Mas era Uruk, e não Ur, que comandava a região. Era ela que detinha o *meh* sagrado, então sua cultura dominava a Mesopotâmia.

Em seu ápice, em 3200 a.C., Uruk era a maior cidade do mundo, com uma população estimada de 50 mil a 80 mil habitantes morando em uma pequena área murada de seis quilômetros quadrados. Ela cobria uma área equivalente à metade do tamanho da Roma antiga. A cidade foi liderada por uma série de reis que, segundo as crenças dos sumérios, descendiam de uma linhagem de míticos deuses imperiais. O papel do rei humano era equilibrar o céu e a terra, mantendo a prosperidade e a harmonia do povo da região ao cultivar continuamente as condições para que o *meh* florescesse.

Os reis de Uruk construíram templos e palácios monumentais para exacerbar o poder e a fertilidade de seus domínios, os primeiros zigurates do mundo. Eles eram ornamentados por uma arte fantástica. Seus altares eram forrados a ouro e decorados com lápis-lazúli. A arte dos templos refletia um universo de interação entre humanos e a natureza, retratando imagens metade humanas, metade animais, como o bisão com cabeça de homem e os homens com cabeça de leão. No centro das cidades havia dois templos, um dedicado a Inanna, a deusa fundadora da cidade, e outro dedicado a An, o deus masculino que permanecia no céu. Logo ao lado, situavam-se grandes silos. Boa parte da produção agrícola da região era reunida ali, contada e então distribuída. Assim como o papel do chefe das valas era o de alocar a água de forma equânime, o papel do rei e de sua administração era de alocar os grãos e as mercadorias de forma equânime. Para administrar seus domínios complexos, Uruk desenvolveu sistemas mais sofisticados de contagem e contabilidade, a primeira escrita do mundo.

Ainda que Uruk fosse liderada por um rei e por uma elite administrativa, a forma urbana da cidade indica a existência de bastante igualdade. Suas casas e locais de trabalho, agrupados por profissões, eram quase todos do mesmo tamanho, e não há sinal de riqueza privada neles.

Em meados do período de Uruk, estima-se que 89% da população da Mesopotâmia moravam em cidades, um nível de urbanização que talvez só venhamos a alcançar novamente ao final do século XXI.

Uruk importava pedras preciosas, metais e madeira de lei das partes mais longínquas, e exportava um vaso rústico feito de argila e com borda chanfrada, preparado em moldes – o primeiro item conhecido de produção em massa. Os vasos de Uruk são encontrados em todos os sítios arqueológicos na Mesopotâmia, indicando o poderoso papel cumprido pela cidade no comércio. Ao que parece, o vaso era usado para pagar trabalhadores com grãos, e era barato o suficiente para que eles o jogassem fora depois de usados. Centenas de milhares deles já foram descobertos.

Conforme Uruk crescia e dominava sua região, muitos de seus trabalhadores em construção e em lavouras, e alguns trabalhadores domésticos, eram escravos. Alguns deles eram endividados, enquanto outros eram capturados nas montanhas ao norte. Arqueólogos acreditam que eles eram escravizados por um certo prazo, não pela vida inteira, e parece ter existido uma boa dose de mobilidade social para os escravos.

Os nove cês, as pedras fundamentais para as cidades, estavam exemplificados em Uruk. O pensamento simbólico, a capacidade cognitiva que deu origem à linguagem, à arte e à religião 50 mil anos atrás, deu outro salto quântico em Uruk com o desenvolvimento da escrita. A complexidade da cidade só pôde ser alcançada pela expansão de comportamentos cooperativos para além de suas origens evolutivas, a família e a tribo, passando a incluir a colaboração entre pessoas que talvez nem se conhecessem, mas que compartilhavam um propósito comum como habitantes da mesma cidade – obediência aos deuses, arte, cultura, cerimônias e regras de comportamento. Isso estava profundamente ligado ao sistema de governo centralizado, que fundia dois poderes que hoje encaramos como separados, Igreja e Estado, mas que em Uruk podia ser concebido como apenas um. A sofisticação de Uruk cresceu a partir de sua complexidade, sustentada pela diversidade de talentos e ofícios em seu meio. A cidade cresceu mais do que qualquer outro assentamento anterior. Para facilitar sua atuação, ou por propensão natural, os artesão se instalavam em uma parte da cidade, os açougueiros em outra, os administradores em outra, e assim por diante. Com a diversificação de Uruk em setores concentrados, as interligações entre eles também aumentaram, assim como uma mente sadia integra funções diversificadas. Uruk também era extremamente conectada a uma rede muito mais ampla de comércio e intercâmbio cultural. E tudo isso era impulsionado pelas calorias excedentes de um sistema agrícola cooperativo, conectado e controlado.

A invenção da cidade foi um momento-chave na evolução da civilização. Foi isso que permitiu que as pessoas se especializassem como nunca antes, acelerando o desenvolvimento de música, arte e literatura. Mas isso também teve seu lado sombrio. Os líderes citadinos descobriram que suas capacidades organizacionais recém descobertas e seu poder de comandar seus concidadãos podiam ser arregimentados para fins bélicos. Passados 500 anos da fundação de Uruk, cidades estavam organizando exércitos com o objetivo específico de conquistar umas às outras.

Cidades emergem pelo mundo

A jornada da humanidade, desde um pequeno bando de *Homo sapiens* vivendo nas savanas do sul da África até a primeira cidade do mundo, Uruk, seguiu em frente.

Além das primeiras cidades na Suméria, há seis outros lugares ao redor do mundo onde antigas cidades emergiram: o vale do Nilo, no Egito; o vale do Indo, na Índia; pela extensão do rio Amarelo, na China; no Vale do

México; nas florestas da Guatemala e Honduras; e na costa e nas montanhas do Peru. Muitas inicialmente foram projetadas para se alinharem com o Sol, com a Lua e as estrelas, ou com alguma forma de geometria sagrada. E em todas as instâncias, seu desenvolvimento avançou pela trajetória dos nove cês.

O urbanismo da Mesopotâmia se espalhou rapidamente rumo ao sul até o Egito, e rumo ao leste até o vale do Indo. A civilização de Harappa se desenvolveu ao longo das margens do rio Indo e de seus tributários, localizados naquilo que hoje é o leste do Afeganistão, o Paquistão e o noroeste da Índia. Seu crescimento foi motivado pelo comércio. Os harappianos construíram os mais impressionantes sistemas de docas entre todas as civilizações antigas, conectando as civilizações ocidentais do Egito, Creta e Mesopotâmia às orientais ao longo do Ganges. A cidade de Harappa e outras que logo se seguiram possuíam os sistemas sanitários mais avançados do mundo à época, com cada casa dispondo de seu próprio poço, recintos distintos para higiene e drenos revestidos de ladrilhos de argila para transportar o esgoto pelas ruas. Na verdade, existem hoje centenas de milhões de pessoas na Índia (e em outros locais pelo mundo) que não dispõem de sistemas sanitários tão bons.

No vale do Indo, o Grande Corredor se encontrava com o que mais tarde veio a se tornar um ramo da Rota da Seda, o caminho comercial através das Montanhas Pamires e até a China.

A evolução da cidade chinesa da harmonia

Como as primeiras cidades da Mesopotâmia, cidades da China surgiram pela primeira vez ao redor de um local espiritual, o Bo, um umbigo sagrado conectado a poderes generativos do universo, a partir do qual acreditava-se que a vida havia emergido. As cidades chinesas eram projetadas para maximizar o fluxo de energia divina, ou *qi*, através do Bo, conectando humanos ao céu e à terra.

Os primeiros vilarejos chineses surgiram por volta de 3000 a.C., desenvolvendo-se a partir da cultura neolítica Yangshao que se espalhou pelo baixo vale do rio Amarelo próximo à costa leste da China. A cultura Yangshao estava impregnada de tradições antigas da cosmologia, geomancia, astrologia e numerologia, práticas que buscavam descrever a ordem embasadora do universo, e alinhar as atividades humanas a tal ordem. Bànpô, o primeiro grande assentamento da região de que se tem notícia, logo a oeste da atual Xi'an, não passava de um típico povoado com suas cabanas de pau a pique e telhados suspensos de palha. Porém, por volta de 4000 a.C., Bànpô começou a se distinguir pela construção de um grande pavilhão central, da mesma forma que as comunidades de Uruk na Mesopotâmia se organizavam em torno de um templo central. O pavilhão de Bànpô era cercado por cerca de 200 casas, cujas portas se alinhavam com o Sol durante o solstício de inverno. Isso não apenas trazia benefícios cosmológicos como também ajudava na obtenção passiva de aquecimento a partir da energia solar.

Os chineses acreditavam que a fertilidade da terra dependia da harmonia com seus ancestrais e com seus ossos sepultados. O *feng shui*, as regras geománticas da ordem, foi descrito pela primeira vez no *Livro do Sepultamento*, que explicava como alinhar casas, cidades e túmulos a fim de manter a harmonia. O Céu era representado por um círculo girando em torno de uma Terra quadrada subdividida em nove círculos.

Essa forma em nove quadrados tornou-se a geometria fundamental de todo o planejamento chinês. Todas as fazendas, por exemplo, eram divididas em nove quadrados. Oito agricultores recebiam cada um o direito a cultivar um dos quadrados por si, juntamente com a responsabilidade coletiva pelo nono quadrado, o do imperador. A produção agrícola desse quadrado central era transportada até um grande celeiro situado na praça central de um vilarejo próximo formado por nove quadrados, e dali ia até a praça central de uma capital regional, percorrendo seu trajeto até a maior cidade imperial. A forma de nove quadrados ordenava o fluxo de calorias, bem como o poder político e espiritual, de e para o centro.

Cerca de 800 anos após a fundação da rede de cidades independentes de Uruk, o Grande Imperador Amarelo, Huang Di, desenvolveu o primeiro

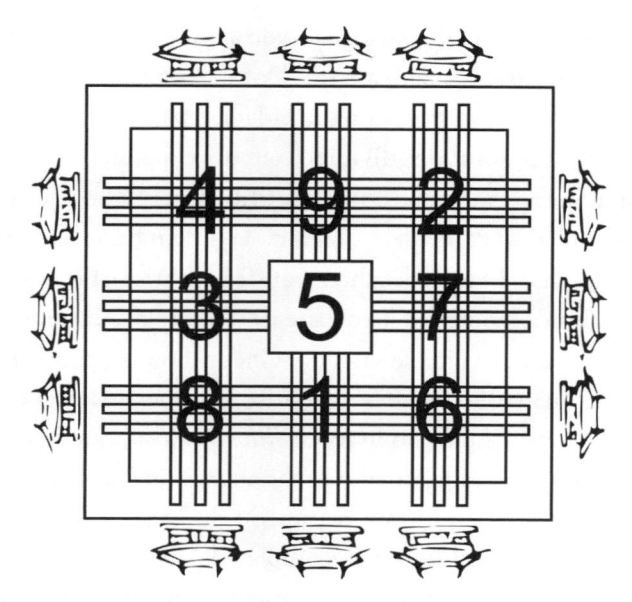

O Sistema Chinês dos Nove Quadrados ou Quadrados Mágicos: Na antiga cidade chinesa, o palácio situava-se sempre no centro geométrico, no quadrado 5, circundado por fortificações para formar o centro da cidade. Os templos dos ancestrais eram colocados no quadrado 7; os templos das lavouras e dos grãos, no quadrado 3; e o pavilhão para audiências com o público, no quadrado 1. O mercado ficava no quadrado 9. Cada lado da cidade contava com três portões. Esse padrão era reproduzido em várias escalas, desde a organização de uma simples casa até a nação. *(Alfred Schinz,* The Magic Square: Cities in Ancient China *[Stuttgart: Axel Menges, 1996])*

estado centralizado do mundo. Ele também descobriu o magnetismo, construiu um observatório para acompanhar a trajetória das estrelas, aprimorou o calendário e alocou terras de uma maneira mais equânime. Ele moderou a harmonia de seus domínios padronizando unidades de medida, patrocinou a invenção da escrita chinesa e propagou um código legal por todo seu império.

O palácio de Erlitou, o mais antigo da China, foi construído por volta de 1900 a.C., na confluência dos rios Lou e Yi, um local sagrado conhecido como Descampado de Xia. Terrenos triangulares na confluência dos rios eram considerados como especialmente plenos de energia espiritual, férteis para a agricultura e para a procriação humana. O Descampado de Xia marcava o centro da Terra de nove quadrados, onde o *qi* divino fluía a partir do Imperador Jade aos céus para a terra. O imperador divino residia no centro da cidade, radiando *qi* por toda sua cidade e para além de seus portões, pela vastidão de seus domínios divididos em nove quadrados.

A dinastia Shang caiu em 1046, substituída pela Zhou, uma mudança disruptiva que foi vista como perturbadora da ordem harmoniosa do universo. Para restaurá-la, o Duque de Zhou transferiu a aristocracia, os estudiosos e os artesãos de sua residência na cidade de Yin até o Descampado de Xia, onde projetou uma nova cidade sagrada, Chengzhou, a primeira totalmente planejada da China (1036 a.C.). Mais tarde, os princípios para a construção da cidade foram codificados no livro *Os Ritos de Zhou*, que se tornou a base de todo o subsequente planejamento urbano na China antiga, até o momento em que os europeus invadiram o Império do Meio.[19] A reconstrução de Pequim como uma capital imperial, completada em 1421 d.C., obedeceu às mesmas regras de desenho urbano que moldaram Zhou quase 2.500 anos antes. As cidades chinesas do século XXI seguem o mesmo sistema rígido de malha urbana. Infelizmente, o objetivo vem sendo o de promover torres em meio a um parque, e isso carece da integração elegante dos antigos sistemas chineses. Cidades chinesas contemporâneas, planejadas para facilitar a expansão implacável de elevadíssimas torres residenciais e de escritórios, têm mais a ver com a Cidade Funcional de Le Corbusier do que com os Ritos de Zhou.

El Mirador

O desenvolvimento das cidades seguiu se desdobrando pelo mundo. A cultura maia emergiu por volta de 2000 a.C., abrangendo a Península de Yucatán ao leste, a zona montanhosa de Sierra Madre, a atual região sul da Guatemala e o território de El Salvador e as planícies costeiras do Pacífico. Os maias se tornaram cada vez mais sofisticados, chegando a alcançar entre seis e 15 milhões de pessoas em cidades-estados espalhadas pela América central, mas entrando em completo colapso por volta de 900 d.C. Atualmente, os únicos vestígios restantes são as ruínas de cidades espetaculares, cobertas por mato e por florestas que cresceram sobre elas.

Um combustível decisivo para o sucesso maia foi o cultivo de milho, cujo alto conteúdo calórico sustentou o acelerado crescimento populacional e suas complexas estruturas urbanas e sociais. Os agricultores maias complementaram a cultura do milho com feijões, abóbora e cacau, cultivados em terraços nivelados e fertilizados com lama de pântanos vizinhos. Os maias construíram suas cidades na junção de diversas rotas comerciais, o que permitia ao seu rei e a suas famílias favorecidas controlarem e lucrarem com o comércio da região. Conforme os maias enriqueciam, seu sistema social migrava de uma rede de clãs agrícolas locais para uma organização mais complexa que incluía um sistema hierárquico de classes e uma religião que integrava observações astronômicas precisas com mitologias e cerimônias complexas.

Os maias inventaram um sistema de escrita hieroglífica e foram o primeiro povo do mundo a desenvolver o conceito de zero. Matemáticos sofisticados, eles também desenvolveram um calendário extremamente preciso, além de cálculos astronômicos complexos dos padrões mais amplos do universo. Eles aplicaram seu conhecimento sobre proporções cósmicas na criação de planos para suas impressionantes cidades, organizadas em torno de grandes passeios públicos alinhados aos raios de Sol no equinócio. Esses passeios públicos também estavam conectados a monumentais pirâmides de pedras cujas proporções matemáticas refletiam aquelas dos planetas.

Com o crescimento das cidades maias, elas se espraiaram para os vales e encostas vizinhos, derrubando árvores e nivelando terraços de cultivo em aclives. Para aumentar a produção da lavoura, seus agricultores desenvolverem sistemas extensivos de reservatórios, canais, diques e represas que sustentaram a civilização por um período incrivelmente longo.

El Mirador, uma das primeiras grandes cidades-estados maias, ocupava 16 km^2, uma área um pouco maior do que a atual Miami, na Flórida. Ela foi construída de acordo com um plano rigoroso de alinhamento com o trajeto do Sol, e cada edificação tinha fachada de pedra revestida de reboco de argila e decorada com pinturas expressivas de símbolos sagrados e máscaras. No seu auge, a capital, na qual residiam 200 mil pessoas, fazia parte de uma cadeia de cidades politica e economicamente interligadas em uma região com 1 milhão de habitantes.[20]

Então, de uma hora para outra, após 1.800 anos de sucesso extraordinário a civilização maia entrou em colapso.

A queda dos maias

Foram cinco os fatores que contribuíram para o colapso dos maias: secas, tumultos sociais devido à desigualdade, parceiros comerciais enfraquecidos, doenças epidêmicas e degradação ambiental. Em seu livro *Colapso*, o antropólogo Jared Diamond observa que cada um desses fatores é uma megatendência com a qual deveríamos nos preocupar hoje, e cada uma delas é exacerbada pelas mudanças climáticas.

A rápida expansão das cidades maias no século anterior ao colapso custou caro para os camponeses. Ao escavar cemitérios, o arqueólogo David Webster observou que os ossos da classe dominante maia ficaram progressivamente maiores e mais pesados, enquanto os ossos dos camponeses ficaram mais atrofiados.[21] Essa crescente lacuna entre comandantes e comandados abalou o contrato social da civilização, erodindo a confiança. Quando o império maia entrou em declínio devido a pressões ambientais e econômicas, o tecido social se desmantelou, e em muitas cidades os camponeses e trabalhadores se insurgiram em revolta.

O crescimento econômico maia vinha sendo alimentado pelo comércio com cidades-irmãs. No início do século VII, uma importante parceira comercial ao norte, a cidade asteca de Teotihuacan, então a maior cidade na rede de comércio maia, entrou em colapso, muito provavelmente devido a distúrbios internos. A perda de uma parceira comercial importante levou El Mirador a várias décadas de grave recessão; a economia maia acabou se recuperando, mas a queda de Teotihuacan foi um prenúncio do futuro reservava.

As cidades maias apresentavam uma forte interconexão, e não podiam mais funcionar de modo independente.

Imaginamos que os maias moravam nas florestas. Na verdade, a maior parte do território situava-se num deserto sazonal com precipitação limitada. Indícios arqueológicos provenientes de anéis de troncos de árvore indicam que, a partir do século IX, o clima começou a mudar, causando uma seca considerável. Os reservatórios maias continham um suprimento suficiente para 18 meses, o que era adequado, contanto que as chuvas caíssem todos os verões; porém, assim que o clima mudou, elas deixaram de ser generosas o bastante para evitar as secas. Uma prolongada seca atingiu primeiro as cidades mais secas ao sul, mas então se espalhou para o norte, vindo a afetar a civilização maia inteira. À medida que cada nó na economia interconectada entrava em declínio, o sistema como um todo se enfraquecia ainda mais.

A crescente população maia também ultrapassou o ritmo de suas tecnologias agrícolas. Seus solos exauridos produziam alimentos menos nutrientes, acelerando a propagação de doenças. Recursos preciosos necessários para o bem comum eram alocados para glorificar os ricos. Florestas foram derrubadas para alimentar fornos usados na fabricação de cal usada para recobrir as edificações com camadas de decorações extravagantes. Isso deixou os solos argilosos expostos, o que facilitou os deslizamentos de terra nas encostas desmatadas, assoreando os reservatórios pantanosos das cidades e reduzindo sua capacidade quando mais eram necessários.

Os maias eram brilhantes e sofisticados na construção de cidades. Eles fizeram avanços consideráveis na matemática e na ciência, mas não conseguiram adaptar seus sistemas de governo e práticas culturais a mudanças nas circunstâncias. Mudanças climáticas, secas, consumo conspícuo, elevação da desigualdade de renda, dependência de uma vasta rede de comércio, uma ecologia degradada, doenças epidêmicas e a incapacidade do sistema alimentar de acompanhar o ritmo: tudo isso contribuiu para o colapso da civilização maia, e cada um desses agentes segue em plena atuação no mundo atual. Como os maias, dispomos das ferramentas intelectuais para entendermos as megatendências que dão origem ao crescimento das cidades e que levam a seu colapso. E como os maias, estamos deixando de agir. A pergunta que os líderes das nossas cidades têm de responder é: o que é preciso para transformar informações em compreensão, e então em mudança? Será que nossa cultura contemporânea está mais apta a alterar seu curso do que os maias, que se lançaram de cabeça rumo a sua ruína?

Evolução convergente

Essa questão nos leva um passo adiante na indagação. Teria sido inevitável a evolução da cultura humana pelo trajeto dos nove cês até as cidades? O escritor e filósofo da tecnologia Kevin Kelly observa que, na evolução natural, estruturas como o olho se desenvolvem por um amplo leque de espécies, desde insetos até peixes e mamíferos, Nas palavras de Kelly: "Como a mesma estrutura aparece repetidas vezes e aparentemente do nada – como um vórtice que surge de instantâneo a partir de moléculas de água descendo por um ralo – essas estruturas têm de ser consideradas como inevitáveis... Essa atração a formas recorrentes é denominada evolução convergente".[22]

O surgimento das cidades nas sete terras natais da cultura humana obedece a um padrão similar, desdobrando-se pelo trajeto dos nove cês. Todas elas foram fundadas em lugares relevantes em termos espirituais, percebidos como portais para o poder formador do universo ou um deus específico. Comunidades sedentárias tiveram início como sociedades cooperativas, voltando-se a líderes que eram responsáveis pela manutenção da harmonia entre poderes divinos, campos férteis e o comportamento das pessoas. Elas foram impulsionadas por tecnologias agrícolas, e cresceram com o comércio que promoveu conexões entre protocidades. Conforme essas redes foram ficando mais complexas, seus nós citadinos ficaram mais densos, mais concentrados, mas também mais diversos. Essa combinação de conectividade, concentração e diversidade deu origem a mais complexidade, o que exigiu culturas e sistemas de controle mais sofisticados para mantê-las crescendo coerentemente entre rigidez e caos.

Ainda encontraremos os nove cês muitas vezes ao longo de nossa exploração das cidades. Eles representam as condições para a evolução convergente das cidades. E esses são os elementos que devem ser equilibrados pela coerência.

Priorização do bem-estar bem temperado

Este capítulo está impregnado por nosso mito contemporâneo da criação, a história da evolução. Trata-se de uma visão de mundo embasada pela ciência, e ainda assim, como os mitos fundadores das cidades antigas, está repleta de admiração e assombro, numa tentativa de explicar o extraordinário aspecto gerador da natureza. E temos outro mito, nossa crença no poder seletivo dos mercados, da autodeterminação econômica que transformou nossas cidades em caldeirões de oportunidade. Mas esses fios soltos não foram tecidos entre si com habilidade. O modelo econômico das cidades pelo mundo está em desalinho com o mundo natural em que elas estão integradas. E a vida moderna está repleta de estresse e ansiedade. Alcançamos pouco da harmonia que os antigos buscavam. Cidades contemporâneas só agora estão começando se perguntar o que é o verdadeiro bem-estar e como podemos conquistá-lo.

Cidades modernas operam sob uma teoria econômica que tem menos de 300 anos de história, e nossa teoria da evolução tem menos de 150, então ainda não compreendemos por completo suas implicações. Ainda não desenvolvemos um *meh* globalizador para energizar nossas cidades, para permeá-las com uma visão de mundo que alinhe nossos avanços econômicos, tecnológicos e sociais com o bem-estar dos humanos e da natureza. Os antigos reconheciam que a conquista de tal harmonia era de sua responsabilidade. Nós não reconhecemos. Pelo menos, ainda não.

O primeiro passo na conquista da harmonia é a coerência, que só pode ser alcançada mediante a integração de todos os sistemas de *meh* das nossas cidades. Assim como o temperamento que integrou os 24 tons do recém desenvolvido teclado em um único sistema musical ligado por escalas, nossas cidades precisam de sistemas integrativos que forneçam todas as regras e regulamentos, sistemas sociais e incentivos econômicos com um conjunto comum de metas e uma mesma linguagem operacional comum.

Uma das maneiras mais significativas de nossas cidades integrarem suas várias partes é por meio do planejamento. Esse é o aspecto da coerência ao qual nos voltaremos a seguir. E, mais uma vez, nos socorremos na história, na qual encontramos os fragmentos do DNA que irão se combinar, evoluir e nos levar até a cidade moderna.

CAPÍTULO 2

Planejamento visando ao crescimento

O urbanismo de Uruk e de sua rede mesopotâmica se espalhou pelo Grande Corredor, a oeste rumo à Itália, a leste através da área harapana do Indo até a China e ao sul até o Egito ao longo do Nilo.

A cidade egípcia de Mênfis foi fundada em 3100 a.C. onde o rio Nilo flui para um delta vasto e fértil, 400 quilômetros ao sul da futura cidade de Alexandria. Em 2250 a.C., enquanto as cidades mesopotâmicas entravam em declínio, Mênfis se tornou a maior cidade do mundo. Acredita-se que tenha sido a primeira cidade com bairros extremamente diferenciados: no oeste, as pirâmides extraordinárias construídas como necrópoles para os governantes da cidade; no centro, templos, santuários, cortes cerimoniais e casernas, todos servindo a corte real. Em torno disso ficavam os *temenos* – áreas sagradas delimitadas por muros, reservadas a reis e sacerdotes, e que serviam de caminhos, conectando prédios cerimoniais e oferecendo locais de contemplação e reflexão. Tais *temenos* incluíam bosques sagrados, os primeiros jardins urbanos de que se tem notícia.

Mênfis também era uma cidade voltada ao comércio. Seu distrito portuário ladeava o Nilo, conectado à cidade por estradas e canais A cidade também contava com bairros especializados em certos ofícios, onde artigos extraordinários eram produzidos tanto para o comércio quanto para a decoração de edificações reais. Esses bairros eram cercados por áreas residenciais e mercados, que se espalhavam de modo indiscriminado para trabalhadores e escravos.

As ruas de Mênfis, como aquelas de todas as primeiras cidades, eram dispostas de modo a obedecerem a uma topografia natural. Foi apenas a partir de 2600 a.C. que as malhas urbanas em grelha surgiram nas cidades harapanas do vale do Indo. A partir de então, o conceito não demorou a se difundir.

Os primeiros códigos

Como vimos, as primeiras cidades costumavam apresentar um formato físico claramente delineado; na verdade, sua configuração muitas vezes era regulamentada com mais rigor do que nas cidades atuais. Centradas em locais de veneração, essas cidades foram planejadas para refletir a ordem básica da natureza e para impor ordem humana a ela. As cidades seguiram crescendo em tamanho e complexidade. Com a ascensão das grandes capitais de Mênfis no Egito e da Babilônia na Assíria, nem as proporções sagradas nem as ferramentas mundanas de planejamento, como a planificação das ruas em malhas e os bairros diferenciados, foram suficientes para acomodar seu crescimento de modo coerente. Algo mais se fazia necessário.

Após o grande rei amorita Hamurabi ter conquistado a antiga cidade de Babilônia no século XVII a.C., ele a reconstruiu segundo um padrão de malha viária. A partir dessa cidade poderosa, Hamurabi expandiu seu alcance ao longo do rio Eufrates para unir todo o sul da Mesopotâmia sob seu governo. À época, Babilônia era a maior cidade do mundo, e dentro de seus muros pessoas de muitas tribos e regiões viviam de acordo com suas morais e costumes. Para integrá-las como um mesmo povo babilônico, Hamurabi criou um código unificado a ser obedecido por todo o seu povo.

O código de Hamurabi se inicia narrando o chamado divino do rei, e sua responsabilidade de levar justiça a suas cidades:

> Quando Marduk me enviou para governar os homens, para implantar a justiça na terra, o fiz com correção e retidão [...] e trouxe bem-estar aos oprimidos.
> Os grandes deuses me convocaram, eu sou o pastor que traz a salvação, cujo séquito é correto, a boa sombra que se espalha sobre minha cidade; no meu peito, prezo pelos habitantes da terra da Suméria e da Acádia; no meu abrigo, deixei-os repousar em paz; em minha profunda sabedoria, os acolhi. Para os fortes não machucarem os fracos, a fim de proteger as viúvas e os órfãos, tenho na Babilônia

a cidade onde Anu e Bel erguem alto suas cabeças, em E-Sagil, o Templo, cujos alicerces mantêm-se firmes como o céu e a terra, a fim de evidenciar justiça no território, resolver todas as disputas e curar todas as feridas, que restem estas minhas preciosas palavras, escritas em minha pedra memorial, perante a minha imagem, como rei da retidão então Anu e Bel clamaram por meu nome, Hamurabi, o príncipe excelso, que temeu a Deus, para implantar o governo da retidão no território, para destruir os iníquos e praticantes do mau; para que os fortes não prejudiquem os fracos; para que eu governe o povo de cabeça preta como Shamash, e ilumine a terra, para aumentar o bem-estar da humanidade.[1]

Nossas cidades atuais bem que se beneficiariam de uma missão como "assegurar que os fortes não prejudiquem os fracos [...] para resolver todas as disputas, e curar todas as feridas [...] para aumentar o bem-estar da humanidade"!

Em 1745 a.C., quando o código foi escrito, o estado babilônio era formado por povos de muitas tribos e regiões. Cada tribo desenvolvera costumes que faziam sentido para seus nichos ecológicos e sociais, dando origem a uma ampla gama de hábitos e normas. Charles Horne, um jurista norte-americano do início do século XX,[2] postulou que o código de Hamurabi não foi o primeiro do seu gênero, e sim um importante marco transitório, a substituição de uma ampla variedade de códigos orais locais por um código universal por escrito. Ao criar um código-mestre redigido, e ao inscrevê-lo em colunas de pedra situadas no coração da cidade, Hamurabi criou um referencial temperador para culturas diversas – uma maneira de fazer muitos povos diferentes se unirem como babilônios, sob uma identidade unificadora e um sistema comportamental unificadores. Desde então, cidades poderosas prosperaram ao integrar culturas diversas em uma só mais coerente. Essa foi uma chave para o sucesso de uma cidade moderna como Nova York, que funciona como um caldeirão cultural para ondas de imigrantes, e onde recém-chegados, sejam vindos de Paris, Texas, ou Paris, França, rapidamente sentem-se como nova-iorquinos.

Por volta de 1500 a.C., com o desenvolvimento de embarcações capazes de singrar longas jornadas e de transportar grandes cargas, os centros de gravidade do urbanismo penderam para os litorais. Um novo corredor emergiu ao longo do Oceano Índico, conectando o Sudeste Asiático, Sri Lanka, o vale do Indo e o Oriente Médio. A proeminência das cidades litorâneas portuárias cresceu, enquanto a das interioranas declinou. Os fenícios, os primeiros grandes navegadores mediterrâneos, dominaram o comércio litorâneo até serem conquistados pelos gregos, que eram não apenas excelentes navegadores e comerciantes como também exímios construtores de cidades.

A ágora: integração de democracia e comércio

O filósofo grego Aristóteles descreveu Hipódamo, que viveu de 498 a 408 a.C., como o primeiro planejador urbano, ignorando milênios de planejamento citadino que o precederam. Porém, ainda que a grelha urbana já fosse usada milhares de anos antes dele no planejamento de cidades, Hipódamo descreveu e codificou seu uso com tamanha precisão que as grelhas modernas como o de Manhattan ainda são chamadas de planos hipodâmicos. Hipódamo também nutria um profundo interesse pela cultura, pelo funcionamento e pelas economias das cidades. Ele concluiu que a cidade ideal devia ser composta de 10 mil pessoas divididas em três classes: guerreiros, artesãos e agricultores. Prenunciando códigos modernos de zoneamento, ele propôs que o território de uma cidade fosse dividido em três zonas – pública, privada e sagrada – e então organizadas em bairros claramente definidos.

Em 479 a.C., após os gregos terem derrotado os persas na Batalha de Maratona, eles capturaram a cidade de Mileto, na costa mediterrânea, atual território da Turquia, e convocaram Hipódamo para reconstruí-la como uma cidade grega. Seu objetivo era colocar em prática um projeto que fosse ao mesmo tempo democrático, majestoso e gracioso. Que aspiração maravilhosa! Quando cidades declaram suas metas mais ambiciosas, isso parece torná-las mais alcançáveis. Singapura, por exemplo, aspira a ser "um lar habitável e encantador, uma cidade vibrante e sustentável, uma comunidade ativa e afável", Medellín se autoproclama "uma cidade viva, baseada em equanimidade, inclusão, educação, cultura e coabitação cidadã", Trondheim, na Noruega, aspira à "Qualidade e Igualdade", enquanto Saskatoon aspira a ser apenas "Capital do Minério de Potássio do Mundo".

Hipódamo projetou Mileto com uma grelha de ruas amplas e um vasto espaço aberto – a *ágora*, ou mercado público – no centro da cidade, a ser usado para atividades tanto cívicas quanto comerciais. A palavra grega "agora" tem duas raízes, *agorázô*, que significa "eu compro", e *agoreúô*, que significa "falo em público". A ágora de Hipódamo integrava ambos. Quatro vezes por mês, assembleias democráticas eram organizadas na ágora a fim de determinar questões de Estado. Tribunais davam de frente para ela, assim como teatros e templos, e cada centímetro livre junto à colunata não dedicado a funções públicas era repleto de barracas de feirantes. Na Grécia antiga, democracia e comércio estavam intimamente interligados. A ágora era a raiz do capitalismo democrático.

Como Hipódamo acreditava que a inovação e o comércio estimulavam a prosperidade, ele desenvolveu um código citadino que concedia a primeira patente do mundo para inovações e ideias. No entanto, como Hipódamo também reconhecia o papel importante que uma cidade vital cumpria na criação de uma cultura de inovação, seu código dividia os proventos dessas patentes entre o inventor e a cidade.[3] Hoje, cidades com San Francisco são caldeirões de inovação, mas sua prosperidade também contribui para uma enorme e perturbadora desigualdade de renda entre o pessoal da tecnologia e os demais. Um modesto imposto hipodâmico sobre as patentes ajudaria a reduzir a desigualdade imobiliária que a inovação exacerba.

A fundação de Alexandria

A Grécia antiga não era nem um império nem uma nação. Na verdade, era uma vaga associação de cidades-estados ambiciosas que partilhavam sistemas religiosos e políticos e uma língua comum, e que comercializavam e competiam entre si. A Grécia que imaginamos emergiu dessas interações; não havia qualquer governo central da Grécia. Isso começou a mudar em 338 a.C., quando Filipe da Macedônia formou a Liga de Corinto, uma federação de cidades e estados gregos, para combater os persas. Quando Felipe foi assassinado, em 336 a.C., seu filho Alexandre, então com 21 anos, assumiu o comando, e marchou rumo a leste com um exército conquistador para a Pérsia e além.

Em seu caminho, Alexandre, o Grande, construiu uma série de cidades para solidificar suas vitórias bélicas e para glorificar o próprio nome. Muitas foram batizadas como Alexandria, mas foi a cidade portuária do Egito, fundada em 331 a.C. para conectar a riqueza agrícola egípcia com as cidades da Grécia e da Macedônia, que permaneceu como sua maior realização. Para construí-la, Alexandre nomeou seu amigo (e segundo alguns, seu amante) Dinócrates de Rodes como seu planejador urbano. Reconhecendo a necessidade de que uma cidade de agricultores prosperasse, Dinócrates situou Alexandria nas planícies férteis da costa egípcia. Ali, ele projetou a cidade segundo uma grelha urbana adjacente a um amplo porto seguro, e convocou engenheiros para projetar seus sistemas de água e esgoto.

Por mais de mil anos, Alexandria foi não apenas a capital do Egito e um importante centro comercial como também célebre por todo o mundo antigo por sua extraordinária biblioteca. Alexandre, que na juventude tivera Aristóteles como seu tutor, decidiu deliberadamente fazer da cidade a capital mundial do conhecimento. A missão da biblioteca era obter todo e cada livro existente no mundo, copiá-lo e traduzi-lo para o grego, reunir os maiores estudiosos da época para compilar e analisar seu conteúdo e ensinar o que haviam aprendido com eles.

O departamento de aquisições da biblioteca de Alexandria viajava extensamente para comprar livros, mas também costumava confiscar qualquer livro que uma embarcação ou um viajante trouxesse para dentro dos limites da cidade. Depois de preparar uma cópia de um dia para o outro em seus vastos *scriptoriums*, a biblioteca mantinha o original e devolvia a cópia para o dono do exemplar. Para dar conta de tantas cópias, Alexandria se tornou uma importante fabricante de papiro, um clássico exemplo de um centro de conhecimento também desenvolvendo tecnologias para armazenamento e disseminação de conhecimento.

O sistema foi bem-sucedido, produzindo intelectuais como Arquimedes, Aristófanes, Erastóstenes, Herófilo, Estrabão, Zenódoto e Euclides, que, em 300 a.C., desenvolveu aquilo que ficaria conhecido como geometria euclidiana. O sistema de medição de Euclides, com seus métodos para calcular ângulos e áreas, estabeleceu a base de boa parte do planejamento urbano que estava por vir. Em 200 a.C., Alexandria era a maior cidade do mundo, uma vibrante urbe comercial que conectava a Grécia a mercados tão longínquos quanto a Índia. Tratava-se de um exemplo soberbo de uma cidade que integrava poder, comércio e conhecimento.

Os dez livros da arquitetura

A confederação grega era um tanto peculiar, com cidades mudando de alianças sem parar, e, quando os romanos unidos a oeste foram ficando mais fortes, começaram a conquistar territórios vizinhos para abastecer seus exércitos e cidades em crescimento. Os gregos, enquanto isso, haviam contratado mercenários para tomar conta de suas atividades militares. Por que lutar quando você pode passar seus dias na ágora e suas noites no teatro? De início, os romanos forneceram exércitos para as diversas facções gregas belicosas, mas em 197 a.C., Roma começou a manter para si os territórios que suas legiões estavam conquistando, e em 146 a.C., com a queda de Corinto e de Cartago, a Grécia se tornou um território romano.

Conforme o Império Romano se expandia, precisava de um referencial de planejamento a fim de integrar a ampla gama de cidades conquistadas. No século I a.C., Vitrúvio, que começara sua carreira projetando máquinas de guerra para as forças armadas, escreveu *De architectura*, os *Dez Livros da Arquitetura*, estabelecendo por séculos e séculos a estrutura básica de boa parte do desenvolvimento urbano romano. O planejamento romano previa uma infraestrutura centralizada para água fresca, esgoto cloacal e pluvial; uma grelha viária conectada a estradas intermunicipais; quarteirões urbanos facilmente divisíveis; distritos cívicos e comerciais centrais; zonas separadas definidas por uso, e muitas vezes por classes; padrões de construção para garantir a segurança dos usuários; docas, armazéns e outros componentes da economia e do comércio; anfiteatros para entretenimento; e templos para infundir na cidade sua religião e cultura. O sistema romano integrava todos os elementos das cidades em um todo extremamente funcional, e facilitava a assimilação de cidades que iam das Ilhas Britânicas à Babilônia ao império maior.

Vitrúvio é lembrado por ter descrito os atributos mais importantes de uma edificação como sendo *firmitas*, *utilitas* e *venustas*, ou seja, resistência estrutural, função e beleza. E apenas compreendendo a natureza, Vitrúvio

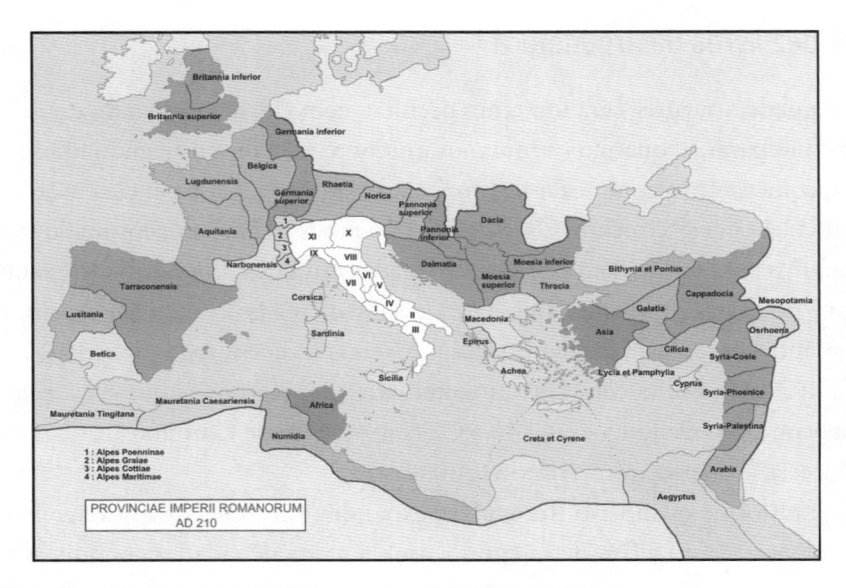

O Império Romano e suas províncias em 210 d.C. *(Mandrak)*

acreditava, é que um desenvolvedor urbano é capaz de entender a beleza. Os atributos de Vitrúvio ainda são lecionados aos arquitetos.

Sistemas oriental e ocidental de pensamento

Desde os primórdios da civilização, duas maneiras bastante distintas emergiram para entender o mundo e o papel que os humanos desempenham nele: a ocidental e a oriental. Esses dois sistemas deram origem a formas bem diferentes de planejar cidades, influenciando profundamente o modo como as encaramos hoje. A visão de mundo ocidental nasceu na Mesopotâmia, foi forjada na Babilônia, avançou com os filósofos gregos e foi sistematizada, racionalizada e difundida pelos romanos.

Já a visão oriental emergiu pela primeira vez no vale do Indo e foi levada adiante pelos chineses ao longo do rio Yangtzé, antes de se difundir mais a leste para o Japão e a Coreia, e mais ao sul para a Indochina e o Pacífico.

Os gregos acreditavam que o mundo era formado por unidades individuais fundamentais chamadas de átomos, que obedeciam a regras de combinação que governavam o modo como toda a matéria se manifestava. Essa visão de mundo deu origem à física, à astronomia, à lógica, à filosofia racional e à geometria, que formaram a base do planejamento urbano ocidental. Seu resultado político foi a democracia, na qual unidades básicas, indivíduos com livre-arbítrio, podiam optar por atuarem a sós ou em consonância. A moralidade cívica surgiu a partir de acordos coletivos estipulados por indivíduos, não por uma esfera superior. (Na verdade, seus deuses muitas vezes não eram modelos lá muito bons de moralidade.)

Os chineses, em contraste, acreditavam na agência coletiva em vez de no livre-arbítrio; indivíduos encontravam-se unidos uns aos outros por meio das obrigações sociais e ancestrais, e o mundo se desdobrava por meio de uma harmonia alcançada pelo equilíbrio das energias de cinco elementos: madeira, fogo, terra, metal e água. Esse sistema não refreou os chineses com relação ao desenvolvimento de tecnologias avançadas, como o estribo e a pólvora, que revolucionaram a guerra; eclusas, que tornaram os canais possíveis; construção naval e sistemas de navegação, que abriram as rotas marítimas para navegadores chineses; cartografia; imunização; perfuração de poços profundos; e muitas outras; porém, tal sistema preparou o terreno para a crença chinesa no destino coletivo e sua desconfiança quanto ao individualismo.

A visão grega segundo a qual objetos e ações funcionavam de forma independente entre si deu origem ao conceito de que os humanos e a natureza estão relacionados mas separados, e que, direcionada por deuses antropomórficos, a natureza tem qualidades similares às humanas, como constância e volubilidade. Já a visão chinesa de que objetos e ações estão profundamente integrados ao seu contexto ecológico deu origem à percepção dos humanos como parte da natureza, concluindo então que a mais alta ambição civilizatória é alcançar harmonia entre eles.

As implicações dos modelos mentais ocidental e oriental para o planejamento urbano

A visão ocidental de um mundo de objetos independentes que obedecem a regras abstratas levou a um sistema baseado em regras para o planejamento urbano, com uma clara separação de seus usos. Isso deu origem à grelha viária, que proporcionou um referencial para o desenvolvimento independente de edificações. Ao criar lotes fáceis de vender, as cidades ocidentais se transformaram em lucrativos empreendimentos imobiliários. Ver o mundo como formado por componentes individuais reunidos de forma modular deu início à Revolução Industrial. Mas o lado obscuro da visão ocidental é que ela não conseguiu enxergar o todo, rotulando qualquer coisa fora de seu domínio como uma externalidade.

Faz tempo que o planejamento ocidental tem dificuldade em equilibrar direitos e liberdades individuais com a responsabilidade coletiva, já que as encara como duas forças em oposição. Em seu caráter integrativo, a visão de mundo oriental levou ao desenvolvimento de planos urbanos como mapas das forças do universo. O resultado foi uma ordem profundamente agradável com pouco espaço para variação, para que a harmonia que se busca manter não seja perturbada. O planejamento urbano chinês situou o palácio, a sede do poder, no centro da cidade. Ali, o imperador atuava como o centro moral de seus domínios, com autoridade absoluta.

Hamurabi e o Duque de Zhou tinham o mesmo objetivo geral: criar um referencial que integrasse muitos povos locais em um todo, uma nação. Ambos alegavam governar com a benção dos céus e assumiam a responsabilidade pelo bem-estar e pela harmonia de seus povos. Mas Hamurabi alcançou sua integração com um conjunto de regras que viam seus súditos como atores individuais dentro de um domínio mais amplo. Já a intenção de Zhou era de integrar seus domínios em um padrão coletivo, composto por escalas aninhadas de comunidades.

Cada uma dessas visões de mundo tem seus pontos fortes e fracos. Para abordar os problemas que nossas cidades enfrentam no século XXI, precisamos de ambas, enxergando o mundo como a física quântica o faz, com a noção de que a luz é ao mesmo tempo uma partícula individual e uma onda coletiva. Para prosperarem e se adaptarem, as cidades precisam reforçar tanto nossa natureza individual quanto coletiva. E é aí que está o valor do primeiro temperamento, que permite que cada nota soe individualmente, mas proporcionando o referencial para integrá-las numa composição musical magnífica e harmoniosa.

A Era Axial

As visões de mundo tanto do Oriente quanto do Ocidente passaram por uma transição radical durante o período notável entre 800 e 200 a.C., uma época que o filósofo alemão Karl Jaspers chamou de Era Axial. Nesse período, o confucionismo e o taoísmo emergiram na China; o hinduísmo, o jainismo e o budismo, na Índia; o judaísmo e o zoroastrismo, no Oriente Médio; e Pitágoras, Heráclito, Parmênides e Anaxágoras desenvolveram o racionalismo filosófico na Grécia. Essa foi uma era em que as obras fundadoras de muitas das religiões mundiais foram escritas – os textos hebreus canônicos que se tornaram a Bíblia Hebraica, os Analectos de Confúcio, o Tao Te Ching, a Bhagavad Gita e os Sutras de Buda.

Pensadores da Era Axial provinham de uma ampla gama de culturas e geografias, mas partilhavam uma busca comum por significado. Ao explorarem a natureza da sabedoria e da compaixão e a mente humana, perguntavam: como o indivíduo se relaciona com o todo? O que é comportamento ético? E como a ética permeia a sociedade?

Essas perguntas surgiram em resposta a um aumento na violência e no materialismo resultante de duas tecnologias que varreram a Eurásia. A primeira foi a associação de arqueiros e bigas, que levou à ascensão de grandes exércitos extremamente móveis por volta de 1700 a.C.. Quinhentos anos mais tarde, a Idade do Ferro produziu armas ainda mais poderosas e destrutivas. Imperadores, gananciosos por terras e poder, deram início a mil anos de guerra contínua. Ao mesmo tempo, a invenção e a ampla difusão de moedas para representar valor estimularam radicalmente o comércio, acelerando o crescimento de riqueza, materialismo e desigualdade.

A consequência dessas duas tecnologias foi um recrudescimento em agressões e sofrimento. Em resposta, os sábios da época saíram em busca de um novo equilíbrio. Ao se voltarem para dentro, eles propuseram métodos para contemplação profunda. Desse estado interior, desenvolveram novos sistemas de pensamento que promoviam disciplina, compaixão pelos outros e a busca por compreender o todo maior.

As religiões e filosofias que emergiram da Era Axial eram bem mais adaptadas ao urbanismo cada vez mais sofisticado de seu período. Elas deram origem a códigos morais que permitiam o funcionamento de sociedades muito mais complexas. Além disso, reforçaram os sistemas de confiança, essenciais para que as pessoas vivessem próximas e comercializassem entre si. Com isso, promoveram a compaixão, um elemento-chave de uma sociedade mais equânime. Como se não bastasse, desenvolveram a ideia de transcendência, a capacidade de um indivíduo experimentar a natureza ulterior do universo. A transcendência eliminou a necessidade de um imperador nomeado pelos céus para atuar como tradutor dos caprichos da natureza e árbitro da sabedoria e da justiça. Essas novas visões de mundo se espalharam pelas grandes rotas comerciais, adubando o solo das cidades.

A ascensão da cidade islâmica

Alterações significativas em visões de mundo, como as promovidas na Era Axial, muitas vezes nascem do caos. Mil anos mais tarde, quando o Império Romano entrava em declínio, o caos foi inevitável. O grande império unificado, mantido estável por poderio político, infraestrutura e um metabolismo voraz, começou a se dissolver em pedaços. Na maioria das vezes, a reação ao caos é o outro extremo, fascismo e decadência. Em 570, o Imperador Justiniano acelerou o fim do império promulgando os códigos justinianos, que impunham uma ordem rígida e autocrática a todo e cada aspecto da cidade de Roma, desde seu formato físico até sua versão do cristianismo, enquanto sua esposa, segundo relatos, praticava atos sexuais em público com animais. O papa Gregório, o Grande, escreveu: "Ruínas sobre ruínas [...] Onde está o senado? Onde está o povo? Toda a pompa de dignatários seculares foi destruída [...] E nós, os poucos que restamos, somos todos os dias ameaçados por tormentos e incontáveis provações".[4]

A incapacidade de Roma de se adaptar às mudanças em suas circunstâncias levou a seu rápido declínio e queda, marcando o início da Era das Trevas na Europa. Mas nas cinzas de Roma, outra civilização emergiu. Em 570 d.C., enquanto Roma pendia entre rigidez e caos, o profeta Maomé nascia na cidade de Meca. Em 622, Maomé partiu em jornada, junto a um pequeno bando de seguidores, de Meca a Medina a fim de espalhar as revelações que viriam a estabelecer as fundações da fé islâmica. Quando, uma década mais tarde, ele morreu, já havia unido a Península Arábica inteira sob o Islã. No ano de 636, adoradores do islã já haviam conquistado o Império Bizantino Oriental, e no ano seguinte, o Islã se espalhou para os atuais territórios do Irã e do Iraque. Em 640, o Islã tomou o poder em Roma, na Síria e na Palestina, e em 642, englobou o Egito, a Armênia e o Turquestão chinês.

Em 718, o Islã reinava sobre a maior parte do território da Espanha e norte da África ao norte da Índia.

A difusão do Islã foi sem dúvida auxiliada pelo colapso de Roma, mas mesmo assim foi incrivelmente rápida. O islá oferecia às cidades que capturava uma visão coerente e integradora, acompanhada por uma liberdade econômica e religiosa que estimulava a diversidade e contribuía para a prosperidade. Antes da chegada do Islã, impunham-se tributos pesados sobre judeus e cristãos para financiar guerras entre bizantinos e persas. Depois que o califado islâmico conquistava uma cidade, reduzia impostos e estimulava o livre comércio ao taxar a riqueza, e não a renda. A Constituição de Medina de Maomé permitia que judeus e cristãos possuíssem suas próprias zonas governadas por suas próprias leis, foros e juízes. Como consequência, eles apoiavam a propagação do jugo islâmico. O Islã substituiu rigidez e caos por um sistema que era flexível, adaptativo, coerente, energizado e estável. Cidades como Córdoba, na Espanha, floresceram, avivadas por uma mescla de pensamento cristão, judeu e islâmico, impregnadas de tolerância, entendimento e colaboração. Faz tempo que o Islã se considera uma religião urbana. Em vez de obedecer à forma estrita das cidades chinesas, as cidades islâmicas obedeciam a um padrão organizacional que era reconhecidamente islâmico, mas flexível o bastante para se adaptar a condições locais. A mesquita principal sempre ocupava o centro da cidade. Adjacente a ela ficava a madraça, uma escola que ensinava matérias tanto religiosas quanto científicas. Nas proximidades da mesquita, sempre podiam ser encontradas agências de serviços sociais, hospitais, banhos públicos e hotéis. Próximo a isso tudo ficava o *suq*, o grande mercado. Aquelas bancas que vendiam itens como incenso, velas, perfumes e livros ficavam mais próximas à mesquita. Em seguida, vinham as que vendiam vestuário, comidas e especiarias. As atividades mais profanas como curtumes, abatedouros e olarias ficavam mais distantes da mesquita, geralmente fora dos muros da cidade.

As cidades islâmicas eram projetadas para se adaptarem à natureza. Suas ruas eram estreitas, para reduzir a exposição ao sol e ao vento, e curvadas de modo a acompanhar a topografia natural da cidade. No sistema moral islâmico, o indivíduo aspirava à modéstia externa, mas resplandescência espiritual interior. Refletindo isso, os lares islâmicos tinham paredes desadornadas e cegas voltadas para a rua, apenas com algumas janelas estreitas. Era obrigatório que tais paredes fossem mais elevadas do que o nível de visão de alguém montado em um camelo, a fim de proteger a privacidade das mulheres, que, sob as leis e os costumes da xaria, passavam a maior parte do seu tempo dentro de casa.[5] Um pequeno portão se abria para um gracioso pátio interno, que era o centro da vida familiar. Dependendo da riqueza de seu proprietário, o lado interno da residência podia apresentar uma rica decoração.

No século X, no auge da era áurea do Islã, Abu Nasr Muhammad al--Farabi, um importante estudioso da religião e da ciência, desenvolveu a primeira teoria científica do vácuo, e colaborou consideravelmente para a engenharia dos sistemas urbanos de distribuição de água. Ele também escreveu um texto-chave islâmico, *A Cidade Perfeita*, que descrevia três tipos de cidades.[6] A melhor era a cidade virtuosa, um local em que as pessoas buscavam conhecimento, virtude e felicidade com humildade. A seguir, vinha a cidade ignorante, cujos habitantes buscavam riqueza, honra, liberdade e prazer, sem aspirarem a um estado mais elevado de bem-estar e à verdadeira felicidade. Por último, vinha a cidade pervertida, cujo povo se iludia, sabendo que a sabedoria é a aspiração máxima, mas justificando a busca por poder e prazer com racionalizações arrogantes e egoístas.

Embora al-Farabi derivasse boa parte de sua filosofia de Platão e Aristóteles, ele divergia em uma área-chave. Os gregos acreditavam em formas puras, numa verdade imutável e absoluta como o modelo ideal para uma cidade. Al-Farabi, porém, alinhado com a ciência social de sua época, acreditava que nossos comportamentos cívicos emergiam de forma coletiva, e que a cidade ideal advinha de líderes com intenções nobres e de uma sociedade orientada à sabedoria e à compaixão.

Conhecimento na cidade islâmica

Durante esse período de crescimento acelerado, pensadores islâmicos fizeram grandes avanços na matemática, ciência, medicina e literatura. Sua tecnologia fundamental para difusão de conhecimentos era a fabricação de papel, obtida mais provavelmente pela captura de um fabricante chinês de papel na batalha de 751 de Samarcanda e por sua tortura para extrair seus segredos. Em 795, a tecnologia chegou a Bagdá, que se tornou a capital mundial da fabricação de papel e a maior cidade no Ocidente, perdendo apenas para Chang'an, na China.

A onipresença do conhecimento – e da tecnologia para acessá-lo – é fundamental para a prosperidade das cidades. Os pergaminhos, o principal meio de transmissão da palavra escrita na Europa, eram caros e difíceis de produzir, de usar e de armazenar, e, portanto, eram destinados apenas aos mais preciosos documentos. Como resultado, o conhecimento contemporâneo na Europa registrado por escrito ficara em grande parte limitado a temas religiosos e disponível somente nas bibliotecas de remotos monastérios rurais. Já nas cidades islâmicas, o papel era barato o suficiente para ser empregado em listas de compras. Sua prevalência detonou o crescimento da engenharia, contabilidade, cartografia, poesia, literatura e matemática. Informações baseadas em papel eram facilmente transportadas por rotas comerciais e armazenadas em cidades, sobretudo em suas universidades.

Em 859, Fátima al-Fihri, a abastada filha de um mercador, fundou a mais antiga universidade ainda existente, a Universidade de Al-Karaouine, em Fez. Embora seu currículo girasse em torno da religião, também eram ensinadas matemática, ciências naturais e medicina. As universidades se espalharam rapidamente para outras cidades islâmicas, formando uma rede de conhecimentos que se celebrizou em todo o mundo. Os filhos da nobreza na Europa e na Ásia eram enviados a essas universidades para serem educados, ampliando ainda mais a esfera de influência do Islã.

Em diversos sentido, a época áurea das cidades islâmicas exemplificou as qualidades-chave dos novo cês. Elas representavam nódulos concentrados em redes conectadas de comércio e conhecimento. Desenvolveram instituições para avançar conhecimentos médicos e científicos e sua prática. Deram as boas-vindas a um amplo leque de povos e culturas, o que adicionou complexidade e diversidade à cidade, bem como suas próprias redes comerciais. Desenvolveram amplos sistemas de governo para regular códigos morais sem com isso infringir a liberdade, a criatividade ou o empreendedorismo. A cultura islâmica proporcionou coerência pela aplicação de uma estrutura flexível de planejamento que equilibrava oportunidades e prazer com modéstia, espiritualidade e altruísmo. Estas também são qualidades básicas de cidades prósperas hoje.

O projeto de modernas cidades islâmicas no século XXI encontra-se em quase completa oposição aos princípios das cidades islâmicas tradicionais. Os prédios centrais de Dubai, por exemplo, são altos, ostentativos e comerciais. Suas ruas são projetadas para automóveis, e não para oferecerem sombras refrescantes aos pedestres. Seus limites se dispersam em subúrbios com condomínios fechados. E embora as cidades islâmicas modernas empreguem estratégias de baixos impostos para atraírem investimentos, e estejam construindo universidades, elas carecem de uma cultura que aspire a humildade, sabedoria e compaixão, características definidas por al-Faraqi como essenciais para a cidade virtuosa.

Enquanto essas cidades islâmicas estavam entrelaçadas em uma rede coerente pela qual cultura e comércio fluíam livremente, a Europa cristã encontrava-se bastante fragmentada, com suas cidades isoladas e seu capital intelectual limitado. Mas em 1157, o príncipe Henrique, o Leão, chegou para mudar tudo isso.

A Liga Hanseática

O príncipe Henrique, o Leão, nasceu em 1142, em Schleswig-Holstein, um ducado do Sacro Império Romano, situado junto à atual fronteira norte da Alemanha. O príncipe Henrique, filho de Henrique, o Negro, e neto de Henrique, o Orgulhoso, era um príncipe ambicioso que utilizou poderio militar e alianças econômicas e políticas para construir seu reino. Reconhecendo a importância de cidades prósperas, ele empenhou-se em fomentá-las, conectá-las ou capturá-las. Em 1157, fundou a cidade de Munique, e em 1159, Lübeck, seguida de Stade, Lüneburg e Brunswick, que se tornou sua capital. Mas foi em Lübeck, situada às margens do Báltico, que Henrique, o Leão, descobriu como criar uma zona de desenvolvimento econômico e transformar a economia da região.

Lübeck era um vilarejo sujeito a ataques frequentes de saqueadores eslavos, mais recentemente o pirata Niclot, o Obotrito. O exército do príncipe Henrique combateu Niclot até a morte, assumiu o controle do vilarejo, tornou-o sede de uma diocese para impor ordem e demoliu seu centro para abrir espaço a um amplo mercado. Para atrair mercadores, o príncipe Henrique criou a primeira zona de desenvolvimento econômico da Europa, concedendo um grau incomum de liberdade econômica e política para vilarejos e cidades regido por um conjunto claro de regulamentações administradas com equidade. Como resultado, qualquer mercador que se instalasse em Lübeck podia fazer negócios por todo o domínio de Henrique sem pagar tarifas alfandegárias para importação ou exportação de mercadorias.

Lübeck estabeleceu sua própria divisa, proporcionando uma moeda estável e confiável aceita por todo o território de Henrique. Vinte homens de negócio eram eleitos para liderar o conselho municipal, por mandatos de dois anos, embora fossem frequentemente reeleitos por períodos mais longos. Se um pai fosse eleito, nem seus filhos nem seus irmãos podiam atuar no cargo ao mesmo tempo, a fim de garantir que família algum exercesse uma influência indevida. Esse conselho elegia então quatro *Bürgermeisters*, uma equipe executiva que selecionava um dos quatro, tipicamente o mais velho, como prefeito. Esse sistema de governo era protegido pelo estatuto da cidade.

Para promover sua nova zona comercial, Henrique enviava mensageiros por todo o Báltico – suas ferramentas promocionais eram cópias de seu novo estatuto e ofertas de terrenos baratos no mercado. Atraídos pela liberdade e por oportunidades, mercadores deixavam a Rússia, a Dinamarca, a Noruega e a Suécia para se instalarem na cidade. Ao fazerem negócios com suas terras natais, eles estabeleceram uma rede de rotas protegidas no Mar Báltico que acabou se estendendo de Londres até Novgorod, na Rússia.

O estatuto de Lübeck, que acabou ficando conhecido como a Lei de Lübeck, foi decisivo para o sucesso das cidades que o adotaram. Para acelerar o crescimento de parceiros comerciais, Lübeck exportou sua lei pelo Báltico. Com o tempo, uma centena de cidades a adotaram, e em 1358, elas formaram a Liga Hanseática, uma poderosa aliança de comércio multinacional que tornou Lübeck a cidade mais próspera no Báltico.[7] Em 1375, o Imperador Carlos IV designou-a uma das cinco "Glórias do Império", ao lado de Veneza, Roma, Pisa e Florença. A Lei de Lübeck estabeleceu as bases para a ascensão de Amsterdã, com sua cultura democrática e mercantil, que os holandeses levaram consigo para a Nova Amsterdã – atual cidade de Nova York – quando a fundaram, em 1653. Muitos dos princípios norte-americanos de governo democrático que equilibra liberdade individual e responsabilidade civil tem sementes que remontam a Lübeck.

O sucesso de Lübeck demonstra ferramentas importantes que se aplicam ainda hoje na criação de cidades pujantes. Mesmo na Era Digital, gente de negócios gosta de se reunir e fofocar, comercializar, competir e colaborar. Uma cidade precisa de um desenvolvimento estratégico com incentivos apropriados, um sistema de governo responsivo que regule a equidade, uma moeda confiável, uma tributação justa cujas receitas sejam investidas em infraestruturas comuns e conexões a uma rede de concorrentes cooperativos. A Liga Hanseática transformou-se numa esfera de interações, a mesma espécie de sistema que energizou a rede ubaida. Para um mundo volátil de cidades concorrentes, o príncipe Henrique, o Leão, oferece uma mensagem especialmente relevante. Ele expandiu seu reino ao disseminar amplamente cópias gratuitas de suas regras de ordenamento de uma cidade diversa. As melhores ideias para planejamento e governança urbana venceram, oferecendo um sistema harmonioso que deu origem a uma rede poderosa.

Amsterdã: proteção, liberdade e crescimento

A cidade de Amsterdã, situada na costa holandesa junto ao Mar do Norte, beneficiou-se tremendamente do comércio na Liga Hanseática, e seus mercadores saíram ganhando em prosperidade e poder. No século XVI, a Europa não era um lugar estável. Guerras constantes e alianças volúveis ameaçavam a maior parte de suas nações emergentes. A principal antagonista da Holanda era a Espanha, com a qual batalhava na terra e no mar. Onde o catolicismo espanhol pendia para o fundamentalismo repressivo, implementado via torturas e inquisições, a Holanda respondia com tolerância. Amsterdã, sua principal cidade comercial, abria seus braços para mercadores europeus que buscavam oportunidades, e dava as boas-vindas a torrentes de judeus da Espanha e Portugal, mercadores da Antuérpia e huguenotes da França.

Em 1602, a Holanda concedeu a um grupo de líderes comerciais de Amsterdã um monopólio para estabelecer negócios com o Oriente, formando a Companhia Holandesa das Índias Orientais, uma das primeiras empresas mundiais com capital acionário comercializado publicamente. Os pais da cidade enfrentavam um duplo desafio: precisavam de um plano para proteger a cidade de ameaças militares de invasores católicos e ao mesmo tempo para acomodar seu prodigioso crescimento populacional e a prosperidade econômica que viria de seu comércio global emergente. Em 1610, o carpinteiro da cidade, Hendrick Jacobsz Staets, foi encarregado de apresentar um plano. Ele começou desenhando um semicírculo em torno da cidade e de sua costa, estabelecendo seus limites exteriores. Staets escolheu o semicírculo, que acabou gerando um dos planos urbanos mais lindos do mundo, por simples motivos econômicos: um círculo englobava a maior quantidade de espaço com a menor distância. Sua face retilínea dava para o mar, onde o semicírculo ficava protegido de ataques por um muro municipal. Do lado do muro, um semicírculo mais amplo de terra foi designado como espaço aberto para expor agressores que se arriscassem. No lado interno do muro de proteção, Staets propôs três grandes canais semicirculares através dos quais mercadorias que chegassem pelo mar poderiam ser distribuídas para armazéns e lojas espalhados por toda a cidade. Partindo do centro da cidade até suas bordas ficava uma série de ruas largas e estreitas. O padrão geral em formato de leque proporcionava uma planta elegante para o desenvolvimento da cidade.

A planta de Amsterdã foi desenvolvida ao longo de meio século, mas seus abundantes imigrantes não foram tão pacientes. Ao estilo dos ocupantes informais que cercam hoje muitas das cidades do mundo em desenvolvimento,

PLANEJAMENTO VISANDO AO CRESCIMENTO 87

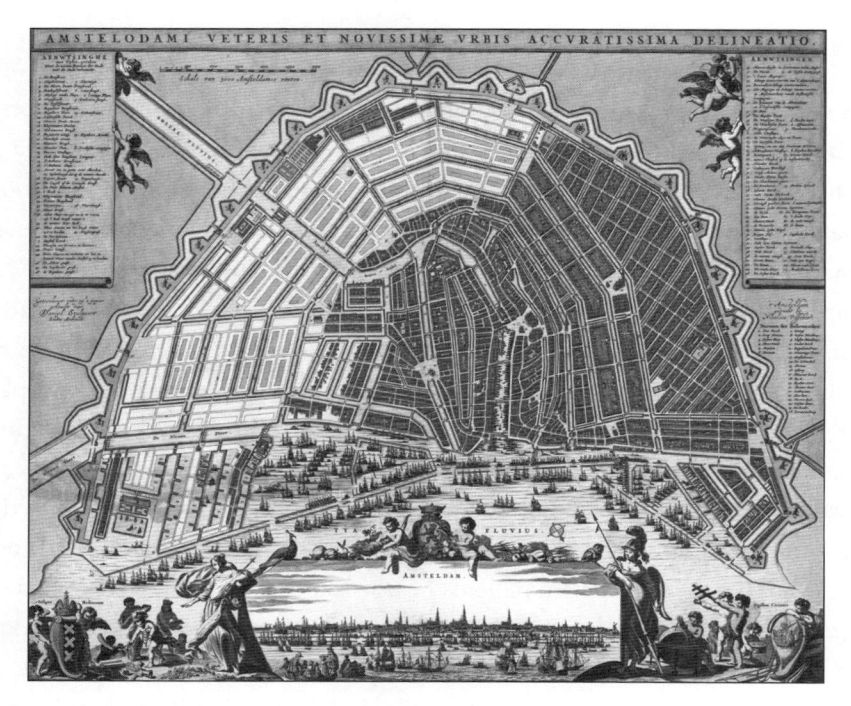

Amsterdã, 1662. *(Daniel Stalpaert, publicado por Nicolaus Visscher, University of Amsterdam Library, via Wikimedia Commons)*

os imigrantes de Amsterdã construíram cortiços no espaço aberto contíguos aos muros da cidade, cientes de que em tempos de guerra seria despejados; até lá, porém, eles dispunham de uma área onde podia viver e comercializar livremente. À medida que a cidade intramuros se desenvolvia, ela ia se organizando por classes sociais, com bairros separados para príncipes, abastados e a classe operária. Com o passar do tempo, subúrbios de imigrantes foram incorporados à cidade e ganharam acesso à infraestrutura pública.

A planta de Staets, embora fornecesse proteção e eficiência, também fora projetada visando graça, tranquilidade e conforto. O conselho municipal ordenou que, conforme os canais fossem sendo construídos, olmos e tílias fossem plantados ao longo de suas margens para fornecerem "ar adocicado, ornamento e aprazimento". A Amsterdã de hoje continua sendo uma das cidades mais agradáveis do mundo.

Viena põe abaixo seus muros

As cidades europeias cresceram rapidamente nos séculos XVIII e XIX, estimuladas pela industrialização e globalização. Quando ficou claro que a conectividade era mais importante do que a defesa, elas começaram a pôr abaixo os muros que as confinavam. Uma das primeiras cidades a tomar essa medida foi Viena, capital do grande Império dos Habsburgos. Em 1857, o Imperador Francisco José I demoliu as fortificações que cercavam a cidade e incorporou as áreas contíguas de paradas militares que corriam paralelas a elas. No novo espaço disponível ele construiu o Ringstrasse, um amplo bulevar repleto de árvores que circundava o núcleo histórico de Viena, ampliando a cidade com novos bairros suburbanos verdejantes e vastas ruas arejadas. Ao mesmo tempo, Francisco José investiu no desenvolvimento de uma infraestrutura cívica e cultural moderna. O Ringstrasse e os bulevares que o intersectavam estavam repletos de novos museus, uma casa de ópera, a prefeitura e os foros, parques e uma universidade. Ao seu redor, incorporadores construíram residências voltadas a uma emergente classe comerciante, e para os professores, músicos e intelectuais vinculados a instituições culturais e à universidade.

A demolição dos muros da cidade refletia não apenas um plano urbano mais aberto, mas também indicava uma atitude liberal mais aberta. Como Amsterdã, a cidade de Viena dava as boas-vindas a um influxo de pessoas vindas de todas as partes da Europa. Os bairros mais urbanos do Ringstrasse incluíam apartamentos amplos para famílias inteiras, os quais atraíam especialmente judeus secularizados e de alto nível educacional, que, desde 1084, na maior parte da Europa, tinham permissão para viverem apenas em guetos segregados. A tradicional educação talmúdica judaica estimulava análises e questionamentos esmiuçantes e uma busca por significados mais profundos; a nova universidade de Viena encorajava uma exploração intelectual similar, o que fomentou as obras de judeus como Sigmund Freud e Gustav Mahler.

Em pouco tempo, a área do Ringstrasse transformou-se na Córdoba de sua época, um terreno fértil para ideias emergentes. O influxo de populações diversas em Viena, o crescimento de suas instituições cívicas e culturais, seus elos com outras cidades europeias de ponta e sua classe média crescente deram origem a um incrível adubo criativo. Na virada do século XIX para o XX, essa mistura multicultural era considerada a localidade mais generativa do globo.

O planejamento europeu chega à América

Os povos nativos da América do Norte tinham suas próprias culturas cívicas. Os anasazi, do sudoeste, construíram cidades extraordinárias alinhadas com os solstícios solares. Os iroqueses viviam em choupanas de até 100 metros de comprimento. No século XIV, a cidade de Cahokia, formada por montes artificiais, próxima a atual Saint Louis, era o maior centro urbano na América do Norte, com uma população de 40 mil habitantes. Uma cidade norte-americana só foi alcançar novamente esse tamanho quando a Filadélfia se expandiu na década de 1780.

Quando os espanhóis, franceses, holandeses e ingleses invadiram o continente, levaram consigo seus próprios sistemas de planejamento urbano. Cidades espanholas como Saint Augustine, o mais antigo assentamento continuamente ocupado nos Estados Unidos de origem europeia, foram organizadas de acordo com "As Regras da Índias", um código que instruía os conquistadores a construírem novas comunidades, o que incluía malhas viárias. Em torno de praças centrais ficavam importantes prédios cívicos, com estruturas nocivas ou perigosas reunidas nos limites do vilarejo. As leis também determinavam que todas as edificações de um mesmo vilarejo adotassem um visual similar a fim de dar a ele uma identidade uniforme e agradável.[8]

Após o nascimento dos Estados Unidos, o Decreto Federal de 1785 estipulou planos para um levantamento fracionado das terras a oeste das 13 colônias norte-americanas originais, para que pudessem ser facilmente subdivididas em lotes retangulares. Cada vilarejo e cidade a oeste dos Montes Apalaches era formado de acordo com um sistema de malha viária, criando um vocabulário urbano uniforme nos Estados Unidos, ao contrário das cidades europeias mais orgânicas, cujas ruas se curvam ao acompanharem a topografia natural do terreno. Daniel Elazar, professor de ciência política da Temple University, chamou isso de "a mais importante medida de planejamento nacional em nossa história".[9]

Os Estados Unidos foram fundados como uma economia rural, com sua riqueza advindo de sua agricultura, peleteria e recursos naturais. Em 1820, apenas 7% da população morava em cidades, mas a industrialização alterou a composição do país. Já em 1870, um quarto de seu povo era urbanizado, e no início do século XX, essa fatia chegou aos 40%. As cidades de crescimento mais acelerado no país precisavam de planos, e cinco variantes estavam emergindo.

A primeira era o movimento de reforma sanitária, concentrada na infraestrutura de águas, esgoto e recolhimento de lixo, fundada em Londres em resposta a surtos de cólera e outras doenças que varreram a cidade. O segundo elemento também teve início em Londres: o movimento de parques urbanos prosperou nos Estados Unidos sob a liderança dos irmãos Olmsted, que projetaram não apenas parques como também sistemas conectados de parques urbanos. A terceira variante era o movimento da cidade-jardim, também fundado na Inglaterra, que propunha cidades com um equilíbrio de residências erigidas em torno de pequenos parques, indústrias e agricultura, circundados por cinturões verdes permanentes.

A quarta linha era o movimento de reforma habitacional de Nova York, uma reação aos cortiços superlotados, insalubres e inseguros habitados por imigrantes. O quinto e último elemento era o movimento da Cidade Bonita (City Beautiful), que promovia cidades planejadas sobre proporções clássicas, compostas cuidadosamente com prédios cívicos voltados para grandes avenidas e repletas de parques e jardins formais. Seu objetivo era inspirar a virtude cívica, difundir harmonia entre as classes, atrair os ricos, inspirar os pobres e cultivar a classe média. Cidades norte-americanas em rápido crescimento acolheram esses cinco movimentos, criando alguns de nossos melhores exemplos de urbanismo.

O Plano de Chicago, apresentado em 1909 por Daniel Burnham, foi o primeiro plano do país ao estilo Cidade Bonita. Burnham foi encarregado por um grupo cívico de homens de negócio bastante viajados que admiravam os planos das cidades europeias. Embora o plano de Burnham fosse de natureza consultiva, ele moldou significativamente uma visão coletiva de como a cidade deveria se desenvolver. Ele propunha a concentração de prédios cívicos em locais específicos, conectados a uma série de amplas avenidas públicas, e, como o plano de L'Enfant para Washington, ruas diagonais para interligar a cidade numa só, juntamente com uma série de parques e estradas regionais para conectar a cidade a distritos remotos. Mas seu ponto central era a recuperação da orla de Chicago junto ao Lago Michigan. "A orla por direito pertence ao povo", escreveu Burnham. "Nem um palmo de suas margens deve ser apropriado com a exclusão do povo."[10]

O sucesso do plano de Burnham ilustrou a importância de se estabelecer uma visão coletiva para uma cidade, capaz de aprimorar a esfera pública, de proporcionar a todos os seus residentes o melhor que a cidade tinha a oferecer e de dar vazão a seus empreendedores. Demonstrava também o valor de um grupo independente de líderes municipais capazes de transcender as limitações da burocracia e da política para guiar tal visão.

Com o aumento da popularidade do automóvel no início do século XX, as cidades norte-americanas começaram a se alastrar a partir de seus núcleos. Planejadores começaram a pensar em termos mais regionais, liderados por uma proposta de região metropolitana de Nova York por Clarence Stein, Benton McKaye, Lewis Mumford e outros. Como o Plano de Chicago proposto por Burnham, o plano regional de Nova York era apenas consultivo, assim como os planos regionais de outras cidades que se seguiram. Ficou claro, porém, que para fazer uma verdadeira diferença, era preciso que os planos estivessem respaldados pela legislação vigente. O primeiro sistema abrangente legalmente executável para regular o uso de terrenos em cidades norte-americanas foi o código de zoneamento. No entanto, o zoneamento, tão antigo quanto a grande capital do Egito, Mênfis, era uma mera ferramenta; insuficiente sem a perspectiva de um plano abrangente, podia apenas regulamentar o uso de terrenos, e não inspirá-lo. Quando se outorgou a mais de 22 mil cidades, vilarejos e condados nos Estados Unidos seus próprios poderes de zoneamento, sua integração em regiões coesas se revelou bastante árdua.

Em meados do século XIX, a cidade de Nova York tornou-se um imã para imigrantes, provenientes a princípio da Irlanda e da Itália e então de todas as partes do mundo. Para lhes oferecer residências baratas, incorporadores construíram cortiços acessíveis, insalubres e inseguros servidos por banheiros externos. Pressionado pelo movimento de reforma habitacional, o Estado de Nova York promulgou a Primeira Lei Habitacional dos Cortiços em 1867, exigindo saídas de emergência em cada apartamento e uma janela em cada recinto.

A Segunda Lei Habitacional dos Cortiços, de 1879, exigia que as janelas dessem acesso a ar fresco e iluminação, ao que os incorporadores reagiram projetando quartos internos voltados para átrios estreitos conhecidos como poços de luz, a fim de proporcionarem a luz e o ar exigidos por lei. Mas os inquilinos jogavam lixo dentro deles, que acabavam se tornando viveiros para ratos e vermes; por isso, em 1901, a lei definitiva para cortiços, conhecida como "a Nova Lei", passou a exigir que os átrios fossem drenados e acessíveis para limpeza, e que fosse garantido aos residentes saneamento interno. Atualmente, a região de Lower East Side na cidade de Nova York ainda abriga centenas de cortiços da época da Nova Lei, agora ocupados por *hipsters* cujos bisavós ali habitavam um século atrás, com mais de 10 pessoas apinhadas em cada quarto.

No início do século XX, o avanço acelerado das tecnologias de construção – incluindo estruturas independentes de aço, elevadores elétricos e bombas d'água elétricas – permitiram que os incorporadores superassem os limites prévios da engenharia em termos da altura dos edifícios. No entanto, conforme os prédios de Nova York ficavam mais altos, suas ruas ficavam mais escuras. Por isso, em 1916 a cidade aprovou uma resolução de zoneamento estabelecendo controles sobre alturas e recuos viários de prédios para possibilitar que mais luz chegasse às ruas; além disso, a cidade restringiu o avanço de fábricas sobre zonas residenciais e comerciais. Distritos puramente residenciais foram criados, com seu caráter sendo delineado por ainda mais restrições de altura; o código estabelecia, por exemplo, que somente edifícios à prova de fogo podiam ultrapassar o limite máximo de seis andares de altura. Quando incorporadores foram liberados pelo novo código de zoneamento de Nova York, grandes seções do Bronx, Brooklyn e Queens receberam vastas faixas de prédios de apartamentos com seis andares para moradores da classe operária.

Dentro de pouco tempo, o código de zoneamento da cidade de Nova York tornou-se um modelo para outras cidades com problemas similares. Tais códigos costumavam regular aspectos físicos do desenvolvimento de terrenos – de que forma um prédio se enquadrava em seu lote, em suas exigências de estacionamento e aproveitamentos separados. Embora os códigos de zoneamento fossem redigidos tendo em vista a esfera privada, ao prescreverem a distância que os prédios deveriam manter com a rua eles também serviam de referência à esfera pública. No entanto, ao contrário dos grandiosos bulevares planejados pelo movimento Cidade Bonita, a esfera pública nos Estados Unidos acabou formada pelo que restava após o desenvolvimento privado. Foi somente no início do século XXI que a maioria das cidades norte-americanas passou a projetar ativamente suas ruas como espaços públicos.

O surgimento do zoneamento urbano nos Estados Unidos

As primeiras leis de zoneamento da cidade de Nova York abriram caminho para que outras cidades organizassem o acelerado crescimento dos Estados Unidos. Mas o zoneamento só foi decolar em 1922, quando Herbert Hoover, então chefe do Departamento de Comércio federal, liderou um renomado comitê para redigir a Lei da Habilitação de Padrões de Zoneamento (SZEA – Standard Zoning Enabling Act), vindo a criar um formato para que governos locais redigissem códigos de zoneamento. Hoover, aliás, estava bastante interessado em planejamento. "As enormes perdas em felicidade humana e em dinheiro que resultaram de uma falta de Planos Municipais que levassem em consideração as condições da vida moderna precisam de pouca comprovação", escreveu. "A carência de espaços abertos adequados, áreas de lazer e parques, a congestão das ruas, a infelicidade da vida nos cortiços e suas repercussões sobre cada nova geração representam um fardo indizível sobre nossa vida norte-americana. Nossas cidades não transmitem suas contribuições integrais para o vigor da vida norte-americana e do caráter nacional. As questões morais e sociais só podem ser resolvidas por uma nova concepção de desenvolvimento de nossas Cidades".[11]

Sob a liderança de Hoover, o Departamento de Comércio promoveu ativamente a ideia de um sistema padronizado de zoneamento, e vilarejos e cidades por todo o país responderam. Em 1926, 43 dos 48 estados já tinham adotado a SZEA de alguma forma. Infelizmente, a separação de usos tornou-se a estrutura organizacional primordial das comunidades, no lugar de uma perspectiva mais abrangente do propósito de uma comunidade e de um plano para sua esfera pública.

À medida que os planejadores adotaram códigos de zoneamento, eles se mostraram cada vez mais administradores do que projetistas. Assim, já não tinham mais tempo para ideias como impedir "perdas em felicidade humana". Eles tinham vias a planejar para os novos automóveis por vir, subdivisões a aprovar para o florescente setor de habitações para cada família norte-americana isolada e ainda por cima uma depressão e uma guerra que interromperam quase todos os novos empreendimentos. Após a Segunda Guerra Mundial, o país passou por um extraordinário surto de desenvolvimento, e, como veremos, o apelo do automóvel e o poder político dos setores de financiamento e construção de moradias atraiu fortemente o crescimento rumo aos subúrbios.

No fim da década de 1960, com o país ficando cada vez mais poluído e seus subúrbios cada vez mais engarrafados, cidadãos se voltaram ao florescente movimento ambiental como uma solução, mas, lamentavelmente, isso não nos aproximou em nada de comunidades projetadas visando a um maior bem-estar dos sistemas humano e natural.

Advogados ambientais chegam para o resgate?

Em 1969, o Congresso dos Estados Unidos aprovou o primeiro projeto de lei ambiental importante, a Lei de Política Ambiental Nacional (NEPA – National Environmental Policy Act), sancionada pelo Presidente Richard

Nixon. Os objetivos da lei eram nobres, o que se refletia em suas palavras introdutórias.

> O Congresso, reconhecendo o impacto profundo da atividade humana sobre as inter-relações de todos os componentes do ambiente natural, sobretudo as influências profundas do crescimento populacional, da urbanização em alta densidade, da expansão industrial, da exploração de recursos e dos novos e ampliáveis avanços tecnológicos, e reconhecendo ademais a importância crucial de restaurar e manter a qualidade ambiental para o bem-estar e desenvolvimento geral do homem, declara que é a política continuada do Governo Federal [...] criar e manter condições sob as quais homem e natureza possam existir em harmonia produtiva, e satisfazer às exigências sociais, econômicas e outras de gerações presentes e futuras de norte-americanos.[12]

Que objetivos extraordinários! Porém, passados quase 40 anos da aprovação da lei, as "condições sob as quais homem e natureza possam existir em harmonia produtiva, e satisfazer às exigências sociais, econômicas e outras de gerações presentes e futuras de norte-americanos" não parecem mais próximas, e sim mais distantes.

Nos anos que se seguiram, a NEPA e sua prole legislativa estadual e municipal deram origem a muitas vitórias legais individuais. A NEPA se revelou uma ferramenta crucial para incutir revisão ambiental em ações governamentais. Ela foi seguida pela Lei do Ar Limpo de 1970 e pela Lei da Água Limpa de 1972. Desde sua aprovação, o ar e a água dos Estados Unidos ficaram consideravelmente mais limpos, embora encontrem-se sob constante ameaça pelo uso comercial de toxinas que sequer eram imaginadas quando as leis foram promulgadas. Ainda assim, a saúde ambiental em geral dos Estados Unidos está muito pior, e as ameaças sistemáticas de mudanças climáticas, extinção em massa e alastramento urbano impõe riscos mais graves. Se o propósito da NEPA era facilitar litígios por parte de ambientalistas, então ela foi um grande sucesso, mas vista pela óptica da criação de condições sistêmicas em que homem e natureza possam existir em harmonia produtiva, ela não deu conta da tarefa. Sob praticamente todos os critérios de avaliação, a saúde humana e ambiental em geral sob a alçada da NEPA só fez piorar desde sua sanção. A incidência de enfermidades de estilo de vida condicionadas por local, como obesidade, câncer e cardiopatia, aumentou, os congestionamentos pioraram, a saúde da biodiversidade e do solo declinaram e as emissões de gases do efeito estufa cresceram de modo acentuado.

A NEPA, cuja redação foi preparada por advogados ambientalistas, encarava o "impacto profundo da atividade humana sobre as inter-relações de todos os componentes do ambiente natural" como um problema legal e, portanto, propunha uma solução legal. Estudos de impacto ambiental (EIA) seriam preparados para analisar projetos significativos propostos, proporcionando uma base para que advogados ambientais pudessem entrar com um processo para interromper tais projetos. Mas o processo de EIA não reivindica uma visão ou um plano. Não encara cidades ou regiões como sistemas integrais. Na verdade, como o zoneamento, ele é projetado para fragmentar sistemas em suas partes componentes, mas não para integrá-los. Esse legado do pensamento grego, dividindo sistemas integrais em seus elementos individuais, facilita a análise, mas carece da perspectiva integradora da harmonia chinesa. Não há aspecto algum no processo de EIA que aumente a flexibilidade, a adaptabilidade ou a coerência de uma comunidade. Ele simplesmente analisa o impacto ambiental caso a caso e chega a uma conclusão, pró ou contra a ação específica sob revisão.

Ao mesmo tempo em que a NEPA estava sendo examinada, o senador Henry Jackson e o congressista Morris Udall propuseram a Lei de Planejamento de Uso de Terrenos, para "assegurar que os terrenos no País sejam usados de modo a criar e manter condições sob as quais homem e natureza possam existir em harmonia produtiva e sob as quais as exigências sociais, econômicas e outras de gerações presentes e futuras de norte-americanos possam ser satisfeitas".[13] Lamentavelmente, o escândalo de Watergate minou o poder político do governo Nixon de sancionar o projeto de lei, e ele foi derrotado por um triz por uma campanha liderada pela instituição de direita John Birch Society, que equiparava planejamento com comunismo.

Retornando à Mênfis egípcia, vimos que a diferenciação de bairros é um colaborador importante para a organização de cidades em crescimento. O zoneamento em si não é o problema. Tampouco o são as grelhas urbanas, que remontam a Hipódamo. O problema enfrentado por nossas cidades contemporâneas começa por uma ausência de visão coerente de seu bem-estar, juntamente com uma ausência de um referencial prático para materializá-la. Ao longo da história, as maiores cidades do mundo emergiram em civilizações com culturas urbanas que integravam diversidade com um tecido de conectividade, orientadas por uma noção de propósito articulado em uma visão grandiosa.

As cidades de Uruk eram integradas pelo *meh*, e as cidades babilônias, por um código "para que os fortes não prejudiquem os fracos [...] e para aumentar o bem-estar da humanidade". Hipódamo projetava suas cidades para que fossem democráticas, solenes e graciosas. Alexandria foi fundada com uma missão de apoiar estudiosos que podiam saber todas as coisas sabidas e educar a geração seguinte de estudiosos que poderiam descobrir mais. Vitrúvio propôs que todos os aspectos complexos do desenvolvimento urbano podiam ser unificados pelas qualidades de resistência, função e beleza. Al-Faraqi via a cidade ideal como o lugar onde humanos podiam se aprimorar em conhecimento, virtude e felicidade. Henrique, o Leão, compreendeu que a força das cidades estava em suas redes, unidas por confiança e sistemas em comum. O Imperador Francisco José criou uma plataforma ajardinada para uma classe média diferenciada.

Ainda que visões coerentes para nossas cidades tenham se tornado cada vez menos comuns, os lugares do século XXI ressaltam mais intensamente os sistemas humano e natural. As ferramentas de planejamento urbano do século XX não foram feitas para lidar com mudanças climáticas, crescimento populacional, esgotamento de recursos e as demais megatendências. A era da VUCA exige que nossas cidades sejam mais flexíveis e adaptáveis a rápidas mudanças nas condições. Mas o zoneamento e os estudos de impacto ambiental foram apenas dois fatores dentre muitos a guiar o desenvolvimento urbano no século XX para longe das cidades e rumo aos subúrbios.

CAPÍTULO 3

A dispersão urbana e seus descontentes

Transporte e crescimento suburbano

Assim que surgiram as primeiras cidades, surgiram os primeiros subúrbios. A palavra em si vem do latim *suburbium*, que significa "sob a cidade". Kenneth T. Jackson, em seu livro seminal sobre o tema, *Crabgrass Frontier*, cita uma carta efusiva escrita numa tabuleta de argila em 539 a.C. ao rei da Pérsia sobre a vida nos subúrbios e Ur. "Nossa propriedade parece a mim a mais linda no mundo. Fica tão perto da Babilônia que desfrutamos de todas as vantagens da cidade, e ainda assim, quando chegamos em casa, estamos longe de todo aquele barulho e poeira".[1]

Com o progresso do século XIX, os Estados Unidos cresceram e se urbanizaram com rapidez. Seu crescimento populacional foi reforçado por uma alta taxa de natalidade e por uma política de abertura à imigração. O crescimento industrial se baseou na inovação, abastecido pelas calorias possibilitadas de início pelo carvão que alimentava os motores a vapor, e depois pelo petróleo. O crescimento das redes públicas de energia elétrica levou luz, conveniência e conforto a milhões de lares; as cidades norte-americanas ficaram conectadas de modo mais eficiente pela expansão acelerada das ferrovias, do telégrafo e do telefone. O fonógrafo, as imagens em movimento e a máquina de escrever também facilitaram a integração da cultura norte-americana, enquanto os catálogos de compras pelo correio ajudaram a transformar o país em um grande mercado consumidor. Os Estados Unidos eram a maior zona comercialmente integrada do mundo.

No final do século XIX, as redes ferroviárias em franca expansão ofereciam transporte intermunicipal, mas o modal básico de transporte intramunicipal ainda era o cavalo. A cada dia, os 100 mil cavalos da cidade de Nova

York produziam mais de 1 milhão de quilos de estrume,[2] impondo um grave problema para a qualidade de vida urbana. Como a velocidade dos bondes puxados por cavalos era apenas 50% mais rápida que a velocidade de uma pessoa a pé, eles não ampliavam muito o rastro urbano, limitando a maioria das cidades norte-americanas e europeias a satélites modestos das cidades adjacentes. Embora algumas linhas experimentais de bondes elétricos tivessem sido desenvolvidas na Europa para conectar cidades com seus subúrbios, não eram potentes ou confiáveis o bastante para exercerem um impacto significativo.

Em 1888, porém, o molde do desenvolvimento urbano foi transformado pelo inventor norte-americano Frank J. Sprague. Seus aprimoramentos do motor elétrico e sua invenção do bastão de conexão de bondes com a fiação suspensa levou ao primeiro sistema de bondes elétricos em escala municipal. Dois anos depois de seu sucesso na acidentada topografia de Richmond, na Virgínia, 110 cidades em diversos continentes já tinham contratado o uso do sistema de Sprague. O bonde elétrico de Sprague alterou a forma urbana das cidades norte-americanas em crescimento. As linhas de bonde proporcionavam uma estrutura para empreendimentos habitacionais longos e lineares, em contraste com os vilarejos mais densos e exploráveis a pé que estavam surgindo ao redor de longínquas estações de trem movido a carvão. Um típico subúrbio conectado via bonde possuía moradias em pequenos lotes, em geral com 10 a 15 metros de largura, dando para a rua de passagem da linha. Em todos os pontos de parada do bonde era possível encontrar um pequeno agrupamento de lojas locais, encimadas por apartamentos para seus proprietários e funcionários. Essas comunidades eram inteiramente voltadas para pedestres e transporte público, com pouca necessidade de transporte privado. Com residências mais baratas e oportunidades para pequenos negócios, eram propícias para a crescente classe média.

Os incorporadores imobiliários não tardaram em perceber a oportunidade de construir projetos mais grandiosos em torno dos pontos de bonde e das estações ferroviárias. Em 1893, a Roland Park Corporation adquiriu terrenos adjacentes à Johns Hopkins University, em Baltimore; liderada por Edward H. Boulton, a empresa desenvolveu três das mais bonitas comunidades-jardim de Baltimore: Roland Park, Guilford e Homeland. A empresa contratou

Frederick Law Olmsted Jr. como seu planejador e arquiteto paisagista. O resultado foram alguns dos melhores exemplos de projeto arquitetônico e paisagístico daquela era, incluindo agradáveis ruas com fileiras de árvores e o primeiro *shopping center* planejado. Mas Roland Park também promoveu uma das mais vergonhosas práticas residenciais do país, o uso de condições contratuais de escritura para proibir a venda de residências a famílias negras ou judaicas. Tais restrições baniam inclusive a entrada de convidados afro--americanos.

Boulton promoveu suas ideias agressivamente por meio da Conferência Nacional sobre Planejamento Urbano e da Conferência Anual sobre Planejamento e Construção de Imóveis de Classe Alta. Roland Park tornou-se um modelo para o subúrbio-jardim norte-americano. Suas práticas de incorporação serviram de protótipo para os incorporadores das cidades-jardim de Shaker Heights, na periferia de Cleveland; Garden City, em Long Island; o distrito do Country Club de Kansas City; Palos Verdes, na Califórnia; e outras comunidades. Eram locais agradáveis, verdes e restritos. Embora os bondes de Frank Sprague impulsionassem o crescimento de subúrbios norte-americanos coerentes, a oportunidade de morar neles não era partilhada de forma igual.

Enquanto isso, Sprague seguira aprimorando sistemas mecânicos que tornaram possíveis o sistema de metrô de Nova York, o El de Chicago e o metrô de Londres. Sua intrepidez técnica promoveu o rápido crescimento nas periferias dessas cidades ao eliminar a necessidade de motores movidos a carvão; isso permitiu o desenvolvimento de estações centrais confinadas, como o Grand Central Terminal de Nova York. Depois de ter transformado a tecnologia de transporte horizontal, Sprague passou a se dedicar ao plano vertical. Junto com Charles Platt, ele inventou componentes-chave para o elevador elétrico, preparando o terreno para o desenvolvimento do arranha-céu.

Graças às invenções de Sprague, dentro de algumas décadas, o formato das cidades em seus cinco mil anos de história foi transformado, ganhando amplitude e altura. Já não se fazia mais necessário que as famílias morassem perto do trabalho de seus provedores. Elas podiam morar em subúrbios mais limpos e verdes, acessíveis por um percurso de metrô ou trem de distância das densos agrupamentos de edifícios altos no núcleo urbano.

Em 1907, meros 19 anos após a invenção do bonde elétrico, cidades nos Estados Unidos já eram servidas por 55 mil quilômetros de linhas de bonde.³ Embora cada linha pertencesse a uma empresa privada, juntas elas proporcionavam um amplo sistema interconectado. No romance *Ragtime*, de E. L. Doctorow, ambientado na virada para o século XX, seus personagens viajam de Nova York a Boston em linhas de bonde que correm de cidadezinha em cidadezinha. Mas os automóveis acessíveis e produzidos em massa por Henry Ford logo viriam a oferecer liberdade de transporte numa escala inimaginável. Em 1924, o automóvel já havia capturado a imaginação dos norte-americanos, e o bonde entrou em declínio.

A ascensão dos automóveis e a construção de estradas pavimentadas para estimular seu uso aceleraram ainda mais o crescimento suburbano. Em 1929, quando a bolsa de valores desabou, um em cada seis norte-americanos vivia nos subúrbios.⁴ Durante a Grande Depressão e a guerra que se seguiu, o desenvolvimento nos Estados Unidos apresentou uma acentuada desaceleração. Porém, após a Segunda Guerra Mundial, um novo modelo norte-americano emergiu, pendendo fortemente para um lado na balança urbana/suburbana.

Os alicerces da política habitacional norte-americana

A primeira política nacional de habitações populares nos Estados Unidos materializou-se na Lei da Pequena Propriedade Rural de 1862, que concedeu 65 hectares de terras para qualquer pessoa (incluindo mulheres e escravos libertos) que jamais tivesse pegado em armas contra o governo norte-americano, que tivesse mais de 21 anos de idade e que concordasse em morar no local e trabalhar nele durante cinco anos. Essa oportunidade singularmente norte-americana foi negada a soldados que haviam lutado contra os Estados Unidos na Guerra Civil; a ironia era que tanto os brancos sulistas que combateram na guerra quanto os negros que foram libertados por ela enfrentavam discriminação na hora de obterem casa própria. Entre 1862 e 1934, por meio de uma série de leis aprovadas no Congresso, o governo federal concedeu 1,6 milhão de glebas como essas, mais de 10% das terras do país.

Mas, na década de 1930, os norte-americanos já não buscavam mais viver em pequenas propriedades rurais. Estavam se mudando para as cidades.

Durante a terrível fúria da Primeira Guerra Mundial, boa parte do patrimônio residencial da Europa foi destruída. Como reação, muitos de seus países criaram extensivos programas de desenvolvimento habitacional, com construções voltadas não apenas para os pobres e para a classe operária, mas também para a classe média. Os programas de construção atraíram arquitetos brilhantes, jovens e idealistas provenientes das escolas de projeto mais inovadoras do continente, como a Bauhaus, que experimentavam projetos voltados a múltiplas famílias, novas formas de cooperativas e comunidades que integravam lazer, trabalho e as artes.

Mas, nos Estados Unidos, a política habitacional fazia parte de um debate mais amplo entre capitalismo e socialismo. A localização e a organização dos empreendimentos imobiliários norte-americanos tornaram-se uma versão destilada da divisiva discussão política. A forma europeia de aluguel urbano para vários níveis de renda e habitação cooperativa era rotulada como socialista, ao passo que a casa própria unifamiliar suburbana era rotulada como capitalista. Em 1938, o cientista social W. W. Jennings escreveu: "A casa própria é a melhor garantia contra o comunismo e o socialismo, e os vários outros maus 'ismos' da vida. Não digo que seja uma garantia infalível, mas afirmo que quem é dono de uma moradia geralmente mostra-se mais interessado em salvaguardar nossa história nacional do que quem mora de aluguel".[5]

Em 1934, escolhendo o caminho do capitalismo, o governo federal optou por considerar os mercados habitacionais estagnados devido à Depressão um problema financeiro ao aprovar a Lei Nacional da Habitação; a meta era baratear os financiamentos, e com isso a casa própria para cada família. A lei criou a Agência Federal da Habitação, que usava crédito federal para conceder empréstimos a custo mais baixo. Também criou a Corporação Federal Garantidora de Crédito, que levou estabilidade financeira às caixas econômicas locais, aumentando sua capacidade de financiamento para compradores de residências. Em 1938, a Lei Nacional da Habitação foi ampliada, levando à criação da Associação Federal Nacional de Hipotecas, também conhecida como Fannie

Mae. A Fannie Mae adquiria junto a bancos locais financiamentos lastreados pela Agência Federal da Habitação, devolvendo o dinheiro que os bancos haviam emprestado para que pudessem emprestá-lo novamente. Ironicamente, 70 anos mais tarde a Fannie Mae, que foi projetada para diminuir a incidência de despejos e de falência de bancos comunitários, acabaria ajudando a criar os mesmíssimos problemas mediante a compra de hipotecas *subprime*.

O preconceito racial do sistema federal de financiamento de habitações

Em 1935, um ano após o governo federal ter ingressado na área de financiamento de habitações, o Conselho Federal de Bancos para Empréstimos Residenciais solicitou que a Corporação de Mutuários Habitacionais criasse "mapas de segurança residencial" para 239 cidades. Em vez de avaliar individualmente mutuários de acordo com renda, os subscritores iriam primeiro classificar a localização de suas moradias. As áreas mais novas e mais abastadas – geralmente nos subúrbios ou em bairros urbanos chiques – eram grifadas com canela azul, e classificados como tipo A; essas eram as áreas *prime* para empréstimos. Os bairros tipo B eram grifados em verde e classificados como desejáveis. Os bairros tipo C, tipicamente urbanos, eram identificados como decadentes, e grifados em amarelo. Já os bairros tipo D eram circulados em vermelho, e classificados como arriscados demais para financiamentos.

Bairros afro-americanos sempre recebiam marcação em vermelho, assim como muitos bairros judeus, italianos e outros da classe operária. Isso significava que um médico afro-americano ou judeu não conseguiria obter um empréstimo para comprar ou para reformar sua residência caso morasse no bairro errado, não importando seu nível de renda. O manual de concessão de empréstimos da Agência Federal da Habitação de 1938 ampliou essa prática, estimulando comunidades a implementar posturas municipais de zoneamento racialmente restritivas a fim de proteger o valor de seus imóveis, e a reforçar essa medida pela inclusão de cláusulas contratuais excluindo negros, judeus e outros cuja propriedade viesse a reduzir o valor dos imóveis. O manual declarava: "As restrições recomendadas devem incluir os seguintes dispositivos: a proibição da ocupação de propriedades exceto pela raça para qual ela é voltada [...] Escolas devem ser apropriadas para as necessidades da nova comunidade e não devem ser frequentadas em grande quantidade por grupos raciais desarmoniosos".[6]

Passado um ano de sua criação, o sistema financeiro habitacional norte-americano estava imbuído de um profundo preconceito locacional e racial que ajudaria a fragmentar o país. E isso não aconteceu por acaso.

Quando o programa federal de auxílio hipotecário foi criado, os setores habitacional e automotivo do país logo perceberam que, quanto mais a política federal pendesse para lares suburbanos unifamiliares e se afastasse de residências urbanas multifamiliares, mais teriam a lucrar. Em uníssono, Associação Nacional de Construtores de Habitações, a Associação Nacional de Corretores Imobiliários, a Associação Nacional de Agentes Hipotecários e a indústria automobilística engajaram-se ativamente na política habitacional federal para promoverem seus interesses. Ao encararem os inquilinos urbanos e os proprietários corporativos como clientes perdidos, eles fizeram tudo que podiam para influenciar os responsáveis pelo sistema de financiamento habitacional a marcarem as cartas contra os moradores urbanos.

O sistema de bondes é desmantelado

A indústria automotiva também via os usuários de transporte público como clientes perdidos. Para desestimular o uso de bondes, General Motors, Firestone Tire, Standard Oil of California, Phillips Petroleum e Mack Trucks formaram empresas de transporte de fachada em 1938, e começaram a adquirir linhas municipais de bonde em apuros financeiros e a fechá-las, transformando-as em rotas de ônibus. Los Angeles, San Diego, Saint Louis, Oakland e dezenas de outras cidades como essas tiveram o infortúnio de ver seus sistemas de bondes destruídos. O plano funcionou, e as cidades ficaram cada vez mais conectadas a seus subúrbios por carros e ônibus.

A reação federal à falta de moradia

Ao voltarem para casa após a Segunda Guerra Mundial, militares norte-americanos depararam com uma falta de moradia que vinha se formando desde a Depressão. Seis milhões de veteranos não conseguiam encontrar um lugar para morar e se viram forçados a compartilhar residências com familiares e amigos. Sua frustração era palpável, e esforçando-se para não testemunhar mais uma vez a marcha de 1932 de protesto de veteranos em Washington, o Congresso aprovou a Lei de Reajuste de Militares de 1944 (também conhecida como GI Bill), oferecendo generosos benefícios em saúde, habitação, emprego e educação para os veteranos que retornavam. Os benefícios habitacionais previam empréstimos com zero de entrada e juros baixos para compradores de residências unifamiliares em bairros grifados em verde e azul. No entanto, o Congresso, então controlado pelos Republicanos, negou a extensão de benefícios aos veteranos para o aluguel de residências urbanas multifamiliares e apartamentos cooperativos. Como "a forma segue as finanças", a maioria dos militares e suas famílias se mudaram para os subúrbios, o único lugar onde os benefícios habitacionais aos veteranos podiam ser utilizados.

Reconhecendo que as cidades do país precisavam de financiamento para crescimento e renovação, o senador Robert Taft, um republicano de Ohio e ardoroso defensor das habitações multifamiliares e do investimento urbano, organizou um grupo bipartidário de senadores para encaminhar um projeto de lei habitacional nacional. Os lobistas das construtoras de moradias, corretores imobiliários e emissores de hipotecas reagiram financiando um jovem e ambicioso senador republicano de Wisconsin chamado Joseph McCarthy, estimulado por eles a se opor com veemência o projeto de lei de Taft. Eles contrataram McCarthy para se pronunciar contra habitações multifamiliares, levando-o a um giro pelo país com um roteiro preparado pela agência de relação públicas dessas entidades e alegando que a moradia em apartamentos estimulava o socialismo. Ao perceber que essas tiradas anticomunistas obtinham as reações mais entusiasmadas, o senador subiu o tom de sua retórica. Usando uma técnica que mais tarde empregaria para caçar supostos comunistas, McCarthy fundou e liderou o Comitê Conjunto do Senado Norte-Americano de Estudo e Investigação da

Habitação, e cruzou o país, organizando 33 audiências públicas bastante alardeadas entre 1947 e 1948. Em meados de 1947, enquanto visitava o temporário Projeto Habitacional para Veteranos Rego Park no Queens, Nova York, McCarthy afirmou que aquilo "deliberadamente criava uma área de favela, mediante gastos federais [...] um viveiro de comunistas".[7]

Enfrentando uma enorme demanda nacional por habitação, e imobilizado por uma Câmara dos Deputados controlada pelos republicanos, um furioso presidente Harry Truman sancionou a Lei Pública 846 em 1948, promovendo habitações unifamiliares em detrimento a moradias multifamiliares, resignado com o fato de que aquela era a única lei habitacional que o Congresso aprovaria. Na conferência de imprensa pós-sanção, o presidente Truman afirmou: "Nesse caso, como em muitos outros, o Congresso fracassou miseravelmente na tentativa de atender às necessidades urgentes do povo dos Estados Unidos. [...] Fracassou por completo em satisfazer a nossa maior necessidade habitacional – moradias com aluguel de baixo custo. [...] O fracasso em aprovar uma legislação habitacional decente é uma triste decepção para milhões de pessoas que precisam desesperadamente de lares, e para os muitos congressistas que tanto se esforçaram para romper a supremacia de um pequeno grupo de homens que bloquearam um projeto de lei habitacional decente".[8]

Quando um projeto de lei de habitação pública acabou sendo aprovado no Congresso em 1949, os republicanos proibiram a criação de comunidades de diversos níveis de renda, determinando que habitações públicas só pudessem ser alugadas pelos pobres. Eles venceram, e, como resultado, as únicas opções subsidiadas no âmbito federal para famílias de classe média eram os financiamentos para residências suburbanas unifamiliares. O efeito sobre as comunidades habitacionais públicas revelou-se devastador; em vez de se tornarem bairros saudáveis, diversos e de vários níveis de renda, elas se tornaram guetos de pobreza concentrada.

A versão de renovação urbana aprovada em 1949 pelo Congresso tinha como foco primordial a remoção de cortiços, fornecendo verba para as cidades condenarem amplas faixas de seus bairros. Em alguns casos, novos projetos como o brutalmente funcional Pruitt-Igoe foram construídos em seu lugar, mas na maior parte das vezes, bairros inteiros foram demolidos para então jamais serem reconstruídos ou serem reconstruídos com tamanho desleixo que diminuíram o valor das propriedades e expulsaram famílias trabalhadoras. Não chega a surpreender que a renovação urbana tenha sido sarcasticamente chamada de "remoção de pretos". Hoje, passado mais de meio século, muitas cidades ainda possuem locais vagos de renovação urbana provenientes dos programas de remoção de cortiços dos anos 1950 e 1960. Muitos desses bairros demolidos incluíam originalmente prédios históricos que precisavam apenas de uma reforma.

Atualmente, o governo federal fornece cerca de US$ 120 bilhões em subsídios para proprietários de residências unifamiliares, quase três vezes mais do que todos os subsídios federais para habitações de locação a famílias de renda baixa e moderada.[9] E isso sem contar com os trilhões de dólares que o país desperdiçou subsidiando uma dispersão urbana indesejável e desnecessária durante a crise das hipotecas *subprime*.

Mesmo esses subsídios para casa própria são alocados de modo injusto. Segundo o Centro de Prioridades Orçamentárias e Políticas, um executivo que ganha US$ 675 mil ao ano e que tenha um financiamento de US$ 1 milhão a pagar receberá um subsídio anual de US$ 14 mil, com os pagadores de impostos cobrindo 35% do custo de juros do empréstimo concedido. Já um professor de ensino médio que ganhe US$ 45 mil ao ano e que tenha um financiamento de US$ 250 mil a pagar recebe um subsídio habitacional anual de apenas US$ 1.500 e 15% das despesas com juros subsidiadas.[10]

Entre 1947 e 1953, a população dos Estados Unidos como um todo cresceu 11%, mas a população de seus subúrbios cresceu 43%. Um "pequeno grupo de homens" determinou a trajetória da expansão suburbana do país.

As megatendências que configuraram os subúrbios norte-americanos

Nos Estados Unidos, uma explosão de natalidade no pós-guerra e uma economia de plano emprego desencadearam uma demanda enorme por moradia. Para as incorporadoras, as cidades representavam lugares complicados para suas construções, ao passo que os subúrbios abriam os braços para a prosperidade que imaginavam que viria com o crescimento. O zoneamento de uso também concedeu às comunidades o poder de determinar seu próprio caráter, e a maioria das comunidades suburbanas optou por acolher lares unifamiliares e varejo em suas zonas, geralmente barrando fábricas, prédios de apartamentos e ocupações mais densas dos terrenos, por acharem que isso rebaixaria os valores dos imóveis. Sua visão era imediatista demais para perceber que estavam plantando as sementes de um desequilíbrio de empregos/residências/compras que acabaria forçando seus moradores a sofrerem com congestionamentos generalizados.

Códigos de zoneamento suburbano facilitaram o desenvolvimento do chamado *tract housing* – terrenos vastos e baratos com fileiras de casas construídas em massa, imaginados pela primeira vez por William Levitt, o incorporador de Levittown, em Long Island, cujo sucesso foi amplamente copiado por outros. Ao comprarem terras baratas de um fazendeiro para então reformulá-las como zonas residenciais, as incorporadoras de *tract housing* tiraram proveito de novas rodovias financiadas pelo governo federal, bem como dos programas habitacionais para veteranos e os promovidos pela Agência Federal da Habitação. Até meados da década de 1950, muitos desses empreendimentos apresentava restrições raciais. Até mesmo William Levitt, que era judeu, recusou-se de início a vender unidades para judeus, e as vendia para os negros somente quando os tribunais o obrigavam a isso.

Em 1956, o presidente Dwight Eisenhower sancionou a Lei Federal de Rodovias, aumentando vastamente as verbas federais para os sistemas rodoviários que conectavam cidades e subúrbios. Em 2010, o sistema se estendia por 75.932 quilômetros e conectava a maioria das cidades norte-americanas. Mas os planejadores do Sistema de Rodovias Interestaduais resistiram a todos os esforços para integrar as rodovias com o sistema ferroviário de transporte de cargas e passageiros e com as linhas de bondes, recusando-se até mesmo para facilitar que futuras linhas ferroviárias cruzassem as rodovias ou corressem paralelo a elas. E como praticamente todo o financiamento do Sistema de Rodovias Interestaduais provinha do governo federal, os sistemas ferroviários e de bondes, financiados com capital privado, simplesmente não tinham como competir.

O programa de Rodovias Interestaduais fez com que rodovias urbanas cortassem cidades ao meio. Como ninguém queria morar perto de rodovias, seus traçados eram desenhados de forma a evitarem obstáculos, correndo ao longo de orlas onde costumava haver estradas paralelas para atender as docas, e através de bairros mais pobres da classe operária e sem poder político, fazendo com que fossem seccionados do restante da cidade. Aqueles moradores que tinham dinheiro para se mudar deixavam para trás seus bairros agora desconectados, barulhentos e poluídos e rumavam para os subúrbios. E aqueles residentes que ficavam para trás testemunhavam o acelerado declínio de suas regiões.

Na década de 1960, quando as fábricas se transferiam para locais mais baratos e não sindicalizados no sul e depois para o exterior, os bons empregos urbanos que atraiam afro-americanos e imigrantes para as cidades minguaram, deixando para trás espaços industriais baldios e muitas vezes tóxicos. Tampouco havia segurança nesses bairros. Com a guerra do Vietnã, jovens foram levados ao exterior, traumatizados, introduzidos a drogas pesadas, ensinados a usarem armas e enviados de volta para casa sem empregos nem muita esperança no futuro. Não é de admirar que a violência urbana tenha explodido, estimulando ainda mais as famílias a se mudarem para a maior segurança dos subúrbios.

O declínio das cidades norte-americanas

A década de 1970 foi um período terrível para as cidades norte-americanas. Ainda que quase todas elas tenham sofrido, uma das mais visíveis era Nova York. Quando o prefeito Abe Beame solicitou um empréstimo junto ao governo federal para ajudar Nova York a sair de sua crise fiscal, o presidente Gerald Ford voou para Nova York e deu um discurso em que afirmou: "O povo deste país não fugirá em debandada. Não entrará em pânico quando algumas autoridades e banqueiros desesperados de Nova York tentarem se esquivar das dívidas de Nova York pela estratégia do medo".[11] No dia seguinte, o *Daily News* estampou a manchete "FORD DIZ À CIDADE: NÃO ME INCOMODEM". Embora o presidente Ford jamais tenha proferido de fato tais palavras, sua mensagem era alta e clara. O governo federal não tinha interesse algum em ajudar as cidades do país.

Ao longo dos 25 anos seguintes, a maioria das cidades norte-americanas perdeu uma porção considerável de sua população, e profissionais dedicados ao planejamento ambiental e urbano pouco fizeram para deter a maré. O treinamento dos planejadores urbanos era voltado à regulação do crescimento, e não a reações frente ao seu declínio, e os ambientalistas eram anticrescimento, deixando de reconhecer a vitalidade como uma qualidade natural de sistemas saudáveis. Em 1921, quando rompeu a marca de um milhão de habitantes, Detroit era uma cidade muito diferente daquela que minguou abaixo dessa mesma marca em 1990. Porém, ela não contava nem com as ferramentas nem com a visão para ajudá-la a gerenciar tal contração de modo efetivo.

Em seu discurso do Estado da União de 1970, Richard Nixon declarou: "As violentas e decadentes cidades centrais de nossos grandes complexos metropolitanos representam a área mais evidente de fracasso na vida norte-americana atual. Proponho que, antes desses problemas ficarem insolúveis, o país desenvolva uma política de crescimento nacional. [...] Se aproveitarmos nosso crescimento como uma oportunidade, podemos tornar a década de 1970 um período histórico em que, por opção consciente, transformamos nosso território naquilo que queríamos que se tornasse."[12] Contudo, acabamos por não adotar a lei de planejamento nacional que ele propunha, e tampouco tínhamos uma visão daquilo que queríamos que nossas cidades se tornassem. As principais ferramentas de planejamento urbano criadas nos Estados Unidos entre 1916 e 1990 eram inadequadas para superar os desafios da segunda metade do século XX. O zoneamento, por exemplo, foi criado no início do século XX com a intenção exclusiva de solucionar um problema do século XIX: os efeitos ambientais danosos da industrialização urbana. A separação dos usos nocivos e não nocivos já era antiga, mas durante os cinco mil anos prévios de planejamento urbano, as pessoas ainda vinham sendo capazes de morar perto de onde trabalhavam e faziam compras. Ao desagregar moradia e trabalho, e ao estimular a separação de níveis de renda por tamanho de lote e outras características, o zoneamento monocultural tornou-se um colaborador significativo para os problemas do século XX de dispersão suburbana, congestionamento, escassez de comunidades englobando vida, trabalho e lazer, aproveitamento ineficiente de terrenos e extraordinária degradação ambiental.

Nos anos 1970, rotas de ônibus projetadas para o transporte até escolas dentro da cidade empurraram mais famílias brancas para os subúrbios, e, à medida que a classe média deixava a cidade para trás, sua base de arrecadação fiscal encolhia. A recessão e a estagflação dos anos 1970 pegaram as cidades de jeito, e muitas encontravam-se à beira da falência. Grandes empresas começaram a transferir suas sedes de grandiosos edifícios comerciais no centro para parques de escritórios nos subúrbios, mais próximos dos campos de golfe do CEO, levando os empregos consigo. E todos esses fatores continuaram sendo abastecidos pelo favorecimento financiado pelo governo federal para habitações unifamiliares, automóveis e camionetes.

A década de 1970 também testemunhou uma transformação cultural que tomou os Estados Unidos de assalto, impulsionada pela entrada das mulheres no mercado de trabalho. A geração dos *baby boomers* ingressou no mercado habitacional com praticamente a mesma avidez que seus pais no pós-guerra, mas havia uma diferença. Agora, financiados por duas fontes de renda, os casais eram capazes de adquirir residências maiores, e enchê-las de bens de consumo. Entre 1960 e 2010, o lar do norte-americano médio dobrou de tamanho; em 2010, a típica residência norte-americana possuía mais TVs do que pessoas. Esse salto de consumo foi acompanhado por um aumento acentuado na quantidade de *shopping centers* suburbanos. Nos anos 1960, os Estados Unidos dispunham de 0,4 m² de lojas de varejo por pessoa, mas em 2010, esse número havia aumentado para 4,3 m²,[13] mais de sete vezes mais que o 0,6 m² por pessoa na Austrália e mais de vinte vezes mais que o 0,2 m² na França.[14] O zoneamento de *shopping centers* deu origem a espaços de varejo muito mais amplos do que aqueles proporcionados pelo antigo centro de vilarejo junto à estação de trem ou aos subúrbios conectados via bonde. Esses vastos e novos locais com seus enormes estacionamentos desencadearam uma onda de gigantismo e padronização no setor de varejo. Entre 1960 e 2009, o consumo pessoal cresceu de 62% da economia norte-americana para 77%, englobando mais de três quartos da alocação de recursos financeiros, atenção e inovação nos Estados Unidos.

O aumento da pobreza suburbana

Em 1940, somente 13,4% dos norte-americanos moravam nos subúrbios. Em 1970, esse percentual havia subido para 37,1, e em 2012, embora a taxa de crescimento suburbano tivesse desacelerado consideravelmente, quase metade de todos os norte-americanos moravam nos subúrbios. Ainda assim, havia uma diferença entre os subúrbios de 1947 e aqueles de 2019. O Brookings Institute divulgou que em 2008 mais da metade dos pobres nos Estados Unidos estava localizada nos subúrbios, e não nas cidades. A pobreza suburbana crescera a um ritmo cinco vezes maior do que a pobreza nas cidades, enquanto Nova York, Providence e Washington, DC, chegaram a ver a sua taxa de pobreza diminuir durante o mesmo período. Atualmente, programas federais para os pobres, como cupons de desconto em alimentos, seguro desemprego e auxílio a crianças dependentes infundem mais dinheiro nos subúrbios do que nas cidades.[15]

Ao mesmo tempo que os Estados Unidos passavam por uma suburbanização, o país também estava ficando mais economicamente segregado. Em estudo de 2010 conduzido pelos pesquisadores Sean Reardon e Kendra Bischoff, da Universidade de Stanford, documentou que em 1970 apenas 15% dos norte-americanos moravam em um bairro no extremo ou de afluência ou de pobreza, mas em 2007 esse número havia dobrado para 31,7%.[16] Comunidades suburbanas de baixa renda simplesmente não contam com a infraestrutura educacional, de serviços sociais, de polícia e de saúde pública que as cidades dispõem para cuidar dos seus pobres. E com uma base de arrecadação fiscal em queda, estão ficando cada vez mais para trás. Isso significa que não apenas os pobres suburbanos estão em dificuldades, mas que seus municípios também estão.

A pobreza suburbana e a segregação de renda por localização são um fenômeno global. Na França, imigrantes pobres de primeira ou segunda geração provenientes da Argélia e de outras ex-colônias francesas moram em *bidonvilles*, ou favelas, e *banlieues*. Tecnicamente, *banlieue* significa "subúrbio", mas na França o termo virou eufemismo de grandes blocos habitacionais de concreto construídos e subsidiados pelo governo para famílias de baixa renda e que preenchem os anéis suburbanos. Oficialmente chamados de "zonas urbanas sensíveis",[17] 731 bairros como esse circundam cidades francesas; *banlieues* sofrem com mais do que o dobro das taxas de desemprego encontradas nas cidades e com uma taxa de pobreza quatro vezes mais alta, e ainda apresentam o dobro de famílias monoparentais.[18] O desemprego entre os jovens dos *banlieues* supera os 40%. De modo similar aos guetos nos Estados Unidos, essas zonas muitas vezes encontram-se separadas do núcleo urbano por rodovias que as cercam mas não as conectam.

Um desses municípios suburbanos é Clichy-sous-Bois, parte de Seine-Saint-Denis, um enclave de 260 km^2 na periferia de Paris. Depois da Segunda Guerra Mundial, Clichy foi projetada para se tornar um município para a nova classe média alta, mas quando a linha férrea proposta acabou não sendo construída, residentes nascidos na França foram embora e imigrantes muçulmanos se mudaram para o local. Hoje, a comunidade oferece poucos empregos, e instalações também são escassas. "Não temos cinemas, piscinas, agência de auxílio a desempregados, cafeterias ou locais de lazer", afirma Youssef Sbai, diretor de um centro infantil no complexo de apartamentos Résidence les Bois du Temple, onde foi criado. "Mas depois dos tumultos [de 2005], eles construíram uma grande estação de polícia nova."[19]

Na Itália, os imigrantes pobres da classe operária moram na *periferie*, os subúrbios de cidades como Roma. Já os pobres de Viena moram nos distritos suburbanos da cidade chamados Favoriten, Simmering e Meidling, descritos em um guia de locações imobiliárias como "subúrbios pouco atraentes da classe operária dominados por prédios retilíneos, abrangendo desde cortiços da década de 1920 a enormes conjuntos de blocos habitacionais da década de 1980 e 1990".[20] Mas pelo menos os subúrbios pobres da Europa são atendidos por sistemas de água e esgoto, recolhimento de lixo, eletricidade e alguns transportes públicos. E ainda que discordemos do estilo corbusiano de planejamento, eles foram planejados. Na América Latina, África e Ásia, favelas em franco crescimento nas bordas das cidades carecem dos mais básicos serviços e infraestrutura, como saneamento básico, eletricidade confiável e recolhimento de lixo.

Cidades como Amsterdã, Nova York e Barcelona prosperaram quando proporcionaram aos imigrantes caminhos para a prosperidade na forma de posse de terrenos ou habitações decentes e acessíveis economicamente, a capacidade de criar pequenos negócios, educação atualizada e sistemas políticos e econômicos com oportunidades inclusivas. Aquelas cidades do século XXI que planejaram maneiras de oferecer oportunidades a todos os seus residentes, incluindo aí seus imigrantes, estão se saindo bem melhor do que aquelas que se isolaram ou deixaram de atender às suas necessidades básicas. Estas últimas estão plantando sementes de discórdia que inevitavelmente produzirão uma má colheita de turbulência social.

Os subúrbios e o ambiente

A suburbanização das áreas urbanas do mundo exacerbou não apenas problemas sociais, mas também ambientais. Entre eles estão a perda de solos produtivos, a redução da biodiversidade e o uso ineficiente de recursos naturais.

Muitas cidades pelo mundo foram construídas perto de rios ou estuários, áreas que possuem solos agrícolas bastante ricos. Conforme as cidades se espraiam pelas terras de cultivo ao seu redor, o valor econômico do desenvolvimento urbano supera de longe o valor agrícola da terra. Nos Estados Unidos, desde 1967, mais de 10 milhões de hectares foram perdidos para a dispersão urbana, quase 1 hectare de terra por minuto.[21]

E esse fenômeno não se atém aos Estados Unidos. Um estudo conduzido pelo Institute of Geographic Science and Natural Resource Research, da China, identificou que quase 4 milhões de hectares de terras de cultivo no país foram convertidos em desenvolvimento urbano, removendo 50 milhões de agricultores.[22]

Em sua concepção original, a forma suburbana era uma maravilhosa extensão da cidade, mas do modo como praticada atualmente é muito ineficiente. E num mundo com recursos cada vez mais restritos, cujas pessoas anseiam por uma distribuição mais equânime da prosperidade, tal modelo já não está mais funcionando. Por serem mais densas, as áreas urbanas utilizam recursos com maior eficiência do que as suburbanas. Numa cidade, um quarteirão típico contém entre 30 e 100 vezes mais lares por km^2 do que um típico quarteirão suburbano. Como atende a muito mais pessoas, uma cidade aproveita cada rua, bem como a água, o esgoto, a eletricidade, o gás, o telefone e as linhas de cabeamento que correm por ela, com uma eficiência bem maior – e, portanto, a uma fração do custo. Cada residente de San Francisco consome 173 litros de água por dia, enquanto residentes do subúrbio próximo de Hillsborough usam 1.098 litros ao dia, mais de seis vezes mais.[23] Em parte, isso ocorre porque mais da metade de toda a água residencial utilizada nos Estados Unidos se destina a regar os gramados, que são bem mais comuns nos subúrbios. E o uso de automóveis, com seu consumo de combustível e sua emissão de gases do efeito estufa, é duas vezes mais alto entre os residentes daqueles subúrbios que carecem de transporte público do que entre quem mora nas cidades.

A virada da maré suburbana

À medida que cidades ao longo dos Estados Unidos começaram a se esvaziar durante os anos 1970, um grupo de pioneiros urbanos destemidos permaneceram, ancorando seus bairros. Com a migração do transporte via trens para o leito dos caminhões, muitas industrias se transferiram para os subúrbios para acesso mais fácil a rodovias, esvaziando bairros industriais inteiros dentro da cidade. Artistas se mudaram para os prédios amplos e baratos das antigas fábricas e os converteram em espaços de estar e trabalho, e logo foram seguidos por sofisticadas galerias de arte, bares e restaurantes. Em bairros pobres e da classe operária, especuladores imobiliários urbanos compravam sobrados baratos, ou ocupavam prédios abandonados e os reformavam com as próprias mãos. Assim, criavam organizações de desenvolvimento comunitário que começaram a planejar seus bairros, defender seu futuro e construir habitações a preços acessíveis. Eles invadiam terrenos baldios repletos de lixo e os convertiam em jardins comunitários.

Nos anos 1990, a maré suburbana começou a virar. Entediados pelos subúrbios, os filhos da geração *baby boomer* começaram a retornar para as cidades, sobretudo para bairros arrojados emergentes. As cidades agora estavam bem mais seguras e ofereciam alguns dos empregos mais interessantes. Baseada na confluência de tecnologia, marketing e finanças, a bolha "ponto com" do final da década de 1990 foi um fenômeno urbano. Desde então, o crescimento no número de empregos nos Estados Unidos vem sendo muito maior em cidades globalmente conectadas, agradáveis e que nunca dormem. Passada a recessão de 2008, o crescimento do PIB em cidades da moda como Portland, Oregon, foi três vezes maior do que o do restante do país.[24] No passado, as pessoas sempre viajaram para onde quer que houvesse empregos, e em 2010 a nova geografia de empregos era clara: as empresas estão transferindo suas sedes para os lugares onde os jovens mais inteligentes, mais empreendedores e de maior nível educacional desejam morar, trabalhar e se divertir: cidades com universidades, artes, música, cultura e parques conectadas coerentemente por transporte público.

Ao mesmo tempo, o caso de amor dos Estados Unidos com o automóvel começou a esmorecer. E o tráfego era um dos motivos mais citados para isso, sobretudo a irritante imprevisibilidade dos longos "arranca e para". Como Daniel Gilbert, professor de Harvard, observa: "Dirigir em congestionamentos é um tipo diferente de inferno a cada dia". Pesquisas indicam que a atividade cotidiana mais desagradável é o transporte pendular.[25] Os economistas suíços Bruno Frey e Alois Stutzer descrevem um viés cognitivo que batizaram como o paradoxo do trabalhador pendular. Sua pesquisa indica que, quando as pessoas escolhem um lugar para morar, elas consistentemente superestimam o valor de uma residência maior, e optam por se deslocar por uma distância maior ao trabalho a fim de arcarem com um dormitório extra ou com um quintal maior, e subestimam o sofrimento de um longo deslocamento pendular. Nas palavras dos pesquisadores: "Nosso principal resultado indica, porém, que as pessoas com longas jornadas para o trabalho e de volta para casa sistematicamente saem perdendo e relatam um nível de bem-estar significativamente mais baixo. Para os economistas, esse resultado do transporte pendular é paradoxal".[26]

Os benefícios de qualidade de vida do transporte dependente de automóveis, que no século XX oferecia uma sensação empolgante de liberdade, estão diminuindo rapidamente no século XXI devido ao descompasso entre áreas municipais destinadas a um único uso e à falta de diversidade em opções adequadas de transporte. Em 2014, os congestionamentos aumentaram o tempo de deslocamento para motoristas de automóveis nos Estados Unidos em 6,9 bilhões de horas, levando a 48 minutos viagens que sem tráfego poderiam ser percorridas em 20 minutos, e custando US$ 160 bilhões extras em combustível desperdiçado.[27] Os carros costumam ser dirigidos em apenas 5% do dia – o restante do tempo permanecem estacionados. Esse não é um fator de utilização muito bom para o segundo investimento mais caro incorrido pela maioria das pessoas, perdendo apenas para suas residências.[28, 29] Como resultado, o uso do automóvel está em queda. Entre 2004 e 2013, a distância total percorrida por veículos nos Estados Unidos diminuiu em todos os anos.[30]

É de surpreender, porém, que a maior diminuição no uso de automóveis em cidades norte-americanas não tenha ocorrido nos centros urbanos mais densamente povoados. Essa queda foi mais significativa naquelas cidades com maior dispersão urbana, como Atlanta, onde a condução *per capita* caiu 10,1%, e Houston, onde caiu 15,2%.[31] Norte-americanos de classe operária e classe média que moram nos subúrbios gastam cerca de 30% de sua renda em carro, seguro, gasolina e manutenção. Trata-se de um custo cada vez mais difícil para eles arcarem. O declínio no uso de automóveis fica especialmente evidente entre os jovens. Em 1990, 75% de todos os norte-americanos com 17 anos de idade possuíam carteira de motorista; em 2010, o percentual caiu para menos de 50%.

Assim, conforme os empregos interessantes, a vida social estimulante e os prazeres de bairros cheios de vitalidade aumentaram na cidade, a vida urbana tornou-se uma opção para felicidade e racionalidade econômica. Os esforços das revitalizações comunitárias dos anos 1990 tiveram sucesso na criação de lugares onde as pessoas queriam morar e trabalhar. Em 2012, o levantamento sobre investimento imobiliário "Tendências Emergentes no Mercado Imobiliário", promovido pelo Urban Land Institute, observou: "Morar com inteligência, mais perto do trabalho, e de preferência próximo a opções de transporte público, atrai cada vez mais pessoas que desejam administrar suas despesas com sabedoria. Há menos interesse em escritórios, sobretudo parques suburbanos de escritórios: mais empresas se concentram em distritos urbanos onde os talentos disputados da geração Y desejam se instalar em ambientes que funcionam 24 horas por dia".[31] Cidades europeias tiveram mais sucesso em domar o automóvel urbano. O uso de carros na Europa aumentou após a Segunda Guerra Mundial, mas suas cidades mais antigas não foram projetadas para acomodar vagas de estacionamento. Na década de 1960, cada praça pública disponível na cidade de Copenhague havia sido cooptada como estacionamento. Hoje, com o advento de um extenso sistema de ciclovias, mais pessoas se deslocam por Copenhague de bicicleta do que de carro.[32] E suas praças públicas transformaram-se em parques para pedestres.[33]

Alexandria moderna

Contudo, o uso do automóvel está aumentando nas cidades do mudo em desenvolvimento. A Alexandria moderna, a segunda maior cidade do Egito, é o maior porto marítimo do Mediterrâneo, um eixo-chave que conecta Europa, África e Oriente Médio. Alexandria, alastrando-se por mais de 30 quilômetros pela costa mediterrânea, possui uma população de 4 milhões de habitantes e em rápido crescimento. Como 80% das exportações e importações do Egito passam por Alexandria, sua vitalidade é fundamental para o país. Alexandria é uma cidade linear espremida por longos morros, com a orla de um lado e várzeas baixas e aterros do outro.

Em meados do século XX, o automóvel virou o principal modal de transporte de Alexandria. Atualmente, o núcleo da cidade, projetada muito antes do automóvel, tem um excesso de tráfego e uma escassez de vagas de estacionamento. Quando a cidade se alastrou a partir de seu centro histórico, invadiu seus mangues vizinhos. Em 2006, Alexandria foi mais longe, pavimentando mais de 25 quilômetros de orla praiana e substituindo-a por uma estrada à beira-mar com oito pistas, dividindo a praia da cidade. "Quando examinamos o que Alexandria teve que fazer para continuar funcionando, a estrada à beira-mar foi percebida como um passo à frente", afirmou Anthony Bigio, um especialista urbano ligado ao Banco Mundial. "Mas as medidas tomadas até aqui na verdade pioraram sua vulnerabilidade" às mudanças climáticas.

A nova rodovia separa a cidade do mar, mas não o mar da cidade. Como ela destruiu a área de transição biologicamente rica entre a maré alta e a maré baixa que os antigos mangues costumavam formar, o leito marítimo adjacente à estrada está sendo assoreado; e sem a proteção das ondas proporcionada pelos corais e pelas plantas marinhas, Alexandria, por estar rente ao nível do mar, encontra-se mais vulnerável do que nunca a cheias causadas por tempestades. Mas por ter recentemente feito um grande investimento em infraestrutura na sua rodovia, Alexandria agora carece de recursos financeiros para investir em barreiras contra tempestades.

A rodovia também ocupa um espaço que poderia ter sido aproveitado segundo as mais recentes ideias em resiliência de orlas marítimas: a restauração de bacias de detenção para absorver tempestades e elevações no nível do mar. E o que é ainda pior, a principal rota de evacuação da cidade passa agora por seu local mais vulnerável, adjacente ao próprio mar que a ameaça. Infelizmente, Alexandria aplicou engenharia do século XX para resolver seu problema, em vez de assumir uma abordagem integrada do século XXI que poderia solucionar múltiplos problemas ao mesmo tempo.

Enquanto Alexandria estava construindo sua nova rodovia à beira-mar, muitas cidades norte-americanas estavam desfazendo as suas. Em San Francisco, o terremoto de 1989 de Loma Prieta causou um dano estrutural considerável na Embarcadero Freeway. A Embarcadero havia separado a cidade de sua baia, então ao deparar com o custo substancial de reconstruir a rodovia elevada, a cidade decidiu em vez disso por substituí-la por um bulevar ao estilo europeu, o que estimulou a revitalização da sua orla. Nesse mesmo ano, a cidade de Nova York demoliu a decrépita rodovia elevada West Side Highway e a reconstruiu na forma de um bulevar com um luxuriante parque ao longo das margens do rio Hudson. Uma antiga linha férrea elevada que corria em paralelo com o rio foi transformada no High Line, um novo parque linear que se tornou uma das atrações mais procuradas pelos turistas na cidade. E na Coreia do Sul, como exploraremos mais a fundo no Capítulo 7, a cidade de Seul removeu a rodovia que cobria seu rio Cheonggyecheon e restaurou suas margens, criando um parque fantástico. Em 2010, para quem queria caminhar até o trabalho ou dar uma corrida em meio à natureza, estava se tornando mais fácil de fazer na cidade do que nos subúrbios.

O retorno do transporte de massa

Juntamente com a remoção de rodovias, as cidades vêm usando verbas federais, estaduais e locais para reconstruírem seus sistemas de transporte público, trazendo de volta os bondes e acrescentando veículos leves sobre trilhos e bicicletas compartilhadas. Nesse processo, estão tornando as cidades mais agradáveis de se morar e mais equânimes, e reduzindo seu impacto ambiental. Essa abordagem facilita até a vida dos condutores que ainda restam, por haver menos carros pelas estradas. Uma nova linha de veículos leves sobre trilhos é capaz de transportar oito vezes mais pessoas do que uma faixa de rodovia durante o horário de pico, e essa matemática levou os planejadores urbanos a estimularem novos sistemas por todo os Estados Unidos, embora as obras tendam a se concentrar em cidades ocidentais autocêntricas como Los Angeles, Portland, San Diego, Dallas, Denver, Salt Lake City, Phoenix e San Jose. Em cada um desses casos, a utilização dos sistemas de transporte de massa superou as expectativas. Essas cidades e seus subúrbios também estão aumentando a densidade do desenvolvimento em torno de suas estações de transporte, criando localidades que revivem o sucesso de comunidades centenárias à beira de estações de trem.

Os novos sistemas de veículos leves sobre trilhos estão sendo planejados como parte de um sistema regional maior conectado a aeroportos e a estações no centro das cidades. O mais longo deles interliga toda a região de Denver. A antiga estação municipal de Union Station está sendo revitalizada como um eixo de transporte público, conectando o sistema férreo nacional Amtrak, o sistema regional leve sobre trilhos, o ônibus elétrico local que passa pelas lojas do centro e o aeroporto. Comunidades suburbanas estão densificando e diversificando suas ofertas imobiliárias, tentando atrair jovens famílias urbanas. Os múltiplos modais de transporte da região de Denver oferecem a seus moradores opções que a tornam um lugar atraente para se viver. Quem precisa se deslocar pode ir de trem para a cidade durante a semana, ir a pé até um restaurante à noite e dirigir até o campo no fim de semana, opções que agora estão facilmente disponíveis.

Mas tais sistemas exigem décadas de consistente apoio político. O sistema de transporte regional de Denver foi concebido na década de 1980 pelo prefeito Federico Peña, teve sua construção iniciada na década de 1990 pelo prefeito Wellington Webb, foi vastamente ampliado em um sistema regional maior nos anos 2000 pelo prefeito John Hickenlooper e por uma coalizão de 52 prefeitos regionais e líderes de condado, e conectado ao aeroporto em 2016 pelo prefeito Michael Hancock.

O crescimento extraordinário dos Estados Unidos foi possibilitado por sucessivas tecnologias de transporte – primeiro o barco a vapor, seguido da maria-fumaça, do bonde, do automóvel, do caminhão e do avião. Existem duas novas tecnologias que poderiam ajudar a deixar nossas regiões ainda mais coerentes, conectadas e prósperas. Os veículos autônomos (carros sem motoristas) proporcionarão a liberdade oferecida pelo sistema atual sem seus fardos. Em vez de possuir um carro, os consumidores serão capazes de agendar ou chamar um, que os buscarão onde estiverem, dirigirão por faixas de alta velocidade (com os carros enfileirados bem mais próximos entre si) e os deixarão em seus destinos – sem que nem mesmo precisem se preocupar em encontrar uma vaga para estacionar. E veículos sobre trilhos de alta velocidade podem conectar cidades e regiões de porte médio a maiores. Se, por exemplo, as cidades de Syracuse, Buffalo e Rochester, no estado de New York, tivessem conexão de alta velocidade com Montreal, Toronto, a cidade de Nova York e Filadélfia, integrando-as todas por deslocamentos de no máximo duas horas, seu patrimônio intelectual poderia ser mais bem aproveitado no desenvolvimento econômico local.

As hipotecas *subprime* estimulam a dispersão urbana

Apesar da diminuição do número de empregos e aumento dos congestionamentos suburbanos, nos anos 2000 os subúrbios norte-americanos seguiram se alastrando. Mas esse crescimento não foi alimentado por demanda natural; foi impulsionado por um excesso de capital. A Fannie Mae e o Freddie Mac não pararam de despejar dinheiro no mercado habitacional ao venderem seus empréstimos para bancos de Wall Street, que classificavam os empréstimos conforme a qualidade do crédito para então reuni-los em pacotes e vendê-los a investidores. Os empréstimos que chegavam a mutuários de alto risco e com um mau histórico de crédito, ou sem um emprego estável, eram classificados como *subprime*. No ano 2000, cerca de 8% das hipotecas nos Estados Unidos eram emitidas para mutuários *subprime*. Em 2002, em reação ao desaquecimento habitacional pós 11 de setembro, o governo Bush estimulou mais liberalidade na concessão de empréstimos a fim de aumentar a produção de residências. Como consequência, de 2004 a 2006, 20% de todas as hipotecas foram emitidas a mutuários *subprime*.[34]

O sistema financeiro reagiu com um apetite voraz por pacotes de empréstimos *subprime*. Para alimentar a demanda, incorporadoras imobiliárias aceleraram a construção de casas fáceis de levantar, a maioria delas nas bordas dos subúrbios, onde os lotes eram mais baratos, o zoneamento era receptivo e, graças à mão-de-obra de imigrantes, os custos de construção eram baixos. Muitas vezes, como tais residências ficavam longe de empregos ou de universidades onde famílias de alto nível educacional queriam morar, ou de onde idosos aposentados queriam viver, as construtoras de moradias simplesmente vendiam unidades para quem quer que estivesse disposto a assinar uma hipoteca, e os financiadores de tais empréstimos, buscando lucrar com as taxas, emprestavam para qualquer pessoa que conseguissem atrair. Nos Estados Unidos, milhões de residências suburbanas foram construídas para um mercado falso, mascarando o verdadeiro declínio na demanda por habitações suburbanas. Tais famílias, que costumava gastar de 25 a 30% de suas rendas em prestações do carro, combustível e seguro, acabavam descobrindo que a localização de suas residências baratas impunha um custo bastante alto de transporte. Em 2007, quando o preço da gasolina ultrapassou US$ 4 por galão (pouco menos de US$ 1 por litro), muitos mutuários *subprime* tiveram de optar entre o custo para chegar ao trabalho e o pagamento de seus empréstimos. À medida que foram entrando em inadimplência, o sistema financeiro hipotecário, que havia superinvestido em dívidas *subprime*, começou a entrar em colapso, acabando por levar a Fannie Mae e o Freddie Mac a concordata, o que desencadeou uma crise financeira global. E com os mutuários sendo despejados, restavam aos financiadores dos empréstimos casas que ninguém queria ou tinha dinheiro para adquirir.

Mais uma vez, a política norte-americana de habitação e desenvolvimento foi determinada pelos objetivos financeiros de poucos, em vez de se conformar a uma política pública coerente e integrada. A Agência de Responsabilização Governamental estimou que a crise tenha custado à economia norte-americana US$ 22 trilhões. E isso lá é jeito de governar um país?

Cidades e subúrbios formam um sistema regional

Nos anos 1980, quando a maioria das cidades centrais dos Estados Unidos estava em declínio e os empregos estavam migrando para os subúrbios, David Rusk, ex-prefeito de Albuquerque, estudou 50 cidades norte-americanas cujos dados revelavam que a saúde da cidade central determinava profundamente a saúde da região. À época, quando os suburbanitas estavam tentando "se virar sozinhos" sem suas cidades centrais, ele documentou que seus destinos estavam profundamente entrelaçados. Não era possível resolver os problemas apenas das cidades ou apenas dos subúrbios. Elas funcionavam como regiões metropolitanas.

Depois de estudar cidades e regiões com mercados frágeis nos Estados Unidos, os cientistas sociais Manuel Pastor e Chris Benner observaram que aquelas regiões metropolitanas com a maior disparidade de renda entre a cidade e os subúrbios em 1980 apresentaram o menor nível de crescimento de empregos na década seguinte. Centros urbanos frágeis estão menos aptos a impulsionarem um crescimento regional. As cidades e seus subúrbios formam um sistema muito interdependente: suas ecologias, economias e seus sistemas sociais fazem parte de um todo em coevolução. E assim como as regiões carecem de um ou mais centros fortes e conectados, elas também precisam de subúrbios saudáveis.[35]

No início da década de 1990, um novo movimento de planejamento, o "Novo Urbanismo", surgiu nos Estados Unidos, liderado por jovens planejadores inspirados em criar ótimos locais para se viver. Sua visão fora inspirada pelas cidades europeias convidativas aos deslocamentos a pé e de bicicleta, e pelas grandes comunidades norte-americanas que circundavam estações férreas no início do século XX. Os Novos Urbanistas reconheciam questões problemáticas de subúrbios cada vez mais dispersos, mas, em vez de os evitarem, acolhiam os subúrbios, trabalhando para redefinir sua visão e redirecionar seu crescimento rumo a uma variedade de usos e de níveis de renda e a centros municipais mais convidativos a caminhadas. Tudo isso revelou-se mais bem adaptado aos problemas que as regiões vinham enfrentando, e com maior apelo ao mercado.

Os Novos Urbanistas também fizeram uma observação interessante. As cidades, com seus sistemas hipodâmicos em grelha urbana, eram organizadas de uma forma extremamente adaptável. A maioria dos subúrbios pós--guerra apresentava ruas curvas, mal conectadas e muitas vezes sem saída (*cul-de-sacs*), separadas das escolas, trabalho e compras de tal forma que até mesmo uma família que morasse defronte a um *shopping center* ainda precisaria pegar seu carro e fazer uma volta cheia de rodeios para chegar até ele. A maioria dos subúrbios simplesmente não era adaptável.

A região em harmonia

A transformação ubaida ocorreu não porque a civilização de al-Ubaid foi a primeira a contar com tantos vilarejos, e sim porque foi a primeira a conectar-se em rede. E o poder da Liga Hanseática veio de seu efeito em rede. Essas redes e muitas outras compartilham a característica de serem multicentradas.

As primeiras cidades de uma região costumam ser monocêntricas – possuem um único centro, cercado de subúrbios. Conforme os sistemas naturais vão crescendo, elas tendem a formar agrupamentos multicentralizados. A maioria das cidades em acelerado desenvolvimento no mundo são agora multicêntricas, com diversos "*downtowns*". O problema com boa parte do zoneamento suburbano no século XX é que ele não estimula a formação de múltiplos centros municipais com variedade de usos, variedade de níveis de renda e convidativos a caminhadas – e o resultado é uma dispersão enfadonha que gera congestionamentos e destruição do meio ambiente.

A solução está nos nove cês. Os elementos que deram origem às cidades são elementos-chave em sua reconstituição, sobretudo três deles: concentração, ou densificação; conectividade, via múltiplos meios de sistemas de transporte público e personalizado; e complexidade, ou a diversidade conquistada pela mistura de usos e de níveis de renda.

A aplicação desses três atributos – concentração, complexidade e conexão – em comunidades já existentes orienta seu movimento rumo à coerência da mesma forma que três regras orientam a organização de revoadas de pássaros.

Imagine um bando de pássaros, voando numa perfeita formação em V, às centenas ou quiçá milhares de indivíduos, cada qual em seu lugar, sempre dentro do curso ao longo de milhares de quilômetros, mesmo quando o vento muda, quando predadores surgem e quando as correntes ascendentes variam conforme eles voam sobre campos, florestas e fiordes. Obviamente, os pássaros não são designados cada um ao seu respectivo lugar, como músicos numa sinfonia, com cada nuance de seu voo conduzida por um regente.

Em 1987, Craig Reynolds, um pioneiro na animação em computador, foi desafiado a simular de maneira realista cenas envolvendo uma multidão para o filme *Batman: o Retorno*. Ele simplesmente não tinha tempo para ilustrar cada pessoa na multidão, então bolou a ideia de fazer com que o computador as simulasse. Depois de experiências, ele descobriu três regras simples que produziam movimentos realistas na multidão.

As regras de Reynolds eram: separação, alinhamento e coesão. Aplicada a pássaros em voo, separação significa manter espaço suficiente para voar perto dos vizinhos, mas evitar colidir com eles. Quando um pássaro voa na direção de outro, seu vizinho se afastará um pouco. Isso também é chamado de repulsão de curto alcance. Alinhamento significa virar em direção ao ponto de destino médio do seu vizinho. E coesão, também chamada de atração de longo alcance, significa virar em direção à posição média de seus grupos vizinhos. Estudos mais aprofundados indicaram que a coesão se manifesta da mesma forma que as tendências fluem por teias sociais. Conforme cada indivíduo se alinha com seu grupo, e cada grupo se alinha com grupos vizinhos, a revoada em geral mantém uma incrível coesão, ajustando-se continuamente para atingir uma meta de longo alcance.

A revoada em bando tem outros benefícios – inteligência coletiva, a eficiência energética que advém de cada indivíduo voar no vácuo do outro, e proteção contra predadores. As regras de Reynolds foram confirmadas por inúmeros estudos científicos, não apenas em pássaros em voo, mas também em cardumes e em enxames, bem como em comportamento de grupos humanos.

Concentração, complexidade e conexão são as regras de revoada para centros urbanos alçarem voo rumo à prosperidade. Em cada comunidade, elas podem ser manifestar de modo diferente, mas a aplicação desses princípios gerais aumenta a coerência de comunidades suburbanas e das regiões de que fazem parte. E essa é a chave para seu equilíbrio.

CAPÍTULO 4

A cidade de equilíbrio dinâmico

Quando o Duque de Zhou decidiu construir Chenzhou em 1036 a.C., cada aspecto filosófico, científico e religioso da cultura chinesa norteou sua missão: gerar harmonia entre a humanidade e a natureza. Ele não consultou seus súditos.

E quando Alexandre, o Grande, e Dinócrates decidiram construir Alexandria, eles também nutriam uma perspectiva singular para ela. Embora logo acabassem descobrindo que precisavam projetar uma cidade que funcionasse para os agricultores e também para os bibliotecários, eles estavam a sós no comando.

Mas o Duque de Zhou e Alexandre, o Grande, construíram suas cidades quanto tudo era mais simples. O século XXI é mais complexo e volátil; suas cidades são bem maiores e influenciadas por uma gama muito mais ampla da forças e tendências. Um ótimo planejamento urbano exige liderança; porém, hoje, exige também uma participação bem mais ampla.

As ferramentas limitadas de planejamento urbano de uso comum nos Estados Unidos do século XX produziram crescimento acelerado e muitas vezes resultados medíocres. Mas na parte final do século, começaram a surgir outras ferramentas, capazes de ajudar comunidades a estabelecerem uma visão coerente e a gerirem os sistemas necessários para colocá-la em prática.

Crescimento inteligente

No início de 1996, Harriet Tregoning, um jovem funcionário da Agência de Proteção Ambiental durante o governo Clinton, convocou um grupo de pensadores e agentes urbanos para discutir quais políticas poderiam orientar o governo em sua abordagem dos problemas ambientais e sociais da dispersão urbana. Eu fazia parte daquele grupo. Batizamos a abordagem política de "crescimento inteligente". Já não seria mais necessário que as regiões metropolitanas optassem ou entre crescimento desenfreado ou entre crescimento zero; havia uma terceira alternativa: poderiam aplicar inteligência em seu crescimento.

Nos anos 1990, os subúrbios de Salt Lake City estavam em franca expansão, impelidos pela mão-de-obra barata e de alto nível educacional da região, pela rígida ética de trabalho, por um ambiente natural atraente (que incluía quatro *resorts* de esqui) e pelo capital intelectual da University of Utah, com seus destacados programas de pesquisa em genética e ciências da saúde. Mas o centro da cidade estava em decadência, e o crescimento de seus subúrbios estava desmatando as belezas naturais que atraiam as pessoas para a área; estava também enlouquecendo as pessoas com os congestionamentos. Em 1997, uma parceria público-privada, a Envision Utah, foi formada para combater o crescimento que começava a estrangular Salt Lake City e seus arredores. Seu objetivo era manter Utah "bonito, próspero e hospitaleiro para futuras gerações".[1] Assim como ocorreu com o plano de Burnham, os organizadores não tinham poder legal algum para planejar a área, mas ao desenvolverem uma visão consensual para a dispersão desenfreada na área adjacente à serra de Wasatch, a Envision conquistou autoridade moral.

A Envision Utah reuniu autoridades eleitas, incorporadoras, conservacionistas, líderes empresariais e moradores jovens e idosos, urbanos, suburbanos e rurais, para desenvolverem uma visão coerente das qualidades que queriam preservar em suas comunidades, e os tipos de comunidades que queriam se tornar. Durante um período de dois anos, a Envision Utah conduziu pesquisas de valores públicos, organizou mais de 200 oficinas e deu ouvidos a mais de 20 mil moradores.

Trabalhando ao lado do planejador regional Peter Calthorpe, a Envision Utah gerou diversos cenários futuros. Em um extremo, desenvolveram um cenário de espraiamento futuro se a região continuasse seguindo o mesmo padrão atual de dispersão urbana. Como alternativa, exploraram a concentração do crescimento futuro em centros de maior densidade e conectados por transporte público, e uma terceira opção previa um resultado intermediário entre as outras duas. Um modelo foi gerado para cada cenário, mostrando o aspecto físico da região se ele fosse colocado em prática, aliado a suas consequências economias e ambientais. Os benefícios e riscos de cada plano foram quantificados, com parâmetros de minutos de tráfego adicional, hectares de espaço aberto perdido ou preservado, e assim por diante.

Durante o processo, os moradores expressaram seu amor pelas montanhas e pela natureza, além de preocupação com o comprometimento dessas qualidades preciosas devido ao tráfego e à dispersão urbana. Depois de examinarem as várias alternativas acompanhadas de projeções realistas, ficaram cientes dos benefícios econômicos e ambientais do crescimento inteligente e do transporte público. Para vender a ideia do crescimento inteligente, foram usadas expressões como "a estratégia dos 3%", que concentraria 33% de todos os empreendimentos futuros em 3% do terreno, conectados por um sistema de transporte de massa de classe mundial.[2]

A Envision Utah não chegou a preencher um estudo de impacto ambiental. Ela não tem qualquer autoridade de zoneamento, poder tributário ou capacidade de regular o crescimento: tais responsabilidades seguem em poder das mais de 100 comunidades na serra de Wasatch. No entanto, o poder conquistado pela visão proposta pelo grupo revelou-se extraordinariamente convincente. Passados 15 anos, os padrões de desenvolvimento na região passaram por uma drástica transformação. Um sistema de veículos leves sobre trilhos for construído, e novos empreendimentos mais densos se aglomeraram ao seu redor. Entre 1995 e 2005, a quantidade de unidades de habitação nos centros municipais aumentou 80%, e segue ainda hoje em crescimento acelerado. Ao mesmo tempo, um vasto ambiente natural acabou sendo preservado, a economia cresceu e a região prosperou, exatamente como previsto no cenário de crescimento inteligente. Salt Lake City e seus arredores costumam ser listados como um dos 10 melhores lugares para se morar nos Estados Unidos.[3] Em 2014, o Milken Institute colocou a área metropolitana de Provo-Orem como a terceira na classificação de desempenho econômico no país. E trata-se de uma das comunidades mais igualitárias em termos de renda nos Estados Unidos.

O professor de direito Gerald Torres, da Cornell University, observa que os políticos seguem a corrente; se você conseguir mudar sua direção, eles irão junto.[4] A Envision Utah alterou a corrente.

Participação comunitária

A fundação dos Estados Unidos da América no último quarto do século XVIII foi um experimento extraordinário que desafiou o modelo então predominante de governo autocrático e centralizado. A democracia norte-americana propôs que o poder fosse conferido aos cidadãos, que se juntariam para formar um governo capaz de regular a si mesmo pelo bem comum, a fim de, como afirma a Declaração de Independência, "promover sua Segurança e Felicidade".

A democracia funciona melhor quando a maior gama possível de cidadãos contribui e assume responsabilidade pelo seu sucesso. No século XIX, os Estados Unidos começaram a promover educação pública universal na crença de que um público bem educado renderia melhores cidadãos, e esses, uma governança mais sábia. O fato do país manter-se aberto a imigrantes de inúmeros países e ensinar-lhes a ler e escrever em uma língua comum também gerou um sistema coerente para a temperança da democracia. Com o avanço do século XX e com o aprofundamento técnico do planejamento, a quantidade de moradores que realmente compreendiam as opções disponíveis e que participavam do processo de planejamento acabou encolhendo, restando em cena poucas vozes impositivas, como os moradores dispostos a impor a ordem por conta própria e agentes que se beneficiavam economicamente de seu poder de influência. Se você jamais compareceu a uma reunião pública do conselho de planejamento de sua comunidade, experimente fazê-lo. O conselho de planejamento, geralmente composto de voluntários, adoraria dar ouvidos a opiniões isentas defendendo o que é melhor para a comunidade.

O plano da Envision Utah serviu de modelo para uma nova forma de engajamento cívico, baseada num alcance público muito mais amplo acompanhado de maneiras gráficas de visualizar opções disponíveis à comunidade. Calthorpe visitou dezenas de comunidades, munido de um mapa da região e caixas repletas de blocos representando os diferentes tipos de desenvolvimento na região – subdivisões de grandes lotes, lotes menores, pequenos edifícios urbanos sem recuos laterais, grandes conjuntos habitacionais de apartamentos, *shopping centers*, ruas de concentração de varejo, e assim por diante. Cada bloco representava uma milha quadrada (cerca de 2,6 km²). Um bloco de uma milha quadrada cujo zoneamento prevê uma casa por acre (cerca de 0,4 hectare) acomodaria 500 casas, ao passo que uma mescla de casas e apartamentos poderia acomodar 15 mil unidades. Os residentes foram desafiados a projetar o crescimento da região de acordo com o padrão de aproveitamento que desejassem. A única exigência: tinham de incluir todo o crescimento projetado dentro do mapa.

De início, os residentes espalhavam todas as casas, hotéis, escritórios e lojas pela paisagem usando os padrões de baixa densidade com que estavam mais acostumados. No entanto, isso levava à dispersão de empreendimentos habitacionais para as montanhas, onde eles gostavam de passear, e acabava produzindo ainda mais tráfego, que era o motivo pelo qual muitos moradores haviam decidido fugir de outras partes do país. Conforme experimentavam mexer para lá e para cá os blocos de madeira representando os vários tipos de ocupação urbana, eles começaram a criar centros municipais mais densos e de uso misto, ao estilo dos antigos municípios do oeste. Eles também criaram modelos para as comunidades mais novas, vibrantes, densas e voltadas a deslocamentos a pé que prosperam em torno de universidades e que atraem funcionários jovens e inteligentes.

A Envision Utah reuniu as opções escolhidas nessas sessões de planejamento público e publicaram-nas numa edição dominical do *Salt Lake Tribune*, para informar aqueles que não tinham comparecido aos *workshops* comunitários. Os modelos e arranjos visuais facilitaram o entendimento das escolhas. Projeções de indicadores-chave quantificavam os resultados econômicos, ambientais e de qualidade de vida para cada cenário. O processo fez com que o público ficasse mais bem informado e empoderado, chegando a compreender não apenas as escolhas de zoneamento que as comunidades precisavam fazer, mas também os benefícios das opções mais densas, com habitação acessível e transporte de massa. Ao vislumbrarem cenários regionais alternativos, os moradores conseguiram entender os futuros prováveis que os esperavam, e fazer encolhas bem embasadas para moldar esses futuros. Ao fim e ao cabo, não precisaram que um imperador encontrasse o melhor equilíbrio entre desenvolvimento e natureza: a sabedoria da multidão funcionou bem.

Indicadores de saúde comunitária

Planos envolvendo possíveis cenários costumam definir um conjunto de indicadores-chave de saúde comunitária e ambiental. Ao rastrear condições passadas e atuais, e ao projetar tendências, planejadores podem usar dados para iluminar diversos resultados. O plano da Envision Utah não apenas se baseou em um consenso derivado de uma extensiva participação comunitária como também embasou-se profundamente em fatos colhidos em campo. Peter Calthorpe observou: "A Envision Utah definiu um amplo leque de parâmetros – ocupação fundiária, qualidade do ar, desenvolvimento econômico, custos de infraestrutura, uso de energia, consumo de água, custos habitacionais e saúde, para citar só alguns. Essa análise multidimensional permitiu que muitos grupos de interesse distintos se engajassem. Ambientalistas, pessoas preocupadas com os gastos públicos, grupos religiosos, incorporadores e autoridades municipais todos dispunham de dados que diziam respeito a suas bandeiras".[5]

Para ajudar as cidades a se planejarem com mais dinamismo, Calthorpe decidiu desenvolver a Urban Footprint, uma ferramenta de planejamento baseada em dados que calcula os resultados produzidos por opções de códigos de zoneamento e planejamento.* Ela contém uma biblioteca de 35 tipos diferentes de lugares (como ruas principais, *shopping centers* ancorados por supermercados e subdivisões de um quarto de acre (cerca de 1 mil m^2) e 50 tipos de edificações, cada qual baseado em exemplos do mundo real. O programa também contém os impactos econômico, climático, de transporte, entre outros, associados a cada tipo de lugar. As comunidades podem então modelar diferentes planos físicos, e uma gama de incentivos e

---

* Sou um investidor da empresa que é a proprietária da Urban Footprint.

regulamentações. Adicionando-se variáveis referentes a custos de combustível, água, etc., o modelo é capaz de projetar o resultado para os cenários inseridos. A Urban Footprint ajuda os residentes a entenderem com mais precisão as consequências de suas decisões de planejamento.

Em 2001, o economista Mark Anielski e um grupo de colegas estabeleceram um amplo conjunto de indicadores para a cidade de Edmonton, em Alberta, Canadá. O projeto fez o acompanhamento de 26 parâmetros da saúde da comunidade e de sistemas naturais, em cinco categorias de bem-estar: capital humano (pessoas), capital social (relacionamentos), capital natural (o meio ambiente), capital construtivo (infraestrutura) e capital financeiro (dinheiro). Os indicadores humano e social iam desde consumo pessoal a criminalidade, englobando desde índices de câncer até o avanço de capital intelectual e de conhecimentos. Já os indicadores ambientais iam de

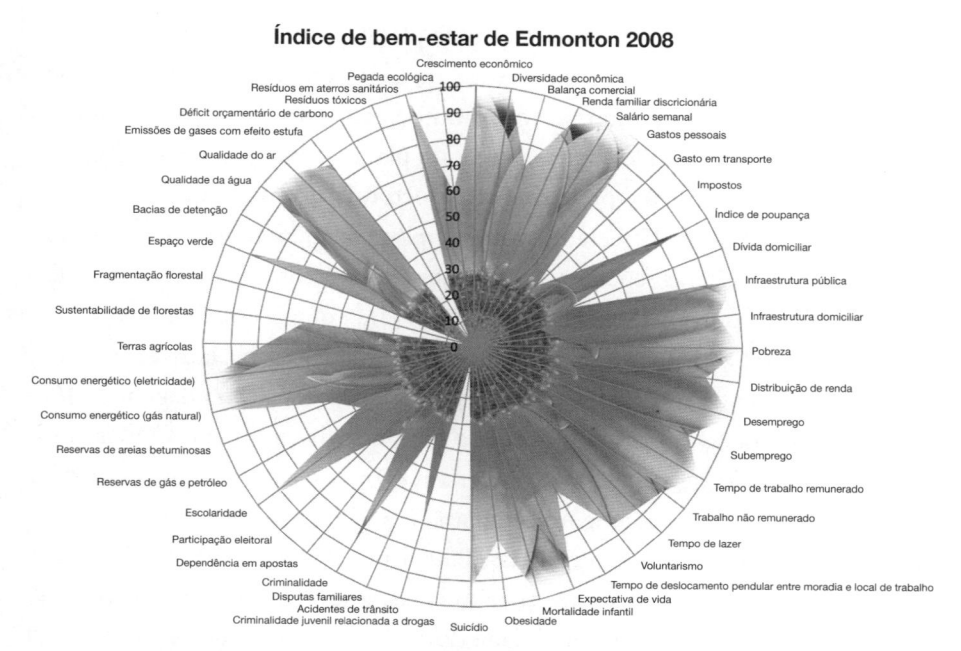

Índice de bem-estar de Edmonton, 2008. *(Mark Anielski, Anielski Management Inc., 2009)*

parâmetros da saúde e diversidade das bacias de detenção até as emissões de gases com efeito estufa na cidade.[6]

Agora, pela primeira vez, Edmonton dispunha de parâmetros claros de seu bem-estar e de uma maneira de acompanhar seu progresso rumo a suas metas.

A combinação das técnicas de visualização da Envision Utah e dos indicadores de saúde comunitária de Edmonton oferece uma poderosa ferramenta para que as comunidades não apenas planejem seus futuros, mas também façam o acompanhamento de seu progresso e ajustes à medida que os planos se desdobram.

PlaNYC

Em 2007, o prefeito Michael Bloomberg era o supervisor de uma pujante cidade de Nova York. Após décadas de decadência, no início do milênio a cidade começou a crescer. Conforme projeções, em 2030 ela iria adicionar mais um milhão de pessoas, mas não tinha plano algum para acomodar esse salto populacional. Bloomberg percebeu que, na verdade, embora a cidade tivesse um plano orçamentário, um plano de transporte, um plano habitacional e muitos outros, não contava com um plano estratégico integrado. Por isso, solicitou que seu vice-prefeito, Dan Doctoroff, criasse um.

O processo reuniu 25 secretarias municipais para pensar em uma maneira de integrar suas esferas separadas. Mediante seu trabalho, emergiu uma visão de uma cidade ambientalmente sustentável. Ainda que Bloomberg aparentemente houvesse solicitado um plano estratégico, e não um plano ecológico, acabou dando grande apoio a seus secretários inovadores. A abordagem ecológica do plano obteve aprovação imediata por parte das inúmeras ONGs ambientais da cidade (que provavelmente teriam se oposto ao mesmo plano se sua abordagem visasse o crescimento econômico). O PlaNYC descreveu 127 iniciativas, agrupadas em dez categorias: Habitação e Bairros, Parques e Espaços Públicos, Instalações Industriais Abandonadas, Hidrovias, Abastecimento de Água, Transporte, Energia, Qualidade do Ar, Resíduos Sólidos e Mudanças Climáticas. Pela primeira vez, uma cidade articulou com clareza as conexões entre cada uma dessas áreas de operações e estabeleceu maneiras mensuráveis de acompanhar o progresso no esforço de torná-lo mais responsável em termos ambientais. Uma das metas estabelecidas pelo PlaNYC, por exemplo, foi a plantação de um milhão de novas árvores. Cada nova árvore foi geocodificada, para que os residentes pudessem ver sua localização no mapa da cidade, e acompanhassem quantas árvores haviam sido plantadas no último dia, mês ou ano, como parte da iniciativa de Parques e Espaços Públicos. Cada árvore adicional plantada também ajudava a cidade a cumprir com sua meta de absorção de água da chuva, remover material particulado do ar, reduzir as temperaturas ambientes do ar nos verões e melhorar a sensação de bem-estar dos moradores. A quantidade crescente de dados disponíveis ajudou a tornar os objetivos do plano mensuráveis e a fiscalizar e cobrar resultados das secretarias. Sem contar que aumentou a efetividade de todos os envolvidos.

Big data

Uma vez que as cidades possuam uma visão clara de que tipo de lugar querem se tornar e um conjunto de indicadores para mensurar seu progresso, o próximo passo é medir resultados em campo a fim de orientar o progresso rumo a resultados cada vez melhores. Atualmente, reguladores urbanos têm o benefício da "Internet das Coisas", um termo cunhado por Kevin Ashton, um cientista britânico e cofundador do Auto-ID Center, no MIT. Foi ali que Ashton desenvolveu padrões de comunicações globais para a identificação por radiofrequência (RFID, na sigla em inglês) e outros sensores. Essas etiquetas eletrônicas minúsculas, quando integradas a objetos, ou "coisas", são capazes de transmitir uma quantidade imensa de informações, incluindo localização, condições do entorno como meteorologia, e o desempenho de qualquer equipamento ao qual tenham sido anexadas.

A Internet das Coisas capta dados de um vasto leque de equipamentos de sensoriamento remoto, incluindo aqueles em sistemas de água e energia, telefones celulares, veículos e monitores meteorológicos e de qualidade do ar, e os integra em uma vasta rede informatizada e onipresente. Em seguida, acrescenta informações geradas por humanos e provenientes de hospitais, escritórios de Previdência Social, centros de assistência a desempregados e escolas, juntamente com dados que as pessoas geram a cada telefonema, a cada compra com cartão de crédito e acesso a redes sociais. No todo, a Internet das pessoas e das coisas está oferecendo às cidades enormes conjuntos de informações, que ficaram conhecidos como *big data*.

Big data, um termo cunhado por Doug Laney, vice-presidente de pesquisas da Gartner Research, é um conjunto de dados grande demais para ser hospedado por qualquer computador isolado. Seu tamanho é medido em petabytes, ou um quatrilhão de bytes (1.000 terabytes). Atualmente, a única maneira de lidar com o *big data* é mediante sistemas computadorizados massivos de processamento em paralelo. Tais sistemas são capazes de misturar dados, analisá-los, extrair tendências e alimentar tudo isso de volta nos sistemas operacionais urbanos em tempo real, gerando circuitos de retroalimentação quase instantânea em estratégias municipais. Se bem digerida, o *big data* confere às cidades a capacidade de comparar suas condições atuais com indicadores de saúde comunitária em tempo real, e de ajustar suas regulações, investimentos e operações a fim de apoiar comportamentos que elevem o bem-estar humano e natural, e de desestimular aqueles que atuem em contrário. Sistemas de energia podem ganhar em eficiência se forem sintonizados a demandas reais e antecipadas. Sistemas de abastecimento de água podem ser capazes de detectar vazamentos e desperdícios no seu uso e intervirem para corrigi-los. Sistemas de transporte podem se ajustar a alterações na demanda por conta de eventos esportivos, questões meteorológicas e mudanças nos padrões de uso de bicicletas e compartilhamento de carros. Sistemas de serviços sociais podem individualizar seus atendimentos para aprimorar seu impacto. Sistemas de atendimento de saúde podem simular determinantes de saúde visando a depender menos de intervenções médicas mais dispendiosas.

As alavancas da governança

Existem sete alavancas primordiais de governança que podem nortear o desenvolvimento e as operações urbanas: uma *visão* aspiracional da cidade; um *plano-diretor* de como implementar a visão, com indicadores específicos de seus componentes; *coleta de dados*, para que a cidade disponha de inteligência quanto a suas circunstâncias e possa criar mecanismos de *feedback* para ajustar as medidas que estão sendo tomadas para alcançar sua visão; *regulamentos*, como códigos de zoneamento e de construção; *incentivos*, incluindo créditos fiscais e garantias a empréstimos; e *investimentos* em infraestrutura como sistemas transporte, água e esgoto. Além disso, é preciso que a visão seja comunicada aos cidadãos moradores na cidade. Por fim, essas ferramentas só levarão ao sucesso se coletivamente fizerem parte do DNA social e cultural da cidade.

Regulamentos restringem comportamentos prejudiciais aos objetivos gerais da comunidade. Códigos de construção civil, por exemplo, impedem que empresas construam habitações inseguras. Regulamentos ambientais impedem que substâncias tóxicas, como o chumbo, acabem aparecendo nos lares. Incentivos fazem o oposto: encorajam o crescimento daquilo que a comunidade almeja. Em cidades de alto custo, por exemplo, incorporadoras podem receber índices adicionais de ocupação em troca da criação de habitações economicamente acessíveis; e em comunidades em dificuldade, incentivos atraem empresas e os empregos que as acompanham. O investimento em infraestrutura proporciona a estrutura sobre a qual a visão se desdobra.

Os sistemas de zoneamento e estudo ambiental do século XX simplesmente não conseguem dar conta dos desafios de um mundo volátil e complexo, pois são estáticos e não integrados. Agora, as cidades têm a capacidade de substituí-los por um sistema mais dinâmico e integrado que utiliza todas as sete alavancas da governança. O crescimento verdadeiramente inteligente nos remete a uma visão de comunidade pautada pelo bem-estar e implementada pelos sete aspectos da governança funcionado juntos em tempo real, usando indicadores de saúde dos sistemas humano e natural a fim de criar circuitos de retroalimentação.

Sistemas operacionais inteligentes

O prefeito Bloomberg entendia o poder dos dados. Afinal de contas, ele fizera sua fortuna agregando o máximo possível de dados financeiros e comunicando-os de um modo útil a seus clientes. Quando ele se tornou prefeito em 2002, a capacidade da cidade de fornecer dados úteis a suas secretarias era no máximo primitivo; sendo assim, Bloomberg criou um departamento de análise de dados e indicou Mike Flowers para atuar como seu primeiro diretor.

O objetivo de Flowers era desenvolver ideias de aplicação prática a partir dos dados da cidade. Quando iniciou seu trabalho, um dos primeiros problemas que lhe foram incumbidos foi a reciclagem de uso ilegal para a criação de apartamentos. Proprietários estavam transformando porões em apartamentos, ou subdividindo apartamentos existentes em quartos minúsculos, instalando beliches e alugando-os para pobres e imigrantes recém-chegados. No mais das vezes, essas reciclagens de uso ilegais não tinham janelas nem instalações sanitárias, e apresentavam um alto índice de incêndios. Como não obedeciam às disposições de prevenção e combate a incêndios, deixando de instalar sistemas apropriados de *spinklers* (chuveiros automáticos) e saídas de emergência, seus residentes tinham 15 vezes mais chances de morrer ou ficar feridos em um incêndio. Reciclagens de uso ilegais também eram focos de tráfico de drogas.[7] Infelizmente, a cidade não era muito eficiente em identificá-las. Quando enviavam inspetores para responder a queixas sobre reciclagens de uso ilegais, apenas em 13% das ocasiões conseguiam encontrá-las. Tratava-se de um imenso desperdício de recursos humanos. Flowers foi desafiado a usar os dados de que a cidade dispunha para elevar suas taxas de sucesso. Apartamentos superlotados, por exemplo, provavelmente apresentariam um consumo d'água acima do normal. Assim, o cruzamento de informações entre ocupações máximas e contas de água poderia indicar superlotação. E se na verdade o problema fosse de vazamento de água, isso não deixaria de ser um bom problema secundário a ser resolvido pelo projeto.

Sua equipe começou examinando a base de dados referente às 900 mil edificações da cidade, bem como conjuntos de dados de 19 secretarias diferentes contendo informações como registros de despejo, queixas de infestação de roedores, visitas de ambulância, taxas de criminalidade e incêndios. Mas antes que pudesse reunir todas essas informações, Flowers tinha de desenvolver uma linguagem comum para elas. Para complicar a questão, cada secretaria vinha mantendo informações, como endereços de prédios, em diferentes formatos: a Secretaria de Obras atribuía a cada estrutura um número específico, a Secretaria da Receita identificava prédios por distritos, quarteirão e número do lote, o Departamento de Polícia utilizava coordenadas cartesianas e o Corpo de Bombeiros usava um sistema antigo de proximidade à cabine telefônica, muito embora as cabines telefônicas há tempos já não fossem mais usadas.

Flowers criou um sistema único de identificação de prédios para todas as secretarias da cidade. Em seguida, sua equipe foi às ruas e ouviu inspetores habitacionais enquanto cumpriam suas rondas, num esforço para quantificar palpites baseados em anos de experiência. A partir daí, Flowers desenvolveu algoritmos que identificavam os padrões mais propensos a indicar condições ilegais, inseguras e de superlotação. Em poucos meses, os índices de descoberta de reciclagens de uso ilegais pelos inspetores aumentaram para mais de 70%. A análise de dados de aplicação prática de Flowers estava salvando vidas.

Conforme as cidades ficam cada vez mais eficientes na definição de sua própria visão, e identificam os indicadores de sucesso, estamos apenas começando a ver o modo como a sintonização dinâmica das sete alavancas de governança municipal e de seus sistemas operacionais elevará o bem-estar de seus sistemas humano e natural.

Compartilhamento de big data

Assim como a participação comunitária aprimorou o planejamento, também está aprimorando o uso de *big data* para fazer as cidades funcionarem melhor. Os governos nem sempre são as organizações mais empreendedoras, mas podem ser excelentes agregadores de dados. Quando compartilham seus dados, os agentes de desenvolvimento social podem utilizá-los para melhorar a cidade. Em 2011, Washington, DC, divulgou dados de *transponders* de GPS instalados nos tetos de seus ônibus. Quase de imediato, jovens empresas como a NextBus criaram aplicativos para celulares capazes de informar aos usuários quando o próximo ônibus em sua rota iria passar, e quanto tempo demoraria para chegarem a seus destinos. Atualmente, o sistema também direciona os passageiros para rotas alternativas em caso de congestionamento ou acidente. Com o aplicativo, os clientes podem esperar dentro de casa ou numa cafeteria próxima num dia chuvoso e relaxar até a chegada de seu ônibus. Em todas as cidades em que é usada, a NextBus aumentou o número de passageiros de ônibus, retirando carros das ruas, melhorando a qualidade do ar e reduzindo o tráfego. E os próprios passageiros de ônibus estão mais satisfeitos.

As informações necessárias para a sintonia fina das cidades sequer precisam vir do governo municipal. O Waze é um programa de mapeamento de rotas em tempo real que coleta dados em *crowdsourcing* junto a seus milhões de usuários, cujos *smartphones* enviam suas velocidades de deslocamento, relatórios sobre acidentes, obras na pista e outros problemas de tráfego que venham a encontrar. A partir daí, ele calcula a melhor rota a ser tomada pelo motorista. Como os dados são fornecidos por uma comunidade, os usuários sentem-se socialmente conectados entre si, e agradecidos por suas colaborações, o que os encoraja a contribuírem com dados em benefício do todo. O Streetbump.com é um aplicativo que registra todos os buracos pelos quais um condutor passa, e envia as informações para o departamento de transporte da cidade a fim de que um reparo seja agendado, enquanto alerta sua comunidade de usuários quanto a riscos para os pneus nas ruas à frente.

A cidade inteligente

Uma cidade inteligente utiliza tecnologias digitais ou tecnologias de informação e comunicação para aprimorar a qualidade e o desempenho de seus serviços urbanos, reduzir custos e o consumo de recursos e estabelecer um contato mais efetivo e mais ativo com seus cidadãos.

Embora as ideias básicas para cidades inteligentes tenham partido do Reino Unido e dos Estados Unidos, suas aplicações mais avançadas estão ocorrendo em cidades com crescimento acelerado do mundo em desenvolvimento. A Coreia do Sul está planejando construir 15 "cidades onipresentes", seu nome para a computação onipresente que serve de base para sua versão de uma cidade inteligente. Sua primeira Cidade Onipresente, Hwaseong-Dongtan, foi inaugurada em 2007 e apresenta sistemas batizados como Trânsito Onipresente, Estacionamento Onipresente e Prevenção de Crimes

Onipresente. A nova cidade coreana de Songdo (um distrito de 600 hectares na periferia de Seul) está usando etiquetas de RFID e uma rede sem fio para conectar todos os seus prédios, empresas e sistemas governamentais informatizados. Seu lixo é rastreado ao ser coletado por um sistema subterrâneo a vácuo. O desempenho ambiental de seus prédios, todos com certificação LEED, é gerido por sistemas inteligentes.[8]

A cidade do Rio de Janeiro desenvolveu uma central extensiva de operações municipais em parceria com a IBM, que investiu pesado no Rio em antecipação à sua visibilidade global em 2016, ano em que a cidade foi sede dos Jogos Olímpicos. De início, a central foi usada para aprimorar as câmeras de segurança do Rio, os sistemas de comunicação policial e o controle de trânsito. Agora, ela também recebe informações provenientes de telefones celulares, rádio, *email* e mensagens de texto, enquanto armazena e analisa dados históricos. Em caso de um acidente de trânsito, enchente ou crime, o sistema não apenas auxilia na coordenação entre diferentes secretarias e órgãos municipais como também oferece sugestões úteis baseadas em diversos cenários.

Ao se livrarem de ineficiências, as cidades inteligentes podem usar recursos com muito maior eficácia, reduzindo seu impacto ambiental e ao mesmo tempo elevando a disponibilidade e a qualidade de seus serviços. A análise de dados facilita a identificação de padrões, como a relação entre qualidade do ar e índices de saúde, e o acompanhamento dos benefícios econômicos advindos de regulamentações ambientais mais restritivas. A identificação dessas várias relações permite que os custos sejam cobrados de suas fontes precisas; por exemplo, os impactos que a poluição dos automóveis exerce sobre a saúde poderiam ser identificados, levando a uma sobretaxa de acordo com o grau de poluição gerado por cada carro e pela quantidade de quilômetros rodados.

O movimento da cidade inteligente é global, promovido pelas corporações que enxergam um mercado florescente para equipamentos e serviços. As cidades estão partilhando avidamente suas experiências umas com as outras. Mas junto com as oportunidades que essa inteligência traz consigo, também é preciso haver cautela. Todos os algoritmos utilizados para analisar dados acabam incorporando tendenciosidades de seus criadores, as quais provavelmente não são explícitas. Quanto mais os sistemas operacionais urbanos ficam computadorizados, mais ficam vulneráveis a apagões gerais, como na anomalia ocorrida em 2006 no *software* que controla o sistema de transporte Bart de San Francisco, um evento que causou sua interrupção total por três vezes em 72 horas. Cidades inteligentes são vulneráveis a ataques cibernéticos, *hacking* e aos *bugs* inerentes a códigos que fazem nossos computadores travar nos momentos mais inoportunos. Cidades inteligentes também são vulneráveis a problemas sistemáticos, como quedas da Internet. E imagine o caos que se instalaria se o sistema global de posicionamento por satélite falhasse. A solução é fazer com que cada sistema inteligente tenha um modo humano, mecânico ou analógico à prova de falhas. Serviços de emergência, por exemplo, têm de estar equipados tanto de *walkie-talkies* quanto de celulares, e tanto de bússolas e mapas quanto de GPS. É preciso que as cidades sejam capazes de funcionar manualmente.

Modelos baseados em agentes

As cidades e suas regiões são sistemas complexos, com múltiplas camadas, em que cada parte afeta o todo. Avanços na computação agora estão permitindo que planejadores comecem a desenvolver modelos de tendências não apenas em larga escala, como crescimento populacional, mas também o comportamento de grupos individuais, ou "agentes", como compradores de habitações, condutores que se deslocam cotidianamente por longas distâncias, proprietários de lojas, pequenas empresas, e assim por diante. A cada agente é atribuído uma gama específica de comportamentos que podem variar de acordo com as circunstâncias. Com tais sistemas, os planejadores podem prever de forma mais realista os resultados de seu uso das sete alavancas de governo a fim de melhor alcançarem seus objetivos.

Em 2012, o economista John Geanakoplos e seus colegas criaram um modelo baseado em agentes a fim de testar diferentes políticas de financiamento habitacional para ver seu conseguiam encontrar uma que poderia ter evitado a crise financeira mundial de 2008. Seus agentes computadorizados representavam lares individuais com um amplo leque de circunstâncias; alguns conseguiam arcar com seus financiamentos, outros não. Alguns tinham financiamentos com juros fixos, outros, ajustáveis. Alguns refinanciaram suas residências quando as taxas de juros caíram, enquanto outros não se incomodaram com isso. Em seguida, Geanakoplos e sua equipe rodaram uma gama de cenários para analisar o comportamento coletivo de seus agentes. Primeiro, aumentaram as taxas de juros, mas isso desacelerou o crescimento da economia e causou uma forte queda. Quando baixaram as taxas de juros, um excesso de pessoas contraiu dívidas, desestabilizando o sistema. Mas quando tornaram um pouco mais rigoroso os padrões de aprovação dos financiamentos, isso produziu os melhores resultados comportamentais em todos os setores do sistema. Ao modelarem o comportamento coletivo de um grande grupo de agentes, eles identificaram uma abordagem capaz de ter evitado a crise financeira.

Com o uso de modelos baseados em agentes, planejadores podem testar a eficácia de diferentes regulamentos, incentivos e planos de investimento a fim de aproximar sua cidade de sua visão de futuro. Cenários alternativos podem ser rodados para determinar seu efeito sobre inúmeros indicadores do bem-estar de sistemas humano e natural. Uma cidade que enfrenta uma seca, por exemplo, pode testar uma combinação de estratégias, como elevar as contas de água, investir em instalações de reciclagem de água da chuva, oferecer incentivos para os moradores usarem a xerojardinagem (jardins de baixo consumo de água), proibir a lavagem de carros, e assim por diante, para encontrar aquelas que produzirão os melhores resultados. O império maia entrou em colapso por que as pessoas não entenderam o efeito de seus comportamentos a tempo de alterá-los. Cidades inteligentes são capazes de se adaptar ao mundo de VUCA.

Auto-organização

Quando vários agentes individuais interagem em um sistema, eles começam a se auto-organizar em algo maior, uma comunidade cujo comportamento coletivo permite-a funcionar de modo coeso. Esse fenômeno, em que capacidades complexas emergem a partir da combinação de elementos simples, é a base para a criação de agrupamentos sociais. De início, tais agrupamentos podem ser simples, mas ao se interligarem, ganham um caráter inteiramente novo e tornam-se um sistema. Isso ocorre quando indivíduos se tornam uma família, famílias se tornam vizinhas, vizinhos se tornam uma comunidade, comunidades se tornam uma cidade e cidades se tornam regiões metropolitanas. A cada nível, qualidades emergem a partir do contexto relacional que não existia no contexto individual.

A palavra "sistema" vem da palavra *sunistemi*, do grego antigo, que significa "reunir" ou "juntar". Sistemas, como comunidades, apresentam fronteiras, algo que define o que se encontra dentro e o que faz parte do ambiente maior. No entanto, como tudo é profundamente interdependente, as fronteiras de sistemas e de comunidades existem em grande parte para a conveniência da identidade. Embora sistemas teóricos possam se manter isolados, sistemas reais estão sempre intercambiando energia, informação e matéria com seus entornos.

Biocomplexidade

Enquanto os humanos estão recém começando a organizar circuitos de *feedback* de informações para o desenvolvimento de nossas criações complexas como as cidades, a natureza já vem fazendo isso há muito tempo. E o processo de *feedback* da natureza é bem mais elegante, integrado e complexo que o nosso. Essa integração dos componentes de sistemas vivos em sistemas maiores chama-se biocomplexidade.

A biocomplexidade é a chave para a coerência da natureza, sua capacidade de curar a si mesma após uma perturbação, como um incêndio florestal ou um terremoto, e sua adaptabilidade sob estresse. Trata-se de um modelo que poderia embasar nosso próprio modo de reunir essas qualidades para o desenvolvimento das cidades.

O Biocomplexity Institute, da Indiana University, define biocomplexidade como "o estudo do surgimento de comportamentos auto-organizados e complexos a partir da interação de muitos agentes simples. Tal complexidade emergente é um epítome da vida, desde a organização de moléculas em maquinarias celulares, passando pela organização de células em tecidos, até a organização de indivíduos em comunidades. O outro elemento-chave da biocomplexidade é a presença inevitável de múltiplas escalas. Muitas vezes, agentes se organizam em estruturas bem maiores; tais sistemas se organizam em estruturas bem maiores, etc.".[9]

A biocomplexidade é a base para a integração dos ciclos da vida. Trata-se do processo pelo qual os genes moldam as formas e as localizações das proteínas, as quais constroem organismos cujos metabolismos estão profundamente vinculados ao restante da teia da vida, tudo realizado de tal forma que tanto os organismos individuais quanto o sistema mais amplo da vida "aprendem" o que funciona e o que não funciona, e evoluem para se adaptarem.

A biocomplexidade emerge a partir do comportamento coletivo de um sistema biológico. Tal completude é alcançada em parte pelo compartilhamento de material genético, o que é influenciado pelas condições ambientais do sistema.

A vida na Terra é um sistema biocomplexo magnífico, integrado por nosso DNA compartilhado. Esse *corpus* de informações genéticas compartilhadas é a chave para os extraordinários ciclos de vida. É por isso que os produtos finais de uma espécie servem de matéria inicial para outra, de forma a não haver desperdício na natureza. E isso é regenerativo, projetado para seguir energizando e organizando um sistema inerentemente entrópico.

No delta do Okavango, em Botswana, um gnu é comido por uma hiena, que mastiga cada pedaço de seu corpo, incluindo os ossos. Eles são processados no sistema digestivo da hiena, e são excretados na forma de um excremento branco e rico em cálcio, Tartarugas terrestres comem o excremento como uma fonte de cálcio para formar seus cascos. Seu excremento, por sua vez, é comido por besouros rola-bosta, cujo próprio excremento é decomposto por bactérias do solo para se tornarem elementos essenciais para o crescimento de plantas. E essas plantas serão comidas pelos gnus. Conforme os nutrientes atravessam esse sistema do gnu até o solo, eles se simplificam, e apresentam níveis mais baixos de energia e informação, obedecendo à seta temporal da entropia. Mas quando são absorvidos por uma planta por meio de suas raízes e até suas folhas, a clorofila da planta captura a energia solar, que reorganiza os elementos em níveis mais altos de complexidade, informação e energia.

Nossas cidades imitam os aspectos gerais de sistemas biocomplexos. Cada cidadão, empresa, prédio e carro é um componente da cidade; coletivamente, como os elementos da natureza, eles formam um sistema bem mais complexo do que o alcançado por qualquer componente individual. Mas ainda não incorporam as qualidades regenerativas da natureza. As melhores cidades do futuro serão capazes disso.

A coleção completa de DNA de um organismo individual é chamada de seu genoma. Um *metagenoma* é a informação genômica de todos os organismos de uma comunidade ou sistema que molda a forma como ele cresce e funciona. O metagenoma não é mantido em local central único, e sim distribuído por toda a comunidade. Uma única amostra de um rio de seu DNA ambiental, conhecido como eDNA, pode contar a história de todos os peixes, plantas, algas e outros micro-organismos que compõem sua ecologia integrada.

Nossas cidades possuem um metagenoma, a biblioteca alexandrina de todos seus conhecimentos, processos e sistemas sociais. É por isso que cada cidade possui uma assinatura diferente de sons, cheiros e sensibilidades. Quando começarmos a coletar e a analisar esse *big data*, conseguiremos enxergar seus contornos.

Metagenomas são compostos de genes, que são compostos de filamentos de DNA. Imagine o DNA como se fosse plantas baixas de prédios, ruas e todos os outros elementos da cidade. Seus genes, que são feitos de compilações de DNA, são similares aos códigos de construção. O metagenoma da cidade é sua planta-mestre, seu código de zoneamento e todos os sistemas de organização social, econômica e ambiental da cidade. Talvez fosse isso que queria dizer o conceito antigo de *meh*.

Na natureza, os genes de um organismo contêm muitas plantas-baixas, mas nem todas elas são expressas. Na verdade, apenas 1,5% de todo o DNA humano é expresso na forma de tijolos proteicos de nosso corpo – ainda não sabemos ao certo o que boa parte do DNA restante faz. Da mesma forma, embora uma cidade possa ter um código de zoneamento que permite prédios de 30 andares em determinado bairro, isso não significa que todos os prédios acabarão sendo tão altos. Mas todos eles têm o mesmo potencial de chegarem a esse tamanho.

Na biocomplexidade de um sistema saudável, a metagenômica do sistema inteiro está sendo constantemente influenciada pela evolução dos componentes individuais dentro dele, e está influenciando-os ao mesmo tempo. Esse processo ocorre por meio da epigenética, o sistema de ativação e desativação dos genes. Condições ambientais como estresse ou fartura são monitorados e realimentados no genoma, e alteram como o DNA se expressa ao ativar alguns componentes e desativar outros. Essas mudanças são então repassadas para futuras gerações. Esse circuito contínuo de *feedback* entre as necessidades adaptativas atuais do sistema e seu DNA individual e coletivo não para de evoluir.

A vida se desdobra por meio de três macromoléculas: o DNA, que contém todas as informações em um sistema; o RNA, que as traduzem; e as proteínas, os tijolos físicos de construção do sistema. O *proteoma* é o conjunto total de proteínas no sistema, projetadas por seu DNA. A expressão física de uma cidade – seus prédios, ruas e infraestrutura – é seu proteoma. Mas as proteínas precisam mais do que informações para crescer; precisam de energia, matéria-prima e água. Isso tudo é suprido pelo metabolismo de um organismo. O metabolismo total de um sistema é sua *metabologia*. (Pense nisso como se fosse a economia do metabolismo.) No próximo capítulo, exploraremos o metabolismo da cidade, e o quanto ele é essencial para sua resiliência. Os genes de organismos individuais, as proteínas que constroem a vida, o metabolismo que fornece energia e que regenera sua energia, suas informações e sua complexidade em decaimento, e seus circuitos de *feedback* que monitoram os resultados do processo formam o ciclo da vida. A biocomplexidade da vida na Terra advém desse conjunto comum de instruções operacionais que nos interconectam. Cada organismo contribui com seus genes para o *pool* genético de vida na Terra. Esse *pool* genético sempre em evolução ajuda os ecossistemas a se adaptarem a mudanças no ambiente.

A biocomplexidade oferece o melhor modelo para que sistemas de planejamento e desenvolvimento urbano sejam capazes de se adaptar à volatilidade pela frente. Ele exige que o planejamento urbano e a governança sejam bem mais dinâmicos, a começar pelo sensoriamento de dados e pelos sistemas de *feedback*, para que possam aprender continuamente, e para que a aplicação dinâmica das ferramentas de governança ajuste o crescimento e o metabolismo da cidade ao mesmo tempo. As cidades também têm de estimular um leque mais amplo de inovações – quanto mais rico o *pool* genético de soluções, maior a capacidade adaptativa da cidade. E para alcançar isso, a cidade deve estar apta e disposta a passar por mudanças.

A natureza não pensa nessas coisas; não precisa se decidir sobre qual linha de ação seguir. Já os humanos, sim. Nossas cidades são reflexos de nossas percepções e intenções, nossas aspirações, nossos vieses cognitivos e nossos medos. Isso tudo determina nossa escolha de modelo de cidade a partir do vasto metagenoma de possibilidades.

Coerência

A primeira das cinco qualidades de orquestração das cidades é a coerência, que se desenvolve a partir da integração de informações, sistemas de *feedback* e de uma intenção, ou direção, rumo à qual a coerência flui. A maioria dos sistemas operacionais urbanos é tão desconectada quanto as escalas musicais separadas de Pitágoras. Assim como o sistema musical bem temperado integrou todas as escalas em um universo bem mais amplo de oportunidades compositivas, a captura e a integração de todas as informações de uma cidade em um sistema único aumenta sua capacidade de adaptação. Quando as informações de cada componente de uma cidade podem contribuir para o metagenoma do todo, então a cidade pode aprender e evoluir de forma mais efetiva. A lição trazida pela biocomplexidade para o planejamento urbano é que, quando todos os elementos do sistema compartilham um metagenoma comum, eles se encaixam entre si. A aptidão magnífica da natureza provém de nossa herança evolutiva em comum. E tal aptidão é fundamental para cidades eficientes e resilientes. Trata-se de uma chave para a capacidade regenerativa e adaptativa tão necessária num mundo de VUCA.

Mas integração e coerência não são suficientes. Nossas cidades devem ser planejadas para avançar rumo a uma visão de futuro. Tal visão deve englobar o bem-estar da cidade e incluir a saúde de seus sistemas humano e natural. Na verdade, tais sistemas não são separados – os humanos e a natureza são mutuamente dependentes. Mas muitas vezes nós humanos agimos como se não fosse assim.

A cidade de equilíbrio dinâmico

Quando a função da consciência serve meramente para observar, ela não pode ser de fato adaptativa. Porém, quando um sistema tem a capacidade de estar ciente de sua consciência, de reconhecer a si mesmo, então é capaz de se adaptar de modo natural e inteligente a seu ambiente. Essa conscientização da consciência talvez tenha sido a evolução transformativa da cognição humana que acabou levando às primeiras cidades.

Os planos urbanos formais que estruturaram Uruk, Mênfis e as cidades de nove quadrados da China eram conceitos brilhantes para construir cidades antigas, mas já não dão conta da tarefa para aquelas modernas e em franco crescimento. Embora a aspiração de cada plano fosse de manter o equilíbrio entre humanos e a natureza com pureza pitagórica, sua rigidez não estava em harmonia com o modo como a natureza funciona. Em um mundo que avançava mais devagar, esses planos organizacionais funcionaram por um bom tempo. No entanto, em um mundo de VUCA, o planejamento tradicional fracassa, pois não se adapta com rapidez suficiente.

Em um mundo interconectado e em rápida evolução, cada evolução diversa adaptada a um nicho específico dos problemas urbanos contribui para a metagenômica do todo. A sede de conhecimento e sua aplicação por parte de Alexandria a permitiram prosperar por séculos, e a aceitação de diversas religiões e culturas por parte do Islã deu origem à vitalidade de nossas cidades. A Liga Hanseática foi ainda mais longe. Seu conjunto de regras em comum proporcionou o código genômico necessário para estimular a conectividade entre suas partes diferenciadas. Sua expansão foi sustentada mas não direcionada, de tal forma que o sistema se desenvolveu de forma orgânica e flexível, sem a rigidez que advém de um nexo único de controle. E Amsterdã prosperou ao encorajar a diversidade, ao desencorajar o fundamentalismo religioso, ao acolher o empreendedorismo e ao criar empresas de capital aberto para que compartilhassem mais amplamente com a cidade e com seus moradores os benefícios econômicos advindos dessas condições.

No início da década de 2020, as principais cidades do mundo provavelmente estarão impregnadas de sistemas 5G sem fio, o que aumentará bastante sua capacidade de interconectar a tudo e a todos. A cidade de equilíbrio dinâmico irá averiguar de forma contínua suas condições econômicas, ambientais, sociais e ecológicas e as usará para sintonizar as alavancas de governança visando otimizar o bem-estar de seus habitantes, de suas empresas, de seus sistemas cultural, educacional e sanitário e de seu meio ambiente. Guiada pelos objetivos de seu índice de saúde comunitária, por exemplo, poderá sintonizar seu código de zoneamento, investimentos em infraestrutura e incentivos em tempo real a fim de estimular o desenvolvimento de habitações economicamente acessíveis, terrenos de uso misto para aliviar o tráfego ou a necessidade de mais espaços abertos.

O papel da liderança municipal em um mundo de VUCA é dual. O primeiro aspecto é criar condições mediante as quais uma visão de futuro potencial para a cidade possa emergir de forma contínua. Já não precisamos mais depender de um imperador para conferir uma visão de futuro para uma cidade. Ela pode vir de muitas fontes – de um prefeito forte, de um grupo de líderes sábios, de moradores de longa data e de imigrantes recentes. Em segundo lugar, os líderes municipais devem nutrir a capacidade de uma cidade se adaptar com agilidade a mudanças nas circunstâncias. Com uma visão de futuro e capacidade adaptativa, cidades podem prosperar. Os países são muitas vezes grandes e polarizados demais para integrarem completamente suas partes; já os estados, alheios demais às vidas cotidianas de seus cidadãos. As cidades, quando investidas de poder suficiente por parte de seus governos federal ou estadual, têm o tamanho político ideal para se adaptarem a rápidas alterações nas circunstâncias. Para tal, elas precisam de recursos. Na Dinamarca, 60% dos gastos públicos do país são despendidos nas cidades.

A CIDADE DE EQUILÍBRIO DINÂMICO 153

É por isso, escreve Bruce Katz, do Brookings Institute, que Copenhague "tornou-se um dos lugares mais felizes, saudáveis e agradáveis de se morar no mundo".[10]

Os nove cês que deram origem às cidades – cognição, cooperação, cultura, calorias, conectividade, comércio, complexidade, concentração e controle – têm a mesma importância hoje que tinham quando as cidades estavam emergindo. Graças em parte às tecnologias informatizadas, as cidades podem ser interconectadas, não apenas para aquecer o comércio, mas também para poderem aprender umas com as outras. Felizmente, é isso o que estamos vendo. A ascensão das redes de conhecimento urbano está espalhando rapidamente o DNA de soluções pelas ecologias urbanas.

Conforme as regiões metropolitanas descobrem que o padrão de dispersão urbana do século XIX está solapando sua eficiência, estão voltando a ter centros urbanos e suburbanos mais concentrados, integrados a uma região multicentralizada. As melhores são incrementadas pela cultura, o gênio humano que enriquece nossas vidas.

Em capítulos mais à frente, examinaremos como as redes sociais são ricas e importantes para a vitalidade e resiliência das cidades. Mas o próximo passo será analisar a segunda característica da cidade bem-orquestrada, a circularidade, que depende da movimentação de energia, água e alimentos conforme são processados pelo metabolismo da cidade.

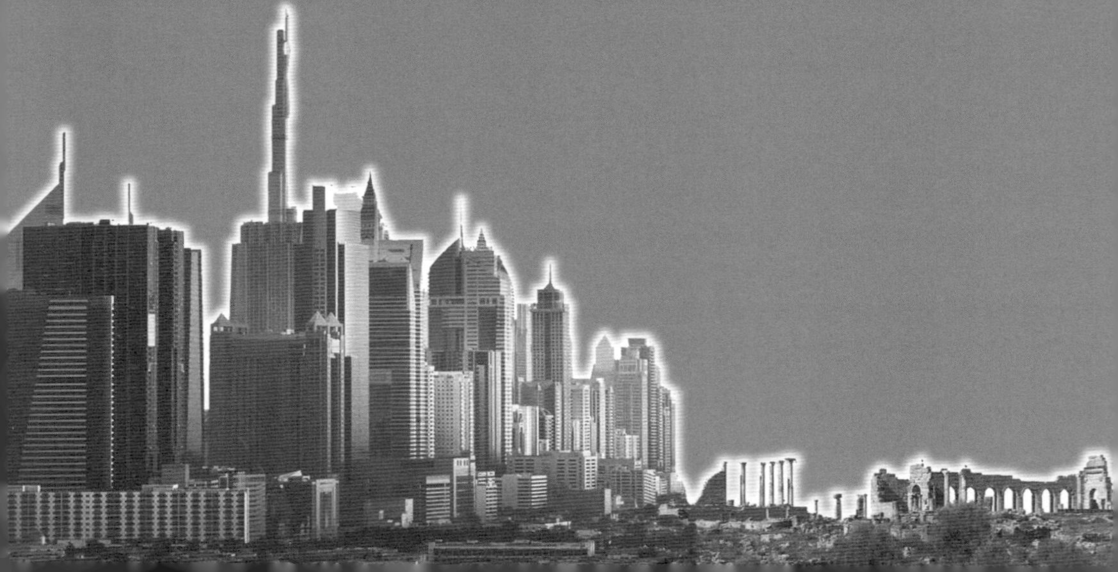

PARTE II

Circularidade

O segundo aspecto das cidades em harmonia advém do círculo das quintas, um trajeto harmônico de escala em escala usado na composição de *O Cravo Bem Temperado*. O círculo das quintas utiliza a quinta nota acima de seu ponto de partida como uma conexão com a escala seguinte, continuando até retornar ao ponto de onde partiu, uma jornada que só é possível com afinação temperada. Trata-se de um modelo de metabolismo circular, biocomplexidade e de base para resiliência. A circularidade transforma sistemas lineares em sistemas regenerativos. É uma estratégia-chave para cidades prosperarem neste século, um caminho pelos desafios de mudanças climáticas e restrição de recursos. Enquanto a população mundial cresce e consome mais, uma cidade bem-equilibrada deve se sobressair no segundo temperamento, proporcionando sistemas metabólicos eficientes, resilientes e integrados que funcionem de maneira circular, imitando os processos da própria natureza, mediantes os quais os dejetos de um sistema são os insumos de outro.

Podemos entender melhor como o metabolismo de uma comunidade completamente autossustentável funciona se examinarmos um sistema bem simples. O vilarejo de Shey fica no alto do platô tibetano, a uma altitude de aproximadamente 4.500 metros. Mais conhecido pela caverna onde o famoso meditador tibetano Milarepa permaneceu, Shey sobrevive há quase mil anos em equilíbrio dinâmico com seu meio ambiente espetacular mas rigoroso.

Shey é em grande parte autossuficiente; satisfaz a quase todas as necessidades de seus habitantes. O formato do vilarejo é bastante compacto, com fronteiras claras entre as edificações bem agrupadas e os campos agrícolas no

Shey, Tibete, perto da caverna de Milarepa. *(Jonathan F. P. Rose)*

entorno. Se examinarmos a estrutura de organismos biológicos bem-sucedidos, veremos uma eficiência similar em seu formato.

Como o rarefeito platô tibetano é uma das regiões mais secas do mundo, recebendo em média apenas 75 mm de chuva por ano, qualquer precipitação deve ser recolhida com cuidado e aproveitada para sustentar os habitantes do vilarejo. Os tibetanos aprenderam a tirar proveito de minúsculos córregos para irrigar valas para distribuição até suas lavouras.

A população de Shey tem o tamanho certo para manter um equilíbrio saudável e dinâmico entre um vilarejo e a quantidade de alimentos que ele consegue produzir. A terra irrigada é apenas o suficiente para cultivar cevada e vegetais para todas as pessoas do lugar. O solo é enriquecido por dejetos de humanos e animais, o que garante a fertilização das lavouras e eliminação de pilhas de dejetos que de outro modo contribuiriam para doenças. As construções de Shey são feitas de pedra, como é comum na maioria das comunidades montanhosas, com os telhados formados por galhos e gravetos de salgueiro, cobertos por argila. Os salgueiros são plantados ao longo das valas de irrigação, dando sombra a água e reduzindo a evaporação de seus fluxos até as lavouras. Faz tempo que os moradores descobriram quantos salgueiros são necessários para fornecer ramos suficientes para repor os telhados de suas construções a cada 10 anos, mais ou menos. Quando os ramos são cortados, novos brotos são enxertados. Um caule de salgueiro pode viver por cerca de 100 anos, então entre longos intervalos novas árvores são plantadas para sustentar a produção contínua de galhos. Em comum com práticas de antigos sistemas de irrigação, o sistema de irrigação e de salgueiros de Shey é gerido coletivamente, com decisões sobre a alocação de água e mão de obra tomadas por um chefe das valas eleito por todos.

Como essa paisagem árida e de grande altitude é capaz de sustentar uma quantidade limitada de pessoas, os tibetanos cultivam a prática da poliandria, um sistema em que uma mulher se casa com todos os irmãos de uma família, como uma forma natural de controle populacional. Um filho de cada família costuma ser enviado a um monastério para ser educado, o que também ajuda a manter a população controlada e a infundir no vilarejo os ensinamentos mais recentes do budismo. Shey, com suas árvores e seus ricos campos irrigados, estabelece um nítido contraste com o terreno inóspito ao redor, revelando como os tibetanos aumentaram a biodiversidade nesse vale. Nos meses mais quentes, os aldeões se ocupam do plantio e cultivo de suas lavouras, partilhando *dzos* (um cruzamento entre um iaque e um touro, usado para arar os campos), arados e outros itens agrícolas caros, e ajudando uns aos outros a colherem a produção no outono. Com a colheita armazenada, eles passam boa parte do inverno relaxando, com seus dias repletos de meditação, conversas e festivais budistas.

Por mais que seja autossuficiente, Shey está conectada a um mundo mais amplo por viajantes – nômades, peregrinos e comerciantes. Os nômades comercializam manteiga, carne e pele de iaque com os aldeões em troca de cevada. Os comerciantes trocam seu sal marinho por manteiga e cevada, e os peregrinos levam as preces e os ensinamentos de mestres budistas. Assim, até mesmo esse vilarejo remoto encontra-se conectado ao fluxo de mercadorias, ideias e cultura de uma região mais ampla. Por vezes, viajantes levam novas sementes para diversificar o estoque genético de plantas e animais locais, mas tão importante quanto, levam novas ideias e promovem a fertilização cruzada da cultura.

A comunidade agrícola de Shey oferece um exemplo de como alcançar um equilíbrio saudável e dinâmico entre seres humanos e a natureza. Contudo, esses aldeões tibetanos enfrentam uma tarefa bem mais simples do que nós, com nosso mundo muito mais complexo e interconectado, fustigado por macrotendências. A maioria dos povos modernos não deseja morar em um lugar remoto, sem eletricidade ou Internet, mas há lições a serem aprendidas com Shey que podemos aplicar numa escala muito mais ampla: como utilizar insumos como água de forma cuidadosa e eficiente, como eliminar o conceito de desperdício mediante a reciclagem completa, como equiparar o tamanho da comunidade e suas necessidades com os recursos disponíveis e como investir na saúde de longo prazo do sistema. Essas são todas qualidades de organismos com metabolismos em equilíbrio.

CAPÍTULO 5

O metabolismo das cidades

Em 1965, Baltimore, Maryland, era uma cidade em transição. Como Alexandria, no Egito, tratava-se de um porto importante, o segundo maior dos Estados Unidos na costa atlântica, o porto mais conveniente do país para que fabricantes do Meio Oeste exportassem suas mercadorias. Baltimore também tinha sua produção própria. A usina siderúrgica de Sparrows Point, da Bethlehem Steel, era a maior do mundo, com mais de seis quilômetros de extensão. A usina fabricava aço para a infraestrutura dos Estados Unidos, incluindo as vigas da ponte Golden Gate, em San Francisco, e os cabos da ponte George Washington. O aço produzido pela usina também era empregado no adjacente estaleiro de Sparrows Point, um dos mais ativos produtores de navios do país, o qual, na década de 1970, estava construindo os maiores superpetroleiros do mundo.[1] A produção de aço e a construção de navios era um trabalho extenuante e árduo, mas gerava empregos sindicalizados de boa remuneração, ainda que as hierarquias laborais fossem drasticamente divididas por raça, com os afro-americanos sendo excluídos de cargos de gerência. O compositor Philip Glass pagou sua mensalidade da renomada Juilliard School trabalhando na usina siderúrgica.

A vitalidade industrial da cidade mascarava seus problemas – sua população estava começando a se mudar para os subúrbios, juntamente com a atividade de varejo e os empregos mais desejáveis. Pobreza, uso de drogas e desemprego começavam a aumentar. Essas condições levaram não apenas os brancos de classe média de Baltimore para os subúrbios, mas também seus afro-americanos de classe-média. O intelectual urbano Marc Levine descreveu Baltimore como uma cidade do terceiro mundo encravada no primeiro mundo.[2] Como muitas cidades do terceiro mundo, era bastante poluída.

E assim, quando a indústria siderúrgica norte-americana ruiu na década de 1970 após o choque do petróleo e a recessão de 1973, isso expos uma cidade decadente e sem resiliência para reagir aos problemas que vinha enfrentando.

Durante a década de 1920, quando a população de Baltimore estava em crescimento, a cidade consumia água sedentamente. Abel Wolman, o engenheiro-chefe da cidade de 1922 a 1939, desenvolveu o primeiro sistema confiável de cloração do abastecimento público de água a se tornar um padrão global. Com sua visão de longo prazo, projetou um sistema de abastecimento e tratamento de água tão robusto que acabaria atendendo à cidade até o século XXI. Mas a maior contribuição de Wolman não foi o que ele construiu, e sim sua maneira de pensar. Depois de observar, ao longo de muitos anos, uma ampla gama de reações humanas a secas e poluição da água, Wolman publicou "O Metabolismo das Cidades" em uma edição de 1965 da *Scientific American* dedicada ao futuro das cidades. Seu objetivo era fazer os planejadores urbanos pensarem a respeito da água de outros sistemas urbanos no longo prazo, na escala dos séculos. Para isso, estimulou planejadores municipais e regionais a desenvolverem modelos para influxos de água, energia e alimentos até suas cidades, e também modelos de seus escoamentos, incluindo o esgoto, que, segundo observou, costumava acabar poluindo as águas, uma ameaça aos reservatórios hídricos da cidade. Para reforçar seu argumento, Wolman introduziu a ideia de que as cidades apresentam metabolismos.

Wolman escreveu: "As exigências metabólicas de uma cidade podem ser definidas como todos os materiais e *commodities* necessários para sustentar os seus habitantes em casa, no trabalho e no lazer. Com o passar do tempo, essas exigências incluem até mesmo a produção de materiais para construir e reconstruir a cidade em si. O ciclo metabólico só fica completo quando os dejetos e resíduos da vida cotidiana são removidos e descartados com um mínimo de incomodo e risco. À medida que o homem se dá conta de que a Terra é um sistema ecológico fechado, métodos casuais que figuravam como satisfatórios para o descarte de dejetos não parecem mais aceitáveis. Em seus olhos e seu nariz, ele tem as provas diárias lhe dizendo que esse planeta não é capaz de assimilar sem limites os dejetos não tratados de sua civilização".[3]

Usando as ferramentas computadorizadas de sua época, Wolman só conseguiu criar modelos lineares simplificados dos insumos urbanos de água, alimentos e combustível, e as emissões de esgoto, resíduos sólidos e poluição do ar. Porém, plantou as sementes de diversas ideias importantes: de que as cidades, assim com os organismos biológico, apresentavam metabolismos, e de que a Terra era em última análise um sistema fechado único que tinha de acomodar os metabolismos de todas as cidades. A obra de Wolman deu origem à disciplina da ecologia industrial, que atualmente examina não apenas os fluxos urbanos de uma gama bem mais ampla de materiais e energia, mas também as interações entre esses fluxos.

Duas atividades primordiais orientam o metabolismo biológico. O processo catabólico decompõe os materiais, liberando energia ao organismo. Já o processo anabólico utiliza essa energia, combinada com os padrões fornecidos pelo DNA do sistema, para construir proteínas complexas e moldá-las na forma dos tijolos básicos dos organismos. Durante ambos processos, dejetos são produzidos, os quais precisam ser transportados para fora do organismo. É interessante observar que a ecologia da Terra evoluiu de tal forma que os dejetos criados por um determinado processo tornam-se os insumos, ou alimento, para outro. Alguns sistemas naturais complexos não poluem; em vez disso, devido ao temperamento integrativo do metagenoma, organismos encaixam-se primorosamente entre si, cada qual aninhado em um todo mais amplo que tanto os supre de nutrientes quanto absorve seus dejetos. Para que nossas cidades prosperem, terão de evoluir rumo a esse modelo de biocomplexidade.

Calcular o fluxo de nutrientes, energia e outros materiais que entram numa cidade é incrivelmente complexo. Na verdade, estabelecer até mesmo a quantidade de energia e de materiais necessários para criar um único prédio é algo bastante complicado. O intelectual canadense Thomas Homer-Dixon decidiu calcular a quantidade de calorias necessárias para construir uma das edificações mais icônicas do mundo, o Coliseu de Roma. E seu trabalho acabou lançando luz sobre o colapso de todo um império.

Quantas calorias são necessárias para construir o Coliseu?

A construção da mais grandiosa arena pública do Império Romano começou em 72 d.C., e levou oito anos para ser concluída. A fim de determinar a quantidade de calorias necessárias para completar a construção, Homer-Dixon teve de calcular não apenas o número de pessoas que foi preciso para construir o Coliseu como também o número de trabalhadores necessários na mineração, fabricação e produção do material de que ele foi feito, bem como a energia necessária para seu transporte. Em seu livro *The Upside of Down: Catastrophe, Creativity, and the Renewal of Civilization*, Homer-Dixon escreveu: "A construção do Coliseu exigiu mais de 44 bilhões de quilocalorias de energia. Mais de 34 bilhões delas serviram para alimentar os 1.806 bois usados sobretudo para transporte de materiais. Mais de 10 bilhões de quilocalorias abasteceram os trabalhadores humanos habilidosos ou não, o que se traduz em 2.135 trabalhadores laborando 220 dias por ano durante cinco anos".

Esses números não incluem a mão-de-obra necessária para derrubar os troncos usados como andaimes, ou para assar tijolos, ou para fazer as decorações da construção, que incluía mais de 150 fontes, bem como incontáveis estátuas, afrescos e mosaicos que levaram outros três anos para serem completados. Os cálculos de Homer-Dixon levam em consideração a quantidade de calorias dedicadas à construção do prédio em si. Na época da construção do Coliseu, um romano típico comia uma mistura de grãos, frutas, especialmente azeitonas e figos, legumes, vegetais, vinho e uma pequena quantidade de carne. Os bois usados para transportar os materiais de construção do Coliseu eram alimentados com feno, painço, trevo, farelo de trigo, brotos de feijão e outras forragens. Homer-Dixon calculou que eram precisos 55 km^2 de terra – uma área do tamanho de Manhattan – para produzir a energia necessária para cada ano da construção do Coliseu. O limite metabólico de uma única edificação ia bem mais longe do que seu limite físico,

Nos primórdios do Império Romano, suas cidades eram alimentadas por pequenas fazendas regionais e independentes, mas, conforme o império foi aumentando, mais alimentos se faziam necessários. Durante o século II d.C., no seu auge, o Império Romano englobava uma população de 60 milhões. Sua capital, a cidade de Roma, tinha uma população de mais de um milhão de pessoas. Para aumentar sua produção alimentar, a cidade patrocinava *latifundia*, ou enormes propriedades agrícolas, operadas por trabalho escravo. Elas costumavam se localizar em terras conquistadas e pertencer a senadores romanos. Como os proventos dos *latifundia* eram a única renda aprovada para os senadores, não é de surpreender que o senado tenha isentado esses terrenos de impostos. (Muitas coisas mudaram com o tempo, mas não o autointeresse de quem tem poder político!)

À medida que uma rede de *latifundia* crescia nas periferias do império, o sistema ia ficando mais vulnerável. Proprietários ausentes eram muitas vezes incompetentes e abusivos, com seus escravos relutantes em trabalhar, e uma rede de pirataria ativa começou a pilhar os alimentos quando eram transportados pela longa distância do Mediterrâneo até Roma. Como o sistema era projetado para maximizar lucros, os proprietários e administradores de *latifundia* faziam parcos investimentos na fertilidade a longo prazo de suas lavouras.

Conforme o solo ia se exaurindo, Roma tinha de conquistar cada vez mais terras para alimentar seu povo. A fim de subjugar e manter controle sobre esses territórios, e para proteger as cadeias de suprimento até os centros urbanos, Roma precisava arregimentar, remunerar, abrigar e alimentar exércitos cada vez maiores. E como apelo à sua massa de trabalhadores urbanos, os líderes de Roma tinham de fornecer "pão e circo", comida e entretenimento gratuitos que mascaravam enormes disparidades em riqueza que ameaçavam o império a partir de dentro. No auge da cidade como capital mundial, mais da metade de seus habitantes recebia comida grátis.

A administração do território estendido de Roma exigia comunicações mais extensivas e complexas, bem como sistemas de controle. Com a erosão do controle do império sobre suas fronteiras, sua falta de liderança coerente trouxe caos e conflito ao seu núcleo. Ao final, Homer-Dixon concluiu, quando se esgotaram os reinos abastados a serem pilhados pelo império, as exigências administrativas, logísticas e militares do sistema agrícola romano suplantaram sua capacidade de fornecer as calorias necessárias para abastecer seu nível de civilização. Quando o sistema alimentar de Roma ruiu, o império tornou-se insustentável.

Depois que o Império Romano entrou em declínio, a cidade de Roma só foi se recuperar mil anos mais tarde. Ao final do século V, a população de Roma encolhera para 50 mil e sua infraestrutura extraordinária – incluindo seus sistemas viários e seus aquedutos – foram deixadas em ruínas. Sem um sistema alimentar extensivo, Roma carecia da fonte energética para manter a complexidade se sua civilização. No ano 1000, a população de Roma mal chegava aos 10 mil, com seus habitantes restantes reunidos em cabanas às margens do rio Tibre. Roma só foi alcançar a uma população de um milhão novamente em 1980.

O império do porco

O alcance global dos sistemas alimentares de uma nação é ainda maior nos dias de hoje.

A carne de porco sempre foi uma parte valorizada da dieta chinesa, ainda que diminuta. Em 1949, antes da revolução maoísta, apenas 3% da dieta chinesa vinham da carne. Os porcos eram criados em pequenas fazendas familiares onde se encaixavam bem à ecologia do sistema alimentar local – eles comiam lixo e as partes superiores de tubérculos, e seus estrume era reciclado como fertilizante. Atualmente, os porcos são criados para o insaciável mercado chinês em imensas fazendas industriais.[4] Seus bilhões de toneladas de esterco poluem o precioso abastecimento de água da China. Para alimentá-los, a China importa mais de metade do suprimento global de soja. Para satisfazer a essa demanda por soja, mais de 25 milhões de hectares de terras no Brasil foram transformados de florestas e cerrado em campos de produção de soja. Em 2013, a China adquiriu a venerável empresa American Smithfield Ham, a maior produtora mundial de carne de porco, visando a suas vastas propriedades de terra em Missouri e no Texas. Em 2014, a Argentina estava exportando quase toda sua soja para a China – chegando a duas ou três safras ao ano mediante o uso de herbicidas associados a câncer e defeitos congênitos. A China está comprado terras na África para produzir soja. Para suplementar a soja, os chineses também dão milho de comer aos seus porcos. Às atuais taxas de crescimento, em 2022 os porcos da China estarão abocanhando um terço da produção mundial de milho.[5]

A carne de porco é apenas uma das muitas commodities globais que a China está consumindo a um ritmo insustentável. O metabolismo de suas cidades espelha aquele de Roma.

No ano 2050, a população mundial estará entre nove ou dez bilhões ou mais. Ao ficarmos mais prósperos e mais numerosos, consumiremos mais calorias. Ao mesmo tempo, o suprimento mundial de terras aráveis está encolhendo devido à urbanização, a mudanças nos padrões meteorológicos e ao esgotamento de nossas reservas hídricas em aquíferos. Só há uma maneira de alimentar as cidades mundiais: devemos aumentar a eficiência da produção alimentar e reduzir o desperdício ao conectar os insumos e as emissões do sistema em um ciclo mais natural. Caso contrário, como o antropólogo Jared Diamond demonstrou no caso dos romanos, dos maias e de outras grandes civilizações, a expansão exagerada, uma cadeia alimentar vulnerável, um manejo inadequado do solo e uma significativa desigualdade econômica abrirão caminho para o colapso.

O retorno sobre o investimento energético

A mensuração da eficiência é uma das ferramentas mais importantes para administrar o metabolismo das cidades – e de impérios. Um indicador de eficiência energética é o EROI, ou retorno sobre o investimento energético (*energy return on investment*), calculado dividindo-se a quantidade de energia aproveitável gerada em um sistema pela quantidade de energia despendida para criá-la. Quanto maior o EROI, mais eficiente é o sistema. Em 1859, por exemplo, o primeiro poço de petróleo moderno no oeste da Pensilvânia usava um barril de petróleo para alimentar a extração, produção e distribuição de cada 100 barris produzidos, para um EROI de 100. Atualmente, o EROI da maior parte da produção de petróleo caiu para 4, e onde a extração é bastante difícil, como nas areias betuminosas canadenses, o EROI muitas vezes chega a ser negativo.

A fórmula de EROI pode ser aplicada ao retorno sobre o investimento de quaisquer dos insumos de uma cidade, não apenas energia, mas também alimentos, água, material de construção, e assim por diante. Na verdade, o próprio processo de urbanização está vinculado a saltos em EROI. A irrigação produziu a energia calórica necessária para o crescimento das primeiras cidades do mundo, no Oriente Médio. Os chineses começaram a queimar carvão para se aquecer durante o período dos Estados em Guerra, de 480 a 221 a.C., quando diversas cidades menores se consolidaram em importantes cidades-estado. Em 1789, o motor a vapor de James Watt passou a impulsionar a Revolução Industrial e o crescimento acentuado das cidades manufatureiras que se seguiu. A eletricidade barata que energizou luzes, elevadores, metrôs, bondes e trens motivou o crescimento em urbanização global que teve início em 1900, quando apenas 13% da população mundial de cerca de um bilhão moravam em cidades. Após a Segunda Guerra Mundial, condicionadores de ar movidos a eletricidade reforçaram o crescimento de cidades em partes quentes e úmidas do mundo.

As civilizações só conseguem ficar mais complexas quando seu EROI aumenta, e cidades muitas vezes entram em declínio quando isso não acontece. Joseph Tainter, antropólogo da Utah State University, define a ocorrência de um colapso sempre que uma sociedade involuntariamente perde uma porção considerável de sua complexidade. Ao estudar a ascensão e queda das civilizações maia, anasazi e romana, Tainter observou um padrão: sociedades se tornam mais complexas como forma de resolver problemas cada vez mais complexos. Isso exige especialização social e econômica, e instituições para administrar e coordenar as informações e ações advindas daí. A administração promove benefícios societais, mas como não gera energia em si, tem de ser subsidiada por um excedente de energia no sistema.

Tipicamente, quando uma civilização enfrenta uma queda de EROI, como ocorreu com Roma quando seu solo se exauriu, ela reage acrescentando mais complexidade, porque é isso que os administradores tendem a fazer. Roma tentou resolver seu problema mediante a conquista de novos territórios, o que exigiu comunicações e sistemas de governo mais complexos a serem geridos. Atualmente, a China está lidando com a queda em seu EROI comprando energia do resto do mundo. Mas a administração necessária para estender o alcance de uma civilização só faz aumentar seu fardo de EROI. A alternativa é localizar e, como ocorre nos sistemas naturais, entrelaçar de modo mais eficiente os insumos e as emissões da cidade em uma ecologia pujante. E como se aumenta a eficiência? Com boa governança, infraestrutura inteligente e inovação.

Rumo a um metabolismo urbano mais resiliente

São cinco as medidas que uma cidade pode tomar para aumentar sua resiliência metabólica. A primeira delas é reconhecer o quanto seu metabolismo urbano é importante para sua sobrevivência, e fazer um acompanhamento das entradas e saídas metabólicas desde as fontes até os destinos. Sistemas naturais aferem continuamente as condições metabólicas a fim de se ajustarem a elas, e as cidades, como sistemas biocomplexos, precisam fazer o mesmo. O mundo do *big data* pode fornecer uma quantidade enorme de informação sobre o metabolismo de uma cidade. A chave é desenvolver ferramentas analíticas para a mineração de dados significativos, como tendências de EROI, e identificar áreas de oportunidade e vulnerabilidade metabólica, para que a cidade seja capaz de se antecipar e se adaptar a elas.

A segunda medida é usar recursos importados com maior eficiência, para que menos deles sejam necessários.

Em terceiro lugar, uma cidade precisa diversificar suas fontes de alimentos, água, energia e materiais, para que não fique dependente demais de nenhuma delas. Em um mundo globalmente conectado, um pequeno aumento ou redução na demanda dos Estados Unidos e da China por uma determinada *commodity* pode exercer um impacto imenso sobre sua disponibilidade e seu preço.

A quarta medida é gerar mais recursos dentro da cidade, o que também é benéfico para a criação de mais empregos. Por fim, e acima de tudo, uma cidade bem-resolvida recicla e reutiliza o máximo possível de seus dejetos. Isso reduz os custos de descarte e ao mesmo tempo gera recursos locais econômicos. Juntas, essas estratégias ajudam a tornar o metabolismo de uma cidade mais eficiente e resiliente. E todas elas podem ser concebidas usando as sete ferramentas de gestão municipal: uma visão orientadora, coleta e análise de dados, planejamento, regulamentações, incentivos, investimento e comunicações.

Acompanhamento do metabolismo de uma cidade

A função da informação é ajudar a cidade a se autoconscientizar; a função do planejamento é estabelecer estratégias intencionais para o futuro. Juntas, elas atuam como o DNA do sistema. Regulamentações, incentivos, investimentos e comunicações que orientam a implementação do plano são o RNA, traduzindo o DNA na prática e construindo a cidade.

Antes que uma cidade possa aumentar a eficiência de seu metabolismo, precisa aferi-lo e identificar pontos de alavancagem para incrementar sua resiliência. Um elemento-chave do PlaNYC da cidade de Nova York, por exemplo, era inventariar insumos, como o consumo de energia e água, e emissões, como dióxido de carbono e resíduos sólidos. Os dados revelaram que 80% dos combustíveis fósseis queimados na cidade de Nova York estavam sendo usados em prédios, o que tornava a eficiência energética dos prédios um ponto-chave de alavancagem para diminuir seu consumo pela cidade. Isso também elevou a resiliência da cidade à volatilidade nos preços dos combustíveis, e reduziu suas emissões de dióxido de carbono. Para cumprir suas metas, a cidade promulgou regulamentações exigindo que proprietários de prédios mensurassem seu uso de energia e seu impacto climático, e ofereceram a esses proprietários incentivos para que seus sistemas de aquecimento abandonassem o óleo e adotassem o gás natural, reduzindo suas emissões de carbono.

A cidade de Nova York também calculou que 80% de seus alimentos ingressavam na cidade por meio de seu Mercado de Alimentos de Hunts Point. Caso a supertempestade Sandy tivesse chegado ao mercado apenas três horas antes do que acabou chegando e tivesse encontrado a maré alta, teria alagado depósitos vizinhos de combustíveis e produtos químicos, lançando seus dejetos tóxicos no mercado, que se encontra num nível mais baixo. A região inteira teria perdido seu suprimento alimentar, sem qualquer alternativa suficiente para satisfazer às suas necessidades. Gigantescos mercados atacadistas como o de Hunts Point são bastante eficientes, mas também bem mais vulneráveis do que um sistema alimentar mais distribuído. John Doyle, professor de controle e sistemas dinâmicos do California Institute of Technology, descreve sistemas como um mercado central de alimentos como robustos, porém frágeis. Conforme os sistemas ficam mais robustos, atraem mais recursos para aquilo que fazem de melhor, e roubam recursos de alternativas. Essa crescente falta de diversidade planta as sementes da vulnerabilidade de um sistema. Quando um sistema robusto é desafiado, a cidade conta com poucas alternativas, deixando o sistema bastante frágil.

Enquanto a cidade de Nova York realiza um acompanhamento cuidadoso de sua população e da sua quantidade de unidades habitacionais para determinar suas atuais e futuras necessidades metabólicas, Lagos, a megacidade e capital financeira da Nigéria, não sabe quantos são os seus habitantes. "Ela não para de engolir cidades menores, então não conseguimos definir as fronteiras", afirma Ayo Adediran, diretor do departamento regional e de plano-mestre da cidade. Samuel O. Dekolo, professor-assistente do Departamento de Planejamento Urbano e Regional da Universidade de Lagos, descreve a capacidade de coleta de dados da cidade como "patética [...] criando uma lacuna de informações entre o desenvolvimento urbano e a administração inteligente".[6]

Detroit encontra-se em um meio-termo entre Lagos e Nova York. Segundo Susan Crawford, coautora de *The Responsive City*: "O flagelo urbano que vem afligindo Detroit era, até pouco tempo, exacerbado pela escassez de informações sobre o problema. Ninguém sabia dizer quantos prédios precisavam de reformas ou de demolição, ou os níveis de eficiência dos serviços municipais. Hoje, graças aos esforços combinados de pequenas empresas aguerridas, líderes municipais afeitos às tecnologias e um apoio filantrópico substancial, a extensão do problema ficou clara".[7] As receitas são um elemento-chave do metabolismo da uma cidade, e Lagos e Detroit tinham um problema em comum. Sem saberem ao certo quais propriedades encontravam-se dentro dos limites de suas cidades, não era possível cobrar impostos sobre elas, e, como resultado, receitas eram perdidas. E as duas cidades precisavam desesperadamente de receitas para prestarem serviços essenciais.[8]

Quando Detroit estava flertando com a falência, um jovem vindo do setor tecnológico de San Francisco, Jerry Paffendorf, dono da empresa Loveland Technologies, propôs mapear e fotografar todas as propriedades na cidade e registrar todos os seus atributos. Para cumprir com a tarefa, a Loveland inventou um sistema de dados geográficos integrado a um aplicativo de celular. Com 50 equipes de dois funcionários, um motorista e um supervisor, a empresa catalogou em nove semanas as condições de todos os 385 mil lotes da cidade, a um custo total de US$ 1,5 milhão. Paffendorf descreve seu mapa como "o genoma da cidade".

Pela primeira vez em décadas, Detroit dispunha dos dados para entender sua base tributária, e para ajudá-la a superar o rombo de US$ 450 milhões ao ano nas suas receitas que a levaram à falência. Os dados de Paffendorf também mostravam, entre outras coisas, o tamanho e a localização das florescentes plantações comunitárias da cidade, que estavam contribuindo para a diversidade de seu suprimento alimentar.

Em 1999, Lagos arrecadava 600 milhões de nairas, ou 3,7 milhões de dólares, ao mês em impostos. O município simplesmente não tinha dados suficientes sobre seus residentes para arrecadar os impostos devidos. Depois de decidir terceirizar sua cobrança de impostos, em 2013 Lagos havia aumentado sua arrecadação em 3.400%, superando os US$ 125 milhões ao mês – sem elevar suas alíquotas. Isso forneceu à cidade os fundos para investir em transporte viário, em um novo sistema de veículos leves sobre trilhos e em outras infraestruturas urbanas que estão tornando Lagos mais resiliente, ajudando a diversificar uma economia que vinha se concentrando demais em exportação de petróleo.

Baltimore, terra natal de Abel Wolman, oferece um dos exemplos mais integrados de coleta, uso e compartilhamento de dados metabólicos por parte de uma cidade. Quando Martin O'Malley foi eleito prefeito de Baltimore no ano 2000, ele lançou o CityStat, um sistema de dados municipal acessível ao público projetado para aumentar a fiscalização, a responsabilização e a eficiência de gastos do governo. Como modelo para o CitiStat, O'Malley baseou-se em um programa similar usado pelo departamento de polícia da cidade de Nova York para aplicar estatísticas no combate ao crime, mas Baltimore estendeu o conceito para todas as funções municipais.

Em reuniões regulares com o Gabinete do Prefeito, cada secretaria tinha de analisar desempenhos abaixo do esperado e apresentar possíveis soluções. O primeiro objetivo de O'Malley era reduzir a cultura de absenteísmo entre os funcionários municipais. Toda semana, o CitiStat postava uma lista aberta ao público de quem faltara ao trabalho, e por quê. Dentro de três anos, o absenteísmo caiu 50%, e as horas-extras diminuíram 40%. Usando dados do CitiStat e mapeamento por GIS, a cidade remodelou suas rotas de coleta de lixo e aumentou a reciclagem em 53%. Ela economizou US$ 1,5 milhão ao ano em custos de capina dos gramados de canteiros centrais.[9] No ano de 2007, o CitiStat estava poupando US$ 250 milhões a Baltimore, e havia promovido uma melhoria significativa dos serviços municipais a seus moradores. Anos mais tarde, o CitiStat estava sendo usado como ferramenta de *crowdsourcing* para necessidades comunitárias e para estabelecer orçamentos municipais com base nos objetivos dos moradores, a fim de driblar a inércia das secretarias – uma das principais causas de sistemas governamentais inflexíveis.

Em 2004, o CitiStat recebeu da Harvard Kennedy School o prêmio de Inovação no Governo, e começou a se espalhar para dezenas de outras cidades. Atualmente, o CitiStat é utilizado não apenas para acompanhar os anseios dos cidadãos de Baltimore e vinculá-los ao orçamento municipal, mas também para rastrear o grau de eficiência com que os recursos da cidade estão sendo empregados para alcançar essas metas. E ainda está ajudando a Iniciativa de Política Alimentar de Baltimore a ampliar o acesso a alimentos frescos, saudáveis e economicamente acessíveis. Informações ajudam as cidades a se conscientizarem melhor sobre todas as suas atividades, e a integrá-las em um todo mais coerente, prestativo e eficiente.

Uso mais eficiente de recursos

Em média, os norte-americanos consomem 3.770 calorias alimentares por dia, mais por pessoa do que qualquer país do mundo. Nosso sistema de produção e distribuição de alimentos tornou-se bastante complexo, adicionando ineficiências e custos de energia ao longo das muitas etapas desde a fonte até o consumidor. Quando pessoas comem alimentos vindos de muito longe, custos consideráveis são acrescentados em seu transporte. São precisos 127 calorias de energia para transportar por avião uma única caloria de alface americana dos Estados Unidos para o Reino Unido, 97 calorias de energia para importar 1 caloria de aspargo do Chile e 66 calorias de energia para importar 1 caloria de cenoura da África do Sul.[10]

O processamento de alimentos e seu armazenamento refrigerado também consomem bastante energia. O Instituto Sueco de Alimento e Biotecnologia vem analisando o ciclo de vida da produção alimentar desde a década de 1990. Um de seus estudos clássicos examina a energia necessária para se produzir um tubo de *ketchup* na Suécia.[11] Os pesquisadores fizeram um levantamento de toda a energia, água e material necessários para cultivar os tomates e convertê-los em pasta de tomate na Itália, adicionar ingredientes como vinagre e especiarias da Espanha, processar e embalar o *ketchup* na Suécia e então armazenar, transportar e vender o produto final. O esforço inteiro exigiu 52 etapas de transporte e processamento, envolvendo produtos de toda a Europa. Tal estudo foi seguido de uma investigação similar de todos os elementos que vão em um Big Mac do McDonald's – carne, queijo, picles, cebola, alface e pão que acompanham o *ketchup*. A conclusão? Big Macs exigem cerca de sete vezes mais energia para serem produzidos do que aquela que eles fornecem.

O EROI de nosso sistema alimentar é ainda menos eficiente do que isso indicaria, por que boa parte da comida que produzimos acaba sendo desperdiçada. Em um relatório de 2011, a Organização das Nações Unidas para Agricultura e Alimentação calculou que, dos quase 4 bilhões de alimentos produzidos ao redor do mundo, perto de um terço, ou 1,3 bilhão, é jogado fora.[12] Nos Estados Unidos, esse percentual é ainda mais elevado: cerca de 40% do alimento que produzimos ou importamos sequer chegam a ser consumidos. Na verdade, os alimentos representam o principal componente de nosso fluxo municipal de resíduos sólidos. Apenas 3% do desperdício alimentar norte-americano destina-se à compostagem.[13] Na época da construção do Coliseu, cada caloria de trabalho humano ou animal produzia 12 calorias de alimento. Hoje, o sistema norte-americano de produção alimentar industrializada requer de 10 a 12 calorias para cada caloria produzida; isso significa que, em termos de EROI, ele é cerca de 120 vezes menos eficiente do que o antigo sistema romano (que acabou entrando em colapso)!

Existem, porém, soluções mais inteligentes no horizonte. O setor alimentar privado nos Estados Unidos desenvolveu alguns exemplos impressionantes de eficiência. A The Cheesecake Factory, uma rede nacional de restaurantes, serve 80 milhões de pessoas ao ano; para aproveitar ao máximo seus ingredientes, a empresa desenvolveu um programa de computador, o Net Chef, para rastrear cada aspecto das preferências de seus consumidores e ajustar suas encomendas de alimentos de acordo. O Net Chef leva em consideração a meteorologia, a economia, a época do ano, os preços da gasolina e até mesmo as transmissões de eventos esportivos, ajustando suas encomendas a fim de maximizar a eficiência.[14] Como resultado, a The Cheesecake Factory aproveita 97,5% dos alimentos que adquire, jogando fora apenas 2,5%.

Cidades fornecem alimentos para escolas, prisões, hospitais, centros de recreação e outras instalações. Ao utilizarem sistemas como o da The Cheesecake Factory, poderiam aproveitar os alimentos com bem mais eficiência, controlar a qualidade para entregar alimentos mais saudáveis e criar um mercado substancial para agricultores locais. E podem usar dados e ferramentas de governança para estimular uma maior produção local de alimentos.

Geração de recursos em cidades: agricultura urbana

Ao longo da história, se uma cidade não fosse capaz de produzir alimentos suficientes para seus habitantes, não tinha como sobreviver. Atualmente, nenhuma cidade do mundo gera comida suficiente para alimentar a si mesma. As cidades que mais produzem alimentos no mundo, Hanói e Havana, aproveitam pequenas plantações entremeadas em suas paisagens urbanas tropicais; contudo, mesmo elas conseguem gerar apenas metade dos alimentos de que seus habitantes precisam. A maioria das cidades mal produz alimentos, recorrendo a zonas bem mais amplas especializadas em sua produção. Oitenta por cento dos vegetais frescos de Hanói; 50% de sua carne de porco, frango e peixe de água doce; e 40% de seus ovos vêm da região de transição entre áreas rurais e urbanas, a zona periurbana. Em Lagos, a agricultura urbana e periurbana está aumentando,[15] com agricultores cultivando espinafre africano, beldroegão, abóbora-ugu, alface, repolho e outros vegetais. Sem conseguirem encontrar emprego na cidade, eles cultivam alimentos para sua própria nutrição e pelo dinheiro daí obtenível. Costumam se assentar em terras do governo e vender sua produção para mulheres que a levam até os mercados. Embora nos Estados Unidos alguns alimentos venham da mesma região onde são consumidos, o item alimentar típico viaja 2.500 quilômetros desde sua fazenda de origem.[16] Nossa comida provêm dos mais diversos locais: tomates vêm da Califórnia; cogumelos, da Pensilvânia; laranja, da Flórida ou do Brasil; cerejas; do Chile; arroz, da Tailândia, e assim por diante. Oitenta por cento de nossos frutos do mar são importados de outros países,[17] assim como 85% de nosso suco de maçã, especialmente da China.[18] Consumidores encontram-se conectados a produtores por meio de uma vasta e complexa teia de produção e distribuição. Quando maior a distância entre produtores e consumidores, mais a cadeia é vulnerável ao custo de transporte e a outras perturbações.

    A cidade de Detroit foi erguida sobre ricos solos aluviais, perfeitos para agricultura. Na verdade, como em sua maioria as cidades mundiais encontram-se às margens de rios ou de portos naturais, costumam ser erguidas sobre o melhor solo agrícola da região. Em 1814, Detroit construiu seu primeiro mercado público. Em 1891, tal mercado, atualmente um dos três da cidade, foi transferido de local e rebatizado como o Mercado Oriental. Quando a depressão de 1893 se abateu sobre os moradores de Detroit, a cidade reagiu iniciando o primeiro programa norte-americano de plantação urbana com apoio municipal. O prefeito Hazen S. Pingree solicitou que proprietários de terras permitissem que residentes destituídos usassem lotes baldios para cultivar vegetais, não apenas para liberá-los de planos de ajuda financeira, mas também para investi-los de autorrespeito. As hortas foram apelidadas de Plantações de Batata de Pingree.

Detroit se recuperou da recessão, e na virada para o século XX, a cidade era um centro regional pujante e diversificado. Com o sucesso do Modelo T de Henry Ford em 1908, a indústria automotiva passou a dominar cada vez mais a economia fervilhante da cidade. Mas assim como a crise energética, a globalização, os contratos sindicais enrijecidos e a inflação da década de 1970 se abateram com força sobre Baltimore, a indústria automotiva de Detroit não conseguiu se adaptar a esses desafios. Em vez de desenvolver os carros com maior qualidade e eficiência de combustível que seus consumidores desejavam, e de adotar práticas laborais e cadeias de suprimento mais flexíveis, a indústria automotiva se apegou a sistemas e práticas antiquados. Sua inércia institucional não deu conta do crescente desafio imposto pelas empresas automotivas japonesas e europeias mais inovadoras, que fabricavam veículos com maior eficiência e produziam carros que iam maios longe com um litro de gasolina.

Em face das macrotendências que ameaçavam a economia industrial dos Estados Unidos, foi um infortúnio duplo que os líderes empresariais e políticos de Detroit, dominada pela indústria automotiva, não tenham tomado medidas para diversificar a base econômica da cidade além desse setor, para investir em educação, ou para desenvolver transporte público. Como resultado, a cidade entrou em um longo declínio, sofrendo uma hemorragia de empregos e habitantes.

O declínio de Detroit no último meio século foi brutal – hoje, parece que a cidade foi virada do avesso. Vastas áreas da cidade estão dilapidadas e abandonadas, com mato crescendo em terrenos onde antes havia casas de operários e instalações industriais. No seu auge, em 1950, Detroit era o lar de 1.849.000 pessoas. Em 2013, sua população encolheu mais da metade, para 688.000. Em 60 anos, Detroit deixou de ter praticamente o mesmo tamanho de Los Angeles para ter um quinto dessa dimensão. Antes de 2013, ano em que uma pequena filial da Whole Foods foi aberta, não havia um único supermercado em funcionamento dentro dos limites da cidade, nem mesmo um Walmart ou um Costco, embora houvesse uma dispersão de supermercados independentes e menores pertencentes a moradores locais.

Geógrafos urbanos descrevem a ausência de comida fresca e nutritiva como um "deserto alimentar" – uma região em que *fast food* e lanches embalados são no mínimo duas vezes mais predominantes do que alimentos frescos. Em desertos alimentares, os poucos vegetais e frutas disponíveis costumam ser menos frescos e mais caros. Há desertos alimentares espalhados por todo o Estados Unidos – em suas áreas rurais, e em muitos de seus subúrbios mais antigos. Para quem mora em um deserto alimentar, o único antídoto costuma ser o automóvel, para que se possa dirigir até um mercado com alimentos mais baratos e saudáveis. É bem menos provável que habitantes de baixa renda em cidades como Detroit possuam carros do que seus conterrâneos suburbanos.

Existe um elo crucial entre vegetais, frutas e nozes frescos e a saúde. Pessoas com níveis mais baixos de vitaminas B, C, D e E saem-se pior em testes cognitivos do que aquelas com níveis mais altos. Já ficou demonstrado que ácidos graxos do tipo ômega 3 são especialmente cruciais para o desenvolvimento cognitivo infantil. Pessoas que carecem dessas vitaminas básicas e de ácidos graxos ômega 3 são mais propensas à depressão. Pessoas mais idosas que carecem de ácido fólico são mais propensas a sofrerem do mal de Alzheimer. E pessoas com níveis sanguíneos mais elevados de gorduras trans apresentam menor capacidade cognitiva, e até mesmo retração cerebral.[19, 20] Vegetais, frutas e nozes frescos são fontes ricas de vitaminas e ácidos graxos ômega 3 que estimulam a cognição. *Fast food* e frituras contêm grandes quantidades de gorduras trans. Para o azar de Detroit e de outros desertos alimentares, *fast food* e frituras são a norma para suas populações. Sistemas alimentares deficientes estão atravancando a capacidade cognitiva e competitiva do nosso país.

Para satisfazer às necessidades nutricionais de quem mora em seu centro urbano, em 1989 organizações de desenvolvimento comunitário de Detroit começaram a promover agricultores urbanos. Inaugurado originalmente como uma campanha ambiental centrada na plantação de árvores, o movimento de hortas de Detroit evoluiu e se tornou um movimento de qualidade de vida urbana. Em 1997, um monastério capuchino fundou aquela que é hoje a horta orgânica mais antiga de Detroit, a fim de cultivar alimentos para seu refeitório de refeições sociais. Atualmente, os monges operam sete hortas a dois quarteirões de sua sede. Em 2006, as hortas urbanas estavam gerando alimentos suficientes para desenvolver uma marca própria, "Cultivado em Detroit", que figura nos mercados públicos da cidade. Em meados de 2012, Detroit contava com cerca de 1.200 hortas comunitárias, quase 4 por km^2, mais *per capita* do que qualquer outra cidade dos Estados Unidos.[21] O que se iniciara como um movimento ambiental acabou ajudando Detroit a se reinventar como uma cidade verde e regenerativa.

Hoje, Detroit possui vastos espaços abertos: mais de 100 km^2 da cidade estão vazios. A cidade conta com uma mão-de-obra barata e ávida por trabalho, incluindo imigrantes com experiência agrária. Suas hortas comunitárias já fornecem 15% do alimento de Detroit durante a temporada veranil de cultivo. Um estudo conduzido pelo Instituto Americano de Arquitetos concluiu que, se Detroit concentrasse seus habitantes e edificações em 130 km^2 e adicionasse estufas para cultivos de inverno, seria capaz de alimentar a si mesma nos seus 230 km^2 restantes de terras.[22] Essa não era a visão que Detroit tinha para si mesma em seus dias de glória como uma potência na fabricação de automóveis, mas pode acabar se revelando um elemento importante de seu futuro.

Detroit não está sozinha. A agricultura urbana está varrendo os Estados Unidos. O movimento para substituir fábricas abandonadas por plantações comestíveis está dando uma poderosa sensação de propósito aos residentes urbanos. Jardineiros urbanos estão usando o poder regenerativo da natureza para revitalizar suas cidades ao desenvolverem sistemas humanos e naturais ao mesmo tempo. O movimento contemporâneo de alimentos urbanos que teve início nos lotes abandonados do norte da Filadélfia, no South Bronx, no leste de Los Angeles e no oeste de Oakland agora permeia todos os bairros dos Estados Unidos. Alimentos "do campo para a mesa" são agora cultivados nos terraços de prédios industriais em Nova York por produtores como a Brooklyn Grange, e vinagres especiais estão sendo fermentados em velhos barris de carvalho pela Woodberry Kitchen no coração de Clipper Mill, em Baltimore. Will Allen transformou Milwaukee com a Growing Power, uma organização sem fins lucrativos reconhecida nacionalmente que promove agricultura urbana, educação na prática e criação de empregos. E, embora o movimento de agricultura urbana provavelmente não levará as cidades à independência alimentar, está encorajando-as a pensar sobre esse aspecto de seus metabolismos de novas formas, incluindo o estabelecimento de fazendas perto de suas periferias.

Em muitas cidades do mundo em desenvolvimento, a capacidade de produção alimentar da zona periurbana está sendo confrontada pela dispersão urbana incansável e desregulada. Nos Estados Unidos, o desenvolvimento imobiliário da zona periurbana se acelerou graças ao mercado de hipotecas *subprime* do início da década de 2000, com seus empréstimos fáceis e irresponsáveis. Mas, com o advento da Grande Recessão de 2007, a ocupação fundiária periurbana empacou, e é improvável que seja retomada tão cedo. Isso acabou liberando terrenos para agricultura. Ademais, com os mercados dos agricultores urbanos ganhando cada vez mais popularidade, plantações nos arredores das cidades estão começando a fazer mais sentido econômico. A GrowNYC, a maior associação de agricultores, pescadores e feiras agrícolas do país, conta com 54 feiras gerando o sustento de 230 fazendas familiares e conservando 12 mil hectares de terras, boa parte delas na bacia hidrográfica da cidade de Nova York, onde o desenvolvimento imobiliário foi desestimulado.[23]

O crescimento de fazendas urbanas que vendem produtos para feiras agrícolas na cidade de Nova York foi acompanhado pelo crescimento das hortas urbanas em terraços. Nenhuma outra cidade do país possui mais dessas hortas do que Nova York. Em 2012, o Conselho Municipal aprovou uma série de revisões de zoneamento verde que facilitam ainda mais a instalação de estufas e hortas em terraços. Atualmente, fazendas comerciais, como Brooklyn Grange, Gotham Greens e Brightfarms, vendem sua produção não apenas para feiras agrícolas, mas também para grandes redes de supermercado. E estão se diversificando: a Brooklyn Grange não apenas cultiva vegetais como também cria galinhas e cuida de um apiário, cuja polinização promovida por suas abelhas é essencial para a ecologia da cidade.

Muitos restaurantes locais de cidades espalhadas pelos Estados Unidos passaram a cultivar vegetais e ervas em seus telhados, ou em lotes adjacentes. Sistemas hidropônicos, que cultivam plantas na água ou em meios minerais sem solo, aumentam a produtividade dos terraços de menor porte. No seu terraço, o restaurante Bell, Book and Candle, situado em Greenwich Village, na cidade de Nova York, cultiva hidroponicamente 70 tipos de ervas, vegetais e frutas, e dois terços dos vegetais de que precisa para alimentar seus clientes. E muitos estão conectando centro alimentícios urbanos e rurais. O restaurante Blue Hill, de Daniel, David e Laureen Barber, cultiva vegetais e cria porcos, ovelhas e galinhas no extraordinário Stone Barns Center, a cerca de 50 quilômetros da cidade. A empresa de *buffets* Great Performances cultiva alimentos em sua propriedade Katchkie Farm.

A agricultura urbana traz consigo benefícios sobrepostos. Ela aumenta o EROI da produção alimentar nos Estados Unidos, onde um litro de diesel é usado para transportar cada 12 quilos de comida pelos 2.400 quilômetros em média para ir da fazenda ao mercado,[24] e diversifica a base econômica da cidade, gerando emprego para trabalhadores menos afeitos à tecnologia. Também absorve a água da chuva, reduzindo enchentes em épocas de tempestade. Reduz o calor urbano ao aproveitar a energia solar que incide sobre as coberturas urbanas, e aumenta a disponibilidade de alimentos frescos locais. E além de cultivarem alimentos, as hortas comunitárias também cultivam a própria comunidade.

A agricultura urbana tem o potencial de se tornar uma importante colaboradora para o metabolismo saudável das cidades, mas tal metabolismo inclui não apenas insumos, mas também emissões. E uma das principais envolve o lixo gerado, conhecido no setor de gestão urbana como resíduos sólidos municipais.

Reciclagem e reúso

Uma lição-chave da economia ecológica é nunca perder os dejetos de vista: menos dejetos significa maior eficiência. Em sistemas biocomplexos, as emissões de cada parte do sistema são os insumos de outra. Pequenas comunidades como Shey apresentam uma integração similar a essa, mas os humanos ainda não descobriram um jeito de desenvolver os mesmos sistemas dinâmicos em circuito fechado na escala da civilização atual. Em

2014, estima-se que geramos 4 bilhões de toneladas de dejetos. Indústrias manufatureiras e mineradoras produzem cerca de 1,6 bilhão de toneladas de dejetos não nocivos a cada ano, e quase 500 milhões de toneladas de dejetos nocivos.[25] Setenta por cento do 1,9 bilhão de resíduos sólidos que as cidades e vilarejos produzem acabam em aterros sanitários, 19% são reciclados e 11% são queimados para gerar energia. Em termos globais, 3,5 bilhões de pessoas não têm qualquer acesso a descarte municipal responsável, então acabam muitas vezes recorrendo à queima de lixo, fazendo com que emissões tóxicas de plásticos, baterias e outros itens poluam seu ar e contaminem sua água. No ano de 2025, projeta-se que a quantidade de resíduos sólidos municipais terá dobrado.[26] Esses dejetos podem representar ou um fardo pesado para o meio ambiente ou, se os reciclarmos adequadamente, um recurso incrível para ajudar a reduzir a escassez de recursos prevista.

Em 2012, os Estados Unidos geraram 251 milhões de toneladas de resíduos sólidos municipais em suas cidades e vilarejos, com 34% deles sendo reciclados. Até o ano de 2010, Detroit apresentava a taxa mais baixa de reciclagem do país: zero. Confrontada por um aumento acentuado nos preços da energia após a crise energética de 1973, a cidade construiu o maior incinerador de resíduo sólido municipal do país, e então, incapaz de arcar com ele, vendeu-o para um operador independente mediante um contrato exigindo que Detroit queimasse seus resíduos até 2009 ao custo de US$ 150 por tonelada. Como resultado, Detroit era a única cidade grande dos Estados Unidos sem um programa de reciclagem. A cada ano, o incinerador emite pelos ares 1.800 toneladas de poluição, incluindo chumbo, mercúrio, óxido nitroso e dióxido de enxofre, afetando a saúde da comunidade de baixa renda no seu entorno, bem como do restante da cidade.[27] Foi apenas a partir de 2014 que ativistas civis mobilizados pelo fechamento da usina conseguiram convencer a cidade a iniciar a coleta de lixo reciclável deixado nas calçadas. Hoje, até mesmo Lagos recicla mais que Detroit.

Muitas cidades norte-americanas estão seriamente concentradas na reciclagem de dejetos. San Francisco recicla 80% de seu lixo, colocando-a em primeiro lugar no mundo neste quesito, com cidades como Seattle não muito atrás. O desempenho excepcional de San Francisco teve início com uma visão de futuro:

reciclar 100% de seus resíduos. Em 1999, a empresa terceirizada responsável pelo lixo da cidade, a Recology, começou a marcha rumo ao desperdício zero solicitando que os moradores separassem seu lixo em diferentes contêineres, sinalizados pelos dizeres "reciclável", "material orgânico", e assim por diante. No fluxo de processamento, os materiais mais fáceis de reciclar são as garrafas plásticas e de vidro e as latas; a maioria das cidades e estados possuem leis estipulando valores reembolsáveis sobre cada um desses itens, o que confere valor ao mercado de reciclagem. Em seguida, vem o papel, para o qual existe um mercado global, e com quanto mais cuidado ele é separado, maior seu valor.

No fluxo de processamento de resíduos, a parte mais difícil de ser reciclada é a matéria orgânica, como os alimentos. Infelizmente, esta é a maior parcela do fluxo de lixo municipal, e a mais suja e evitada pelas pessoas. Além disso, polui todo o restante do fluxo de resíduos. Cidades conseguem vender papel descartado por cerca de US$ 100 a tonelada, mas se o material estiver contaminado por resíduos alimentares, elas precisam pagar para que seja levado embora. Quando espinhas de peixe são envoltas em papel-jornal, isso torna o papel inútil para reciclagem e o peixe inútil para compostagem. O Dr. Allen Hershkowitz, um cientista empreendedor que passou sua carreira estudando reciclagem, afirma: "Cada categoria de resíduo apresenta sua rota economicamente ideal de descarte. Políticas públicas e investimento privado devem estimular a destinação de cada categoria de resíduo para seu melhor aproveitamento. Metais estão entre os materiais mais fáceis e econômicos de serem reciclados. A produção de alumínio reciclado exige 96% menos energia do que sua produção a partir da bauxita. Plástico PET pode ser reciclado na forma de garrafas ou vestuário, e PEAD pode ser reciclado em plásticos estruturais como dormentes, ou transformados em contêineres plásticos mais rígidos. Borracha e tecido podem ser reciclados em borracha e tecido, e papéis descartados podem ser processados como polpa e reaproveitados na fabricação de papel".[28]

Em San Francisco, tudo que é reciclável deve ser colocado dentro de contêineres azuis que são recolhidos pelos caminhões a biodiesel e gás natural da Recology, sendo então transportados até a Recycle Central, um antigo galpão de 17 mil m² pertencente e operado por moradores da comunidade vizinha Bayview/Hunters Point. Todos os dias, 750 toneladas de resíduos são separados e enviados a diversas fábricas para reúso. Matéria orgânica como lixo alimentar, resíduos de jardinagem e papel sujo por comida é descartada em contêineres verdes, dos quais a Recology recolhe 600 toneladas de material por dia e as transporta para a Jepson Prairie Organics, onde são compostadas, transformadas em fertilizantes e vendidas para fazendas locais cuja produção é vendida de volta às lojas e restaurantes de San Francisco.[29] Essa é uma versão urbana em larga escala do sistema de reciclagem de dejetos de Shey, que se inspirou no processo da própria natureza. Os dejetos restantes de San Francisco vão para um aterro sanitário, mas a cidade está analisando esses resíduos para determinar como reciclá-los. Isso exigirá não apenas novas tecnologias, mas também uma nova mudança comportamental dos moradores de San Francisco.

Alteração do comportamento humano

Nossos comportamentos são moldados por um leque de tendências cognitivas, hábitos e sinais sociais, bem como por nossa cultura, com seus incentivos e penalidades. É interessante observar que informações factuais, que são tão cruciais para os administradores municipais, acabam sendo o componente menos influente na mudança de comportamento das pessoas. O estado do Arizona, por exemplo, estava tendo dificuldade em convencer as mães hispânicas a transportarem seus filhos pequenos em cadeirinhas no banco de trás de seus carros, muito embora elas reduzam consideravelmente a mortalidade infantil em caso de acidentes. Acontece que muitas dessas mães eram católicas devotas, que acreditavam que a segurança de seus filhos estava nas mãos de Deus. O estado solicitou que a Igreja Católica organizasse cerimônias de benção de cadeirinhas infantis em paróquias locais, e, como resultado, seu uso aumentou de forma acentuada.

A Dra. Ruth Greenspan Bell, especialista em políticas públicas pelo Woodrow Wilson Center em Washington, DC, observa: "Quer gostemos ou não, até 45% de nossas ações cotidianas não são decisões, e sim hábitos. Isso necessariamente afeta nossas escolhas diárias, como reciclar ou não muitos dos resíduos que geramos a cada dia. Obviamente, a socioeconomia, a educação e a política cumprem seu papel, mas a ideia de que os humanos se encontram no piloto automático boa parte do dia é um tópico que ainda precisa ser explorado".[30]

Muitas das tendências cognitivas que ajudavam os seres humanos a tomar as decisões certas de sobrevivência 50 mil anos atrás podem ser usadas para estimular comportamentos urbanos sensatos hoje. Nós humanos desenvolvemos, por exemplo, um forte instinto de manada, uma tendência para agirmos em concerto com grupos maiores. Programas de reciclagem que comunicam "Todo mundo faz isso", e que se concentram em vínculos com outros vizinhos que reciclam, são especificamente eficientes. As pessoas apresentam também tendências intragrupais, fazendo com que se sintam mais alinhadas com pessoas com uma bagagem similar. Quando os hispânicos enxergam a reciclagem como algo que apenas os liberais brancos de classe média praticam, tornam-se menos propensos a reciclarem. Quando veem a questão como algo que pessoas de seu próprio grupo étnico fazem, elas tendem a se juntar. Compreender como promover comportamentos benéficos passou a ser um elemento-chave de qualquer programa ambiental em larga escala.

Para estimular a reciclagem de resíduos alimentares, em 2014 o Conselho Municipal de Seattle aprovou um decreto proibindo o descarte de alimentos em lixos residenciais e comerciais da cidade. Em 2015, a cidade solicitou que os funcionários responsáveis pela coleta de lixo conferissem a presença de restos de alimentos orgânicos das lixeiras. Caso moradores tivessem colocado lixo orgânico em sua lixeira comum, seus contêineres recebiam um adesivo vermelho-vivo difícil de remover, para que todos os vizinhos pudessem ver. Isso também era acompanhado de uma multa: US$ 1 para residências privadas, US$ 50 para prédios de apartamentos. A cidade está testando a premissa de que a vergonha de não ser um bom reciclador, e a inconveniência de pagar uma multa de um dólar, acaba sendo um motivador mais poderoso para a mudança comportamental do que uma multa pesada.[31] O programa do "distintivo vermelho da vergonha" apresenta outra estratégia importante de mudança comportamental – *feedback*. Quando as pessoas recebem *feedback* praticamente em tempo real quanto a seu comportamento, ficam muito mais propensas a mudanças.

Como San Francisco e Seattle, muitas cidades europeias e asiáticas modernas também estão em busca do desperdício zero, mas estão seguindo a estratégia de Detroit: combustão. Elas queimam seu lixo em usinas que usam lixo como combustível para gerar eletricidade ou aquecimento. A nação insular de Singapura simplesmente não dispõe de terras onde possa despejar seus dejetos, por isso recicla ou encaminha para compostagem 57% de seus resíduos e queima 41%. As cinzas resultantes e o pequeno percentual de lixo que não é reciclável ou compostável formam um aterro numa ilha vizinha. Viena queima 63% de seus resíduos, Malmo, 69%, Copenhague, 25%, e Berlim, 40%.[32] A queima de resíduos, porém, não é uma estratégia viável; não apenas gera poluição como também exige a mineração e a produção de mais materiais do que se os houvéssemos reciclado.

À medida que a população mundial fica maior e mais próspera, ela consume mais e gera mais resíduos. Impressionantes 98% de tudo que adentra no metabolismo de nossas cidades saem na forma de dejetos dentro de seis meses. E boa parte do que permanece em nossas cidades também é desperdiçado. Um século atrás, consertávamos objetos como sapatos para nos servirem durante anos. Hoje em dia, é bem mais provável que os joguemos fora e compremos um novo par. Em 2014, 89 milhões de telefones celulares estavam em uso no Reino Unido; o impressionante é que havia outros 80 milhos de aparelhos em perfeito funcionamento no Reino Unido perdidos em gavetas, armários ou debaixo do banco de carros! Recursos valiosos encontram-se dentro desses telefones. Há mais ouro puro em uma tonelada de telefones celulares do que em uma tonelada de minério de ouro.[33]

Enquanto San Francisco e algumas cidades asiáticas e europeias se concentram em desperdício zero, cidades em muitos países de baixa e média renda ainda estão trabalhando para levar a infraestrutura e a participação cidadã ao ponto em que possam coletar todo o seu lixo. O Programa das Nações Unidas para os Assentamentos Humanos estima que países de baixa renda coletam entre 30 e 60% de seu lixo, ao passo que países de renda média coletam de 50 a 80% do seu.[34] Lixo não coletado só perde para dejetos humanos em seu impacto negativo sobre a saúde pública. O lixo polui as águas de rios e açudes usadas para limpeza e para cozinhar. Ele atrai ratos, vermes e parasitas; muitas vezes contém materiais tóxicos; e sua queima sem equipamento apropriado causa doenças respiratórias. Crianças, que muitas vezes brincam perto de lixões, são especialmente vulneráveis a esses efeitos danosos.

Em boa parte do mundo em desenvolvimento, catadores se aglomeram sobre os lixões em busca de recicláveis na forma de plástico, metais, papelão e roupas, a serem vendidos em mercados secundários. Muitas vezes, os itens mais nocivos do mundo industrial, como eletrônicos repletos de mercúrio, chumbo e outros produtos químicos, são transportados para países em desenvolvimento para serem desmontados por trabalhadores em um ambiente desregulamentado. Trata-se de uma vida dura e insalubre.

Os problemas de Lagos com seus resíduos municipais vêm de longa data. No ano de 2014, somente 40% de seus dejetos estavam sendo coletados. A cidade simplesmente não tinha a infraestrutura para alcançar seus rincões mais distantes, em que favelas informais não paravam de se expandir. E a reciclagem não fazia parte da cultura dos moradores das favelas. Como resposta, a cidade implementou um programa de reciclagem inovador, o Wecycling, concedendo franquias de reciclagem a pequenos empreendedores independentes e financiando centros de reciclagem baratos, móveis e movidos a bicicleta, um programa que combina tecnologia acessível, empreendedorismo e estratégias de mudança de comportamento. Cada bicicleta passeia por um bairro designado, coletando recicláveis de porta em porta. Os moradores são remunerados por peso de lixo separado, e contêineres de reciclagem de cores gritantes promovem o conceito. Os Wecyclers então vendem suas mercadorias para consolidadores de material reciclado. Um dos muitos cobenefícios do programa é que menos lixo pelas ruas dos bairros significa menos bueiros entupidos, o que significa menos água parada onde os mosquitos da malária possam se reproduzir.[35]

No mundo futuro marcado por VUCA, quando as cadeias de suprimento globais tenderão a ficar menos confiáveis, as cidades que conseguirem produzir localmente mais de sua comida, energia e matérias-primas serão as mais resilientes. Uma das fontes mais eficientes desses insumos metabólicos são os materiais descartados, mas que agora podem ser reciclados e reaproveitados.

Economia ecológica

Nosso sistema econômico atual ignora o custo do desperdício gerado na produção ou descarte de mercadorias. Ele visa maximizar a lucratividade dos produtos, e repassar o fardo dos custos societais e ecológicos para outros, geralmente caindo no colo do governo, com sua responsabilidade pelo bem comum. Um sistema econômico mais sábio segue o fluxo da energia e dos materiais e encoraja a saúde do todo, em vez dos lucros de poucos. Baseada nessa ideia, a Alemanha iniciou um movimento para transferir o custo do desperdício de volta aos produtores.

Até 1991, cerca de um terço do material em aterros sanitários alemães vinha de embalagens. Conforme os custos dos aterros sanitários começaram a pesar para as cidades alemãs, elas lutaram por uma norma federal para transferir das cidades para as indústrias produtoras a responsabilidade de coleta, triagem e reciclagem de embalagens de mercadorias de consumo. O resultado foi a Lei de Desestímulo ao Descarte de Embalagens. Agora o custo de reciclagem da embalagem de um produto está incluído no preço do produto, ou sai dos lucros do produtor. Não é de surpreender que, quando os produtores ficam responsáveis pelo custo integral de reciclar seus produtos, revelam-se altamente motivados a reprojetá-los a fim de usarem menos embalagens, e a projetar materiais de embalagens para serem mais fáceis de reciclar.

Com base no sucesso dessa iniciativa, a União Europeia aprovou no ano 2000 a Diretriz sobre Veículos no Fim da Vida,[36] exigindo que fabricantes automotivos recolham, reciclem e reaproveitem 85% das peças (por peso) de um automóvel até 2006, e 95% até 2015. Confrontados pelo custo de reciclar carros inteiros, os projetistas de veículos tiveram de repensar seus produtos. Automóveis europeus passaram a ser construídos para fácil desmontagem, e para reciclagem, refabricação ou reúso da maior quantidade possível de suas peças. Não é de admirar que as empresas automobilísticas mais lucrativas do mundo, Porsche, Volkswagen e Toyota, estejam todas sediadas em países com altíssimas exigências de reciclagem automotiva. Elas servem como fortes incentivos para controlar custos de recursos e design com mais rigor.

Tais regulamentações teriam ajudado a siderúrgica de Sparrows Point, em Baltimore, a sobreviver. Depois que a Bethlehem Steel faliu, ela passou por vários proprietários, sempre em dificuldades. Em 2013, sua usina a frio foi desmontada e vendida para a Nucor, a maior e mais lucrativa siderúrgica dos Estados Unidos. O modelo de negócios da Nucor é a antítese do praticado pela Bethlehem. A Nucor fabrica aço a partir de material reciclado, geralmente de carros prensados. Em vez de operar grandes usinas centralizadas, a empresa constrói mini e microusinas espalhadas em 43 locais pelo país, e possui seu próprio divisor e processador de sucata de aço para fornecer a suas usinas material reciclado para usinagem. E sua mão-de-obra não costuma ser sindicalizada, mas é investida de bastante poder, e engajada nas políticas e operações de cada usina.

Economias circulares

Em 2012, Paul Polman, presidente da Unilever, uma empresa global de bens de consumo, escreveu: "É evidente que uma economia que extrai recursos a um ritmo cada vez mais acelerado sem consideração pelo meio ambiente em que opera, sem consideração pelos limites naturais planetários, não pode continuar indefinidamente. Em um mundo que em breve terá 9 bilhões de consumidores ativos na compra de mercadorias manufaturadas, essa abordagem acabará estagnando empresas e solapando economias. Precisamos de uma nova maneira de fazer negócios. O conceito de uma economia circular promete uma saída".[37]

A maneira mais poderosa de melhorar a adaptabilidade de sistemas é conectar suas entradas, suas saídas e suas informações, e criar condições em que possam reagir a pressões cambiáveis. Cidades e suas regiões metropolitanas apresentam a escala ideal para migrarem para a economia de prosperidade e bem-estar que resulta em um sistema mais integrado. São grandes o suficiente para desfrutarem dos benefícios da diversificação, e pequenas o bastante para serem bem geridas, e para alimentarem informações de volta em circuitos mais produtivos.

A entropia, o declínio termodinâmico de um sistema da ordem para a desordem, afeta os sistemas de duas formas: faz com que passem de estados de organização energética mais elevados para menos elevados, e de estados de informação superiores para inferiores. E quando os sistemas ficam menos energizados e organizados, tornam-se menos adaptáveis. Quando a civilização romana entrou em declínio, por exemplo, perdeu sua capacidade de se sustentar com as calorias e informações necessárias para se energizar, e, concomitante com isso, sua capacidade de se governar a um nível que desse conta de sua complexidade. O Império Romano desceu a estados mais simples e menos organizados. Por fim, estabilizou-se a uma população abaixo de 0,5% de seu tamanho nos tempos áureos.

Nenhum sistema econômico é capaz de superar a entropia; como a gravidade, trata-se de uma qualidade inegociável do universo em que vivemos. Mas a economia circular leva a entropia em consideração de formas que a economia clássica não o faz. Isso permite a uma cidade com economias circulares recompensar estratégias que elevam seu EROI, e reduzir seu apetite voraz por fontes externas de energia, alimento e matérias-primas. Também pode estimular um *feedback* contínuo, com informações que ajudam a incrementar seu nível de organização. Com a economia circular, uma cidade migra de sistemas industriais lineares para sistemas cíclicos e regenerativos. Conforme as cidades adotam programas como o de compostagem de resíduos alimentares em San Francisco e Seattle, e estimulam a refabricação como nas usinas da Nucor espalhadas pelos Estados Unidos, seus sistemas ficam menos vulneráveis a perturbações nacionais e globais, e a renda gerada permanece na comunidade.

Há quatro percursos em uma economia circular regional. O primeiro mantém sistemas e produtos, em vez de jogá-los fora. Isso requer um retorno ao um caráter de design e fabricação pré-Segunda Guerra Mundial, quando mercadorias era feitas para serem manuteníveis e reparáveis, e um sistema do século XXI de hardware projetado para ser aprimorado por atualizações de software. O segundo reduz a utilização por meio de comportamentos como consumo colaborativo, que podem ampliar o acesso a mercadorias e ao mesmo tempo reduzir seu custo e impacto ambiental. Programas de compartilhamento de

O METABOLISMO DAS CIDADES 189

A economia circular de sistemas urbanos. *(Jonathan Rose Companies)*

carros, como o Zipcar, por exemplo, apresentam o índice de um carro para cada sete membros, oferecendo conveniência e ao mesmo tempo reduzindo a necessidade de fabricar carros, e todo o desperdício envolvido.

Na próxima década, projeta-se que cada veículo autônomo novo substituirá dez carros, reduzindo em 90% a mineração de recursos para sua fabricação, e caso se tratem de veículos elétricos, o uso de petróleo e a emissão de gases de efeito estufa associados cairão 71%. O terceiro trajeto estimula o reúso e a refabricação. A marca Patagonia, por exemplo, se dispõe a reparar, de graça, qualquer roupa que tenha vendido. O quarto é criar as regulamentações, os incentivos e a infraestrutura para desenvolver mercados e indústrias que reciclem materiais não utilizados ou desperdiçados. Quando o poliéster é reciclado em novo poliéster, por exemplo, 99% do material é reutilizado.

Imagine agora conectar as leis de autorreciclagem da Alemanha com os sistemas de reciclagem de aço da Nucor. A partir daí, pense no potencial gerado se compartilhassem informações – a Ford projetando peças de carro mais fáceis de reforjar e a Nucor desenvolvendo um aço mais leve, resistente e prático para a confecção de carros, e cidades projetando a infraestrutura para conectá-las.

A recicladora mais eficiente é a natureza. Alguns dos sistemas de reciclagem mais recentes e interessantes passaram a adotar as usinas de reciclagem onipresentes e de baixa manutenção da própria natureza: os micróbios. Na Universidade de Wageningen, na Holanda, Louise Vet está trabalhando com a Waste2Chemical para desenvolver bactérias capazes de transformar resíduos mistos em matérias-primas para a indústria química. Estão extraindo, por exemplo, gorduras dos dejetos alimentares e transformando-as em polímeros que podem ser usados em plásticos, aditivos de tinta e lubrificantes a preços que competem com combustíveis fósseis.[38]

Primeiros passos

Economias circulares são mais eficientes quando são capazes de conectar prontamente entradas e saídas, e os dois elementos que ajudam isso a acontecer, densidade e infraestrutura, são características proeminentes das cidades. A China, que investe mais em infraestrutura urbana do que qualquer outro país do mundo, reconhece o valor de criar uma economia circular. Em 2011, o 18º Congresso do Partido Comunista introduziu o conceito de criação de uma civilização ecológica com características chinesas. O *Qiushi*, uma publicação do Comitê Central do Partido Comunista da China, observou que o termo "ecológico" "diz respeito ao estado em que a natureza existe, enquanto o termo civilização se refere a um estado de progresso humano. Sendo assim, civilização ecológica descreve o nível de harmonia que existe entre progresso humano e existência natural na civilização humana".[39]

O relatório do congresso declara que a China "deve poupar recursos e buscar uma economia circular [...] a fim de reduzir de modo substancial a intensidade de consumo de energia, água e terra e aumentar a eficiência e os benefícios". Ele conclui que a China precisa avançar na redução, no reúso e na reciclagem no processo de produção, circulação e consumo. Seu objetivo é fazer isso "promovendo a distribuição circular, a combinação e circulação entre indústrias, produção e sistemas vivos, domésticos e estrangeiros, acelerando a construção de uma sociedade circular que promova o desenvolvimento em circulação pelo todo".[40]

Esses conceitos passaram a ser aplicados na prática. A principal agência de planejamento da China, a Comissão de Desenvolvimento e Reforma Nacional, aprovou planos-piloto de economia circular em 27 cidades e províncias com o objetivo denominado "dez/cem/mil": concentrar-se em dez áreas principais de atividade, executá-las em cem cidades e construir mil indústrias ou parques ecoindustriais.

Em 2012, a União Europeia se comprometeu a avançar rumo a uma economia circular. "Num mundo com pressões cada vez maiores sobre recursos e o meio ambiente, não resta à UE alternativa senão buscar a transição rumo a uma economia circular com aproveitamento eficiente de recursos e ulteriormente regenerativa".[41] No ano de 2014, Amsterdã divulgou um plano ambicioso de se tornar uma cidade circular. O coordenador geral de sustentabilidade, Abdeluheb Choho, observou: "Numa cidade circular, tudo que queremos alcançar ocorrerá ao mesmo tempo: menos poluição, menos desperdício e prédios que produzem sua própria energia".[42] Ao utilizar uma estratégia de governança que inclui empreendimentos, agências governamentais, cidadãos e ONGs, a abordagem de Amsterdã é bem mais cooperativa e resiliente do que a estratégia de cima para baixo da China.

A biocomplexidade da natureza encontra-se no cerne de seu crescimento e de sua capacidade de prosperar e se adaptar a mudanças nas circunstâncias. Com as mudanças climáticas afetando cada vez mais nossas cidades e as regiões que as suprem, a aplicação de pensamento circular em seus processos metabólicos será essencial para o futuro. E, como veremos no próximo capítulo, isso será de especial importância no modo como tratamos a água.

CAPÍTULO 6

Água é uma coisa terrível de se desperdiçar

O Brasil ficou conhecido como a "Arábia Saudita da Água": um oitavo da água doce do mundo flui em seu território. Ainda assim, São Paulo, sua maior e mais pujante cidade, pode secar em breve. No outono de 2014, por até seis dias consecutivos, a cidade deixou de fornecer água a seus habitantes; nada para beber, para dar a descarga ou para tomar banho. Nadinha.[1] O sistema hídrico de Cantareira caiu para 5,3% de sua capacidade. Logo quando a cidade estava prestes a reduzir o abastecimento de água para apenas dois dias por semana, uma longa e pesada série de chuvas em fevereiro elevou os níveis dos reservatórios para 9,5%. Mas as cidades não têm como prosperar vivendo tão perto dos limites de seu suporte metabólico.

Assim como a falta de energia elétrica na Índia, a crise hídrica de São Paulo tem muitas causas. Ao longo da última década, o sudeste do Brasil vem passando por uma forte seca. São Paulo e seus subúrbios cresceram de forma prodigiosa, e agora precisam fornecer água para 20 milhões de pessoas. Contudo, a cidade não cuidou bem de sua infraestrutura: entre encanamentos com vazamento e furtos, estima-se que 30% de sua água são perdidos. São Paulo tampouco se planejou bem para seu futuro. Somente agora, em meio a uma crise, está propondo a construção de novos reservatórios e a elevação das contas de água para estimular a conservação.

Os rios Tietê e Pinheiros atravessam São Paulo, mas são tão terrivelmente poluídos por dejetos industriais que é impossível limpar suas águas aos padrões de potabilidade. E o sistema hídrico natural mais amplo do Brasil vem sendo ameaçado pelo desmatamento indiscriminado. Assim como os maias destruíram seu ambiente natural para garantir sua alimentação, os brasileiros devastaram grandes bolsões de floresta para a criar gado e plantar soja para o mercado interno e mundial. As florestas do noroeste liberam umidade no ar, levando chuvas ao sudeste. Com a redução das florestas, as chuvas estão menos frequentes.

Agora, São Paulo, Rio de Janeiro e outras importantes cidades no sudeste do Brasil têm de entender as interconexões entre água, alimento, resíduos hídricos e energia de uma nova maneira, e bem depressa. Elas não estão sozinhas. Com a maré metropolitana varrendo o mundo, e com o avanço das mudanças climáticas, todas as cidades enfrentam desafios metabólicos. E para superá-los, as cidades terão de pensar, planejar, construir e operar sua infraestrutura de uma maneira diferente.

Os instintos humanos evoluíram para promover a sobrevivência, e uma das tendências cognitivas mais poderosas é evitar beber água suja e comer dejetos humanos ou comida podre. Textos religiosos antigos contêm inúmeras restrições quanto a água potável, saneamento e dieta. Quando as civilizações desenvolveram densas comunidades sedentárias, bolaram soluções comunais para essas questões, incluindo um lixão próximo, mas apartado, rendendo um tesouro fascinante de objetos cotidianos a serem explorados pelos arqueólogos modernos. As cidades harappanas do vale do Indo apresentavam poços artesianos individuais para quase todas as casas, e drenos alinhados correndo por cada rua levavam os dejetos embora. Os arquitetos e engenheiros romanos desenvolveram aquedutos sofisticados para o fornecimento de água para beber, cozinhar e tomar banho; para levar embora dejetos humanos; e para limpar as ruas do esterco de cavalos e bois.

Ao final do século III d.C., o imperador romano Diocleciano começou a construir um grande palácio no local onde hoje se encontra a cidade de Split, na costa da Croácia. O Palácio de Diocleciano era um exemplo extraordinário não apenas de arquitetura romana, mas também de planejamento no longo prazo. Ciente de que os imperadores romanos eram muito suscetíveis a assassinato, Diocleciano anunciou que, assim que o palácio ficasse pronto, ele se mudaria para lá e abriria mão de seu posto como imperador. Isso se revelou uma estratégia de sucesso, e Diocleciano viveu para ter uma longa e feliz aposentadoria. Seu palácio foi projetado para uma população de 10 mil, sobretudo de soldados para protegê-lo, mas seu sistema de abastecimento de água foi planejado para acomodar uma população de 175 mil. Esse sistema superdimensionado foi desenhado para superar secas, cercos e outras ameaças prováveis. Até meados do século XII, seus aquedutos ainda atendiam a cidade de Split, quando a população começou a finalmente alcançar a capacidade do sistema hídrico. Capacidade sobressalente de infraestrutura é essencial para a resiliência urbana.

Ao longo da história, a principal razão para a decadência de cidades e civilizações era que, durante anos de fartura, elas ampliavam os limites de sua capacidade alimentar e hídrica. Quando o clima mudava, ou quando outras circunstâncias guinavam para o pior, tais sistemas não eram capazes de produzir o suficiente para sustentar a sociedade, levando ao seu colapso. No sudoeste dos Estados Unidos, avanços no cultivo de milho e na irrigação permitiram que o povo anasazi prosperasse nos séculos VIII e IX, e que construísse comunidades populosas como a de Mesa Verde e de Chaco Canyon. Pueblo Bonito, a sofisticada comunidade de Chaco Canyon, tinha quatro ou cinco andares e abrigava até 1.200 pessoas. Comunidades anasazi possuíam *kivas*, ou prédios espirituais, bem como praças em que os moradores organizavam danças cerimoniais sazonais. Desenhado com precisão matemática, o Grande Kiva de Pueblo Bonito foi projetado para que ao raiar do Sol no dia de cada equinócio, um feixe de luz atravessasse fendas em sua circunferência e incidisse sobre um ponto designado na parede oposta. Linhas desenhadas através dos eixos do Grande Kiva alinham-se com os centros de *kivas* menores a dezenas de quilômetros de distância, indicando que todos os vilarejos da região também estavam alinhados uns com os outros, e todos alinhados com os ciclos astronômicos do universo.

Infelizmente, os anasazi estavam menos afinados com o clima aqui da Terra. Ao examinarem os anéis de árvores antigas, cientistas identificaram com precisão períodos extensos de secas no sudoeste dos Estados Unidos, de 1128 a 1180, e novamente de 1270 a 1288. Nessa época, os anasazi haviam expandido sua população até o limite da capacidade das terras que os alimentavam. Assim como os maias, quando as secas se abateram, os Anasazi não conseguiram mais se autossustentar. Após alcançarem um pico de prosperidade no início do século XII, durante as centenas de anos subsequentes os anasazi foram forçados a abandonares seus principais assentamentos. A história poderia se repetir no atual sudoeste norte-americano assolado por secas, onde a população aumentou drasticamente, mas o abastecimento hídrico, não.

Um amplo suprimento hídrico é essencial para as cidades crescerem. Os nova-iorquinos construíram seu primeiro poço público em 1677, na praça pública que ficava defronte o forte de Bowling Green; até então, cada edificação na cidade contava com seu próprio poço artesiano. Um século mais tarde, em 1776, os nova-iorquinos não apenas assinaram a Declaração de Independência como também construíram seu primeiro reservatório público, a leste da Broadway, próximo ao atual prédio da prefeitura; a água era distribuída através de troncos ocos que corriam debaixo das ruas. Em 1800, a Manhattan Company, uma predecessora do Chase Manhattan Bank, financiou um poço profundo, um reservatório e um sistema de encanamento para atender com água boa parte do sul de Manhattan. No ano de 1830, tal sistema já havia passado dos troncos ocos para os canos de ferro fundido, e Nova York desenvolveu seu primeiro sistema de distribuição urbana de água para o combate a incêndios.

Além de amplo, porém, o suprimento de água também precisa ser puro. Em 1832, a cidade de Nova York sofreu sua primeira epidemia de cólera. Conforme relatado pelo jornal *Evening Post*: "Pelas estradas, em todas as direções, viam-se filas de carruagens apinhadas, carroças de mantimentos, veículos privados e gente a cavalo, todos em pânico, fugindo da cidade, como se pode supor que os habitantes de Pompeia fugiram quando a lava vermelha começou a ser lançada sobre suas casas".[2]

Água, lixo e a propagação de doenças

Até o advento dos sistemas de saneamento modernos em meados da década de 1880, as cidades europeias eram lugares perigosos, onde cólera, sarampo e varíola dizimavam suas populações com regularidade, juntamente com ondas episódicas de peste bubônica. Desde o advento da Renascença Italiana até a era industrial, a população urbana da Europa quase não aumentou, já que os nascimentos mal superavam as mortes; assim, a população em 1345 era praticamente a mesma que em 1780, quando a industrialização passou a levar grandes quantidades de trabalhadores do campo para as cidades.[3] Quase um século mais tarde, em 1842, o reformador social britânico Sir Edwin Chadwick publicou *The Sanitary Condition of Labouring Population*, um relato sobre a saúde dos londrinos de baixa renda. A notícia não era boa.

Durante boa parte da história das cidades, bairros pobres sempre tenderam ser mais povoados dos que outros, com prédios de pior qualidade e água insuficiente, bem como remoção inadequada de esgoto e lixo. Como resultado, essas comunidades de renda mais baixa sofrem de taxas mais elevadas de doenças. Chadwick acreditava piamente na hoje desbancada teoria do miasma, a qual sustentava que doenças como a cólera eram causadas por algo nocivo na atmosfera, conhecido como "maus ares". Isso, no entanto, não o impediu de iniciar mudanças em Londres que acabariam tendo um impacto importante sobre a saúde pública. Para reduzir a propagação de doenças pelo miasma, Chadwick propôs o desenvolvimento de sistemas de fornecimento de água limpa, sistemas de esgoto para remover os dejetos e sistemas de drenagem para remover a água parada em que os mosquitos se reproduziam.

Atualmente, vemos a malária como uma doença rural de países empobrecidos, mas durante boa parte do século XIX, tratava-se de uma doença bastante urbana. Nos Estados Unidos, ela atingiu repetidamente cidades quentes com extensões de água parada, como Washington, DC, e Nova Orleans. Logo depois do relato de Chadwick ser publicado, a assembleia legislativa da cidade de Nova York, com a previdência de Diocleciano, financiou o represamento do rio Croton no condado de Westchester ao norte e a construção de um sistema de aqueduto e reservatório para levar água fresca até a cidade. Mas foi preciso que um bebê morresse de cólera em Londres para transformar nossa compreensão dos sistemas de água e esgoto.

O Dr. John Snow e a alça da bomba do poço da Broad Street

No dia 2 de setembro de 1854, Sarah Lewis e o oficial de polícia Thomas Lewis perderam sua filha de cinco meses de idade, Frances, para um surto de cólera que estava varrendo seu bairro em Londres. Fazia tempo que a cólera era prevalente no delta do Ganges, na Índia, mas em 1817 a doença se espalhou até a Rússia e então para o oeste na Europa, chegando a Londres em 1854. Durante os longos dias e noites cuidando de sua filha, Sarah enxaguou as fraldas do bebê cobertas de diarreia em um balde para limpá-las, e jogou a água suja numa fossa comunitária em frente a sua casa. Quando Londres se tornou uma cidade grande, esses poços profundos e revestidos por tijolos foram construídos como depositórios temporários de dejetos humanos, sendo periodicamente carregados dali e vendidos para agricultores como fertilizante. O lucro da venda dos excrementos era então usado para pagar pela manutenção das fossas. Originalmente, isso era parte de um equilíbrio sadio e interdependente entre os moradores da cidade e os lavradores rurais, mas à medida que Londres ia ficando cada vez maior, a distância entre as fossas e os agricultores também aumentava. Em 1824, Londres tinha cerca de 200 mil fossas, e aquelas localizadas mais ao centro da cidade arcavam com custos mais altos de transporte de dejetos, restando parcos recursos para sua manutenção.

Havia ainda mais um problema: a globalização havia afetado os mercados britânico e norte-americano de esterco. Na década de 1830, o Peru dera início à extração de seus imensos depósitos de guano. Usando mão-de-obra praticamente escrava proporcionada por chineses e filipinos em regime de servidão, e preenchendo os porões dos navios comerciais que de outro modo voltariam vazios para Londres e outras cidades importantes, o Peru tornou-se um fornecedor dominante de fertilizantes baratos. O comércio era tão lucrativo que o Peru se tornou o único país do mundo sem impostos internos, e ainda era capaz de pagar a seu presidente o dobro do salário do presidente dos Estados Unidos. Em 1847, o Peru emitiu uma licença de exportação de guano para a empresa londrina Antony Gibbs & Sons, que então passou a aviltar o mercado de excrementos de fossas como fertilizantes. Com a queda do preço dos excrementos, comunidades mais pobres não conseguiam arcar com os custos de descarte dos dejetos nem fazer a manutenção de suas fossas. Em vez de mantê-las, passaram a despejar dejetos nos rios próximos.[4] Foi assim que a oferta barata de guano do distante país Peru acelerou a propagação de cólera em Londres.

No século XIX, localidades inglesas eram divididas em paróquias responsáveis por providenciar os serviços básicos do governo, incluindo a supervisão da saúde pública. A Broad Street, onde morava a família Lewis, fazia parte da paróquia de Saint James, governada pelo Conselho dos Guardiões, formado por comerciantes locais eleitos por proprietários de estabelecimentos locais. Na noite de 7 de setembro de 1854, cinco dias após a morte de Frances Lewis, um desconhecido, Dr. John Snow, apareceu na reunião do Conselho dos Guardiões da paróquia de Saint James, no Vestry Hall, e perguntou calmamente se poderia conversar sobre o surto recente de cólera. Snow fizera um mapa da região de Broad Street, sinalizando com cuidado a localização das residências em que moradores haviam morrido da doença. O mapa mostrava que aquelas famílias que tiravam sua água do poço da Broad Street eram muito mais propensas a contraírem a doença. Snow propôs que o poço estava poluído por infiltração da cisterna sanitária ali perto e solicitou ao Conselho dos Guardiões que ordenassem a retirada da alça da bomba do poço na Broad Street, para salvar os residentes da área de uma morte terrível.[5]

Quando o Dr. Snow propôs que a cólera talvez fosse causada por algo na água e não no ar, estava desafiando paradigmas bastante arraigados. A propagação de doenças pelo miasma era a teoria oficial dos profissionais de saúde londrinos, e a crença nela era tão profunda que, quando naquele mesmo ano de 1854 o cientista florentino Filippo Pacini descobriu o bacilo da cólera, *Vibio cholerae*, e publicou a teoria microbiana das doenças, sua descoberta foi completamente ignorada. Foi com o mesmo ceticismo que o Dr. Snow foi recebido, mas após uma noite inteira de debate, a alça da bomba foi removida.

As mortes pelo surto local diminuíram rapidamente, e com esse simples ato de mapear as localizações da doença e remover uma alça de bomba de poço artesiano, nasceu a era moderna da epidemiologia e da saúde pública. Quase 150 anos mais tarde, em 2003, John Snow foi eleito o maior médico de todos os tempos pelos profissionais britânicos da Medicina.[6]

A natureza da purificação da água

Os primeiros sistemas urbanos de efluentes simplesmente levavam o esgoto embora, quase sempre para um rio próximo. Em pequenas quantidades, dejetos humanos e animais são purificados por cinco processos naturais. Poluentes na água são *filtrados* ao permearem a areia, ou o solo arenoso. Bactérias digerem os poluentes, um processo que é acelerado pela *aeração*, ou a oxigenação da água à medida que ela flui por cascatas ou corredeiras em rios estreitos e rochosos. Quando a água se movimenta devagar, ou permanece parada em açudes, partículas contaminantes afundam por meio da *sedimentação*. Por último, o calor do Sol é capaz de acelerar processos bacterianos, e seus raios ultravioleta *desinfetam* poluentes. Todos os sistemas modernos de tratamento de efluentes imitam esses processos naturais.

Os sistemas do século XX obedecem em grande parte aos processos da natureza, mas usam bombas e sistemas mecânicos para tratar grandes volumes de esgoto em um espaço pequeno. De início, os efluentes entram num tanque de sedimentação, onde sólidos e partículas em suspensão afundam, e então passam para uma tanque de aeração. Por vezes, a água também é aquecida para aumentar a atividade microbiana antes de fluir através de um filtro de areia para remover partículas residuais restantes. Em sistemas mais avançados, a água também pode passar através de uma membrana com orifícios tão pequenos que todos os produtos químicos são retirados, exceto os farmacêuticos, que são notoriamente difíceis de remover; percebeu-se que peixes que vivem perto de unidades de tratamento de efluentes podem se tornar estéreis pela presença de compostos contraceptivos na água.[7] Quando a água flui sob raios ultravioleta, fica completamente desinfetada e potável, embora muitos sistemas também façam uma aplicação de cloro na conclusão do processo. Sólidos removidos de efluentes são coletados como lodo e removidos do local, e, quando estéreis o suficiente, são usados como fertilizantes.

Trata-se de um bom sistema; levou quase todo o século XIX para ser desenvolvido.

Sistemas de água e esgoto tornam as cidades habitáveis

O primeiro sistema municipal contemporâneo de esgoto a usar água para a descarga de dejetos foi construído em 1844 em Hamburgo, na Alemanha.[8] Até então, cisternas como aquela confrontada pelo Dr. John Snow representavam o sistema mais comum na coleta de esgoto urbano. Os primeiros sistemas de esgoto dos Estados Unidos foram projetados e construídos no Brooklyn e em Chicago ao final da década de 1850, seguindo o modelo alemão. Foi somente depois da ampla difusão de sistemas de encanamento doméstico com vasos sanitários de descarga e chuveiros que as cidades começaram a construir tubulações de esgoto de modo consistente para transportar efluentes. Ao mesmo tempo, as cidades começaram a desenvolver sistemas de águas pluviais para dar fim ao acúmulo de água da chuva que ficava parada e repleta de lixo, oferecendo locais de reprodução para febre amarela e tifoide.

Com o desenvolvimento da infraestrutura urbana de saúde pública, os projetos de sistemas de tratamento de água, esgoto e água pluvial coevoluiram, com os avanços numa esfera embasando as outras. No fim da década de 1880, acredita-se que os sistemas urbanos de melhor custo/benefício eram aqueles que coletavam água da chuva e esgoto e os combinavam em uma mesma tubulação, poupando o custo de encanamentos múltiplos. Na década de 1920, porém, ficou claro que o sistema combinado podia muito bem reduzir custos de construção, mas dificultava a operação eficiente das unidades de tratamento de esgoto. Quando havia pouca precipitação, o esgoto ficava mais concentrado e difícil de ser tratado, ao passo que chuvas torrenciais sobrecarregavam o sistema, inundando as usinas de tratamento e derramando esgoto bruto em rios e baias próximos. Parece estranho que, de todas as formas de aproveitarmos a preciosa e vital água da chuva, decidiríamos misturá-la a nossos excrementos, para então termos de limpá-la novamente antes de bombeá-la em rios ou no mar. Hoje, muitas cidades litorâneas nos Estados Unidos ainda estão às voltas com antigos sistemas que combinam águas pluviais e esgoto.

Por outro lado, foi positivo que tais sistemas de águas e esgotos tenham reduzido drasticamente os riscos à saúde dos moradores urbanos. Em 1840, 80% de todas as mortes da cidade de Nova York foram causadas por doenças infecciosas. Já em 1940, quando a penicilina foi disponibilizada como medicamento, doenças infecciosas causaram apenas 11% das mortes entre nova-iorquinos. Essa vasta melhoria em saúde pública adveio da engenharia civil. Investimentos na infraestrutura municipal de águas e esgotos, juntamente com a introdução de códigos de construção e campanhas de saúde pública para alterar comportamentos como cuspir em público, melhoraram de forma considerável a saúde dos residentes urbanos.

Ao final do século XIX, sistemas de fornecimento e tratamento de água ficaram cada vez mais centralizados, coletando água limpa a montante e no alto da cidade, transportando-a pela cidade sobretudo pela gravidade e descarregando-a como efluente a jusante – que muitas vezes era a montante da próxima cidade!

Atualmente, o tratamento municipal de efluentes está começando a adotar as metas de desperdício zero do mundo dos resíduos sólidos, desenvolvendo sistemas circulares em vez de lineares, usando processos biológicos avançados para tratar águas e esgotos e reaproveitar o produto final do sistema. Onde existem terrenos disponíveis, há também uma tendência rumo a sistemas menores e distribuídos em detrimento de megassistemas mais amplos.

Redução do consumo

Alguns usos da água a consomem, outros não. O processo de consumo converte a água em uma forma que não pode mais ser capturada e reaproveitada. A agricultura, em sua maior parte, consome água: o cultivo de um quilo de algodão, por exemplo, consome 849 litros de água que não pode ser recuperada. Na Califórnia, o processo de obtenção de um litro de combustível etanol a partir do milho consome 2.135 litros de água.[9] Em contraste, a água municipal é destinada em maior parte a usos que não são de consumo, como beber e tomar banho. No momento em que as cidades do estado competem na agricultura por um manancial hídrico escasso, subsidiar a produção de etanol não é uma sábia decisão de alocação da água.

A maior parte do tratamento de esgoto e efluentes no mundo começa pela descarga do vaso sanitário, então esse é o ponto de partida na redução do uso de água. Em 1994, os Estados Unidos passaram a exigir que todos os vasos sanitários novos cumprissem um padrão de eficiência de 6 litros por descarga, reduzindo o uso de água em 30%, mas o padrão não exigia qualquer alteração nos vasos sanitários já existentes. Em 1995, enfrentando uma grave falta d'água, Santa Fé, no Novo México, decidiu que, a fim de evitar o destino de seus predecessores anasazi, precisava dar início a um programa estrito de conservação de água. Um de seus elementos-chave foi a exigência de que, para cada novo vaso sanitário que um construtor acrescentasse à cidade, 10 vasos sanitários antigos teriam de ser substituídos por modelos novos e mais eficientes.[10] Durante a década seguinte, quase todos os vasos sanitários velhos da cidade foram substituídos, com uma imensa redução líquida, literalmente, no uso de água.

Vasos sanitários de baixa-vazão reduzem o uso de água, e há mictórios que simplesmente eliminam seu uso. Desde o início da década de 2000, mictórios que não usam água fazem parte do *kit* de construção ecologicamente consciente. Cada mictório desses localizado em um local de grande movimentação, como um prédio de escritórios ou um aeroporto, é capaz de poupar até 170 mil litros de água limpa por ano. Outras maneiras de reduzir o uso de água nas cidades incluem chuveiros e torneiras de baixa vazão, lava-louças e lava-roupas que conservam água e torres de refrigeração central hidricamente eficientes em grandes prédios de escritórios e institucionais. Essas tecnologias são capazes de reduzir o consumo total de água de 10 a 30%.

Nos Estados Unidos, o comportamento de uso de água mais importante de ser enfocado é a irrigação de gramados, já que 50% de toda a água usada em comunidades suburbanas do país destinam-se à rega de jardins.

No sudoeste do país, cidades com escassez de água estão pagando a seus moradores para se livrarem de seus gramados e substituí-los por xerojardins, jardins feitos de plantas de deserto e gramas nativas que não precisam ser regadas. A cidade de Mesa, no Arizona, paga a seus habitantes US$ 500 pelos primeiros 50 m^2 de xerojardins. O abastecimento de água em Las Vegas, Nevada, leva ainda mais a sério sua estratégia. Seu programa paga a proprietários de residências e proprietários de edifícios comerciais até US$ 15,0 por m^2 para os primeiros 500 m^2 de xerojardim, e então mais dez dólares por metro quadrado, até o limite de US$ 300 mil![11]

Em particular, a cidade de Nova York fez um bom trabalho em aumentar a resiliência de seu sistema hídrico. Em 1979, o consumo de água na cidade chegou ao pico de 5,7 bilhões de litros por dia, uma média de 715 litros por pessoa. Mediante o forte monitoramento e reparo de vazamentos, o aumento da precisão na cobrança das contas de água e a aprovação de regulamentos voltados a mudar comportamentos, a cidade de Nova York reduziu seu consumo de água para 3,8 bilhões de litros por dia em 2009, com um consumo médio de 473 litros por pessoa.[12] Atualmente a cidade está construindo uma nova canalização ao custo de US$ 6 bilhões a fim de aumentar a resiliência de seu sistema, ao permitir o fechamento de canais mais antigos para inspeção e reparos.

De acordo com o Serviço Geológico dos Estados Unidos, em 2010 os sistemas hídricos públicos no país usaram 1.344 trilhão de litros de água por dia, 13% a menos do que foi usado em 2005.[13] Se conseguirmos poupar 35% a mais com tecnologias avançadas e estratégias comportamentais, isso representará uma grande economia de água. Os benefícios de minimizar os usos da água têm impactos ainda maiores sobre as cidades mundiais recém emergentes.

O McKinsey Global Institute estima que em 2025 a demanda global por água em municípios urbanos terá aumentado 40% em relação à demanda de 2012, e cerca de metade dessa água será necessária para atender às 440 cidades emergentes de maior crescimento.[14] Será difícil descobrir novas fontes de água limpa, uma vez que os humanos já estão consumindo 87% do suprimento mundial; por isso, reduzir a demanda será essencial. Singapura exige que todos os aparelhos que utilizam água recebam um selo com sua respectiva eficiência, a fim de estimular compras mais conscientes, e seu governo elevou o preço das tarifas de água para desencorajar seu consumo. O objetivo de Singapura é reduzir o consumo para 140 litros por pessoa por dia até 2030, o que representaria um terço do consumo atual da cidade de Nova York.

Contudo, a maioria das cidades mundiais não estabeleceu metas claras, e tampouco tem um plano para alcançá-las.

Apesar do progresso sendo feito na conservação de água e seu reaproveitamento, ainda há muito a se fazer. Atualmente, vasos sanitários com descarga atendem apenas cerca de 60% da população mundial. Nas palavras de Bill Gates: "Os vasos com descarga que usamos no mundo abastado são irrelevantes, pouco práticos e impossíveis para 40% da população global, pois essas pessoas raramente têm acesso a água, ou a esgotos, eletricidade e sistemas de tratamento de efluentes".[15] A Gates Foundation vem financiando experimentos com vasos sanitários que poupam água e sistemas de tratamento local que podem funcionar independentemente de sistemas de esgotos centrais – e que, portanto, podem ser implementados com agilidade em comunidades hipossuficientes.

Geração de valor com efluentes

Felizmente, cada cidade já controla uma das melhores fontes de água limpa – seus próprios efluentes tratados. Hoje em dia, existem mais de 400 mil estações centrais de tratamento de efluentes atendendo cidades ao redor do mundo, produzindo mais de 730 milhões de m^3 de água tratada todos os dias. O futuro emergente do tratamento de efluentes não é apenas o reaproveitamento da água do sistema e o aumento da eficiência do processo de tratamento, mas também a colocação dos subprodutos em bom uso. Estações de tratamento de efluentes estão produzindo mais energia do que consumem, queimando metano criado pela digestão biológica de resíduos para gerar energia suficiente não apenas para o uso nas próprias estações, mas também para seus vizinhos. E como 30% do custo operacional de uma estação típica vão para cobrir sua conta de luz, energia de graça ajuda a viabilizar o tratamento de efluentes em um mundo de preços de energia voláteis.

Chris Peot faz parte da equipe que está transformando a Estação de Tratamento Avançado de Efluentes de Blue Plains, em Washington, DC, numa fábrica de recursos. Como muitas outras cidades mais antigas nos Estados Unidos, Washington possui uma infraestrutura sucateada. A estação de Blue Plains, construída 75 anos atrás, processa atualmente 1,4 bilhão de litros de água por dia, provenientes dos mais de 2 milhões de habitantes da região e de sua imensa massa de trabalhadores que moram em cidades-dormitório e se deslocam até lá todos os dias para trabalhar, tornando-a uma das dez maiores estações de tratamento de efluentes do mundo.[16] Em 2015, ela passou por uma reforma de US$ 1 bilhão, reduzindo as 1.200 toneladas de lodo, nitrogênio e fósforo que a unidade produzia a cada dia em 50%, o uso de energia em 30% e as emissões em 41%. O projeto acabará poupando a Washington e às áreas vizinhas cerca de US$ 10 milhões em gastos com energia e outros US$ 10 milhões pela redução dos custos de descarte de lodo a cada ano.

Tipicamente, o lodo gerado nas estações de tratamento de efluentes tem de ser transportado e jogado em aterros sanitários, ou misturado com cal e espalhado em terras agrícolas. Com a reforma, a unidade de Blue Plains processa o lodo em novos reatores de biossólidos para então pasteurizá-lo com um processo de hidrólise termal.[17] Cerca de metade do lodo estéril produzido é então convertido em metano por um digestor biológico, sendo queimado para fornecer energia às operações da unidade. A outra metade é transformada em compostagem para as fazendas da região.

A transformação de lodo em energia pode trazer uma redução considerável na emissão de gases do efeito estuda. Se apenas 10% do lodo produzido em estações de efluentes na China fossem convertidos em energia, suas emissões de carbono diminuiriam em 380 milhões de toneladas ao ano.[18]

Estações de tratamento de efluentes geram grandes quantidades de nitrogênio e fósforo em seus subprodutos. O excesso de nitrogênio e fósforo de efluentes provoca a proliferação de algas nos mananciais, o que impede o desenvolvimento de outras formas de vida aquática. Porém, ambos são componentes primordiais dos fertilizantes, e o mundo está enfrentando uma grave escassez de fósforo que ameaça a segurança alimentar por todo o planeta. Se as estações de tratamento de efluentes forem capazes de capturar o fosforo e o nitrogênio em efluentes e vendê-los como fertilizantes, poderão transformar dejetos em comida. O Distrito Sanitário de Hampton Roads em Suffolk, no estado da Virgínia, está fazendo exatamente isso, usando um processo químico para capturar cerca de 85% do fósforo que passa pela unidade e produzir 500 toneladas de fertilizantes por ano. O sistema gera renda mediante a venda de nitrogênio e fosforo, economizando quase US$ 200 mil ao ano em despesas com produtos químicos e energia, e tirando dióxido de carbono da atmosfera![19]

A próxima fronteira no tratamento de efluentes é o uso de micróbios para produzir eletricidade e produtos químicos úteis diretamente dos resíduos. A chave para isso está nos avanços em tecnologias microbianas eletroquímicas motivadas por exoeletrogêneos, uma cepa de bactérias que consomem matéria orgânica e, ao fazê-lo, transferem elétrons por suas membranas para aceptores de elétrons insolúveis, produzindo eletricidade. A eletricidade pode ser empregada para ativar uma usina elétrica, mas pode fazer muito mais. Quando a eletricidade é aplicada em um sistema bioquímico, pode gerar muitos produtos úteis, como biocombustíveis. Ela também pode quebrar moléculas de água para produzir o oxigênio necessário para o processo de aeração de uma estação de tratamento, e hidrogênio para criar peróxido de hidrogênio para o processo de desinfecção. Outra tecnologia emergente combina efluentes com gás CO_2 emitido por usinas de energia para cultivar algas, uma fonte de combustível biológico que o Departamento de Defesa dos Estados Unidos vem processando para usar em aviões e navios. As algas também podem ser usadas como ração animal, fazendo com que florestas não precisem ser derrubadas para plantações de soja.

O reaproveitamento de efluentes como água potável pode ser a salvação de cidades como São Paulo. Na verdade, o reaproveitamento de esgoto tratado cada vez faz mais sentido por toda parte. Em um mundo marcado por secas decorrentes de mudanças climáticas, por um crescimento populacional acelerado e por uma classe média florescente, é provável que haja um acentuado aumento no consumo de água. Uma parte da solução é limpar os efluentes até os padrões de potabilidade e reaproveitá-los.

Julgando a água pela sua qualidade, não por sua história

A Namíbia, no sudoeste do continente africano, é o país mais seco da África Subsaariana, e o mais esparsamente povoado. Praticamente todas as suas instituições econômicas, políticas e cívicas estão sediadas na capital do país, Windhoek, que está crescendo a uma taxa de 5% ao ano. Em 1969, reconhecendo a insuficiência de seu suprimento de água, Windhoek adaptou sua estação de tratamento de água de Goreangab para tratar não apenas a água superficial da Barragem de Goreangab, mas também efluentes da Estação de Tratamento de Efluentes de Gammams, dando origem à unidade de recuperação de Goreangab. Essa estação mistura água do rio represado com água recuperada pela unidade para gerar água potável. Para fazer isso funcionar, diversas práticas fundamentais foram colocadas em prática. A primeira foi a separação rigorosa de sistemas de tratamento de água industrial e doméstica. Somente a água doméstica é recuperada. E a qualidade do produto finais da unidade é continuamente testada e monitorada.

Ainda que a qualidade da água reciclada tenha continuado excelente, na década de 1990 as condições das águas fluviais que abastecem a barragem de Goreangab começaram a piorar. Windhoek, como muitas cidades do mundo em desenvolvimento, estava crescendo rapidamente, com assentamentos informais e irregulares em sua periferia. Carentes de saneamento apropriado, essas favelas dispersas estavam poluindo o lençol freático da cidade e dos rios vizinhos. Confrontada tanto pelo aumento da demanda quanto pela queda da qualidade de sua água, Windhoek reagiu reformando e aumentando a capacidade de seu programa de reciclagem hídrica. Em 2002, uma nova estação de recuperação de efluentes foi construída com financiamento da União Europeia, usando tecnologia de osmose inversa para fornecer 35% da água da cidade diretamente a partir de seus efluentes.[20]

A reciclagem de efluentes funciona: é local, é confiável e aumenta consideravelmente a resiliência de uma cidade. Então por que existem tão poucas unidades de reciclagem direta de efluentes no mundo? O Dr. Lucas van Vuuren, um sul-africano pioneiro na recuperação de água, afirma: "A água não deve ser julgada por sua história, e sim por sua qualidade",[21] mas essa abordagem racional é desafiada por nossas tendências cognitivas. Valerie Curtis, uma psicóloga evolutiva da London School of Hygiene and Tropical Medicine, observa que nós humanos, ao evoluirmos, desenvolvemos uma aversão profundamente enraizada a excrementos. "Os patógenos eram provavelmente uma maior ameaça em geral do que os predadores. É por isso que temos uma sensação intensa e intuitiva de nojo", afirma ela. "Praticamente tudo aquilo que consideramos nojento tem alguma conexão com doenças infecciosas."[22]

Em 1980, Paul Roznin, um psicólogo da Universidade da Pensilvânia, se dispôs a testar a intensidade dessa tendência de nojo. Ele descobriu que, quando apresentava a estudantes universitários um pedaço de chocolate com o formato de cocô de cachorro, quase todos eles eram incapazes de comer o chocolate, ainda que soubesse do que era feito. Seu viés contra contato com excrementos era simplesmente intenso demais.[23] No entanto, no que tange a esgotos, as pessoas são mais receptivas ao conceito de reaproveitamento *indireto*. Em vez de bombear efluentes direto no sistema de captação de água, como acontece na Namíbia, cada vez mais cidades estão injetando efluentes tratados no solo, onde são filtrados antes de chegarem aos aquíferos de onde as cidades captam sua água. O processo se torna mais palatável quando chamado de "reabastecimento de lençol freático" em vez de "reaproveitamento de esgoto". Outra abordagem é devolver a água tratada aos rios muitos quilômetros a montante do ponto de captação do sistema, para que, até chegar a esse ponto, já esteja bem diluída.

A cidade de Fountain Valley, na Califórnia, conta com o maior sistema de reabastecimento de lençol freático do mundo. Ela deu início à produção em 2008, e gera 265 milhões de litros de água reciclada por dia. Isso fornece cerca de 20% da água consumida pelos mais de 2 milhões de habitantes do condado de Orange. O sistema ainda traz um benefício secundário. Em geral, quando aquíferos próximos a oceanos são consumidos em excesso e o nível do lençol freático diminui, é comum que a água do mar ocupe seu lugar, elevando a salinidade da água subterrânea; a injeção de água no subsolo ajuda a impedir a penetração de água do mar. Além disso, como mais de 20% da energia da Califórnia são destinados a bombeamento de água, muitas vezes por longas distâncias, a reciclagem da água localmente proporciona economias significativas de energia. Essa também pode ser a única solução para a crescente tensão entre usuários agrícolas e municipais por uma oferta limitada de água.

A cidade desértica de Mesa, no Arizona, é o 38º maior município dos Estados Unidos. Um subúrbio de Phoenix, sua população é maior que a de Atlanta, Cleveland, Miami, Mineápolis e Saint Louis. Essas cidades norte-americanas mais antigas possuem núcleos mais densos, cercados por subúrbios, mas Mesa é quase toda um grande subúrbio. Na verdade, ela se apresenta como o maior subúrbio municipal dos Estados Unidos. A área foi colonizada pela primeira vez pelo povo Hohokam, que se assentou em pequenos bolsões ao longo do rio Gila. Entre os séculos VII e XIV, seus moradores construíram sistemas complexos de irrigação para o cultivo de algodão, tabaco, milho, feijão e abóbora. Em sua época, o sistema de canais do povo hohokam era o mais extenso do Novo Mundo. Em suas múltiplas interseções com o rio Gila, as comportas dos canais tinham até 30 metros de largura e 3 metros de profundidade. No ano de 1100, o sistema de canais estava irrigando 45 mil hectares do Deserto de Sonora e sustentando uma população cada vez mais sofisticada.

Tendo começado por pequenos assentamentos ao estilo *rancheria*, no ano de 1100 o povo hohokam estava avançando para protocidades mais densas e mais complexas. Como essas comunidades estavam mais vulneráveis a mudanças climáticas, secas e enchentes muitas vezes dizimavam a população dos hohokam. O golpe final veio numa série de enchentes no século XIV que dragaram o leito do rio Gila e deixaram seu nível abaixo da profundidade das comportas, inutilizando centenas de quilômetros de canais. Em 1450, a maioria dos assentamentos dos hohokam foi abandonada, e seus habitantes se dispersaram.

No século XIX, Mesa foi recolonizada como parte da expansão rumo a oeste dos Estados Unidos, no ano de 1877 pela First Mesa Company, que reabriu os antigos canais dos hohokam, e dentro de um ano os colonos estavam subsistindo das plantações irrigadas. O crescimento inicial de Mesa foi lento. No ano de 1900, sua população era de apenas 722 (em comparação, a população de Saint Louis na época era de 575 mil). Mas após a Segunda Guerra Mundial, quando os condicionadores de ar ficaram mais comuns, a população de Mesa começou a aumentar. Em 1950, havia chegado aos 16.790, e em 2015 alcançou os 462 mil; para acompanhar o ritmo de seu crescimento, Mesa teve de ampliar drasticamente seu suprimento hídrico.

A cidade começou estabelecendo um objetivo: dispor de um suprimento hídrico equivalente a 100 anos. Para conseguir cumprir com sua meta, a cidade atualmente trata todo seu esgoto, e o utiliza ou para reabastecer fontes no subsolo ou para irrigação. Seu programa de água reciclada foi projetado para fornecer 159 milhões de litros de água por dia. Em vez de uma única estação central, Mesa construiu três estações em partes diferentes da cidade. O sistema também fornece água para irrigar campos de golfe locais e parques e praças municipais, mas boa parte dela é trocada com os ameríndios do Rio Gila, que a utilizam para agricultura. Em troca, eles concedem ao município o direito ao uso das águas limpas do rio Gila. A fim de alcançar seu objetivo de 100 anos, os moradores de Mesa também precisam adotar comportamentos diferentes. Em 1999, as cidades de Mesa, Scottsdale e Phoenix lançaram a campanha "Use com Consciência", que se tornou um dos mais amplos programas educacionais de conservação de água no país.

As quatro torneiras

Para satisfazer às necessidades de sua crescente população, a cidade insular de Singapura desenvolveu aquilo que chama de sistema de suprimento hídrico de "quatro torneiras".[24] A primeira torneira advém de seu amplo sistema de reservatórios, cercado por mata natural para manter a pureza dos mananciais. A segunda torneira é a água dessalinizada das baías que cercam a cidade. A terceira torneira é a água reciclada do esgoto (designada NEWater para vencer as resistências cognitivas a seu respeito), e a quarta torneira é a água importada via tubulação da Malásia. O objetivo de Singapura é poder aumentar sua população em 2,5 milhões de pessoas e ainda ser independente hidricamente da Malásia até 2080. Para conseguir isso, Singapura se tornou um polo global de pesquisas sobre novas tecnologias hídricas. Suas estratégias futuras incluem a densificação de seus centros urbanos, conectando-os melhor via transporte de massa, e tomando terrenos até então ocupados por rodovias para transformá-los em reservatórios e espaços abertos.

Outra cidade insular, Hong Kong, concentra-se na segunda torneira, a água do mar, implementando um sistema hídrico dual que fornece água fresca para uso cotidiano e água salgada para descargas em vasos sanitários. O sistema está em operação há mais de 50 anos, reduzindo o consumo municipal de água em 20%. É tão bem-sucedido que a cidade atualmente está fazendo experiências com um sistema em três partes para o abastecimento de seu novo aeroporto com água fresca, água salgada e água servida (recolhida de pias).

Há ainda uma quarta torneira capaz de oferecer um sistema de baixo custo, baixo consumo de energia e distribuído para abastecimento hídrico: a coleta de água da chuva em coberturas e seu armazenamento em cisternas. Praticamente todos os antigos lares romanos coletavam água da chuva em um *impluvium*, uma cisterna rasa que ocupava o centro do pátio de entrada da habitação. Era utilizada para regar os jardins e para outros usos domésticos, e quando fazia calor, a evaporação do *impluvium* fornecia resfriamento natural. Hoje, a coleta da água da chuva é um componente-chave do *kit* de construção ecologicamente consciente.

A conta fecha

A ampla gama de tecnologias e comportamentos para conservação de água que examinamos é capaz de reduzir o atual consumo hídrico na maioria das cidades em até 35%. A água reciclada ainda pode fornecer entre 30 e 40% das necessidades hídricas de uma cidade. Juntas, essas abordagens podem reduzir o uso de água doce em até 70% na maioria das cidades. Quando acrescentamos sistemas mais amplamente distribuídos de coleta e armazenamento de água da chuva, além de processos de dessalinização, uma das principais causas de colapso das cidades antigas – a seca – começa a parecer prevenível. Mas existe um desafio maior: as cidades usam apenas cerda de 25% do suprimento hídrico mundial. A maior parte do saldo é consumida pelas indústrias e pela agricultura. Com o aumento da população mundial, as demandas hídricas para a indústria e a agricultura também aumentarão, a menos que também passem de metabolismos lineares para circulares.

As sociedades agrícolas tradicionais desenvolveram sistemas primorosos de alocação de água. No sistema balinês *subak*, agricultores reconhecem que estão todos no mesmo barco, e integram o fluxo de água pelos seus campos de arroz via um sistema de irrigação compartilhado. Sua manutenção é coletiva, orientada pelos sacerdotes que chefiam os templos situados junto a cada fonte ou rio de abastecimento. Os sacerdotes sugerem os cronogramas de plantação e colheita baseados em ciclos lunares. Chefes de valas propõem cronogramas de trabalho e medeiam disputas acerca da alocação equânime de água. Cada segmento do sistema conta com um líder local; nenhuma pessoa fica encarregada do todo; e, ainda assim, os *subaks* prosperam há milhares de anos, fornecendo irrigação, restaurando solos e limitando pestes, enquanto se adaptam continuamente a mudanças climáticas.

Os agricultores de Bali realizam um monitoramento contínuo dos desempenhos uns dos outros. Quando uma fazenda altera seu cronograma de plantio ou substitui suas espécies de arroz e se torna mais produtiva, seus vizinhos não tardam em seguir os mesmos passos, gerando ondas de aprimoramentos através do sistema. Os *subaks* interconectados proporcionam a Bali um sistema dinamicamente equilibrado com uma governança distribuída, resultando num dos sistemas agrícolas mais produtivos do mundo.

Infelizmente, a maioria das cidades carece da cultura de sistemas de governo coletivo e adaptativo necessária para alocar água de maneira equânime para todos os seus usos.

Conforme as cidades mapeiam seus metabolismos urbanos, e passam a obter dados em tempo real sobre as entradas e saídas do sistema, começam a compreender cada vez mais o poder da gestão metabólica. E à medida que seus sistemas de infraestrutura migram de uma integração linear para uma complexa, elas estão ampliando sua capacidade de prosperar em uma era de VUCA. Ao interconectarem esses sistemas, distribuindo e aumentando os fluxos de informação entre eles, elas estão aumentando sua resiliência. Porém, assim como ocorre no sistema *subak* balinês, no cerne de qualquer sistema com infraestrutura de alto funcionamento está a compreensão de que estamos todos juntos, e o comprometimento para otimizar a alocação de recursos para que possam beneficiar o sistema como um todo.

Infraestrutura: da maximização à otimização

A infraestrutura é a armação sobre a qual a civilização é construída. É o que proporciona os sistemas integrados que promovem a prosperidade, cultivam o bem-estar e, mediante o projeto adequado, são capazes de restaurar sistemas naturais que as cidades tão frequentemente degradam. As cidades mais sábias, como Singapura e Mesa, estão pensado como Diocleciano e planejando seus sistemas hídricos para que atendem suas necessidades no próximo século.

Por sua própria natureza, a infraestrutura é um sistema colaborativo. Dos sistemas de irrigação da Mesopotâmia até a Internet, sistemas baseados em infraestrutura criam níveis superiores de fluxo de materiais, energia e informações ao combinarem recursos e processos partilhados. Eles estão no cerne da resistência de uma civilização à entropia.

Sistemas baseados em infraestrutura são deslocadores temporais, gerando benefícios não apenas para o presente, mas também para o futuro. Os reservatórios coletam chuva para hoje, e também a armazenam para amanhã. Sistemas de atendimento de saúde curam as pessoas quando elas ficam doentes, mas também oferecem prevenção para reduzir enfermidades nos anos por vir. Isso significa que investir em infraestrutura é um ponto de alavancagem ideal, tomando emprestado hoje para melhorar o bem-estar no futuro.

A infraestrutura é o tecido a partir do qual as economias circulares são criadas. Quanto mais suas partes são distribuídas, conectadas, inteligentes e eficientes, mais promoverão o surgimento de novos padrões adaptativos de organização. Isso exige que líderes municipais deixem de pensar em infraestrutura como sistemas *complicados* e passem a encará-la como sistemas *complexos*. A conexão de vários sistemas em um único metassistema que coevolui com o metabolismo da cidade exige que os líderes aumentem não apenas a eficiências de um sistema, mas também sua coerência. Trata-se do modelo urbano de biocomplexidade.

Em um mundo de recursos limitados, as cidades mais bem-sucedidas aprenderão a otimizar seu consumo metabólico. Para isso, migrarão de sistemas lineares para sistemas circulares, mais adaptativos às incertezas de um mundo de VUCA.

A maioria das cidades não é capaz de financiar a infraestrutura do século XXI por conta própria, precisando de apoio de seus governos nacionais. Índia, China, Japão, Coreia do Sul, Rússia, Brasil e muitos outros países estão financiando vastos programas de investimento em infraestrutura. A relutância do Congresso dos Estados Unidos em investir na infraestrutura do país é de deixar qualquer um atônito. A Sociedade Americana de Engenheiros Civis atribuiu às condições das estradas, pontes, sistemas de águas e esgotos, aeroportos, sistemas de transporte, represas e outras infraestruturas nacionais a nota D+.[25] Um programa significativo de infraestrutura criaria milhões de empregos locais para siderúrgicas e usinas de produção de concreto, trabalhadores da construção civil, engenheiros projetistas e equipes de manutenção. Isso aumentaria a resiliência econômica nacional frente à volatilidade, bem como sua competitividade, segurança e qualidade de vida. Além do mais, um investimento inteligente em infraestrutura traz retornos econômicos excelentes. Uma resposta à globalização não é o isolamento: é a infraestrutura.

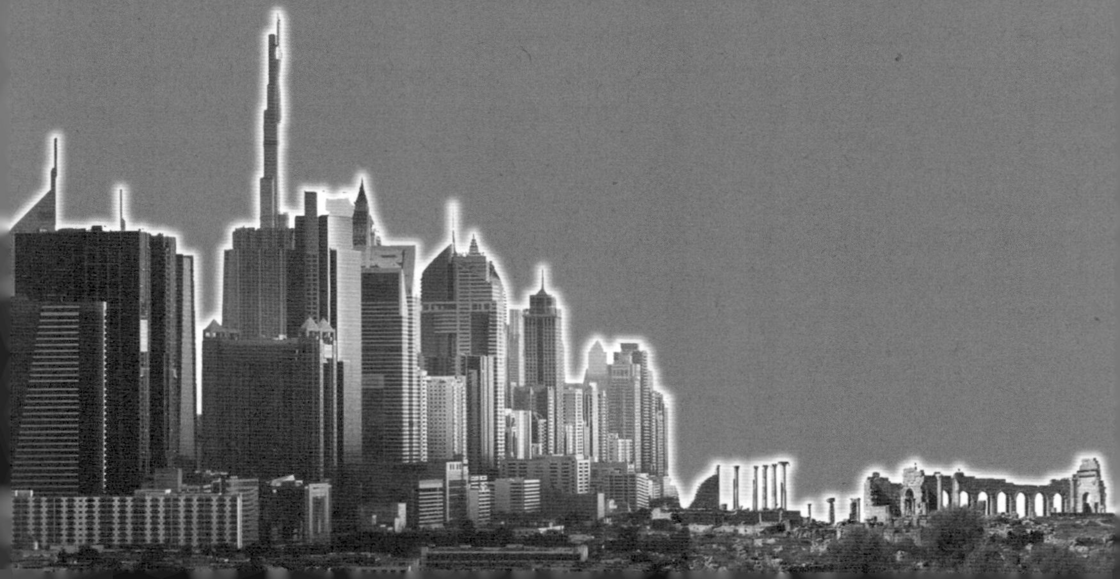

PARTE III

Resiliência

A orquestração das cidades numa época de mudanças climáticas

O terceiro aspecto do boa harmonização, a resiliência, nada mais é do que a capacidade adaptativa de um sistema em lidar com a tensão e a volatilidade. O ecologista C. S. Holling foi o primeiro a descrever a resiliência de ecossistemas em seu trabalho seminal de 1973 "Resilience and Stability of Ecological Systems". Holling definiu resiliência como "a capacidade de um ecossistema tolerar perturbações sem entrar em colapso e cair em um estado qualitativamente diferente que é controlado por um conjunto distinto de processos. Um ecossistema resiliente é capaz de suportar choques e autorreconstruir-se quando necessário. A resiliência em sistemas sociais acrescentou aos humanos a capacidade de prever e se planejar para o futuro".[1]

A obra inicial de Holling encarava a estabilidade como o objetivo preferido de um sistema, com a meta de retornar a um estado prévio após uma perturbação. Muitas vezes, quando comunidades sofrem uma calamidade, seja ela causada por intempéries, seja por alterações estruturais na economia, seu primeiro instinto é almejar o retorno ao estado anterior. Frequentemente, porém, este não é o melhor objetivo para a saúde do sistema a longo prazo. Nos dias atuais, a resiliência urbana é vista como a capacidade de uma cidade se recuperar dando um passo à frente, rumo a um estado novo e mais adaptativo.

Mitch Landrieu, o prefeito que supervisionou boa parte da reconstrução de Nova Orleans após os furacões Katrina e Rita, descreveu as enchentes como uma "experiência de quase morte". Quando a recuperação teve início, havia uma fortíssima pressão local para reconstruir Nova Orleans como era antes. Mas muitos consultores externos recomendaram a reconstrução de uma cidade bem mais resiliente e voltada para o futuro. Landrieu refletiu sobre o estado da cidade na noite antes do furacão, e percebeu que quase todos os aspectos da cidade estavam em decadência. Ele optou pelo caminho mais árduo e corajoso: manter o melhor do passado, mas repensar muitos aspectos da cidade dali para frente. A nova Nova Orleans tem os ares da antiga, mas em quase todos os quesitos, está funcionando de modo diferente.

Cidades situam-se na interseção de sistemas ambientais, econômicos, metabólicos, sociais e culturais dinâmicos. Reagir a mudanças nas circunstâncias pode ser difícil, já que é da nossa natureza querer retornar ao *statu quo* em vez de nos arriscarmos rumo ao futuro incerto, mesmo que ele reserve algo melhor. Essa resistência cognitiva mantém a cultura humana estável e confiável. Em nosso passado evolutivo, quando as mudanças decorriam com muito mais lentidão, essa era uma importante estratégia adaptativa. Mas em nossos tempos voláteis, quando o contexto muda de uma hora para outra, precisamos abandonar velhos hábitos para encontrar novas estratégias adaptativas mais depressa.

Um dos motivadores-chave da volatilidade é a temperatura, cuja etimologia provém da palavra em latim *temperare*, que significa "moderar" ou "misturar", e tem a mesma raiz que "temperamento". Esta terceira parte do livro examina as formas de tornar as cidades mais resilientes, sobretudo às mudanças climáticas. Um segredo para a resiliência é moderar, ou "temperar", seus extremos.

O clima da Terra sempre foi variável, e suas mudanças tiveram um efeito profundo sobre os ecossistemas e as populações do planeta. Nos últimos anos, porém, oscilações climáticas foram exacerbadas pelo uso de combustíveis fósseis como a principal fonte de energia de civilização moderna, e por práticas de desmatamento industriais e agrícolas.

Os poços de extração de petróleo e gás natural emitem quantidades prodigiosas de gás metano. Quando queimamos combustíveis fósseis, liberamos dióxido de carbono. Quando incendiamos ou desmatamos as florestas, não apenas liberamos dióxido de carbono como também reduzimos a capacidade da natureza de absorvê-lo. Os gases dióxido de carbono e metano que estamos emitindo na atmosfera formam um manto, retendo o calor e elevando a temperatura. Isso está derretendo as calotas polares e as geleiras, levando a uma elevação dos níveis dos mares. Também está alterando os padrões meteorológicos, exacerbando tempestades em certos locais e secas em outros.

O desconforto urbano causado por um clima cada vez mais volátil pode ser drástico, como evidenciado pelo furacão Katrina e pela supertempestade Sandy, que causaram mortes humanas e danos que custam dezenas de bilhões de dólares. Outras tempestades comprometem a capacidade de funcionamento de uma cidade, como os quase três metros de neve que pararam Boston no inverno de 2014, interrompendo o sistema de transporte de massa e impossibilitando dezenas de milhares de pessoas sem qualquer economia para sobreviver mais de um mês de chegarem até seu local de trabalho. E alguns novos padrões meteorológicos criam efeitos que se acumulam ao longo dos anos, como as secas que ameaçam os reservatórios de água em cidades da Califórnia e de outros estados do sudeste dos Estados Unidos. A elevação dos níveis do mar coloca mais de 177 milhões de pessoas no mundo inteiro sob risco de inundações. Cidades próximas ao nível do mar podem ficar submersas daqui a um século.

O clima volátil também ameaça o metabolismo de nossas cidades. Ao colocar em risco nossas fontes de comida, água e recursos naturais essenciais, o aquecimento global está dificultando a vida em muitas partes rurais do globo, causando imigrações em massa de pessoas para as cidades.

Mas nem todas as mudanças climáticas são causadas pelos humanos. Ainda há muito a se aprender sobre os impactos urbanos advindos mudanças climáticas de ocorrência natural.

Mudanças climáticas de ocorrência natural

Ao final do século XVI, Boris Godunov, um arqueiro subalterno da polícia secreta russa, galgou os degraus da hierarquia de poder por meio de assassinato, casamento e manipulação. Em 1598, foi proclamado o czar da Rússia. Era uma época de grande disparidade de renda. As famílias abastadas da Rússia possuíam terras imensas em que trabalhavam servos pobres, e em vez de investirem na infraestrutura dos campos, a elite russa usava seus rendimentos para construir palácios luxuosos e comprar sedas exóticas.

A meio mundo de distância, um vulcão no Peru, o Huaynaputina, começou a se agitar. No dia 19 de fevereiro de 1600, entrou em erupção, na maior explosão vulcânica já registrada na história da América do Sul. Milhões de toneladas de cinzas vulcânicas foram cuspidas na atmosfera, obscurecendo o Sol e desencadeando um clima anormalmente frio e seco. Por todo o norte da Europa e da Rússia, safras foram perdidas durante três anos seguidos.

Na grande fome que se seguiu, mais de um terço do povo russo morreu de inanição e frio, em sua maioria servos rurais. Mas as cidades também sofreram. Em Moscou, covas em massa foram cavadas para enterrar 127 mil vítimas. Reconhecendo que seu governo era incapaz de protegê-lo, o povo se revoltou. Caos e guerra civil resultaram, com facções rivais lutando por poder. Em 1609, a Polônia invadiu a Rússia e ocupou o Kremlin para restaurar a ordem. A combinação de mudanças climáticas, desigualdade de renda e um governo egocêntrico é uma combinação nociva para a saúde das cidades, levando muitas vezes ao colapso.

No século XXI, as mudanças climáticas geradas pelos humanos durarão por mais tempo, e causarão mais sofrimento, do que a erupção do Huaynaputina. A guerra civil que está destruindo a Síria atualmente começou quando mudanças climáticas causaram uma seca que forçou a ida 1,5 milhão de agricultores e pastores para as cidades, já que o presidente Assad alocou a preciosa água para a elite e seus agronegócios. Sem trabalho e sem voz política, os destituídos da Síria tornaram-se as sementes da guerra que está inundando a Europa com dezenas de milhares de pessoas atrás de uma vida melhor.

E as mudanças climáticas não são a única megatendência do século XXI. Nossas cidades também serão afetadas por uma população que crescerá até 10 bilhões de pessoas, além de vulnerabilidade cibernética, exaustão de recursos, perda de biodiversidade, elevação da desigualdade de renda e aumento do terrorismo, tudo isso acompanhado pelo recrudescimento da imigração de pessoas deslocadas de seus territórios.

O impacto dessa e de outras megatendências sobre os ecossistemas da Terra e as populações humanas pegará as cidades em cheio. Ao final do século, cidades ao nível do mar como Nova Orleans e Dhaka podem muito bem estar submersas, caso não tenham feito investimentos pesados em diques. Diques não funcionarão para Miami, que foi erguida sobre rochas calcárias porosas. A água do mar já está avançando sobre a rocha, uma ameaça sem uma solução técnica atual.[2] Outras cidades, como Nova York, Boston, Tampa, Osaka, Nagoya e Shenzhen, estão todas enfrentando enormes custos de infraestrutura para se protegerem da elevação oceânica, do aumento do calor e da crescente desigualdade de renda.

Para prosperarem sob condições tão voláteis, nossas cidades precisarão ser capazes de se adaptar rapidamente, a fim de evoluírem com as enormes mudanças do próximo século. Para isso, precisam de resiliência. As estratégias mais efetivas são elevar radicalmente o função benéfica protetora da natureza dentro e em torno das nossas cidades, e tornar nossos próprios prédios mais ecologicamente conscientes e mais resilientes. Nos próximos dois capítulos, exploraremos essas estratégias.

CAPÍTULO 7

Infraestrutura natural

Biofilia e resiliência humana

A natureza tem uma maneira maravilhosa de se adaptar a mudanças climáticas e, ao mesmo tempo, mediar seus efeitos. Mas a natureza ainda proporciona outros benefícios aos humanos. Nosso desejo de estar em meio à natureza parece estar entranhado em nosso próprio ser. A palavra "biofilia" foi cunhada pelo psicólogo Erich Fromm, que a usou para descrever o elo instintivo entre seres humanos e outros sistemas vivos. O biólogo E. O. Wilson também observou que nós humanos temos "uma ânsia por nos afiliarmos a outras formas de vida".[1] Mesmo no ambiente mais urbano, as pessoas apresentam uma necessidade arraigada de se conectarem com a natureza. E por que não? Nossa própria existência depende das dádivas da natureza: ar, água e as plantas e animais que consumimos como alimento. Há também cada vez mais evidências de que os ambientes urbanos que nos oferecem mais contato com a natureza reforçam nossa saúde cognitiva e bem-estar e aumentam nossa resiliência.

Em meados da década de 1980, Roger Ulrich, um professor de arquitetura sueco, conduziu um estudo revolucionário no qual comparou dois grupos de pacientes hospitalizados que se recuperavam de cirurgia.[2] O primeiro grupo ficava em quartos com janelas que davam para uma parede de tijolos. O segundo ficava em quartos com vista para árvores. O estudo, que já foi replicado em diversos contextos, revelou que pacientes que dispunham da vista para árvores passavam menos dias no hospital e exigiam menos medicação contra dor do que aqueles cujas janelas davam para uma parede. Esse trabalho deu origem a uma nova área da arquitetura conhecida como *design* terapêutico,[3] que utiliza ambientes naturais para promover a saúde e melhorar os resultados médicos. Acontece que os *designs* terapêuticos não são benéficos apenas para os pacientes; também reduzem o estresse das visitas, bem como o esgotamento e a rotatividade dos próprios trabalhadores em atendimento de saúde.

Os benefícios da natureza para o bem-estar humano são onipresentes. Em seu livro seminal *Last Child in the Woods: Saving Our Children from Nature-Deficit Disorder*,[4] Richard Louv apresentou pesquisas que correlacionam o acentuado aumento em casos de transtorno de déficit de atenção com hiperatividade (DDA) entre crianças que experimentam grave desconexão com a natureza. Ele propôs que o contato com a natureza eleva a capacidade das crianças de prestar atenção e melhora sua capacidade de aprendizado social e emocional. A biofilia, que começou como uma hipótese intrigante, vem sendo corroborada por um crescente arcabouço científico.

Em 2012, o *Journal of Affective Disorders* publicou um estudo indicando que pessoas com grave distúrbio depressivo apresentam mais ganhos cognitivos após caminhadas em meio à natureza do que após caminhadas em ambientes urbanos desprovidos de natureza.[5] A Associação Americana de Terapia Horticultural relata que jardins sensoriais estão se tornando cada vez mais aspectos-padrão da terapia contra demência.[6] A Thrive, uma entidade beneficente de horticultura sediada no Reino Unido, está cultivando uma rede de jardins terapêuticos para melhorar as vidas de pessoas com deficiência, enfermas, isoladas, desfavorecidos ou vulneráveis em geral. O Sensory Trust está levando esse trabalho para a Cornualha, construindo centros biofílicos para dar apoio a pessoas cujas vidas foram afetadas por exclusão social, incluindo idosos e aqueles com debilidades físicas, sensoriais e intelectuais. E o Maggie's Cancer Care Centers, uma rede de instalações comunitárias, vem sendo construído como centros biofílicos e terapêuticos para o pronto-atendimento de pessoas afetadas por câncer por todo o Reino Unido. Mas será que os ambientes biofílicos devem beneficiar apenas populações com necessidades especiais? Ou também poderiam ajudar a curar bairros e cidades?

O jardim na cidade

Ao longo da história, planejadores urbanos integraram parques e jardins em suas ideias. Talvez os jardins urbanos mais famosos da antiguidade tenham sido os lendários jardins suspensos da Babilônia. Foram construídos pelo rei Nabucodonosor II para sua esposa: ela fora criada nas montanhas, e sua vida na plana e árida capital babilônica a deixava com saudade dos picos e vales luxuriantes de sua infância.[7] As residências dos antigos gregos e romanos apresentavam jardins privados localizados em um pátio interior próximo à entrada da casa.

Na China antiga, jardins eram territórios dos ricos e poderosos. Feitos sobretudo para serem deleitados, eram construídos e decorados suntuosamente para banquetes e festas com concubinas. Por volta de 500 a.C., influenciados pelos ensinamentos da Era Axial de Confúcio e Lao-tzé, o propósito dos jardins chineses migrou para a sublimação. Seus projetos começaram a estimular a contemplação, a promover uma sensação de harmonia entre as pessoas e a natureza e a abrir o visitante para o *jen*, ou os sentimentos altruísticos. Mediante a organização cuidadosa de rochas, água, árvores e flores para representar as forças da natureza, bem como de arquitetura, pintura e poesia para representar forças humanas, os jardins taoístas buscavam servir de modelo para um equilíbrio entre ambas.

Os jardins também aparecem ao longo da vida de outro grande pensador da Era Axial, Buda Sakyamuni, que nasceu em um jardim, iluminou-se debaixo de uma árvore, deu seu primeiro sermão em um parque de cervos, ou santuário, e morreu em um jardim. A Universidade Budista de Nalanda, uma das primeiras grandes universidades do mundo e uma das mais longevas, cercava cada um de seus salões de ensino, monastérios e *stupas* (estruturas de sepultamento) com um jardim.

A forma persa de jardinagem avançou durante o grande florescimento islâmico dos séculos VIII a XII. As cidades islâmicas apresentavam três tipos de jardim: o *bustan*, um jardim contemplativo formal organizado em torno de piscinas retangulares e canais no pátio interno de uma casa, representando o paraíso da Terra; o *jannah*, um pomar irrigado com palmeiras, laranjeiras e videiras localizado do lado de fora da casa; e o *rawdah*, ou horta caseira. O jardim islâmico oferecia um oásis em relação aos negócios dos mercados e às distrações do lar, um local de refúgio e contemplação no coração de uma cidade movimentada.

A conquista islâmica da Espanha levou o jardim islâmico para a Europa, onde seu formato altamente geométrico, emoldurado por paredes e centrado em um sistema de fontes e canais, ainda pode ser visto em jardins que vão desde Alhambra até o Palácio de Versalhes. Esses jardins eram privados, servindo de deleite para a aristocracia e para mercadores abastados. Foram os britânicos que transformaram jardins em espaços públicos – mas não sem uma boa briga.

O surgimento do parque urbano público

Em 1536, o rei Henrique VIII adquiriu terrenos baldios nas cercanias de Londres para servirem como seus campos privados de caça. Para privatizá-los, ele os cercou e os isolou do uso público como campos de pastagem ou de caça. Na época, o cercamento de terrenos baldios era algo bastante controverso. A prática começara muitos séculos antes, quando pestes e faltas de alimentos dizimavam a população da Inglaterra e as grandes propriedades não conseguiam arregimentar lavradores servis suficientes para cultivar suas terras. Para gerar renda, os donos de terras cercavam o que até então eram campos de cultivo comumente ocupados, e os usavam como pastagens para ovelhas, o que exigia menos trabalhadores. Com o aumento da prosperidade na Europa e sua maior demanda por lã fina da Inglaterra, a nobreza multiplicou o cercamento de terras há muito tempo comunitárias, privando agricultores e pastores locais de seu sustento. Os cercamentos praticados pelo rei Henrique VIII despertaram um ressentimento especial, já que a renda de tais propriedades era usada para sustentar seu estilo de vida extravagante.

Essa privatização, conhecida como o movimento dos cercamentos, deu origem a um debate virulento quanto ao equilíbrio entre benefícios públicos e privados, ente o *nós* e o *eu*, que desde então vem dominando as discussões sobre uso de terras. A privatização de propriedade pública costuma vir acompanhada de uma crescente disparidade entre os ricos e o resto. Na Inglaterra, em reação a uma década de fervilhante agitação social, em 1637 o rei Carlos I abriu o Hyde Park para todos, e assim nasceu o movimento londrino dos grandes parques públicos. Hoje, há oito parques em Londres pertencentes à Coroa, mas desfrutados pelo público: Bushy Park, Green Park, Greenwich Park, Hyde Park, Kensington Gardens, Regent's Park, Richmond Park e Saint James's Park.

O ano de 1857 foi bom para tornar a cidade mais verde. Ao mesmo tempo em que o imperador Francisco José estava demolindo as muralhas da cidade de Viena e as substituindo pela Ringstrasse – um novo e vibrante bairro repleto de árvores e parques – um grupo de comerciantes abastados da cidade de Nova York fazia *lobby* para a formação da Comissão do Central Park, defendendo o projeto de um parque nas pastagens ao norte dos bairros mais povoados da cidade. O objetivo deles era criar um lugar em que pudessem, junto com suas famílias, dar caminhadas revigorantes ou fazer passeios de carruagem, e onde as famílias da classe operária pudessem socializar longe do bar local. Para o novo parque, a Comissão do Central Park organizou o primeiro concurso nacional de projeto de paisagismo, que foi vencido por Frederick Law Olmsted e Calvert Vaux. O retumbante sucesso de seu plano para o Central Park motivou a formação de inúmeras comissões urbanas, incluindo aquela para o Prospect Park, no Brooklyn.

O Central Park é um lugar extraordinário, uma paisagem natural idealizada no coração da cidade mais densa dos Estados Unidos. Mas a principal contribuição de Olmsted e Vaux para a forma urbana das cidades se deu mais tarde, com o desenvolvimento do conceito de um colar de esmeraldas, uma rede de parques e corredores verdes que muitas vezes acompanhavam sistemas naturais como rios. Dentre esses projetos, estão o Emerald Necklace em Boston; o Emerald Necklace de parques em Rochester, Nova York; o Belle Isle Park em Detroit; o Grand Necklace of Parks em Milwaukee, Wisconsin; e o Cherokee Park em Louisville, Kentucky. Todos esses sistemas de parques foram construídos na virada do século XIX para o XX, e acabaram sendo ampliados na época da Grande Depressão pelos projetos WPA e CCC. Mas nos anos 1970, quando as cidades começaram a enfrentar déficits crescentes e encolhimento populacional, seus parques foram os primeiros a serem atingidos por cortes orçamentários.

A ascensão dos jardins comunitários

O South Bronx, em Nova York, tornou-se um símbolo do declínio urbano ocorrido na segunda metade do século XX. Em 1948, Robert Moses deu início à construção da Cross-Bronx Expressway, a rodovia mais cara do mundo naquela época. Quando foi concluída em 1963, o South Bronx, um bastião de comunidades operárias e de classe média, acabou sendo efetivamente cortado do restante da cidade, desencadeando o acelerado declínio da região. Nos anos 1970, foi tomada por drogas, criminalidade e abandono. As teias sociais da região foram dilaceradas, e poucos empregos restaram para seus moradores. E então o South Bronx começou a arder, com viciados ateando fogo em prédios para expor e furtar as tubulações e fiações de cobre e vendê-las em troca de heroína ou crack. Proprietários incendiavam prédios que estavam dando prejuízo para embolsarem o dinheiro do seguro, e invasores os queimavam por acidente ao prepararem fogueiras como aquecimento. O melhor que a prefeitura de Nova York podia fazer era botar abaixo os inseguros edifícios semiconstruídos que estavam abandonados, criando vastos terrenos cheios de escombros, iluminados no inverno por fogueiras preparadas em latões de óleo por mendigos para se manterem aquecidos.

O devastado South Bronx era volta e meia comparado a Dresden, a cidade alemã arrasada por bombardeiros Aliados em 1945, com a diferença de que o bombardeio do South Bronx se dava em câmera lenta. Apesar dessas comparações desalentadoras, os moradores que restaram adotaram inúmeros terrenos baldios e começaram a construir jardins comunitários. Alguns plantavam hortas para subsistência, como uma fonte barata de comida, outros colaboravam como um ato de desenvolvimento comunitário. Esses jardins de bairro tornaram-se portos seguros onde os moradores podiam se conectar uns aos outros e com o poder curador da natureza. Imigrantes recentes do Caribe ou da América Latina, ou afro-americanos de primeira ou segunda geração daqueles vindos do sul rural dos Estados Unidos, reuniam-se em seus jardins locais e construíam *casitas*, centros comunitários improvisados, onde juntos tocavam música e jogavam cartas e dominó.[8] Há atualmente muitas pesquisas mostrando que jardins como esses proporcionam tremendos benefícios à saúde. Sendo muitas vezes a única fonte de alimentos frescos em bairros urbanos de baixa renda, eles também oferecem exercício físico, laços sociais e uma válvula de escape dos estresses esmagadores de se viver na pobreza.

O movimento de jardins comunitários ascendeu em paralelo ao crescimento de empresas de desenvolvimento comunitário sem fins lucrativos, cujo foco primordial era restaurar prédios abandonados para criar moradias economicamente acessíveis, e que se estenderam para a construção de pequenos prédios de apartamentos em terrenos baldios, enquanto prestavam serviços sociais para seus moradores. Ambos movimentos eram auto-organizados, amplamente distribuídos e em grande parte independentes da autoridade municipal.

E pouca coisa incomodava mais Rudolph Giuliani, o então superpoderoso prefeito de Nova York. Em 1999, ele propôs que os jardins informais em terrenos da prefeitura fossem leiloados para incorporadoras imobiliárias. Graças aos esforços das entidades sem fins lucrativos Trust for Public Land e New York Restoration Project, os jardins foram comprados pouco antes do leilão, receberam *status* de proteção e foram reunidos sob a proteção de organizações fiduciárias de cada distrito.

Atualmente, o movimento de jardins comunitários está presente em quase todas as grandes cidades da América do Norte. Em 2012, a American Community Garden Association estimou que havia 18 mil jardins comunitários nos Estados Unidos e Canadá.[9] Esse movimento reflete o profundo desejo biofílico dos moradores urbanos se conectaram com a natureza dentro da cidade, e sua escala cresceu o suficiente para torná-lo um elemento significativo do metabolismo urbano.

Parques, jardins e a saúde das cidades

Dentre todos os grupos de conservação de terrenos nacionais nos Estados Unidos, o Trust for Public Land (TPL) é o que há mais tempo vem trabalhando nas cidades, tendo lançado seu programa urbano em 1976. Com a multiplicação de pesquisas na década de 1990 e 2000 documentando a saúde e os benefícios econômicos de parques em jardins urbanos, o TPL passou a se concentrar em sua distribuição mais equânime pelas cidades, recomendando que os moradores urbanos morassem à distância de uma caminhada de no máximo 10 minutos até um parque, uma orla ou um jardim. Parques, corredores verdes e jardins se revelaram uma das soluções de melhor custo/benefício para simultaneamente melhorar a saúde pública, criar resiliência climática e elevar o valor econômico.

Um estudo de 2009 do TPL, "Measuring the Economic Value of a City Park System",[10] elencou sete benefícios principais de parques urbanos e espaços abertos: valorização imobiliária, turismo, uso direto, saúde, coesão comunitária, água limpa e ar puro. Os dois primeiros fatores geram às cidades uma renda direta. Estudos com um amplo leque de cidades demonstram que imóveis próximos a parques e outros espaços abertos naturais são mais caros, gerando uma maior arrecadação de impostos imobiliários para a cidade; ótimos parques também atraem turistas, que gastam dinheiro em seu espaço ou próximo a eles, o que eleva a arrecadação em impostos sobre consumo. Os próximos três fatores – uso direto, saúde e coesão comunitária – proporcionam aos residentes economias diretas ou gastos futuros evitados. Parques oferecem a pessoas de todos os níveis de renda um local para exercícios físicos e recreação, sem a cobrança feita por clubes e outros serviços privados. Inúmeros estudos indicam que o exercício físico é uma forma primordial de reduzir os males contemporâneos mais prevalentes e caros de tratar, como obesidade, diabetes, doenças cardíacas e câncer.

O norte-americano médio caminha apenas 370 metros por dia. Mais de 60% deles são obesos ou apresentam sobrepeso. Até a década de 2000, essa falta de atividades físicas ficava atrás apenas do consumo de tabaco como causa de morte entre norte-americanos.[11] A cada ano, a obesidade adiciona US$ 190 bilhões aos custos médicos nacionais.[12] E este é um fenômeno global. Com cada vez mais chineses se mudando para torres residenciais, eles também passaram a caminhar menos. A Organização Mundial de Saúde observa que em 2011 mais de 350 milhões de chineses estavam acima do peso e quase 100 milhões eram obesos, cinco vezes mais do que há meros 12 anos, em 2005.[13]

Uma solução barata para essa crise pode ser encontrada na correlação comprovada entre o quanto uma cidade é convidativa para caminhadas e o nível de exercícios de sua população: pessoas que moram a 10 minutos de caminhada ou de bicicleta de algum parque (e com uma calçada segura para chegar até ele) se exercitam mais. Paradoxalmente, muita gente opta por morar nos subúrbios para ficar mais perto da natureza, mas são os moradores urbanos que costumam passar mais tempo caminhando pela rua do que os residentes suburbanos e, como resultado, são mais magros.

O elo entre natureza urbana e saúde mental também já está bem comprovado. Mark Taylor, um pesquisador de saúde pública da Universidade de Trnava, na Eslováquia, examinou dois conjuntos de dados públicos londrinos: o primeiro acompanhava a quantidade de prescrições de antidepressivos em cada um dos 33 distritos da cidade, e o outro documentava a quantidade de árvores na calçada por quarteirão. Após fazerem ajustes levando em consideração fatores como desemprego e riqueza, Taylor e seus colegas descobriram uma correlação clara entre árvores pelas calçadas e bem-estar: aquelas áreas com menos árvores nas calçadas apresentavam a maior quantidade de moradores que tomavam antidepressivos.[14] Os parques e as atividades a que eles convidam ajudam a criar coesão social, o que não apenas traz benefícios consideráveis à saúde como também acarreta em redução de custos para proteção policial e contra incêndios, prisões, assistência social, reabilitação. Exploraremos o papel essencial da coesão social para o bem-estar no Capítulo 10.

Parques e espaços abertos também geram grandes benefícios ambientais para as cidades. Essas paisagens naturais absorvem poluentes do ar, o que é especialmente crucial para moradores de bairros de baixa renda, que tendem a viver mais perto de indústrias emissoras de toxinas e terminais de ônibus. As árvores também refrescam seus arredores ao fazerem sombra e ao absorverem água do solo para transpirá-la por suas folhas. As árvores temperam o clima das cidades ao moderarem os efeitos das mudanças climáticas; quando as temperaturas ultrapassam os 32°C, bairros arborizados podem ficar até 11°C mais frescos do que aqueles com poucas árvores. O Departamento de Agricultura dos Estados Unidos relata: "O efeito líquido do resfriamento gerado por uma árvore jovem e sadia é equivalente ao de 10 condicionadores de ar do tamanho médio daquele que seria utilizado em um dormitório operando 20 horas por dia".[15]

Parques e espaços abertos também aumentam a capacidade de uma cidade reter e limpar a água da chuva. Com as mudanças climáticas, muitas cidades que recebiam uma distribuição mais homogênea de chuvas passaram a enfrentar ciclos de secas e dilúvios, sobrecarregando seus sistemas pluviais. Atualmente, quase 800 comunidades nos Estados Unidos estão em desacordo com a Lei Federal do Ar Limpo, e precisam fazer investimentos para reduzir o transbordamento de esgoto bruto de seus sistemas de águas pluviais. Em Seattle, a combinação de óleo, metais pesados e sujeira que a chuva lava das ruas e chega aos rios próximos pelo sistema pluvial é tão tóxica que pode envenenar os salmões-prateados em migração, matando-os dentro de duas horas e meia após o contato. Mas se a mesma água da chuva for primeiramente filtrada pelo solo, testes indicam que se torna inofensiva para os peixes.[16] Sai muito mais barato para uma cidade construir novos parques para absorver e limpar a água do que escavar ruas inteiras e instalar enormes tubos de concreto e tanques de detenção, com vantagens adicionais para a saúde e a socialização.

O equilíbrio proporcionado pela natureza é um elemento essencial da infraestrutura de uma cidade, pois aprimora seu metabolismo e ao mesmo tempo oferece benefícios econômicos, resiliência climática, bem-estar e habitabilidade, tudo isso a um custo bem mais baixo do que o da engenharia civil tradicional.

O retorno da infraestrutura natural

Sempre que chove, o sistema combinado de esgoto da cidade da Filadélfia lança bilhões de litros de dejetos tóxicos no rio Schuylkill, violando a Lei Federal da Água Limpa. Em meados da década de 2000, a Agência de Proteção Ambiental dos Estados Unidos (EPA, na sigla em inglês) ordenou que a Filadélfia gastasse US$ 8 bilhões para construir um imenso sistema subterrâneo de retenção de água da chuva e aumentar a largura das tubulações pluviais da cidade, exigindo que quase todas as ruas principais fossem escavadas. É bastante caro construir e manter tais sistemas, e nem sempre se mostraram eficientes em outras cidades. Milwaukee, por exemplo, gastou nos anos 1980 US$ 2,3 bilhões em um sistema que não solucionou os problemas de drenagem pluvial da cidade. Por isso, a cidade de Filadélfia propôs um plano alternativo para a EPA: em vez de construir um sistema estanque de concreto e tubulações, iria investir US$ 1 bilhão em um novo sistema maleável ou natural, construindo novos parques, substituindo pavimentos asfálticos em pátios escolares por gramados e estimulando proprietários de imóveis a instalarem terraços verdes em seus prédios e árvores e pavimento permeável em seus estacionamentos. A própria cidade também iria investir na restauração natural de habitats ciliares e orlas fluviais.

A EPA concordou com a proposta. Para cobrir os investimentos, Filadélfia elevou suas taxas de águas pluviais. O resultado foi uma economia de US$ 7 bilhões em relação ao custo do plano original da EPA, e um aumento na qualidade de vida e saúde da cidade. O projeto também está reduzindo as emissões de dióxido de carbono, melhorando a qualidade do ar e da água e ao mesmo tempo restaurando zonas úmidas e outros habitats naturais. Além disso, ainda está valorizando os imóveis em novas áreas verdes.[17] A elevação das taxas de tratamento de efluentes e água da chuva está modificando comportamentos, conscientizando os moradores quanto ao verdadeiro custo de seu consumo hídrico; como reação, eles estão cultivando coberturas verdes e árvores pelas calçadas para reduzir suas contas com energia.

Talvez a reintrodução mais radical de infraestrutura natural numa cidade tenha se dado a mais de 11 mil quilômetros da Filadélfia, em Seul, Coreia do Sul. Seul foi fundada no ano de 17 a.C., às margens do rio Han. O rio Cheonggyecheon, um tributário do Han com 8,5 quilômetros de extensão, corre pelo coração da metrópole atual. Quando Seul se tornou a capital da dinastia Joseon em 1394, o rei Yeonjo financiou a construção de um sistema apropriado de infraestrutura urbana. Para aumentar a capacidade do rio de drenar terrenos adjacentes e levar embora a água da chuva, seu leito foi dragado e suas margens foram revestidas com pedras. Pontes foram construídas para estimular o desenvolvimento urbano. Com o tempo, o rio se transformou na linha divisória econômica da cidade, com os ricos morando na sua margem norte e os pobres ao sul. Após a Guerra da Coreia, centenas de milhares de refugiados sobrecarregaram Seul, apinhando as margens do Cheonggyecheon com barracos e enchendo suas águas de lixo e excrementos humanos.

À medida que a Coreia do Sul foi se tornando próspera, seus habitantes começaram a comprar carros e a se mudarem para os subúrbios. Para acomodar o tráfego resultante, o rio Cheonggyecheon foi canalizado e encoberto por uma avenida na década de 1960, e em 1976 uma autoestrada elevada foi construída acima dela. Em 1990, a autoestrada, transportando 160 mil carros por dia, estava constantemente engarrafada e começando a ruir devido aos esforços estruturais excessivos.

Quando Kee Yeon Hwang, um professor do departamento de planejamento e projeto urbano da Universidade Hongik, foi convidado a repensar o plano de transportes da cidade, ele apresentou uma ideia radical: demolir a avenida e a autoestrada que recobriam o rio Cheonggyecheon. "A ideia foi semeada em 1999", conta Hwang. "Estávamos tendo uma experiência estranha. Tínhamos três túneis na cidade e um deles teve de ser fechado. Curiosamente, o volume de veículos diminuiu. Descobrimos que aquele era um caso do paradoxo de Braess, segundo o qual a diminuição de espaço numa área urbana pode na verdade aumentar o tráfego, e a inserção de capacidade extra a uma rede viária pode acabar reduzindo seu desempenho geral."[18]

O paradoxo de Braess, desenvolvido pelo matemático alemão Dietrich Braess, observa que o acréscimo de capacidade e conectividade a um sistema otimizado por usuários, tal qual uma rede viária, não aumenta sua eficiência

Moradias ao longo do rio Cheonggyecheon, 1946. (*De* Seoul under Japanese Rule [1910–1945], *Seoul Metropolitan Committee*)

se cada usuário fizer escolhas egoístas. Isso se explica pela teoria do equilíbrio de Nash, segundo a qual sistemas são otimizados somente quando os benefícios de todos são levados em consideração com cada decisão.

Em geral, os norte-americanos creem que estimular escolhas individuais é algo favorável e acreditam que o acréscimo de capacidade e conectividade a redes viárias soluciona problemas de tráfego. Porém, sua combinação mútua leva a *reduções* em eficiência e a mais congestionamentos. A eficiência de um sistema é elevada pelo aumento em conectividade e capacidade somente quando os indivíduos optam por otimizar o todo.

Desde o seu início, o processo de restauração do rio Cheonggyecheon foi voltado para maximizar o benefício à comunidade. Hwang garantiu a participação local ao perguntar a milhares de moradores da cidade o que mais importava para eles, e as respostas eram consistentes: água e meio ambiente. Com a ideia da demolição da autoestrada elevada ganhando força, Hwang desenvolveu um modelo simulado que previa uma leve melhoria no tráfego. A demolição foi decidida em plebiscito, e aprovada. Em 2005, o projeto de US$ 380 milhões, projetado para simultaneamente reduzir o tráfego, melhorar a qualidade de vida dos moradores, aumentar a biodiversidade e transformar culturalmente as áreas ao longo das margens do rio, foi concluído. E revelou-se um sucesso extraordinário.

Como parte do projeto de revitalização do rio Cheonggyecheon, a cidade também integrou suas redes de dados e de transporte. Áreas às margens do rio ganharam acesso de alta velocidade à Internet, e seu zoneamento passou a estimular artes e inovação. Centenas de novos negócios e organizações culturais surgiram ou se mudaram para a região. O aumento da densidade de moradores e trabalhadores levou à abertura de restaurantes e cafeterias modernas ao longo do rio. Com o melhor equilíbrio entre empregos e moradias, menos pessoas que trabalhavam na área tinham de se deslocar de carro até ela. A cidade elevou as tarifas de estacionamento na região, mas também aumentou os serviços de ônibus e criou calçadas ao longo do rio restaurado. Conforme previsto, o tráfego total na cidade em geral diminuiu e as velocidades aumentaram, trazendo benefícios também aos condutores. Nas palavras de Hwang: "A demolição da autoestrada teve efeitos esperados e inesperados. Assim que a destruímos, os carros simplesmente desapareceram. Muita gente acabou desistindo de seus carros".[19]

Os benefícios da restauração do rio Cheonggyecheon excedem em muito seu impacto sobre o transporte, que foi a fagulha do projeto. Como observa Lee In-keun, secretário de infraestrutura da prefeitura de Seul: "Basicamente deixamos de ser uma cidade voltada para os carros para nos voltarmos para as pessoas".[20] No verão, as temperaturas superficiais ao longo rio estão agora 3,6°C mais frias do que junto às áreas urbanas a 400 metros de distância. A velocidade do vento ao longo do rio aumentou em 50% devido a variações termais, e a matéria particulada em suspensão na área caiu quase pela metade em relação aos níveis anteriores. O rio restaurado enriqueceu a biodiversidade local, com a quantidade de peixes e espécies no Cheonggyecheon mais do que quadruplicando, e o número de espécies locais de insetos aumentou de 5 para 192.[21] "Nossa vida mudou", afirma In-chon Yu, um ator e consultor cultural do ex-prefeito de Seul, Lee Myung Bak. "As pessoas sentem a água e o vento. A vida se desacelera [...] e faz com que as pessoas lembrem de seus próprios corações. Isso deu um novo coração à cidade."[22]

Infelizmente, o paradoxo de Braess, que serviu tão bem aos planejadores urbanos coreanos, não foi levado em consideração quando Boston decidiu fazer uma ampliação considerável de sua rede viária de forma subterrânea, e cobri-la com um parque, um projeto conhecido como o Big Dig. O parque gerou de fato uma valorização dos imóveis da região e melhorou a qualidade de vida urbana, mas as faixas de tráfego de alta velocidade acabaram deixando os deslocamentos duas vezes mais lentos em certas seções da rodovia, e pioraram seu desempenho geral.

A beleza do projeto do rio Cheonggyecheon foi ter aplicado os princípios da natureza para restaurar tanto o sistema humano quanto o natural da cidade, e ter elevado sua resiliência frente a volatilidades futuras.

Biodiversidade e coerência

A restauração da natureza nos centros urbanos e em seus arredores é crucial para nosso bem-estar, injeta vigor no metabolismo citadino e gera múltiplos benefícios ambientais, econômicos, sociais e sanitários, resultados que são bem-vindos pelas cidades mundiais em franco crescimento. Enquanto fica cada vez mais densa, São Paulo planeja desenvolver uma centena de novos parques. A cidade de Xangai está construindo 21 novos parques em torno de seus limites suburbanos. Nova Déli está planejando um novo parque de quase 500 hectares, 50% maior do que o Central Park de Nova York. Contudo, plantar árvores e grama por si só não necessariamente recria a natureza. Sistemas naturais requerem complexidade e diversidade para prosperarem. Mas primeiro, uma breve lição sobre como os sistemas naturais são organizados.

G. Evelyn Hutchinson, o pai da ecologia moderna, observou que os nutrientes em um ecossistema natural fluem através de uma cadeia alimentar segundo uma "estrutura trófica", um ciclo de nutrientes. No primeiro nível trófico, estão os produtores primários, como as plantas e as algas, que combinam luz solar, dióxido de carbono e os elementos do solo para criarem matéria viva. Isso fornece a base de nutrientes e energia para todo o ecossistema. O segundo nível trófico é constituído por consumidores, incluindo aí todos os animais: como não são capazes de produzir seu próprio alimento, eles se alimentam de outros seres vivos. O terceiro e último nível é formado por decompositores, como fungos e bactérias, que decompõem os alimentos e devolvem a maior parte deles para o solo, para que possam ser reciclados de volta ao sistema. Esses três níveis tróficos organizam os metabolismos de todos os sistemas vivos. Trata-se de um enfoque interessante para refletir sobre os metabolismos das cidades.

Eugene Odum, que, junto com seu irmão Howard escreveu o primeiro livro-texto sobre ecologia em 1953, descreveu um ecossistema como uma comunidade cujos elementos orgânicos e inorgânicos interagem para criar um sistema dinâmico e interdependente baseado nesses três níveis tróficos. Mais tarde, Howard Odum observou que não são apenas os nutrientes que fluem pelo sistema, mas também a energia. A entropia ordena que a energia fluindo através de um sistema se dissipe com o passar do tempo, mas Howard propôs que, em sistemas sadios e generativos, quando energia e informações se combinam, tornam-se o que ele denominou "emergia", ou informações novas e armazenadas. Ao passo que a entropia sempre debilita um sistema, a emergia ajuda a reforçá-lo. É preciso bem pouca energia, por exemplo, para armazenar informações no DNA, mas trata-se de um investimento incrivelmente valioso, já que ele contém as instruções de projeto para cada organismo e, coletivamente, para o ecossistema. A biblioteca de genes que molda uma comunidade ecológica está em constante alteração, filtrada por pressões seletivas e ativada e desativada pela epigenética, de tal modo que a capacidade adaptativa do sistema é aumentada pela diversidade de suas opções evolutivas.

Para que um ecossistema prospere, ele deve ser suficientemente diverso, proporcionando oportunidades para múltiplas conexões entre os insumos e os dejetos das espécies. Quando os elementos de um sistema são muito similares, algo que os ecologistas chamam de "similaridade limitante", a variedade de suas interconexões se reduz, e ele torna-se mais vulnerável a estresse e volatilidade. Assim como um ecossistema sadio integra diversidade e coerência, o mesmo deve ocorrer com um metabolismo urbano sadio.

Reinserir a natureza nas cidades enriquece a diversidade e a adaptabilidade de seus metabolismos e é uma das maneiras de melhor custo/benefício e mais agradáveis de melhorar a saúde urbana. Esses princípios se aplicam não apenas à ecologia de uma cidade, mas também à sua economia. Conforme demonstrado pelo colapso da ecologia econômica de Detroit baseada nos automóveis, a dependência de uma cidade em relação a um único setor representa uma similaridade limitante. Uma economia diversa, porém coerente, como a da cidade de Nova York, com seus setores de tecnologia, *marketing*, *design*, editorial e finanças atuando em conjunto para gerar inovação, tem muito mais chances de prosperar. Sua economia florescente apresenta um equilíbrio entre produtores, consumidores e digestores, só que eles estão produzindo, consumindo e digerindo informações, e não nutrientes. As cidades também precisam de ecossistemas naturais sadios – e a biodiversidade é fundamental para sua saúde.

Biodiversidade e parques urbanos

É de se lamentar, mas muitos dos parques urbanos mundiais não são propriamente biodiversos. Novos parques que estão sendo desenvolvidos em Xangai, por exemplo, são plantados com pouquíssimas espécies de árvores, gramas e arbustos ornamentais que podem ter boa aparência, mas são ecologicamente estéreis. Esses parques não abrigam as espécies produtoras primárias que fornecem alimentos para os pássaros e as flores para os polinizadores. Quando o primeiro nível trófico da ecologia é limitado, o restante também o é. Reconhecendo que a escassez de biodiversidade reduz a capacidade regenerativa da natureza, prefeitos de diversas cidades em rápido crescimento se juntaram para lançar luz sobre essa questão e compartilhar soluções.

Em 2007, Carlos Alberto Richa, o prefeito de Curitiba, Brasil, organizou o primeiro encontro global sobre "Cidades e Biodiversidade", o qual produziu a Convenção de Curitiba. Ela convocou um movimento global para aumentar a biodiversidade das cidades, e expressou a grave preocupação dos prefeitos com "o ritmo sem precedentes de perda de biodiversidade de nosso planeta e seus amplos impactos ambientais, sociais, econômicos e culturais, exacerbados pelos efeitos das mudanças climáticas".[23] Os 34 prefeitos que assinaram o documento em nome de suas cidades resolveram "integrar questões de biodiversidade no planejamento e desenvolvimento urbano, com a visão de melhorar as vidas dos moradores urbanos, em especial aqueles afetados pela pobreza, assegurando a base de subsistência das cidades e desenvolvendo mecanismos apropriados de regulamentação, implementação e tomada de decisão para garantir a concretização efetiva de planos de biodiversidade".

É revelador que essa declaração tenha vindo de um grupo de prefeitos. Por todo o mundo, entidades governamentais nacionais, como o Congresso dos Estados Unidos, poucas vezes conseguem chegar a um consenso para tomar medidas abrangentes dentro de suas fronteiras, e muito menos a acordos com outros países. Os prefeitos, porém, atuam em um âmbito de governança no qual as questões ambientais, sociais e econômicas afetam a vida cotidiana de maneira palpável. Eles são cobrados por seus eleitores para agirem, e quando o fazem, sua liderança pode fazer uma verdadeira diferença. Sendo assim, Tusla e Oklahoma City, por exemplo, tonaram-se líderes inovadoras em parques urbanos, enquanto os senadores que as representam em Washington resistem ao estabelecimento de toda e qualquer meta de financiamento ecológico.

Em 2009, Singapura, uma das signatárias da Convenção de Curitiba, reconhecendo o quanto a biodiversidade era essencial para sua ecologia insular, desenvolveu um índice de biodiversidade urbana para acompanhar o próprio progresso.[24] Desde os anos 70, Singapura vem migrando consistentemente de uma economia baseada em manufatura para uma economia sofisticada baseada em conhecimento. Seus líderes reconhecem que Singapura deve competir por talentos com qualquer outra cidade do mundo, e que dois elementos básicos para torná-la mais competitiva são a qualidade de seus sistemas educacionais e a qualidade de vida oferecida a seus moradores – onde a biodiversidade cumpre um papel vital. Ao longo das décadas, Singapura construiu um sistema soberbo de educação pública, ranqueado na quinta posição mundial.[25] A fim de aprofundar sua compreensão da biodiversidade urbana, a Universidade Nacional de Singapura desenvolveu um maravilhoso centro de pesquisas sobre biodiversidade e um programa de treinamento em liderança ambiental em parceria com Yale e o Smithsonian.

Assim como Curitiba, Singapura já vinha há décadas se tornando mais verde. De 1985 a 2010, a população de Singapura, uma cidade-estado de território restrito na ponta meridional da Malásia, dobrou de tamanho, de 2,5 milhões de pessoas para 5 milhões, e calcula-se que ultrapassará os 7,5 milhões em 2030. Por sua vez, a cobertura verde da cidade em parques, espaços abertos e jardins em terraços cresceu de um terço para metade da área territorial de Singapura. Esse aumento simultâneo da população e dos espaços verdes e abertos foi conquistado pela densificação da área atual da cidade, e não por um alastramento periférico. Singapura percebeu que, para ser sadia, tinha de aumentar não apenas seus espaços verdes, mas também sua biodiversidade.

Em 2008, Singapura decidiu gerar um plano de longo alcance similar ao PlaNYC 2030 da cidade de Nova York. Seu objetivo era deixar de ser uma cidade-jardim para se tornar uma cidade dentro de um jardim até o ano de 2030. "A diferença pode parecer pequena", afirmou Poon Hong Yuen, diretor executivo do Conselho Nacional de Parques do país, "mas é mais ou menos como dizer que minha casa possui um jardim ou que minha casa está situada em meio a um jardim. Significa que o verde, assim como a biodiversidade, incluindo a vida selvagem, está presente por toda sua volta."[26]

Desde que Singapura começou a substituir sua monocultura de palmeiras enfileiradas em suas estradas por um leque mais diverso de árvores, mais de 500 novas espécies de pássaros já foram identificadas. Seu índice de biodiversidade acabou se tornando um modelo para outras cidades, incluindo Nagoia, Londres, Montreal, Bruxelas e Curitiba. Em 2007, a Cúpula sobre Cidades e Biodiversidade, em Nagoia, Japão, atraiu 240 prefeitos que se comprometeram com os princípios de Curitiba ao assinarem a Declaração de Aichi-Nagoia sobre autoridades locais e biodiversidade. A declaração partia das quatro ideias a seguir: ecossistemas biodiversos proporcionam serviços importantes para as cidades, como purificação de seus reservatórios de água, redução de enchentes e mitigação de elevações de temperatura em decorrência das mudanças climáticas; o bem-estar de ecossistemas e de populações urbanas está profundamente interligado; a capacidade das cidades substituírem métodos de produção, distribuição e consumo de recursos naturais pode contribuir bastante para a recuperação da saúde dos ecossistemas do planeta; e ao multiplicarem suas parcerias com cidadãos, empresas, ONGs e outros governos, as cidades promoverão uma biodiversidade que os governos locais não são capazes de promover por conta própria.[27]

Infraestrutura natural e mudanças climáticas

A infraestrutura natural ajuda as cidades a economizarem bastante dinheiro por meio da absorção da água da chuva antes que flua para os sistemas de esgoto, mas também pode ajudar as cidades a lidarem com um dos problemas mais incômodos das mudanças climáticas: a elevação dos níveis oceânicos e o aumento na frequência de maremotos. Um dos sistemas mais adaptativos da natureza para lidar com essas questões é encontrado nas bacias de detenção. Trata-se de áreas de águas rasas geralmente encontradas onde um litoral, um rio ou um pântano encontra terra seca. Elas se beneficiam daquilo que os ecologistas denominam "efeito de borda": quando dois sistemas ecológicos se encontram, seus DNAs se misturam e nutrientes fluem através das bordas. Isso melhora as condições de vida, fazendo das bacias de detenção importantes áreas de reprodução. Suas bordas estão entre os habitats biologicamente mais ricos e diversos da Terra, já que se situam no cerne dos ciclos de água, nutrientes e carbono da natureza.

Plantas das bacias de detenção transpiram água para a atmosfera, gerando chuvas continentais. As bacias de detenção reabastecem os lençóis freáticos, limpam toxinas humanas, removem nitrogênio, absorvem carbono, mitigam dióxido de carbono e transferem nutrientes para plantas e animais. Embora as bacias de detenção litorâneas ocupem apenas 2% dos oceanos mundiais, são responsáveis por 50% da conversão de carbono dos oceanos em sedimentos, um método importante e gratuito de sequestrar carbono da atmosfera.[28] As bacias de detenção geram boa parte das fibras e da madeira no mundo. Elas oferecem áreas férteis para o cultivo de arroz, camarão e outros alimentos que atendam a uma grande parte da população mundial, sobretudo na Ásia. Também são a terra natal das primeiras cidades da história.

Ironicamente, a urbanização que as bacias de detenção deram à luz vem cada vez mais impondo a elas uma ameaça existencial. Desde 1900, mais da metade das bacias de detenção mundiais desapareceram. E com a acelerada urbanização global, o ritmo de sua destruição está aumentando. Bacias de detenção próximas a nossas cidades foram drenadas para servirem de terrenos baratos para empreendimentos imobiliários, foram aterradas para a passagem de novas estradas, como ocorreu em Alexandria, ou, no caso de Baltimore, foram transformadas em docas e estaleiros. Bacias de detenção urbanas e suburbanas são muitas vezes inundadas por escoamentos de fertilizantes e dejetos humanos, gerando uma superprodução de algas e destruindo sua capacidade de serem áreas de reprodução para peixes e outras espécies. Elas são vulneráveis a espécies invasivas transportadas por barcos. As bacias de detenção também estão secando, já que suas fontes de água são consumidas por populações crescentes. E caso a atividade humana não venha a acabar com elas diretamente, a elevação dos níveis de temperatura, tempestades e secas causada pelas mudanças climáticas provavelmente o fará. A menos que façamos algo a respeito.

Ainda que o crescimento urbano esteja entre os principais motivadores da sua destruição, líderes municipais estão começando a perceber que bacias de detenção biologicamente ricas e sistemas litorâneos naturais representam algumas das maneiras mais baratas e eficientes para cidades litorâneas lidarem com as mudanças climáticas. Ao redor do mundo, cidades globais vêm restaurando suas proteções naturais e combinando-as com infraestruturas feitas por humanos para aumentar sua resiliência. Roterdã, o maior porto da Europa, está restaurando suas bacias de detenção naturais, além de usar coberturas verdes, árvores em calçadas e uma rede de parques, como elementos integrados de sua estratégia de adaptação às mudanças climáticas. Seattle está reconstruindo parte de sua orla central, tornando subterrânea a autoestrada que cruzava por ela e criando um longo parque biodiverso rente às margens.

Integração da infraestrutura natural e humana

A cidade de Nova York sempre se orgulhou de seu extraordinário sistema hídrico, mas na década de 1980, quando o desenvolvimento imobiliário se acelerou nos 4.100 km² ao redor da bacia hidrográfica ao norte da cidade, a qualidade de suas águas ficou ameaçada pelo esgoto que escoava por conta da dispersão de novas residências. Em 1991, a agência federal EPA exigiu que cidade de Nova York construísse um sistema de filtragem de água a um custo estimado de US$ 10 bilhões. Assim como a Filadélfia, a cidade propôs uma alternativa: comprar vastas glebas em torno de seus reservatórios e preservá-las como filtros naturais para o influxo de água no sistema. O custo da estratégia de preservação era de US$ 1,5 bilhão, o que representava uma grande economia em relação ao montante de investimento requisitado pela EPA, e aos custos de mão-de-obra, produtos químicos e energia para uma série de vastas unidades de filtragem, gastos que só fariam aumentar com o passar dos anos.[29] O plano funcionou. Atualmente, a água da cidade de Nova York continua sendo uma das mais puras do mundo, e as despesas operacionais de seu sistema hídrico foram contidas.

Após esse sucesso, a cidade de Nova York começou a se concentrar na multiplicação de benefícios advindos de outros elementos naturais de sua infraestrutura. Em 1996, duas secretarias municipais – Parques e Transportes – começaram a trabalhar juntas em um programa de Ruas Verdes para transformar áreas não aproveitadas de acostamentos em espaços verdes para embelezar suas redondezas, melhorar a qualidade do ar, reduzir as temperaturas, absorver águas pluviais e moderar o tráfego. Desde o lançamento do programa, mais de 2.500 projetos de Ruas Verdes foram criados em toda a cidade. Em 2010, a cidade ampliou o programa para uma estratégia de infraestrutura verde ao adicionar o Departamento de Proteção Ambiental à colaboração. Ao substituir os pisos asfálticos por gramados nos pátios escolares, ao plantar espécies nativas em canteiros pelas calçadas e ao adicionar um milhão de novas árvores, a cidade visa a reduzir seus efluentes de esgoto combinados de esgoto em mais de 14 milhões de litros ao ano. Com a integração de diferentes secretarias municipais para a realização de objetivos comuns,

INFRAESTRUTURA NATURAL

a cidade está desenvolvendo comunidades mais coerentes com cobenefícios quantificáveis, como verões mais frescos, menor consumo de energia, valorização imobiliária e ar mais limpo.

O Aeroporto Internacional JFK, situado na cidade de Nova York, é uma peça importante de sua infraestrutura. Trinta e cinco mil pessoas trabalham no local, e aviões transportando mais de 48 milhões de passageiros decolam ou pousam nele a cada ano, consumindo combustível, comida e peças de reposição, e emitindo poluição no ar, ruído, resíduos sólidos e líquidos. Mas não são apenas os aviões que costumam chegar e partir da região do JFK. Diretamente adjacente ao aeroporto, situa-se a Baía da Jamaica, onde mais de 325 espécies de pássaros migratórios descansam e se alimentam – mais que o dobro da quantidade de espécies de aves em Galápagos! A baía é uma parte importante da Rota Migratória do Rio Hudson, um corredor para pássaros que todos os anos partem do Canadá e da Nova Inglaterra rumo ao sul para passarem o inverno e que retornam ao norte para o verão. A Baía da Jamaica está situada no coração do Gateway National Park, o primeiro parque nacional urbano dos Estados Unidos e o único do país que pode ser acessado via metrô.

Cercada por um aeroporto, intenso desenvolvimento urbano e quatro unidades de tratamento de esgoto, a Baía da Jamaica sofre pela intensa poluição por nitrogênio que gera a proliferação de algas, sufocando sua biodiversidade. Contudo, em 2011 o município e o estado de Nova York assinaram um acordo com o Natural Resources Defense Council (NRDC) e outros grupos ambientais para cortar em mais de 50% a quantidade de nitrogênio lançado na baía pelo tratamento de esgoto. O acordo envolve US$ 100 milhões em melhorias nas unidades de tratamento, e US$ 15 milhões para soluções naturais, como a restauração dos tapetes de ostras que originalmente floresciam na Baía da Jamaica, usando seu poder de limpeza para reduzir a poluição e aumentar a biodiversidade de suas bacias de detenção. Estudos mostram que uma única ostra é capaz de filtrar 132 litros de água por dia – sem qualquer custo operacional.[30]

Quando os holandeses chegaram ao porto natural de Nova York no início do século XVII, a região possuía 89 mil hectares de recifes de ostras, parte de uma ecologia extraordinária e intocada que prosperava ao longo da borda entre o ecossistema de água salgada do Atlântico e a água doce que fluía pelo rio Hudson. Durante o século XIX, catadores de ostras colhiam mais de meio bilhão de conchas por ano nos recifes, mas em 1923, as últimas ostras da baía da cidade de Nova York se tornaram inapropriadas para consumo devido à poluição, ou foram dragadas ou enterradas juntamente com as bacias de detenção adjacentes. Assim, a cidade de Nova York perdeu não somente uma importante fonte alimentar, mas também a proteção que os recifes de ostras oferecem atuando como barreiras contra o mar revolto, amortecendo a força de ondas grandes em tempestades pesadas e protegendo a linha costeira contra danos e erosão. Em 2010, a Urban Assembly's Harbor School se comprometeu a plantar e cultivar um bilhão de ostras no Porto de Nova York até o ano de 2030. No processo, a escola está lecionando para alunos do ensino fundamental e médio biologia marinha, engenharia e produção alimentar.

Reconstrução projetada

Em 2012, a supertempestade Sandy se abateu sem pena sobre a região metropolitana de Nova York. Em um período de dois anos, Sandy foi a segunda tempestade daquelas que deveriam ocorrer "uma vez a cada 500 anos" a cair sobre a cidade de Nova York, e logo após seu término, os governos municipal, estadual e federal começaram a fazer projeções mais sérias para o próximo século de mudanças climáticas. O custo direto da tempestade Sandy foi estimado em cerca de US$ 50 bilhões, com o governo federal arcando com quase metade das despesas de recuperação. Ciente da tendência de multiplicação de tempestades como essa, Shaun Donovan, então secretário de Desenvolvimento Habitacional e Urbano e o líder da Força-Tarefa Presidencial de Reconstrução Pós-Furação Sandy, perguntou-se sobre o que podia ser feito de diferente. Como se poderia reparar o dano causado pela tempestade Sandy para tornar a região mais resiliente a eventos meteorológicos extremos no futuro? Qual seria a maneira menos dispendiosa e mais eficaz de reduzir os riscos de tempestades no futuro? Para responder a essas perguntas, ele propôs um concurso de pesquisa e projeto, chamado Rebuild by Design. Todas as soluções vencedoras combinavam infraestrutura natural e humana.[31]

O Rebuild by Design propunha um processo de reconstrução bem diferente da abordagem convencional usada em programas de recuperação pós-desastres. Seu ponto de partida foi a convocação de equipes de cientistas, projetistas, economistas e sociólogos para passarem algum tempo em áreas afetadas pela tempestade Sandy, encontrando-se com moradores, autoridades governamentais, empresas e entidades sem fins lucrativos a fim de estudarem os problemas. Baseadas naquilo que descobriram, equipes selecionadas propuseram novas maneiras de replanejar áreas específicas de modo a aumentar simultaneamente sua resiliência ambiental e econômica. Seis equipes foram selecionadas para colocar em prática 10 propostas, integrando sistemas humanos e naturais. Em seu extenso trabalho de campo, cada uma delas recorreu a planejamento, *big data* e Sistemas de Informação Geográfica (SIG) para ajudar as comunidades a visualizarem, questionarem, analisarem e interpretarem dados e compreenderem relações e padrões, e projetarem cenários futuros, tudo a serviço de metas ambientais, econômicas e educacionais.

Uma dessas propostas, o projeto Living Breakwaters, foi inspirado pelo programa Billion Oyster. Seu objetivo era reduzir inundações por águas pluviais em torno da Staten Island ao combinar redução de riscos, regeneração ecológica e resiliência social. Em vez de propor um único quebra-mar projetado por engenheiros, a arquiteta paisagista Kate Orff projetou um colar de recifes submersos, quebra-mares naturais, dunas e bacias de detenção. O projeto integra sistemas de proteção litorânea técnica e natural e proporciona uma defesa coerente e multiestratégia contra cheias causadas por tempestades. Usando modelos computadorizados e dados de SIG, Orff e sua equipe conseguiram prever os padrões eólicos e hídricos mais prováveis, e projetaram maneiras de mitigá-los. Ao mesmo tempo, planejaram seus recifes para que contivessem minibolsões de habitat, aumentando a biodiversidade, incluindo mariscos, peixes e lagostas. Trabalhando com o programa Billion Oyster e com escolas locais, o projeto também está servindo para educar estudantes e a comunidade. Ao integrar elementos naturais em sua estrutura técnica, o projeto Living Breakwaters se propõe a evoluir com as mudanças, em vez de resistir a elas.

A equipe Hunts Point Lifelines Team, liderada pela Penn Design e pela agência de arquitetura paisagística Olin, enfocou a vulnerabilidade de um dos eixos alimentares mais importantes no metabolismo da região, o Hunts Point Market, situado numa península de 280 hectares que avança sobre o East River. Caso o furacão Sandy tivesse chegado algumas horas antes, coincidindo com a maré alta, o Hunts Point teria sido inundado por produtos químicos tóxicos vindos das indústrias químicas e estações de tratamento de efluentes vizinhas. O mercado está situado no South Bronx, lar do distrito eleitoral mais pobre dos Estados Unidos. Ele é a maior fonte de vegetais, peixe e carne frescos da região, e ainda assim, por ser cercado para fins de proteção, situa-se em meio a um deserto alimentar. A equipe se perguntou: "De que forma o mercado pode mitigar os perigos das mudanças climáticas e ao mesmo tempo estabelecer uma relação melhor com seus vizinhos?".

Em resposta, a equipe projetou um dique ladeado por bacias de detenção naturais para proteger o mercado contra cheias. O dique terá ligação com o South Bronx Greenway, tornando-o acessível ao público, com laboratórios de estudos ecológicos ao longo do caminho para servir como um recurso recreativo e educacional a toda comunidade do South Bronx. Para assegurar uma fonte confiável de energia e atender a enorme demanda do mercado para refrigeração, a equipe propôs uma usina de cogeração, que forneceria eletricidade para os caminhões em espera, os quais atualmente têm de manter seus motores em ponto morto para deixar seus sistemas de refrigeração em funcionamento. Isso reduzirá os custos e a poluição causadora de asma. Para melhor atender ao bairro, eles propuseram que o mercado, que é voltado ao atacado, crie uma parte voltada à venda de alimentos frescos para a comunidade.

A equipe Bjarke Ingels Group/Starr Whitehouse propôs proteger o sul de Manhattan contra cheias causadas por tempestades e elevação do nível do mar mediante a criação de uma enorme berma em arco, funcionando como um dique holandês, protegendo 16 quilômetros de orla vulnerável e o entorno imediato. A região inclui uma das áreas mais densamente povoadas de Nova York, o maior distrito empresarial do país, com um PIB de US$ 500 bilhões, e Wall Street, que é um eixo do sistema financeiro global e está se tornando cada vez mais um eixo tecnológico/editorial. Inclui também os lares de 95 mil residentes idosos, de baixa renda e incapacitados, os quais, em épocas de perturbações climáticas, não têm outro lugar para ir. A berma é projetada para ser permeável, facilmente atravessada quando não há tempestade e recoberta por jardins de espécies nativas, jardins comunitários, plataformas de *tai chi chuan*, pistas de *skate* e painéis móveis que servem ao mesmo tempo como proteção contra temporais e murais para arte pública. As ruas adjacentes receberão mudas de árvores frondosas, biodigestores gramados (depressões no terreno recobertas por plantas nativas) para coletar e limpar a água da chuva. Interligando tudo isso, estão ciclovias e caminhos de pedestres que conectam os moradores a outras partes da cidade.

Esses planos do concurso Rebuild by Design combinam ampla participação comunitária com soluções científicas e de engenharia a fim de aumentar a resiliência dos bairros-alvo. Cada proposta concluiu que a infraestrutura natural era uma parte essencial da solução, um elemento-chave da melhoria do bem-estar da comunidade e do ambiente natural que a cerca.

Com a aceleração das mudanças climáticas, as cidades estão cada vez mais buscando combinações inovadoras de infraestrutura técnica e natural para resolver problemas ambientais urbanos de maneira acessível. Tomando por base o conceito de colar de esmeraldas de Olmsted, as cidades estão voltando a conectar redes naturais, entrelaçando jardins locais, parques de pequeno e grande porte, corredores naturais ao longo de rios e bacias de detenção restauradas a fim de criarem um ambiente natural pujante, rico em biodiversidade. Esses sistemas dão temperança às cidades, aumentando sua resiliência às mudanças climáticas, resfriando suas temperaturas e melhorando o temperamento de seus cidadãos.

CAPÍTULO 8

Edificações sustentáveis, urbanismo sustentável

Abatidas pelas megatendências de mudanças climáticas e exaurimento de recursos, nossas cidades precisarão de múltiplas estratégias para se adaptarem com resiliência. Nos capítulos anteriores, examinamos os investimentos que as cidades podem fazer em termos de transporte, alimentos, água, efluentes, resíduos sólidos e infraestrutura natural para tornarem seu metabolismo mais resiliente. Esses elementos fornecem boa parte da armação sobre o qual as cidades prosperam.

Outro elemento importante do metabolismo de qualquer cidade é a energia. Nos subúrbios, o automóvel costuma ser o maior consumidor de energia, sendo que seus gastos para ir e voltar de casa muitas vezes são tão altos quanto a energia consumida na própria residência. Mas nas cidades a história é outra. Na cidade de Nova York, por exemplo, 80% de toda a energia é consumida por seus prédios. Se a intenção é aumentar a resiliência de uma cidade, um ponto de alta alavancagem é tornar seus prédios mais verdes ou sustentáveis. Uma cidade pode reduzir o consumo de energia e de água em seus prédios mediante um pacote integrado de regulamentos, incentivos, investimentos, mensurações e *feedback* para modificar os comportamentos de seus ocupantes. Tais programas também fazem sentido em termos econômicos. Em geral, não é muito caro alcançar reduções de até 30% no consumo de energia e água, o que gera um retorno sobre o investimento na ordem de 20% ao ano para seus proprietários. Com financiamento apropriado, reduções ainda maiores são possíveis.

Edificações sustentáveis

O movimento da edificação ecológica ou sustentável teve início no final da década de 1960, como parte do florescimento cultural de ideias alternativas. Construtores e arquitetos locais começaram a fazer experiências com novas tecnologias, a projetar e construir residências feitas de troncos, adobe e outros materiais naturais locais; a usar sistemas solares para eletricidade, aquecimento e água quente; e a usar vasos sanitários para compostagem de dejetos. E. F. Schumacher, um economista britânico que escreveu o influente livro *Small Is Beautiful: Economics As People Mattered*, descreveu os sistemas necessários para que o mundo recupere seu equilíbrio natural como "tecnologias apropriadas". Trata-se, ele propôs, de sistemas técnicos que são de pequena escala, descentralizados, exigentes em termos de mão-de-obra, eficientes em termos energéticos, ambientalmente sadios e localmente controlados.[1]

Em 1973, instabilidades no Oriente Médio fizeram os preços do petróleo disparar de US$ 20 o barril, nível em que permanecera por quase um século, para US$ 100 em menos de três anos. Os Estados Unidos estavam completamente despreparados para esse aumento acentuado nos custos de energia, que afetou quase todos os aspectos da economia, e cujo impacto foi especialmente grave nos setores de construção e transporte. Os valores dos imóveis despencaram. A elevação nos custos do petróleo e da eletricidade levaram à falência muitos proprietários de prédios em bairros centrais como o South Bronx, piorando ainda mais seu abandono. As fabricantes automotivas norte-americanas perderam uma fatia do mercado para concorrentes japonesas e europeias mais eficientes, obrigando o fechamento de fábricas pelo Meio Oeste do país. A crise econômica que se seguiu serviu como uma clara lição do quanto nossa civilização se tornou dependente dos combustíveis fósseis.

O presidente Jimmy Carter, que nutria profundo interesse em ciências e meio ambiente, reagiu ampliando os investimentos governamentais em pesquisas com energias renováveis. Como símbolo de seu compromisso em criar alternativas para o petróleo estrangeiro, o presidente Carte mandou instalar painéis solares no telhado da Casa Branca. Infelizmente, Carter também criou incentivos para que a maioria das usinas geradoras de eletricidade do país deixasse de queimar petróleo estrangeiro e passasse a queimar carvão doméstico, acelerando as mudanças climáticas e emitindo mercúrio e outros resíduos tóxicos pelo ar.

As faltas de petróleo de meados dos anos 1970 que acordaram os Estados Unidos para sua vulnerabilidade energética afetaram mais gravemente as famílias de baixa renda, muitas vezes forçando-as a optar entre pagar por óleo de aquecimento e gasolina ou por outras necessidades, como comida e medicamentos. Para oferecer certo alívio, em 1976 o Congresso criou o programa de Assistência ao Isolamento Térmico, que ajudou a tornar as moradias de proprietários de baixa renda e idosos mais eficientes em termos energéticos, liberando uma parcela maior do seu dinheiro para alimentos, saúde, educação, transporte e habitação.

Os outros 99

Em 2015, havia cerca de 135 milhões de edificações nos Estados Unidos, em sua maioria moradias unifamiliares. No total, essas edificações consomem 40 quatrilhões de BTUs de energia ao ano.[2] Em anos de aquecimento econômico, a quantidade de edificações nos Estados Unidos aumenta em 1%, ao passo que em épocas de desaquecimento, esse crescimento fica na faixa de apenas um terço de 1%. Embora seja importante que todas as novas edificações apresentem a máxima eficiência energética possível, elas consomem somente 1% da energia do país. A elevação da eficiência dos outros 99%, o estoque *já existente* de edificações do país, gera um impacto muito maior. O isolamento térmico e a modernização das habitações existentes – a vedação de frestas e rachaduras em paredes externas, a instalação de material isolante, a substituição de janelas de vidro simples por vidro duplo de alto isolamento, a troca de aquecedores de água de passagem ou por acumulação antigos por novos e mais eficientes e a instalação de aparelhos com o selo Energy Star – representam um primeiro passo fácil rumo à criação de comunidades mais verdes e mais economicamente viáveis, e à redução das emissões de gases causadores de efeito estufa e de mudanças climáticas. O isolamento térmico faz sentido em termos econômicos. Estudos federais mostram que cada dólar investido em conservação de energia residencial gera uma economia de US$ 2,51.[3]

Esses consertos simples não apenas reduzem o consumo de energia em nossas edificações em 30 ou 40% como também podem gerar empregos. Um estudo do Center for American Progress projetou que os Estados Unidos poderiam criar 650 mil empregos permanentes mediante o isolamento térmico de 40% de suas moradias. Noventa e um por cento desses empregos seriam abertos por pequenos negócios, empresas que com menos de 20 funcionários. E 89% do material usado no isolamento térmico são produzidos nos Estados Unidos.[4]

Se um país almeja se tornar mais resiliente em face de mudanças climáticas, volatilidade econômica ou possíveis faltas de energia, o mais fácil é começar para modernização da eficiência energética de suas edificações já existentes. Também temos de tornar as novas edificações mais sustentáveis, e isso não é difícil de fazer.

Projeto e construção de novas edificações sustentáveis

As faltas de energia dos anos 1970 foram seguidas por uma fartura energética nos anos 1980. Os norte-americanos logo esqueceram a crise do petróleo e as medidas de conservação de energia que ela inspirara. O governo Reagan, com sua política energética pró-petróleo, tomou a medida simbólica de remover os painéis solares do presidente Carter do telhado da Casa Branca e, o que foi ainda mais grave, de cortar o orçamento do Laboratório Nacional de Energia Renovável em 90%. Mas o legado mais danoso do governo Reagan foi sua promoção da falsa noção de que investir em estratégias ambientais, e regulamentar impactos sobre o meio ambiente, é algo que deve inevitavelmente prejudicar a vitalidade econômica. Sabemos hoje em dia que a proteção ambiental e o desenvolvimento econômico podem intensa e mutuamente se reforçar, mas vem sendo difícil corrigir o mal-entendido do que devemos fazer uma escolha entre a economia ou o meio ambiente. Na verdade, a China atualmente está gastando 12% de seu PIB em saúde e outros custos relacionados a sua terrível poluição do ar urbana. Sendo assim, deixar de proteger o meio ambiente sai bastante caro.

Mas até a década de 2000, a comunidade norte-americana de ambientalistas tampouco reconhecia o potencial ambiental e econômico conjunto de cidades ecologicamente sustentáveis. Seus membros também acreditavam que a economia e a natureza estavam profundamente separadas.

Mesmo hoje, apesar de que o número de norte-americanos que trabalham no setor da energia solar é o dobro dos que trabalham no setor carbonífero,[5] muitos norte-americanos ainda acreditam que regulamentos, incentivos e investimentos ambientais atravancam o crescimento econômico. Na verdade, nada pode estar mais longe de verdade. A energia eólica, a energia solar e a biomassa geram entre 2,5 e 9,5 mais empregos do que o carvão, o petróleo e o gás para cada US$ 1 milhão de contribuição ao PIB.[6] O Relatório sobre Investimento Verde do Fórum Econômico Mundial de 2013 observa: "O crescimento econômico e a sustentabilidade dão interdependentes; não se pode ter um sem o outro. [...] A conscientização ambiental global frente ao crescimento econômico é a única maneira de satisfazer às necessidades da população atual, e das 9 bilhões de pessoas em 2050, promovendo o desenvolvimento e o bem-estar e ao mesmo tempo reduzindo as emissões de gases do efeito estufa e aumentando a produtividade de recursos naturais. [...] O investimento necessário nos setores de água, agricultura, telecomunicações, energia, transporte, construção, indústria e exploração florestal, segundo projeções atuais de crescimento, fica em torno de US$ 5 trilhões ao ano até 2020… O desafio será possibilitar uma migração sem precedentes em investimento de longo prazo das alternativas convencionais para opções mais verdes, para que não se fique preso a tecnologias menos eficientes e de altas emissões por décadas e décadas".[7]

Com o fim dos anos 1980 e início dos 1990, um pequeno grupo de arquitetos, engenheiros, construtores e acadêmicos comprometidos começou a examinar como desenvolver novas edificações mais ambientalmente responsáveis e mais eficientes em termos energéticos. Em 1993, o Green Building Council (Conselho de Edificações Sustentáveis dos Estados Unidos – USGBC, na sigla em inglês) foi formado como uma ONG com a diretriz de promover o projeto, a construção e a operação de edificações ecologicamente sustentáveis. O USGBC não tinha qualquer poder regulatório, mas seus fundadores, Mike Italiano, David Gottfried e Rick Federizzi, depreenderam que, se pudesse criar um mercado para edificações sustentáveis e serviços relacionados, esse ponto de alavancagem poderia revolucionar a cultura dos setores de projetos e construção. Para isso, propuseram-se a certificar de modo independente atributos verdes de edificações para que seus níveis de conscientização ambiental pudessem ser avaliados e comparados, e para que "selos de orgulho" pudessem ser conferidos a edificações que tivessem alcançado os níveis mais altos de qualificação.

Em 1998, o USGBC divulgou seu primeiro sistema de avaliação de edificações sustentáveis, o LEED, abreviação de Leadership in Energy and Environmental Design (Liderança em Projetos Energéticos e Ambientais). O sistema LEED atribui pontos para uma variedade de atributos ambientais, como eficiência energética, uso de materiais reciclados, eficiência hídrica e uso de materiais de baixa toxidade; quanto mais alta a pontuação, mais verde é a edificação. Edificações que satisfazem aos quesitos mínimos podem ser certificadas como edificações LEED, e aquelas que ficam acima do nível de entrada conquistam a certificação prata, ouro ou platina. Em 2015, o sistema LEED já havia se espalhado dos Estados Unidos para boa parte do mundo. Mais de 300 milhões de m^2 já foram certificados pelo programa, um número que vinha crescendo a um ritmo de quase 200 mil m^2 por dia. O LEED exerce um apelo especial à fatia de elite do mercado: quase metade de todas as novas edificações avaliadas em mais de US$ 50 milhões vem recebendo certificação LEED. Os fundadores do LEED estavam certos: certificação voluntária e informações transparentes são capazes de transformar os mercados. A certificação LEED ouro passou a fazer parte da definição dos melhores prédios de escritórios do mundo, e as principais empresas e firmas de advocacia não cogitam se transferirem para um novo prédio sem ela.

O crescimento das edificações sustentáveis aumenta a resiliência das cidades, ajudando-as a usar menos água e energia. Edificações sustentáveis também apoiam o desenvolvimento de economias cíclicas locais – a caliça gerada na construção e demolição é facilmente reciclada em novos materiais de construção. Atualmente, edificações com certificação LEED passam a redirecionar em média 40% de sua caliça de demolição e construção, que antes acabava em aterros sanitários, para a reciclagem, com as melhores alcançando os 100%. Isso envolve a reciclagem de cerca de 80 milhões de toneladas de entulho ao ano, e projeta-se que esse total chegará aos 540 milhões de toneladas em 2030.[8]

Um dos pontos fortes da certificação LEED é que seu sistema de pontuação está continuamente sendo aprimorado pelas opiniões dos proprietários, arquitetos e empreiteiros que trabalham com ela. A certificação também está cada vez mais concentrada em resultados, exigindo que os prédios certificados mensurem e verifiquem seus avanços em sustentabilidade. Além disso, o programa se diversificou, passando a avaliar e certificar hospitais, prédios industriais e laboratórios universitários.

Em seus primeiros anos, o LEED não se adequava muito bem a habitações familiares, e isso era especialmente válido em se tratando de moradias populares. A solução para esse problema se deu na forma das Enterprise Green Community Guidelines.

Tornando a habitação popular sustentável

A Enterprise Community Partners é uma organização nacional sem fins lucrativos que destina mais de um bilhão de dólares ao ano em soluções financeiras, de assistência técnica e outras de aprimoramento comunitário para bairros de baixa renda espalhados pelos Estados Unidos. Em 2004, a Enterprise lançou o programa Green Communities para estimular projetos e construção de habitações populares sustentáveis.

Ao longo da última década, muitas pesquisas se concentraram no nexo entre transporte, saúde e acessibilidade econômica para famílias de baixa renda. Depois do custo da moradia, o transporte é a segunda maior despesa para famílias de baixa renda e de classe operária que dependem do automóvel para irem e retornarem do trabalho, escola, supermercado, e assim por diante. Quando as moradias populares são atendidas por transporte público e seus usuários podem ir facilmente a pé até locais de trabalho, escolas, lojas de varejo e serviços de saúde próximos, isso não apenas os poupa do custo de ter um automóvel como também é mais saudável tanto para as pessoas quanto para o meio ambiente. As Enterprise Green Community Guidelines estimulam o desenvolvimento de moradias populares em locais bem atendidos por transporte público com outros serviços alcançáveis a pé.

As Green Community Guidelines também estimulam as incorporadoras a levarem em consideração outros problemas tipicamente enfrentados por pessoas com baixa renda. Muitas vezes, por exemplo, as habitações têm péssimo isolamento térmico, o que leva a altos custos de aquecimento no inverno e de ar condicionado no verão. A redução de seu consumo de água e energia ajuda a diminuir as contas de energia que as famílias de baixa renda têm de pagar por aquecimento, ar condicionado, luz e lavagem de roupa. A qualidade do ar em bairros de baixa renda costuma ser bastante ruim, pois tendem a se situar em terrenos baratos, perto de áreas industriais, usinas de geração de energia, terminais de ônibus, estradas e incineradores. Essas exposições diretas não apenas deixam os moradores de comunidades de baixa renda mais propensos a enfermidades como também reduzem sua resiliência, deixando-os mais suscetíveis a gatilhos ambientais em suas residências, como colas, seladores, aglomerantes e outros compostos orgânicos voláteis encontrados em tintas, balcões de cozinha e pisos convencionais. Além da exigência de materiais não tóxicos nas habitações, as Enterprise Guidelines também estipulam uma circulação de ar suficiente para varrer as toxinas.

A fim de aumentar a escala e o impacto de suas diretrizes de sustentabilidade, a Enterprise voltou seu foco para outro ponto fundamental de alavancagem no metabolismo do desenvolvimento urbano: a verba. Como todas as habitações voltadas a baixa renda são financiadas por um pacote complexo de verbas públicas e privadas, a Enterprise começou a conscientizar os bancos, investidores, municípios e estados financiadores sobre os benefícios de suas diretrizes. O programa de sustentabilidade elevava em apenas 1 ou 2% o orçamento total de uma construção, uma quantia que era facilmente recuperada pela redução dos custos operacionais. O cumprimento dos critérios da Enterprise Green Community passou a ser obrigatório na construção de habitações voltadas a baixa renda na maioria das grandes cidades dos Estados Unidos, em mais da metade de seus estados e por todos os grandes bancos. Até 2020, é bastante provável que todas as novas habitações para baixa renda no país consideradas sustentáveis, o primeiro setor de construção a conseguir cumprir essa meta.

Via Verde – jardins no céu

Em maio de 2010, na cerimônia de inauguração da Via Verde, um novo modelo de habitações urbanas verdes para baixa renda situado no coração do South Bronx, o subprefeito do distrito, Ruben Diaz Jr., proclamou: "Que seja anunciado ao mundo: onde o South Bronx antigamente ardia em chamas, estamos construindo jardins no céu".

A Via Verde é repleta de elementos de projeto sustentável, mas nenhum é mais visível que suas coberturas com jardins. O projeto está localizado em um terreno longo e estreito que corre de norte a sul em paralelo com uma linha férrea. Conta com habitações sociais e uma escola de ensino médio de um lado e um longo e baixo prédio com lojas e escritórios do outro. A estratégia de projeto da Via Verde consegue tirar proveito do formato irregular de seu terreno. A parte mais alta do complexo ficou voltada para o lado norte, com degraus cada vez mais baixos até chegar a sua extremidade sul, permitindo a máxima exposição dos terraços ao Sol veranil (hemisfério Norte). Os terraços oferecem à comunidade um pomar, hortas de frutas e vegetais e lugares ao ar livre para as crianças brincarem, os idosos lerem e relaxarem e para todos se exercitarem.

O projeto foi um subproduto da "New Housing New York Legacy Competition", uma criação do ramo nova-iorquino do American Institute of Architects, do Enterprise Community Partners e do então secretário de habitação de Nova York Shaun Donovan. A competição desafiou novas incorporadoras a criarem um modelo de empreendimento habitacional sustentável para pessoas de baixa renda. As incorporadoras covencedoras foram a Phipps Houses e minha própria empresa, a Jonathan Rose Companies, com o projeto assinado pelas agências de arquitetura Dattner Architects e Grimshaw.[9] A proposta do Via Verde é oferecer não apenas habitações sociais com boa eficiência energética em um local bem servido de alternativas de transporte e melhorar a condição de saúde de seus moradores. Nossa premissa era que habitações sociais sustentáveis construídas a partir de materiais mais saudáveis – com custos de energia mais baixos; grande oferta de transporte público, lojas e outros serviços por perto; e uma clínica no próprio local – acabariam elevando a resiliência das famílias locais e sua capacidade de absorver adversidades. Além disso, se o projeto tivesse uma arquitetura muito bonita, contribuiria para uma sensação de orgulho para sua vizinhança. A premissa se revelou verdadeira.

A Via Verde, concluída em 2012, foi projetada para atender a famílias de vários níveis de renda, já que essa diversidade tende a criar comunidades mais sadias e melhores oportunidades para filhos de famílias de baixa renda. Quando foi inaugurada, seus 151 apartamentos sociais foram alugados ao valor de US$ 460 a US$ 1.090 ao mês para famílias com rendas anuais entre US$ 17 mil e US$ 57 mil. Os 71 apartamentos subsidiados do projeto foram vendidos a valores entre US$ 79 mil e US$ 192 mil, dependendo do tamanho, e revelaram-se economicamente acessíveis para famílias que ganhavam entre US$ 37 mil e US$ 161 mil ao ano. As plantas das unidades incluem quitinetes, apartamentos inovadores de dois pisos e apartamentos com espaços dedicados a servirem de local de trabalho. O edifício ainda conta com uma clínica de atendimento de saúde no térreo operada pelo Montefiore Hospital, uma farmácia e instalações comunitárias que incluem uma incrível academia, salão comunitário, uma cozinha, um maravilhoso *playground* ao ar livre para as crianças, pomares e jardins.

Os apartamentos da Via Verde foram projetados para terem no mínimo 30% mais eficiência energética do que os de um novo prédio padrão. Sensores de movimento nas escararias conservam energia, acendendo as luzes somente quando necessário. Seus apartamentos incluem eletrodomésticos com o selo Energy Star, materiais não tóxicos e sistemas mecânicos de alta eficiência. Suas amplas janelas oferecem vistas panorâmicas, iluminação natural e ar fresco. Seus elevadores, corredores, sistema de calefação e bombas hidráulicas são alimentadas durante o dia por um sistema solar de 64 quilowatts.

Mais de 80% da caliça gerada na construção e em demolições do projeto foram reciclados, e mais de 20% dos materiais empregados na construção vieram de fontes recicladas. Outros 20% dos materiais foram produzidos localmente, minimizando a energia dispendida em transporte e apoiando a economia local. Os blocos de concreto utilizados na Via Verde, por exemplo, foram produzidos a menos de 200 quilômetros de distância, pela Kingston Block Company, num vilarejo de classe operária às margens do rio Hudson, usando materiais regionais reciclados em seus produtos de concreto. Além disso, a Via Verde foi projetada para consumir menos água, por contar com vasos sanitários, chuveiros e pias de maior conservação hídrica. E os jardins e pomares comunitários são regados com água da chuva, que é coletada e armazenada em tanques nas coberturas. Isso reduz o escoamento para os sistemas de esgoto da cidade.

Em cumprimento às diretrizes Enterprise Green Community Guidelines, os moradores da Via Verde podem ir às compras a pé, além de morarem literalmente ao lado de escolas e quadras esportivas e de estarem a poucos quarteirões de distância de linhas do metrô, que lhes dão acesso às zonas ricas em empregos nos lados leste e oeste de Manhattan.

Terraços e coberturas verdes

A Via Verde não está sozinha na celebração de terraços e coberturas verdes. Sua rápida propagação por todos os tipos de edificações é explicada por seus muitos benefícios. O primeiro é estético: são lindos, e valorizam os imóveis onde são instalados. Muitos apartamentos para locação e prédios de escritórios destacam o uso de terraços verdes para valorizar o imóvel. Terraços verdes também geram benefícios econômicos diretos. Protegem a camada subjacente de isolamento contra infiltrações, fazendo-a durar por mais tempo. Ao reterem e evaporarem água, eles resfriam a cobertura e a área abaixo dela, diminuindo a exigência de uso de ar condicionado; isso também reduz o influxo de água da chuva no sistema, e a água que acaba fluindo do prédio já sai naturalmente filtrada. Além disso, as plantas numa cobertura verde capturam matéria particulada e filtram gases nocivos, limpando o ar. Também absorvem sons, reduzindo o ruído vindo da rua em 40 decibéis. Quando planejados adequadamente, podem aumentar a biodiversidade de uma cidade. E assim como os programas de isolamento térmico, terraços e coberturas verdes criam empregos em construção e manutenção, melhoram o bem-estar dos usuários e, por fim, produzem alimentos saudáveis, disponíveis aos residentes mediante mínimos custos de transporte.

Quando estratégias de construção verde conseguem gerar múltiplos benefícios como esses, são rapidamente adotadas na prática predominante de desenvolvimento urbano.

Resiliência passiva

Em 2005, Alex Wilson, editor do *Environmental Building News*, estava refletindo sobre o tempo que levou para Nova Orleans alcançar até mesmo os mais básicos níveis de recuperação após o furacão Katrina. A energia elétrica ficou desativada por meses. Naquele clima quente e úmido, os fungos se proliferaram rapidamente pelos prédios, tornando-os inabitáveis. Wilson propôs que, além de serem sustentáveis ecologicamente, os prédios precisavam de uma qualidade que chamou de capacidade passiva de sobrevivência, "o potencial de um prédio manter as condições cruciais de sobrevivência para seus ocupantes se os serviços como energia, óleo de calefação e água forem perdidos por um período extenso".[10] Se, por exemplo, um prédio tiver coletado água numa cisterna e o sistema de abastecimento hídrico da cidade for interrompido devido a uma tempestade, a cisterna pode fornecer a seus residentes certa quantidade de água fresca. E se as paredes em seu andar térreo forem feitas de material resistente a mofo, como blocos de concreto em vez de gesso acartonado, o prédio poderá seguir sendo ocupado depois de ser limpo, em vez de ter de ser evacuado até que o gesso acartonado seja substituído.

Logo após os desastres do furacão Katrina quanto do Sandy, refinarias de petróleo foram fechadas e reservatórios de combustível e instalações de bombeamento ficaram sem energia; como resultado, postos de gasolina tiveram falta de diesel e gasolina, e, poucos dias depois, os geradores a diesel também pararam. Cirurgias hospitalares foram concluídas à luz de velas. Pacientes tiveram de ser transferidos, muitas vezes carregados por escadarias, na ausência de elevadores em funcionamento. Pessoas, prédios, comunidades e cidades prosperam quando se encontram conectados a redes e sistemas mais amplos, mas precisam estar preparados para funcionarem mesmo quando são desconectados. Precisam ser capazes de sobreviver quando os sistemas urbanos entram em pane.

A Via Verde foi projetada com a capacidade passiva de sobrevivência em mente. Se faltar energia durante um verão sufocante, seus moradores podem abrir as janelas e se beneficiar do resfriamento natural, já que todos os apartamentos foram projetados para ter abertura em, no mínimo, duas orientações solares. Isso, juntamente com ventiladores de teto e pisos e tetos de concreto, reduz o consumo de energia de cada apartamento durante um verão quente, e armazena esse calor no inverno. As paredes são bem isoladas, e as janelas dispõem de brises que as protegem do Sol quente de verão, mas deixam penetrar o calor do Sol no inverno. As coloridas caixas de escada do projeto ficam adjacentes ao exterior do prédio e contam com janelas, garantindo sua iluminação natural mesmo na falta de luz, e poupando iluminação de emergência alimentada por baterias à noite.

Casas passivas

Os exemplos mais avançados de resiliência passiva são as "casas passivas", um termo desenvolvido em 1998 pelos professores Bo Adamson, da Universidade de Lund, na Suécia, e Wolfgang Feist, da Universidade de Innsbruck, na Áustria. As casas passivas são tão bem isoladas que conseguem se manter aquecidas pelo calor corporal de seus residentes, de suas luzes e de alguns pequenos eletrodomésticos. Quando falta luz, elas podem ficar mais frias, mas não chegam a ficar gélidas. Em geral, consomem menos de 20% da energia de construções convencionais.

Atualmente, casas passivas custam 10% a mais para serem construídas, embora esse custo venha caindo depressa. Os benefícios econômicos e ambientais advindos da energia que elas poupam em um ano são enormes.

Pequenos edifícios urbanos passivos no Brooklyn. As construções mais claras nessa fotografia em infravermelho representam o calor passando através das fachadas das típicas moradias da região, conhecidas como *browstones*. Ao centro, a casa passiva bem isolada demonstra pouquíssima liberação de calor. *(Sam McAfee, sgBuild)*

Construções saudáveis

A primeira geração de construções sustentáveis tinha como foco reduzir seu impacto sobre o meio ambiente. A geração seguinte deu mais ênfase à saúde dos seus moradores. Em 1997, minha empresa codesenvolveu a Maitri Issan House em conjunto com a Greyston Foundation, uma organização sem fins lucrativos sediada em Yonkers, no estado de Nova York, que proporciona habitação, empregos, pré-escola e instalações para atendimento de saúde para famílias sem-teto e de baixa renda. A Maitri Issan HIV/AIDS foi projetada para portadores de HIV/Aids que, na época da construção, estavam morrendo devido à doença. Foi uma das primeiras construções sustentáveis do país a se concentrar especificamente na saúde de seus moradores. Assim como idosos, crianças pequenas e pessoas com doenças respiratórias crônicas, pacientes com HIV/Aids, devido a seus sistemas imunológicos comprometidos, são bastante sensíveis a compostos orgânicos voláteis (COVs). Ao desenvolvermos a Maitri Issan House, procuramos eliminar todas as fontes de COVs, construindo até mesmo nossos próprios móveis para evitar mobílias carregadas de produtos químicos que até então eram a única opção no mercado. O projeto também incluiu um centro médico no próprio local que oferecia terapias tradicionais e integrativas.

Em meados da década de 2000, ficou claro que os COVs estavam vinculados a uma epidemia global de asma infantil. Sabemos agora que COVs domésticos podem causar danos ao fígado, rins e sistema nervoso central, bem como câncer, além de reações alérgicas cutâneas, náusea, vômitos, dores de cabeça, fadiga, tontura e perda de coordenação. Construções modernas estão repletas desses compostos tóxicos. Balcões de cozinha são montados com colas que emitem formaldeído, e carpetes, pisos vinílicos e os adesivos que os prendem ao assoalho, bem como tintas e seladores, muitas vezes estão cheios de COVs. A Healthy Building Network (Rede de Construções Saudáveis) observa que pisos de folhas vinílicas, cada vez mais usados em habitações (sejam populares ou não), estão repletos de carcinogênicos, mutagênicos e intoxicantes desenvolvimentais e reprodutivos. Um edifício de apartamentos com 60 unidades instalado com pisos vinílicos pode conter 11 toneladas de produtos químicos perigosos. Cedo ou tarde, é provável que os municípios

EDIFICAÇÕES SUSTENTÁVEIS, URBANISMO SUSTENTÁVEL   265

banirão o uso desses compostos tóxicos, conforme as evidências de seus efeitos nocivos à saúde fiquem mais difundidas.

Os impactos sobre a saúde gerados por emissões de COVs, toxinas químicas, mofo e infestação de roedores levam a aumentos nos custos em atendimento hospitalar. O Columbia-Presbyterian Hospital, no noroeste do Harlem, se viu às voltas com uma epidemia de asma que estava sobrecarregando sua sala de emergência. Esforçando-se para reduzir o número de visitas, identificou seus 100 principais pacientes com asma e elevou sua prescrição medicamentosa, mas isso não funcionou. O hospital acabou descobrindo que a maneira mais eficiente de curar esses pacientes não era prescrevendo mais medicamentos, e sim ir até seus apartamentos e limpar o mofo e outras toxinas que estava desencadeando sua asma. As vidas dos pacientes hospitalares melhoraram rapidamente, seus custos de atendimento despencaram e a sala de emergência foi liberada para atender a outros tipos de urgência. Ao reconhecerem esse vínculo entre a saúde e o ambiente doméstico, os médicos de Boston estão atualmente autorizados a prescreverem uma inspeção predial caso acreditem que um problema de saúde seja causado por um problema na residência do paciente. Mas há outros aspectos de uma construção que também podem melhorar a saúde de seus moradores.

No sétimo andar da Via Verde, uma academia com equipamentos de ginástica modernos tem como vista um terraço ajardinado que estimula os exercícios. O jardim também oferece um espaço silencioso e reflexivo, ideais para meditação e ioga, que comprovadamente são bastante eficientes na redução do estresse e no aumento da resiliência humana. O centro médico comunitário no andar térreo, administrado pelo Montefiore Hospital, cuja sede fica no Bronx, atende tanto aos moradores da Via Verde quanto às pessoas do bairro, estimulando uma migração de um atendimento em salas de emergências caras para um atendimento preventivo mais eficaz e menos dispendioso. Uma farmácia local está situada logo ao lado, e áreas próximas para bicicletas encorajam o ciclismo, enquanto *playgrounds* de última geração estimulam as crianças a correrem e brincarem ao ar livre no pátio seguro e ensolarado do complexo.

A secretaria de saúde da cidade de Nova York está conduzindo um estudo de cinco anos de duração para determinar se morar na Via Verde faz alguma diferença para a saúde de seus residentes. Cada um dos residentes que se mudaram para o prédio assim que foi lançado recebeu um questionário de saúde. Um número igual de residentes que buscaram uma unidade no prédio, mas que não se mudaram para ele, também recebeu os questionários. Após cinco anos de coleta de dados, será possível comparar e determinar se o prédio fez algum diferença nesse sentido.

A ênfase da Via Verde em saúde e exercícios físicos é intencional. Pessoas que moram em comunidades de baixa renda são especialmente suscetíveis a problemas crônicos de saúde, incluindo depressão. Como o Levantamento de Bem-Estar conduzido por Gallup-Healthways observa: "Os norte-americanos pobres estão mais propensos do que os demais a um amplo leque de problemas crônicos de saúde, e são desproporcionalmente os mais afetados pela depressão. Cerca de 31% dos norte-americanos na pobreza afirmam que em algum momento já foram diagnosticados com depressão, em comparação a 15,8% de quem não se encontra na pobreza. Norte-americanos pobres também são mais propensos a casos de asma, diabetes, pressão alta e ataques cardíacos – problemas que provavelmente estão relacionados ao nível mais elevado de obesidade encontrado nesse grupo – 31,8% *versus* 26% no caso de adultos que não se encontram na pobreza".[11] Considerando-se a vulnerabilidade especial das famílias pobres a sofrerem de depressão e doenças crônicas, os benefícios dos exercícios físicos e de uma dieta saudável exercem um efeito ainda mais positivo sobre famílias de baixa renda do que sobre aquelas em situação melhor.

À medida que o sistema de pagamento por atendimento de saúde garante cada vez mais uma quantia fixa anual por pessoa aos hospitais e outros prestadores de serviços médicos, sua motivação é manter seus pacientes saudáveis ao custo mais baixo possível. Uma das maneiras mais baratas de garantir isso é estimulando construções mais saudáveis. E o trabalho da Robert Wood Johnson Foundation demonstra que atributos geográficos como facilidade de deslocamentos a pé e acesso em menos de 10 minutos a parques e espaços abertos exercem benefícios positivos à saúde. Assim, o ambiente em que as construções estão inseridas afeta não apenas a saúde da natureza, mas também a nossa própria. É possível que em breve os preços de nossos planos de saúde variem dependendo de quão sustentáveis são nossas moradias e nossos bairros.

O impacto do comportamento humano

À medida que as construções vão se tornando melhores em eficiência energética, o comportamento de seus ocupantes passa a afetar cada vez mais o consumo de energia. O exército do Estados Unidos descobriu isso quando tentou determinar até que ponto as novas habitações familiares que planejava construir deveriam seguir os preceitos de sustentabilidade. Assim, criou uma comunidade de teste com quatro modelos de moradia – uma projetada conforme os padrões do exército, uma seguindo padrões de sustentabilidade modestos, uma seguindo muitos dos preceitos de sustentabilidade e uma projetada para ter impacto zero, com suficiente energia solar proveniente do telhado e eletrodomésticos de alta eficiência em seu interior, a ponto de não precisar de qualquer energia adicional. O exército coletou um ano de dados sobre os desempenhos das residências e os resultados foram surpreendentes. A casa comum foi a que usara menos energia e a casa de impacto zero foi a que usara mais. O que tinha acontecido? A resposta está no comportamento dos residentes. A família que morou na casa normal foi bastante cuidadosa – seus membros desligavam as luzes e a TV quando deixavam um recinto, secavam a roupa no varal e usavam seu ventilador de teto para resfriamento, exceto quando estava muito quente. A família da unidade de impacto zero foi o oposto, com luzes, TVs, jogos eletrônicos e ar condicionado em funcionamento o tempo todo. A maneira como construímos não é o bastante; a maneira como vivemos também importa

E o comportamento também faz diferença em prédios de apartamentos. Em 1985, a eletricidade saída das tomadas respondia por 15% da energia consumida em um típico prédio de escritórios. Em 2010, a o consumo de energia a partir de tomadas havia subido 45%. A cada ano, parece que acumulamos mais aparelhos que funcionam a eletricidade – computadores, *smartphones*, iPads, lousas interativas, cafeteiras, micro-ondas e pipoqueiras. Alguns de nossos comportamentos em recinto fechado são afetados pelo projeto da construção em que nos encontramos; se o recinto é mal iluminado, por exemplo, tendemos a instalar um abajur; se o sistema de calefação não está bem ajustado, podemos abrir uma janela no auge do inverno quando uma sala está quente demais, ou plugarmos uma estufa elétrica quando está frio demais. Muitos comportamentos resultam de projetos que poderiam ser facilmente aprimorados.

Uma dessas estratégias é chamada de arquitetura de escolhas (*choice architecture*). O modo como nossa tecnologia é projetada cria uma propensão natural a certos comportamentos. Os vasos sanitários em outra construção sustentável para demonstração, o National Renewal Energy Laboratory (NREL), em Boulder, Colorado, foram projetados para poupar água por meio de uma alavanca que dá uma descarga simples quando é levantada e uma descarga dupla quando é baixada. Apesar da tecnologia de conservação de recurso, pouca água acabou sendo poupada. A maioria das pessoas está acostumada a apertar para baixo para dar a descarga. Além disso, uma quantidade surpreendente de pessoas puxa a descarga com o pé, evitando o contato com a bacia sanitária. Se o vaso sanitário tivesse sido projetado para dar uma descarga simples mediante um empurrão para baixo, muito mais gente teria usado esse recurso – e poupado água. Outro exemplo pode ser encontrado em quartos de hotel nos Estados Unidos, onde é facílimo sair do apartamento para passar o dia fora deixando todas as luzes acesas; já em hotéis europeus, os hóspedes precisam acender as luzes ao inserirem suas chaves em um interruptor, o qual as apaga quando a chave é removida e o hóspede deixa o quarto.

As pessoas também ajustam seu comportamento de acordo com o que percebem como normas sociais; como já vimos, a compostagem é uma norma social em San Francisco, mas não em São Paulo. Quando a maioria das pessoas em um escritório apaga suas luzes ao deixar um recinto, outros fazem o mesmo, inclusive aqueles que não o fazem em casa. A alteração de comportamentos tem duas vantagens: é rápida e sai essencialmente de graça. Assim, ao projetar uma estratégia ambiental, sempre faz sentido pensar bem nas questões comportamentais que poderiam impedir ou estimular sua eficácia.

O programa Climate Mind and Behavior do Garrison Institute, uma das primeiras vozes a destacar o papel que o comportamento poderia cumprir na redução do impacto humano sobre o clima, identificou o *feedback* como o ponto de alavancagem-chave para modificar comportamentos: o mesmo sinal que sintoniza ecologias naturais é capaz de sintonizar nosso comportamento. Pessoas que moram ou trabalham onde pagam sua própria conta de energia ou de água acabam consumindo bem menos energia ou água do que aqueles que não pagam por isso. Elas mostram-se mais propensas a apagarem as luzes quando deixam um recinto e a aguardarem por uma carga completa de roupas para ligarem suas máquinas de lavar. Quando água e luz estão inclusas no aluguel, tendemos a desperdiçá-las mais, pois as encaramos como gratuitas. O problema é que muitas vezes só vamos receber nossas contas de água e luz um mês mais tarde, tornando difícil conectar nossas ações a seus custos. Medidores inteligentes oferecem um *feedback* em tempo real para as pessoas. Um aparelho de TV em *standby*, por exemplo, passa a ilusão de que está desligado, mas usa mais eletricidade do que uma geladeira eficiente. Com um mostrador de medidor inteligente em casa, um morador fica mais propenso a desligar a TV sabendo que o medidor mostrará o quanto isso poupará em um mês.

Estratégias de mudança de comportamentos estão sendo cada vez mais adotadas por cidades para melhorar sua saúde e sua resiliência. Ao criarem ciclovias separadas, estão facilitando e tornando mais seguro o uso de bicicletas. Como resultado, este é o método de deslocamento que mais cresce nos Estados Unidos para distâncias de até 16 quilômetros. Em cidades que exigem a instalação de medidores inteligentes para dar *feedback* em tempo real aos residentes, o consumo de energia vem caindo. Quando cidades elevam suas contas de água, seu consumo diminui. Quando cidades multam moradores por não separarem seu lixo, as taxas de reciclagem aumentam. Quando uma cidade explicita suas metas ambientais e reflete bem sobre como estimular mudanças comportamentais, obtém os melhores resultados.

O desafio da construção viva

Em 2006, o International Living Building Institute e o Cascadia Green Building Council lançaram as diretrizes mais verdes e holísticas até hoje, o Living Building Challenge. Eles perguntaram: "E se todo e cada ato de projeto e construção tornasse o mundo um lugar melhor? E se cada intervenção resultasse em maior biodiversidade, em solos mais sadios, em veículos adicionais para beleza e expressão pessoal, em uma compreensão mais profunda do clima, da cultura e do local, em um realinhamento de nossos sistemas de alimentos e transporte, e em uma sensação mais profunda do que significa ser cidadão de um planeta onde recursos e oportunidades são oferecidos de modo justo e equânime?".[12]

São perguntas extraordinárias que convidam a uma migração do projeto e construção de edificações sustentáveis com o objetivo de reduzir seus impactos ambientais para um projeto e construção de edificações que contribuem para a restauração de uma ecologia natural e social mais sadia e integrada. Imagine uma cidade como uma floresta em que cada planta, animal e organismo do solo contribui para a saúde do ecossistema inteiro. O Living Building Challenge nos convida a refletir sobre cada nova construção da mesma maneira.

A primeira construção urbana com vários andares a cumprir com o Living Building Challenge foi o edifício de escritórios da Bullitt Foundation em Seattle, o Bullitt Center, inaugurado em 2014. O sistema de painéis solares na sua cobertura plana gera 60% mais eletricidade do que o prédio precisa e transmite o excedente para a rede elétrica pública. Esse incrível resultado líquido positivo em termos energéticos foi alcançado otimizando e integrando diversos sistemas do edifício para reduzir o consumo de energia. As janelas do prédio, por exemplo, usam vidro de alto isolamento, e sensores e *timers* controlados por computador abrem e fecham brises para maximizar o conforto e minimizar ao mesmo tempo o consumo de energia. As janelas são automaticamente abertas e fechadas para a circulação de ar pelo edifício. Os brises ainda podem ser inclinados em diferentes ângulos para permitir a incidência de mais ou menos luz solar a fim de aquecer e iluminar o prédio, enquanto um sistema geotérmico alimentado por energia solar utiliza a temperatura constante de 13°C do subsolo para suplementar o calor do Sol e resfriar o prédio.

Os painéis solares fotovoltaicos na cobertura também armazenam água da chuva, que é usada para regar os jardins do prédio, para descargas nos vasos sanitários e para abastecer seus chuveiros. A água usada pelo prédio é reciclada, coletada e filtrada no subsolo, antes de ser bombeada para uma bacia de detenção natural no telhado, onde é limpa por organismos naturais e então ejetada sob o prédio para reabastecer o sistema de lençóis freáticos, agora tão limpa quanto estivera ao iniciar o ciclo na forma de chuva. E os administradores do prédio promoveram uma cultura verde para modificar os comportamentos dos ocupantes, fazendo-os apoiar os objetivos de sustentabilidade do prédio.

Microrredes

Nossos sistemas urbanos tendem a ser conectados, mas não interconectados. Edificações ficam diretamente ligadas a sistemas de ruas, água, esgoto, elétricos e de dados, mas essas costumam ser relações fixas de mão única. Quando começarmos a construir prédios como o Bullitt Center, que geram excesso de energia gerada por luz solar e água limpa, poderemos interconectá-los em bairros ecológicos, ou ecodistritos. Um dos locais mais fáceis de começar é pela rede elétrica. Na maioria das cidades, a eletricidade é gerada em algumas usinas de grande porte, muitas vezes alimentadas por combustíveis fósseis, e que então abastecem a rede elétrica municipal. Essas redes são muitas vezes administradas por sistemas analógicos desatualizados, que não reagem bem a volatilidade. Quando a rede é sobrecarregada, o sistema inteiro entra em pane, como ocorreu no norte da Índia em 2012. Nos Estados Unidos, quedas de rede custam à economia entre US$ 25 bilhões e US$ 70 bilhões a cada ano em perdas de produção e de salários, estoques estragados, atrasos na produção e danos à própria rede.[13]

Uma das vantagens de redes elétricas ampliadas é que podem conectar as cidades a recursos energéticos solares, eólicos e hídricos remotos. Mas o sistema de energia fica bem mais resiliente quando integra a estrutura de abastecimento centralizada e de grande porte com sistemas menores, locais, inteligentes e controlados digitalmente, como as placas solares no telhado do Bullitt Center. Essa combinação de uma gama de fornecedores de energia e escalas de abastecimento, juntamente com armazenamento local por meio de baterias, controlado por *feedback* inteligente, é chamada de microrrede. Segundo Robert Galvin, ex-presidente e CEO da Motorola: "Essa teia emergente de microrredes inteligentes é como a armadura de um cavaleiro medieval, um arranjo flexível que é mais resistente do que a soma de suas partes".[14]

Sem tamanha integração, o atual sistema estanque de abastecimento de energia é bastante ineficiente. Uma termelétrica de turbinas a vapor abastecida por carvão é capaz de transformar somente 39 a 47% das calorias do carvão em eletricidade. Outros 6,5% da energia são perdidos devido a dissipação pelas linhas de transmissão, ou "fricção" na rede.[15] Esse sistema convencional e de larga escala também é inflexível. Termelétricas a carvão, projetadas para funcionar 24 horas por dia, não são fáceis de ligar e desligar. E geram uma terrível poluição.

As microrredes podem integrar diversas fontes de abastecimento: solar, eólica, biogás a partir de estações de tratamento de resíduos, cogeração, que combina geração de eletricidade e aquecimento, e o sistema-padrão. Fontes locais de energia sofrem muito menos dissipação nas linhas de transmissão. Edifícios como o Bullitt Center conectados a uma rede inteligente podem ser tanto consumidores quanto geradores, às vezes comprando e às vezes vendendo energia. Seus ocupantes também podem fornecer energia a partir de carros movidos a baterias elétricas estacionados em suas garagens durante o dia, quando os preços da energia são mais altos, e recarregá-los à noite, quando os preços são menores. Com o avanço tecnológico das baterias, mais prédios as usarão para fornecer energia durante o dia, quando ela é mais cara, e comprarão energia à noite, quanto seu custo é reduzido, suavizando a demanda e elevando a resiliência do sistema.

As microrredes existem em diversos tamanhos; podem ser pequenas o bastante para abastecer um único prédio usando painéis solares no telhado ou podem apresentar usinas de cogeração alimentadas por gás. Microrredes no âmbito de bairros estão ficando cada vez mais viáveis. Como já vimos, estações de tratamento de água podem gerar um excedente de eletricidade a partir de seus digestores de biogás, podendo abastecer milhares de moradias de seu entorno. A energia solar coletada nas coberturas de grandes prédios industriais também pode produzir um excedente energético a ser compartilhado com os vizinhos.

Redes inteligentes formam sistemas em malhas, onde cada nódulo tem a capacidade de gerar e disseminar sua própria energia e informações, mas também é capaz de coletar a energia e as informações de outros nós. Quando um ou mais elos da rede entram em pane, outros dão conta do trabalho. Isso permite que microrredes sejam autorregeneráveis. Como múltiplos trajetos em equilíbrio dinâmico estão entrelaçados na transmissão de energia e informações, se um elo se romper, os demais seguirão garantindo o abastecimento. Redes inteligentes são capazes de detectar desequilíbrios de energia ou interrupções no sistema, analisar as causas e reagir a elas. Elas observam o comportamento de humanos e equipamentos que usam energia, aprendem a prever seus padrões e geram *feedback* para ajudar a reduzir o consumo em momentos de estresse. Essa integração de energia e informação começa a atuar como emergia, o caminho de Howard Odum para aumentar a complexidade de um sistema apesar da entropia.

Microrredes inteligentes mantêm-se informadas sobre o sistema elétrico mais amplo em que estão inseridas não apenas por meio de *big data*, mas também de *small data*, ou seja, dados localizados que podem ser de pouco interesse para o sistema como um todo, mas que são importantes em uma escala menor. Um dos aspectos que mais gastam energia em uma geladeira, por exemplo, é seu sistema de degelo. Durante uma queda de energia, uma pequena rede inteligente local poderia identificar todas as geladeiras que estão sendo atendidas e enviar a elas um sinal para desabilitar seus sistemas de degelo até que a emergência seja resolvida. Uma rede de energia/informações em malha é capaz de oferecer *feedback* direto aos consumidores quanto ao seu respectivo consumo de energia, ajudando a modificar comportamentos, e através das redes sociais estimular uma cultura de conservação de energia. Microrredes ainda promovem a igualdade na economia ecológica. Em contraste com um sistema elétrico operado por fornecedoras gigantes pertencentes a investidores, a maioria dos elementos de um sistema de energia em malha pertence a seus usuários. Sua prosperidade advém da diversidade, coerência e sustentabilidade do todo.

À medida que o mundo se urbaniza, também vai se eletrificando, o que é bom. Talvez nenhum outro sistema moderno transforme as vidas das pessoas tanto quanto a eletricidade. Ele é responsável por imensos aumentos em produtividade. A luz que ele produz facilita o estudo das crianças durante a noite, promove o uso de celulares e o acesso à Internet, melhorando as conexões entre as pessoas e com um mundo de informações.

A rede elétrica convencional simplesmente não está à altura da tarefa de levar os benefícios da eletricidade para todos os lares da Terra. A Agência Internacional de Energia projeta que, pelos próximos 50 anos, US$ 250 bilhões ao ano terão de ser gastos globalmente em investimentos em infraestrutura energética. Mas existe outro modelo de como isso poderia ser gasto. Quando os sistemas mundiais de telecomunicações se ampliaram para o mundo em desenvolvimento, deixaram de lado o modelo caro e centralizado de linhas de telefonia fixas e avançaram direto para o modelo distribuído e sem fio dos telefones celulares. Como resultado, no ano de 2014, 6 bilhões dentre as 7 bilhões de pessoas no mundo tinham acesso a um telefone móvel, 1,5 bilhão a mais do que as que tinham acesso a vasos sanitários com descarga. Da mesma forma, microrredes podem espalhar os benefícios da eletrificação de modo mais rápido e barato para as novas cidades e favelas urbanas mundiais em franco crescimento, e incorporar mais facilmente as fontes de energias limpas, como solar e eólica.

Ecodistritos

Ecodistritos, bairros que trabalham juntos para planejar e implementar sistemas integrados, aplicam a inteligência, a escala e a diversidade das microrredes no maior número possível de sistemas de infraestrutura urbana. O University Avenue District Energy System da cidade de Minneapolis se propôs a integrar um agrupamento diversificado de usuários, incluindo a BlueCross BlueShield de Minnesota, a CenterPoint Energy, a Minneapolis Public Housing Authority, a Universidade de Minnesota, proprietários de prédios privados e a Xcel Energy. Seu objetivo é integrar sua energia, calefação, resfriamento, espaços abertos, águas pluviais, estacionamentos e outros elementos de seu metabolismo de forma a torná-lo mais ecológico, eficiente e resiliente. O calor da água consumida em um determinado prédio, por exemplo, pode ser recuperado, adicionado a um circuito hídrico fechado e utilizado para aquecer outros prédios. Sistemas de coleta de energia térmica solar nas coberturas e sistemas geotérmicos de fonte subterrânea podem contribuir ao longo da rede, tirando proveito também do calor excedente gerado por servidores e refrigeradores. Cada um dos prédios conectados ao sistema se tornam tanto um produtor quanto um consumidor de aquecimento. Pouco calor é desperdiçado. E cada prédio é poupado do custo de um aquecedor de água por acumulação. Estudos mostram que tais sistemas são mais baratos de construir e operar, e são mais resiliente a falhas, pois contam com uma diversidade de partes contribuintes, e exercem bem menos impactos ambientais.

Ecodistritos nos obrigam a pensar de modo diferente. Em vez de projetarmos nossos prédios para funcionarem independentemente de nossos vizinhos, temos de pensar neles acima de tudo como codependentes, e ver como essa codependência aumenta sua resiliência em um mundo de VUCA. À medida que mais e mais sistemas se integram em ecodistritos, começam a assumir as características adaptativas de sistemas biocomplexos. Ecodistritos criam resiliência ativa.

Resiliência passiva e ativa

O século XXI será marcado por mudanças climáticas. Nossas cidades ficarão sujeitas a ondas de frio e calor, enchentes e secas. A terceira qualidade da orquestração, a resiliência por meio do urbanismo sustentável, pode ajudar a mediar essa volatilidade. Com isso, ajuda também a reduzir o impacto das mudanças climáticas a sua adaptação a elas.

Os sistemas energéticos do mundo são extremamente perdulários. Em todo o globo, produzimos 15 trilhões de watts de energia por dia, emitindo anualmente 32 milhões de toneladas de CO_2 pelo ar, além de muitos outros poluentes.[16] Embora essas emissões estejam modificando nosso clima e poluindo nossa água e ar, ficamos em grande parte alheios a isso. Talvez tenha chegado o momento de nos perguntarmos "quanto estamos dispostos a desperdiçar?". A resposta deveria ser: nada deve ser desperdiçado e ninguém deve ser perdulário.

Isso exige uma reconfiguração de nossa abordagem frente ao meio ambiente. Não podemos mais apenas torcer para causarmos menos danos. Nossa meta deve estar além da reparação dos danos, para que nossas ações sejam capazes de restaurar tanto pessoas quanto lugares, ou seja, o indivíduo e a cidade e seu meio ambiente.

O conceito de orquestração nos convida a enxergar o meio ambiente não apenas do nosso ponto de vista, mas também daquele da natureza, onde nada é desperdiçado. Por não haver desperdício na natureza, tudo é puro, naturalmente puro. Somente quando almejarmos que o metabolismo das nossas cidades seja tão naturalmente puro é que seremos capazes de equilibrá-lo com a natureza.

PARTE IV

Comunidade

A cidade harmônica deve não apenas mediar as tensões das modificações ambientais, deve também sanar as tensões cognitivas e sociais de nossa época de VUCA. Seu objetivo deve ser o de cultivar pessoas e sistemas sociais bem equilibrados que ofereçam oportunidades equânimes a todos. Assim como as cidades não são ilhas isoladas, prosperando numa teia profundamente interconectada de água, comida e energia, pessoas prosperam numa teia profundamente interconectada de famílias, comunidades e cognição. Tais teias também exercem uma influência metacultural e comportamental que permeia as vidas de seus moradores com a mesma profundidade com que o metagenoma biológico influencia ecologias.

Lembre-se que o sucesso evolutivo do *Homo sapiens* advém de nossa sociabilidade, de nosso altruísmo, de nossa inteligência grupal. Pesquisas científicas recentes sobre cognição indicam que a conectividade e a cultura são condições fundamentais para a felicidade. O bem-estar, revelou-se, é uma atividade coletiva, praticada mediante a quarta qualidade da orquestração, a comunidade. A qualidade de nossas comunidades exerce profunda influência não apenas sobre a índole e a qualidade de nossas vidas, mas também sobre o destino de nossos filhos.

As comunidades mais sadias encontram-se alicerçadas sobre os nove cês (cognição, cooperação, cultura, calorias, concentração, comércio, complexidade, conectividade e controle). Acontece que essas condições fundadoras das primeiras comunidades mundiais também são decisivas para suas melhores comunidades. Comunidades sadias qualificam as vidas de seus habitantes, e cultivam a eficácia coletiva que é decisiva para cidades sadias.

CAPÍTULO 9

Criação de comunidades de oportunidade

O que são comunidades de oportunidade? A origem da palavra "comunidade" remonta à palavra latina *communitus*; *cum* significa "com" ou junto, e *munus* significa dom. A palavra "oportunidade" vem da palavra latina *opportunus*; no latim, o radical *ob* significa "na direção de", e *portus* significa porto; *opportunus* descreve os ventos que levavam os viajantes ao seu destino, um porto seguro. Hoje, empregamos a palavra "oportunidade" para descrever um empreendimento futuro, mas sua raiz evoca o retorno à segurança, talvez ao lar. Assim, em conjunto, as raízes latinas da expressão "comunidade de oportunidade" dizem respeito ao dom de se juntar, e de retornar de nossas aventuras para casa e seu porto seguro.

O PolicyLink, um instituto nacional de pesquisas e ações em defesa da igualdade econômica e social nos Estados Unidos, define comunidades de oportunidade como "locais com escolas de qualidade, acesso a bons empregos que garantam uma renda confortável, opções habitacionais de qualidade, transporte público, ruas seguras e convidativas a caminhadas, serviços, parques, acesso a alimentos saudáveis e teias sociais sólidas".[1] A Enterprise Community Partners descreve sua visão para o elemento habitacional de uma comunidade de oportunidade da seguinte forma: "Um dia, todo mundo terá uma residência economicamente acessível numa comunidade vibrante, repleta de promessas e oportunidades para uma vida boa".[2] Esse deveria ser o objetivo do desenvolvimento de comunidades para todos os seres humanos na Terra.

Essas definições estão permeadas de conectividade, presumindo que a comunidade se encontra conectada o suficiente para satisfazer às suas necessidades metabólicas, como um suprimento seguro de energia e água, acesso a tratamento de esgoto e água da chuva e um regular recolhimento e descarte de resíduos sólidos. Muitas vezes dados como certos nos Estados Unidos, esses serviços básicos ainda não se encontram amplamente disponíveis em muitas cidades em desenvolvimento.

E uma comunidade de oportunidade deve estar a salvo de ameaças físicas e sociais, incluindo violência ou trauma de qualquer espécie. Ele deve estar livre de compostos tóxicos na água, no solo e no ar. Seus habitantes devem ter acesso a atendimento de saúde barato, e a serviços de saúde social e mental. Deve contar com um excelente sistema educacional público, igual a qualquer outro em sua região. Deve incluir uma diversidade de pessoas, tipos de habitações e oportunidades. Sua governança deve ser transparente e livre de corrupção, e seus cidadãos devem estar aptos a cumprir um papel significativo tanto no seu planejamento a longo prazo quanto em suas decisões de curto prazo.

Todos esses elementos são essenciais para o bem-estar de uma comunidade e de seus residentes. O segredo está no radical latino *cum*, "junto". Todos esses elementos devem ser integrados, para urdir o tecido da comunidade. E a comunidade deve ter uma cultura que cultive a "nós juntos", reconhecendo nossa dependência mútua.

Teias sociais

Desde o Iluminismo, a grande transição cognitiva e cultural rumo ao racionalismo em meados do século XVIII, a economia Ocidental ou clássica enxerga cada vez mais as pessoas como agentes individuais, cada qual concentrado em satisfazer às suas próprias necessidades. Essa abordagem parte do princípio de que as escolhas individuais são expressas por meio dos mercados. Trata-se de uma perspectiva bastante influenciada pela Escola de Economia de Chicago do século XX, conhecida como economia neoclássica, que propõe que a fonte do bem-estar societal são os mercados livres formados por indivíduos que fazem escolhas bem embasadas e eficientes para melhorar suas próprias circunstâncias. Essa visão sugere que a soma dessas escolhas individuais acaba gerando o melhor resultado societal, e que qualquer intervenção governamental que distorça a soma das escolhas individuais acaba levando a resultados piores.

Desde o reaganismo na década de 1980, essa visão econômica de mundo teve uma forte influência nas políticas públicas dos Estados Unidos. Porém, revelou-se incompleta. Ainda que a escolha individual seja um elemento de uma sociedade em bom funcionamento, as necessidades coletivas também são essenciais. E, como aprendemos com o equilíbrio de Nash e com o paradoxo de Braess, o desenho de um sistema influencia os resultados que dele emergem. Além do mais, sabemos que os indivíduos são bastante influenciados por teias sociais; a escolha individual não é pura. Os mercados tampouco o são, pois nunca possuem informações completas e jamais são capazes de levar em consideração todas as consequências de uma ação. Quando uma empresa, por exemplo, eleva seus lucros mediante o corte de custos e, como consequência, polui seu bairro, expondo os moradores a toxinas cancerígenas, ela será valorizada, muito embora o sistema como um todo saia perdendo. Na economia neoclássica, a agressão tóxica aos vizinhos e o custo de seu atendimento de saúde, o comprometimento de seu sustento e seu sofrimento em geral representam externalidades, irrelevantes para o valor de marcado da empresa. Na verdade, indivíduos incautos e a sociedade como um todo acabam involuntariamente absorvendo esses custos. Essa compreensão parcial por parte da economia neoclássica quanto à verdadeira natureza dos sistemas acarretou em enormes danos ambientais, na insidiosa crise financeira global de 2008 e no consequente crescimento desestabilizante da desigualdade de renda.

Por outro lado, se for possível construir um sistema econômico que comece a vincular as empresas a seus impactos no sistema, então as empresas poderão não apenas ser penalizadas pelos custos que impõem aos outros, mas também se beneficiar de cortes de custos. Existe um movimento emergente para conectar habitação com saúde, e para recompensar moradias sadias, estáveis e economicamente acessíveis pelas reduções que produzem em custos locais de atendimento de saúde. A YWCA da cidade de White Plains, por exemplo, introduziu um programa de telemedicina em suas moradias para mulheres idosas de baixa renda, reduzindo as visitas de suas resistentes ao setor de emergência hospitalar de 11 para dois ao mês, garantindo uma economia líquida de mais de US$ 150 mil ao ano. Se os sistemas do hospital e de Medicare que arcavam com os custos do setor de emergência compartilhassem parte do que foi poupado com a YWCA, poderiam ajudar a pagar por ainda mais serviços de saúde e sociais em domicílio.

No início da década de 2000, a escola de economia comportamental passou a contrabalançar parte das limitações da economia neoclássica ao estudar o modo como as pessoas realmente se comportam, e não como a teoria econômica assume que elas deveriam se comportar. Revelou-se que não fazemos escolhas como entidades independentes; na verdade, nosso comportamento é profundamente influenciado por nosso contexto social e cultural, bem como pelos paradigmas cognitivos que examinamos antes. Nosso comportamento é influenciado até mesmo por eventos que aconteceram gerações atrás, que acabaram codificados em nossos genes. (Estudos mostram, por exemplo, que pessoas cujas avós passaram por períodos de inanição quando grávidas apresentam mais chances de serem obesas.) Como resultado, nós, os seres humanos agimos com irracionalidade; nem sempre tomamos as melhores decisões para nossos próprios interesses. E as ciências sociais concluem que a existência humana é relacional, e não independente. Seguimos a manada.

Se quisermos produzir comportamentos capazes de aumentar a resiliência das nossas cidades, teremos de transformar o comportamento de grupos inter-relacionados, e não meramente regular ou incentivar indivíduos. Para isso, precisaremos saber como as teias sociais funcionam.

Uma das pensadoras urbanas mais destacadas no século XX, Jane Jacobs, observou que é impossível desenvolver uma comunidade sem criar teias sociais. Tais teias são sistemas adaptativos complexos que emergem dos relacionamentos entre indivíduos, grupos e organizações. Embora essas teias sejam compostas por pessoas individuais, suas qualidades emergem dos relacionamentos entre pessoas. Isso não significa que indivíduos não tenham agenda própria: é claro que têm. Mas nós humanos somos seres altamente sociais, e a agenda que exercitamos é moldada pela influência manifesta por teias sociais. E a agenda coletiva que emerge é tão importante para a resiliência de uma comunidade frente à volatilidade e às tensões quanto o é para a resiliência de sua energia e de outros sistemas.

Furações, tornados e enchentes causam grave destruição dos ativos físicos das cidades, mas as ondas de calor são mais mortais, causando mais mortes do que todos os outros eventos meteorológicos combinados.[3] Em julho de 1995, as temperaturas dispararam pelo Meio-Oeste dos Estados Unidos, devastando plantações e torrando cidades. Inúmeras pessoas foram mortas, especialmente em Chicago, onde 739 pessoas morreram como resultado da onda de calor. (Como referência, sete vezes mais pessoas sucumbiram em Chicago do que quando a supertempestade Sandy se abateu sobre Nova York e Nova Jersey.)[4] As vítimas eram em sua maioria pobres e idosas. Muitas não possuíam ar condicionado, e aquelas que possuíam não tinham meios para mantê-lo ligado; tinham medo de abrir suas portas e janelas à noite por que moravam em bairros perigosos; solitárias e incapazes de se refrescarem, acabavam morrendo.

Das dez comunidades com as maiores taxas de mortalidade, oito eram predominantemente afro-americanas e também sofriam de altas taxas de criminalidade e desemprego. Curiosamente, porém, três das dez comunidades com as taxas mais baixas de mortalidade também eram em sua maior parte afro-americanas, com índices similarmente elevados de desemprego e criminalidade. O que havia de diferente entre esses bairros?

Englewood, na parte sul de Chicago, sofreu bastante com o declínio da industrialização urbana; entre 1960 e 1990, mais da metade dos moradores do bairro se mudou, deixando para trás terrenos baldios, casas abandonadas, ruas comerciais com pouquíssimo movimento e poucas igrejas e centros comunitários. Em contraste, o bairro adjacente de Auburn Gresham, apesar de uma perda similar de empregos, reteve sua população. Suas lojas permaneceram abertas, suas igrejas mantiveram seus fiéis e as associações de bairro seguiram prosperando. Enquanto Englewood apresentou uma das mais elevadas taxas de mortalidade decorrente da onda de calor de 1995, Auburn

Gresham apresentou uma das mais baixas – na verdade, saiu-se melhor do que muitos bairros prósperos e brancos da região norte de Chicago.[5] Eric Klinenberg, sociólogo e autor de *Heat Wave: A Social Autopsy of Disaster in Chicago*, concluiu que a variação se deveu à qualidade das teias sociais em cada comunidade.

Betty Swanson, que morou em Auburn Gresham por mais de 50 anos, afirmou: "Durante a onda de calor, saímos para ver se estavam todos bem, estimulando vizinhos a baterem uns nas portas dos outros. [...] Os presidentes de nossos clubes de bairro geralmente sabem quem vive sozinho, quem está em idade avançada e quem está doente. Foi assim que sempre fizemos por aqui quando está muito quente ou frio".[6]

O mesmo poder das teias sociais influenciou as taxas de sobrevivência oito anos mais tarde, em julho e agosto de 2003, quando a Europa enfrentou a mais longa e intensa onda de calor em séculos. No total, 70 mil mortes foram atribuídas ao calor, 14.802 delas na França. Como em Chicago, as vítimas mais afetadas foram os idosos. A onda de calor na Europa foi completamente inesperada, e a França estava despreparada para lidar com ela. Em geral, as noites de verão na França costumam ser frescas, e mesmo quando não o são, as casas de pedra, tijolo e concreto em que a maioria dos franceses habita fazem as temperaturas cair o suficiente durante as noites para que pouco se precise de ar condicionado. A mortal onda de calor de 2003 foi agravada pelo fato de que agosto é o mês em que quase todos os franceses saem de férias, fazendo com que haja pouca gente nas redondezas para monitorar seus pais idosos.

Surpreendentemente, as taxas de mortalidade mais elevadas incidiram em idosos com bom estado de saúde, e não naqueles mais enfermos em termos mentais e/ou físicos. Aqueles idosos cujas enfermidades exigiam um suporte familiar intensivo, ou que moravam em asilos, tiveram uma sorte bem melhor do que idosos mais saudáveis e independentes. Aqueles que moravam sozinhos suportaram o calor estoicamente, deixando de ligar ventiladores e de ingerir líquidos suficientes para se manterem hidratados.[7] Similar ao que ocorreu em Chicago, o índice de sobrevivência de idosos na França durante a onda de calor revelou-se diretamente relacionado com a solidez de suas teias sociais.

Teias sociais podem ser mapeadas entrevistando-se as pessoas e traçando quem está conectado com quem. Num mapa de teia social, cada pessoa é representada por um ponto, e as conexões entre as pessoas são indicadas por linhas ligando os pontos entre si. Pessoas bastante conectadas apresentam muitas linhas partindo e chegando aos pontos que as representam, o que não ocorre com pessoas mais isoladas. Conforme o mapa de uma teia social vai crescendo, um formato começa a aparecer. Teias formadas em torno de um líder dinâmico apresentam um ponto central com muitas linhas irradiando a partir dele, mas poucas conexões entre elas. Por outro lado, teias de amigos com quantidades bastante similares de amizades podem ter a aparência de flocos de neve interconectados. O formato do mapa de teia social de uma comunidade nos diz muito sobre ela, revelando as estradas pelas quais ideias e comportamentos mais tendem a se difundir. O surpreendente é que pessoas influentes nem sempre são as mais poderosas, mas costumam ser as mais colaborativas.

Como você deve lembrar, a lei de Metcalfe estipula que o valor de uma rede de telecomunicações é proporcional ao quadrado do número de usuários conectados ao sistema. Isso explica por que a conectividade das cidades durante o período de al-Ubaid deu origem a uma civilização que era muito maior que a soma de suas partes.

A lei de Metcalfe observa que, à medida que uma rede de máquinas de fax ou telefones celulares vai crescendo, mais pessoas entram nela e mais útil acaba sendo a rede. Mas essa teoria não faz distinção entre nódulos individuais; cada um deles é considerado igual aos demais. Seres humanos não funcionam bem assim. Uma das variáveis-chave em uma rede social é o posicionamento de uma pessoa dentro dela. Imagine duas secretárias. Uma trabalha para o presidente dos Estados Unidos, e a outra para o prefeito de uma cidadezinha. Ambas têm acesso a informações e influência, e ambas se encontram perto do centro de um denso bolsão de conexões, mas a secretária do presidente tem muito mais poder, devido à posição do presidente na rede mais ampla.

Contágio social

As ciências sociais da primeira década do século XXI deram-nos dados para embasar algo que sentíamos intuitivamente: o tamanho e o formato de nossas teias comunitárias individuais e comunitárias, e nosso posicionamento nelas, têm muito a ver com nossa saúde, nosso potencial econômico e nosso bem-estar em geral. Quando mais no centro de uma teia nos situamos, mais seu conteúdo flui por nós e mais somos afetados por ele. Tal conteúdo pode vir na forma de informações uteis, como instruções, de boatos ou até mesmo de uma doença. Contudo, quer seja positivo ou negativo, quanto mais próximos estamos do centro de uma rede, mais somos afetados por tudo aquilo que flui através dela.

Nicholas Christakis e James Fowler, autores de *Connected: The Surprising Power of Our Social Networks and How They Shape Our Lives*, definem as conexões entre as pessoas como ou diádicas, entre uma pessoa e seus amigos, ou hiperdiádicas, entre uma pessoa e os amigos de seus amigos. O comportamento se espalha de forma hiperdiádica de um bolsão para o próximo, dispersando-se pelas linhas da teia social. Se seu cônjuge ou seus amigos próximos fumam, você tem mais chances de fumar, e se eles abandonarem o cigarro, você também fica mais propenso a parar. Você pode achar que estão tomando as próprias decisões, mas elas são bastante afetadas pelas escolhas que outros estão fazendo em sua teia social. A difusão de comportamentos por uma comunidade de pessoas chama-se contágio, e contágios podem receber um empurrãozinho, ou serem intencionalmente estimulados.

Para entenderem melhor esse fenômeno, em 1968 o psicólogo de Yale Stanley Milgram e seus colegas posicionaram assistentes de pesquisa em calçadas de grande movimento na cidade de Nova York. Os assistentes foram instruídos a pararem de caminhar e a olharem para cima em direção a uma janela selecionada aleatoriamente no sexto andar de um edifício próximo durante um minuto. Enquanto isso, uma câmera oculta filmava a multidão na calçada, documentando seu comportamento. Milgram descobriu que, quando um assistente parava e olhava para a janela, cerca de 4% das pessoas na multidão também paravam e olhavam. Quando, porém, 15 assistentes paravam e olhavam para cima, incríveis 86% das pessoas na calçada faziam o mesmo, e 40% delas paravam de caminhar.[8] Seu comportamento era afetado pelo contágio das multidões, com o empurrãozinho dos sinais apresentados pelos pesquisadores.

O contágio propaga comportamentos com grande velocidade. Percebemos isso muitas vezes em modismos financeiros, descritos pela primeira vez no livro de Charles Mackay *Extraordinary Popular Delusions and the Madness of Crowds*, que descreveu a febre das tulipas holandesas. No início do século XVII, os comerciantes de Amsterdã começaram a enriquecer e passaram a exibir sua prosperidade plantando lindos jardins de tulipas. Como leva entre sete e 12 anos para uma tulipa florescer depois de plantada, bulbos de tulipa virados em flor viraram uma febre local. Quando a demanda pelos bulbos suplantou a oferta, seus preços dispararam. A demanda era especialmente intensa por tulipas com uma flor rara e de visual impressionista. No ano de 1634, especuladores ingressaram no mercado, comprando esses bulbos mais raros e revendendo-os por até quatro vezes seu preço original.

Com o aumento dos lucros, mais pessoas entraram no mercado; a especulação de tulipas se espalhou rapidamente, chegando ao auge em 1637, quando, segundo Mackay, um único bulbo de tulipa era comercializado por duas sacas de trigo, quatro sacas de centeio, quatro bois gordos, quatro porcos gordos, 12 ovelhas gordas, dois barris de vinho, quatro tonéis de cerveja, dois tonéis de manteiga, meia tonelada de queijo, uma cama, um jogo de lençóis e uma taça de prata. E então, em fevereiro, não apareceram compradores para um leilão de bulbos de tulipa em Haarlem, que passava por uma epidemia de peste bubônica. Talvez os compradores tenham deixado de ir por conta da doença, mas rumores do fracasso do leilão se espalharam, e, temendo que os mercados estivessem entrando em colapso, donos de tulipas de uma hora para outra correram para vender seus bulbos, e os preços despencaram. Bulbos de tulipa tinham pouco valor funcional, mas haviam adquirido valor social. Em sua ascensão e queda, podemos ver o contágio de valor atribuído através de sistemas sociais.

Entender a maneira como os valores fluem através de sistemas sociais é fundamental para desenhar comunidades mais sadias. Comportamentos positivos para a saúde, como exercícios físicos, e atividades ambientais, como a reciclagem e a conservação, podem receber um estímulo, um empurrãozinho.

Seis graus de separação e três graus de influência

Em 1967, quando Stanley Milgram era professor-assistente de sociologia em Harvard, ele organizou outro estudo famoso daquilo que passou a ser conhecido como "graus de separação", ainda que se tratem na verdade de graus de conexão. Ele solicitou que indivíduos escolhidos de maneira aleatória em Wichita, no Kansas, e Omaha, em Nebraska, encontrassem uma forma de fazer uma carta ir de sua casa até as mãos de uma dentre duas pessoas, situadas nas cidades de Sharon ou Boston, Massachusetts. Cada pessoa foi instada a enviar uma carta pelo correio para alguém que pudesse conhecer outro alguém que pudesse ser capaz de fazer a carta chegar ao seu destino, ou ao menos fazê-la chegar mais próxima ao destinatário. Revelou-se que, em média, cada carta conseguiu chegar ao destinatário em 5,5 passos, o que Milgram arredondou, levando à teoria de que todo mundo está conectado a todo mundo por apenas seis elos; se quisermos entrar em contato com alguém, basta descobrirmos quem são os conectores. Em 1967, o mapeamento desses elos ainda era algo trabalhoso, mas com as atuais redes sociais baseadas na Internet, isso ficou muito mais fácil.

Os remetentes pesquisados por Stanley Milgram não enviaram cartas ao léu na esperança que os eventuais destinatários pudessem conhecer alguém em Boston. Eles refletiram sobre todo mundo que conheciam e enviaram a carta para alguém que consideravam ter mais chances de conhecer o destinatário final. Podiam, por exemplo, lembrar que seu médico cursara a faculdade no leste do país e que talvez pudesse conhecer alguém em Boston, ou então lembravam de um amigo que se mudara para Massachusetts. Suas ações eram intencionais, e não aleatórias, e tal intencionalidade era essencial para aproveitar a inteligência do sistema.

Para explorar essa ideia de conectividade mais a fundo, em 2002 o sociólogo Duncan Watts e seus colegas recrutaram 60 mil norte-americanos na Internet e rastrearam quantos elos eram necessários para que alcançassem 13 alvos pré-selecionados, incluindo um professor da Ivy League, um inspetor de arquivos na Estônia, um policial na Austrália e um veterinário do exército norueguês. Mais uma vez, foram necessários cerca de seis elos entre a pessoa que deu início à busca e o alvo. Com a população mundial superando os 7 bilhões, pensamos que a maioria de nós se encontra bem distante entre si, mas o trabalho de Milgram e de Watts deixa claro como o aproveitamento de alguns trajetos intencionais podem nos unir rapidamente. Como resultado, nosso modelo mental de humanidade global pode migrar de um panorama inconcebivelmente amplo para outro em que nos encontramos muito mais intimamente conectados. Ainda que possamos estar conectados a boa parte da raça humana por seis graus de separação, ocorre que nossa influência não chega assim tão longe. Para estudar a forma como os comportamentos se movem através de amplos grupos de pessoas, Nicholas Christakis e James Fowler examinaram os registros do Framingham Heart Study, um dos maiores estudos populacionais contínuos no mundo. O estudo teve início em 1948, quando dois terços de todos os adultos em Framingham, um subúrbio de Boston, concordou em compartilhar seus dados de saúde coletados em *checkups* regulares com os médicos que conduziam o estudo, que estavam procurando por padrões de saúde e doença cardíaca a longo prazo. Com o passar do tempo, muitos dos filhos dos pacientes originais – e até mesmo seus netos – também concordaram em serem estudados, ainda que muitos deles tenham se mudado de Framingham.

Christakis e Framingham utilizaram a base de dados de Framingham para investigar a obesidade, cuja propagação já foi vinculada a escolhas comportamentais, como falta de exercícios e uma má dieta. A obesidade é um fator previsor de doença cardíaca e de muitos tipos de câncer. É comum indivíduos obesos sofrerem de dores, diabetes, doenças cardíacas, problemas nos quadris e articulações, depressão e outras enfermidades. A obesidade reduz a expectativa de vida entre sete e oito anos,[9] e no último meio século, a incidência de obesidade nos Estados Unidos passou de 13% para 34% da população. E a obesidade impõe um custo econômico à sociedade. No ano de 2012 nos Estados Unidos, mais de US$ 190 bilhões foram gastos em problemas de saúde relacionados à obesidade.[10] Assim, é importante entender as causas de sua difusão. Em Framingham, a obesidade se agrupava em bolsões, mas esses bolsões de obesidade não estavam vinculados a bairros específicos. Descobriu-se que seu elemento em comum era a amizade.

Quando Christakis e Fowler examinaram o efeito das teias sociais sobre o comportamento, descobriram que o impacto de como nos comportamos não para nos nossos amigos (o primeiro grau de influência), estendendo-se aos seus próprios amigos, e aos amigos de seus amigos – a até três graus de influência. A partir daí o efeito se dissipa, mas no âmbito desses três graus, o efeito pode ser bastante poderoso. Em se tratando de obesidade, por exemplo, Christakis e Fowler descobriram que, quando alguém que você considera um amigo torna-se obeso, suas próprias chances de ficar obeso aumentam em incríveis 57%.

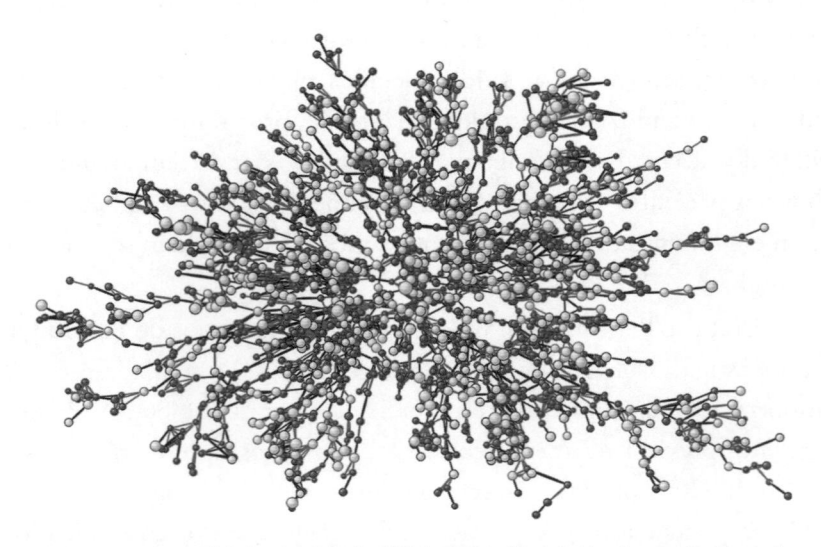

O mapa de uma teia social de obesidade. *(Nicholas A. Christakis, James H. Fowler)*

CRIAÇÃO DE COMUNIDADES DE OPORTUNIDADE 291

Entre amigos mútuos – casos em que ambas pessoas indicam uma à outra como amigos – o efeito é ainda mais forte, com as chances de obesidade aumentando em chocantes 171%![11]

Quando os pesquisadores rastrearam padrões de fumo e bebida, descobriram que, como a obesidade, eles também se propagam contagiosamente por três graus de influência. No entanto, nem toda conexão apresenta o mesmo poder de influência. Quando uma mulher começa a beber inveteradamente, por exemplo, tanto seus amigos quanto suas amigas também ficam mais propensos a exagerarem seu consumo de álcool. Mas quando um homem eleva seu consumo, isso apresenta um efeito menor tanto sobre seus amigos quanto suas amigas. Ao que parece, mulheres têm maior influência social na rede.

Entender o poder das teias sociais tem enormes implicações na melhoria dos índices de saúde em nossas cidades. As pessoas têm mais chances de tomarem uma vacina contra a gripe quando seus amigos o fazem. As pessoas perdem mais peso – e não voltam a ganhá-lo – quando fazem parte de um grupo como os Vigilantes do Peso, e muitas vezes os cônjuges dos membros também perdem peso, estando a apenas um grau de influência de distância. As pessoas ficam mais propensas a darem caminhadas regulares por parques depois que familiares e amigos estabelecem esse hábito saudável.

Cada um de nós ocupa uma posição em muitas teias sociais. Quando nos encontramos perto da sua borda, temos menos chances de exercermos influência e de sermos influenciados. Há muitos aspectos da saúde de uma comunidade que dependem da participação de todos. Quando, por exemplo, muita gente deixa poças d'água se formarem em seus quintais, mosquitos se reproduzem, espalhando malária e febre do Nilo Ocidental. Doenças como varíola e sarampo podem ser erradicadas somente quando todo mundo se vacina, e aqueles pais que optam por não vacinar seus filhos contra doenças infantis, seja em Seattle ou no Sudão, colocam em risco não apenas seus próprios filhos como todas as outras crianças.

Quando uma cidade deseja promover comportamentos positivos como imunização, a estratégia mais efetiva é se concentrar naquelas pessoas que se encontram no centro de bolsões sociais e fazer com que alcancem aquelas que estão menos conectadas. Segundo Christakis e Fowler: "Se quiséssemos fazer as pessoas pararem de fumar, a melhor solução não seria enfileirá-las e fazer a primeira abandonar o cigarro, e então dizer para ela convencer a próxima na fila. Em vez disso, circundaríamos o fumante com não fumantes".[12]

Usando essa estratégia para melhorar a saúde dos habitantes do Harlem, Manmeet Kaur e seu marido, Dr. Prabhjot Singh, criaram a City Health Works, uma organização que seleciona moradores de alta empatia e bem conectados em certas zonas do bairro para atuarem como instrutores de saúde comunitária.

Eles entram em contato com aqueles menos conectados, que muitas vezes sofrem de problemas físicos e mentais crônicos. Os instrutores se tornam pontos de contato dentro de um sistema holístico que abrange as esferas de atendimento de saúde, necessidades sociais e oportunidades para ajudar moradores a alcançarem seus próprios objetivos. Essa abordagem, que mistura habilidades de conversas motivacionais com tecnologia, está melhorando a saúde de pacientes a um custo inferior àquele dos tradicionais atendimentos em sala de emergência aos quais muitos moradores de baixa renda acabavam recorrendo.

A força dos elos fracos

Mark Granovetter, um sociólogo formado em Harvard, dividiu as conexões sociais em duas categorias, elos fortes e elos fracos: temos elos fortes com nossos familiares e amigos mais próximos e elos fracos com meros conhecidos. Granovetter propôs que nossos elos fracos são muito mais úteis do que nossos elos fortes.[13] Por quê? Porque os elos fortes não estendem nosso alcance até o mundo mais amplo nem diversificam nosso conhecimento e nosso contatos. Nossos melhores amigos e familiares próximos tendem a se conhecerem uns aos outros e a passarem bastante tempo juntos, reforçando suas visões de mundo. Nossos elos fracos, em contraste, não apenas nos proporcionam acesso a uma esfera mais ampla de ideias e contatos como também nos conectam a outros bolsões dentro da teia social, e a suas respectivas ideias. As próprias cartas originais de Milgram passadas através de seis graus de separação costumavam fluir ao longo de uma mescla de elos fortes e fracos.

Elos fracos são especialmente úteis na hora de encontrar emprego. Quando as vagas de emprego minguam em certa parte da cidade, como ocorreu, por exemplo, na zona sul de Chicago, elos fortes dentro da região dificilmente ajudam uma pessoa a achar um novo emprego; todo mundo perto dela dentro da teia social deve estar ciente das mesmas oportunidades, ou não saber de nenhuma. Já um elo fraco com algum conhecido que mora em outra área onde as vagas de emprego estão surgindo tem mais chances de ser útil.

Depois de estudar um grupo de pessoas na região de Boston que haviam recentemente encontrado um emprego, Granovetter descobriu que 17% haviam encontrado sua vaga por meio de um amigo íntimo; 55%, por meio de meio de alguém com quem tinham contato apenas ocasional; e 28%, por meio de alguém com quem raramente tinham contato. "É notável que as pessoas recebam informações cruciais de indivíduos cuja própria existência elas haviam esquecido", escreveu Granovetter.[14] Em 1983, numa atualização de sua obra original, Granovetter cita uma variedade de estudos indicando que, quanto mais alta é a classe social de uma pessoa, mas ela se mostra propensa a usar elos fracos para obter um emprego.[15] Elos fracos também são decisivos na transmissão de conhecimento e atitudes entre grupos socialmente separados. Um exemplo clássico é o dos carregadores de malas das linhas férreas Pullman, que trabalhavam para Pullman Railroad Company e que moravam em uma mesma região na zona sul de Chicago. Fundada em 1862 por George Pullman, a Pullman Railroad Company se tornou a maior fabricante e operadora de vagões-leito nos Estados Unidos. Os vagões da Pullman eram arrendados para linhas férreas com funcionários que carregavam as bagagens dos passageiros, arrumavam suas camas, engraxavam seus sapatos e serviam suas refeições. A Pullman preenchia suas vagas com escravos domésticos recém libertos, pois se dispunham a trabalhar por baixos salários e eram bem treinados na prestação dos serviços que a Pullman oferecia.

Em seu auge, do início a meados do século XX, a empresa Pullman empregou mais de 20 mil desses funcionários, todos afro-americanos. Eles desenvolveram bastante orgulho por seu trabalho, e um intenso *esprit de corps*. Esses elos entre os carregadores da Pullman levaram à formação do primeiro sindicado afro-americano, na década de 1920. Com as gorjetas que suplementavam seus salários, os carregadores da Pullman tinham uma renda de classe média, com a maioria deles apta a adquirir casa própria e muitos colocando seus filhos na faculdade. A. Philip Randolph, líder do sindicato dos carregadores da Pullman, a Irmandade dos Carregadores de Vagões--Leito, tornou-se uma das primeiras forças no movimento dos direitos civis nos Estados Unidos.

Por que os carregadores da Pullman tinham mais chances de fazer a difícil transição da escravidão para a classe média do que outros afro-americanos moradores de Chicago? Isso em parte se deveu aos elos fracos com os passageiros que eles atendiam, dentre os quais havia médicos, advogados, homens de negócio, artistas e políticos. Esses contatos lhes proporcionavam uma esfera de conhecimento bem mais ampla sobre os costumes dos norte-americanos de classe média e alta do que aquela a que maioria dos afro-americanos tinha acesso. Tirando proveito desses elos fracos, os carregadores da Pullman foram capazes de infundir uma cultura de classe média em suas próprias comunidades de laços fortes.[16]

Confiança faz a diferença

Em geral, elos fortes mantêm uma comunidade coesa, mas também podem deixar comunidades ilhadas e menos adaptativas a mudanças. O historiador Francis Fukuyama ressalta que as sociedades com valores familiares muito fortes tendem a apresentar raios de confiança mais frágeis fora da família. Essas culturas tendem a desenvolver teias de negócios menores e menos dinâmicas. Culturas tais quais a de Amsterdã no século XVII que encorajam uma diversidade mais ampla de relacionamentos sociais apresentam economias mais pujantes, já que conectam pessoas e teias sociais a novas ideias e relacionamentos com os quais normalmente não teriam contato.[17]

Esses elos fracos são mais úteis para sociedades capazes de desenvolver confiança. Existe uma forte correlação entre o grau de confiança difundida

CRIAÇÃO DE COMUNIDADES DE OPORTUNIDADE   295

em uma sociedade e seu desempenho econômico. Eric Beinhocker autor de *The Origin of Wealth*, escreve: "Uma forte confiança leva à cooperação econômica, o que leva à prosperidade, o que reforça mais ainda a confiança, num círculo virtuoso. Mas o círculo também pode ser vicioso, quando uma baixa confiança acarreta em pouca cooperação, levando à pobreza, e debilitando ainda mais a confiança".[18]

Em seu livro *Culture Matters*, Lawrence Harrison e Samuel Huntington ranquearam os países mundiais em ordem de confiança. Eles observaram que as sociedades com os maiores níveis de confiança interna, como Suécia, Noruega e Alemanha, apresentavam as economias mais prósperas. Já as

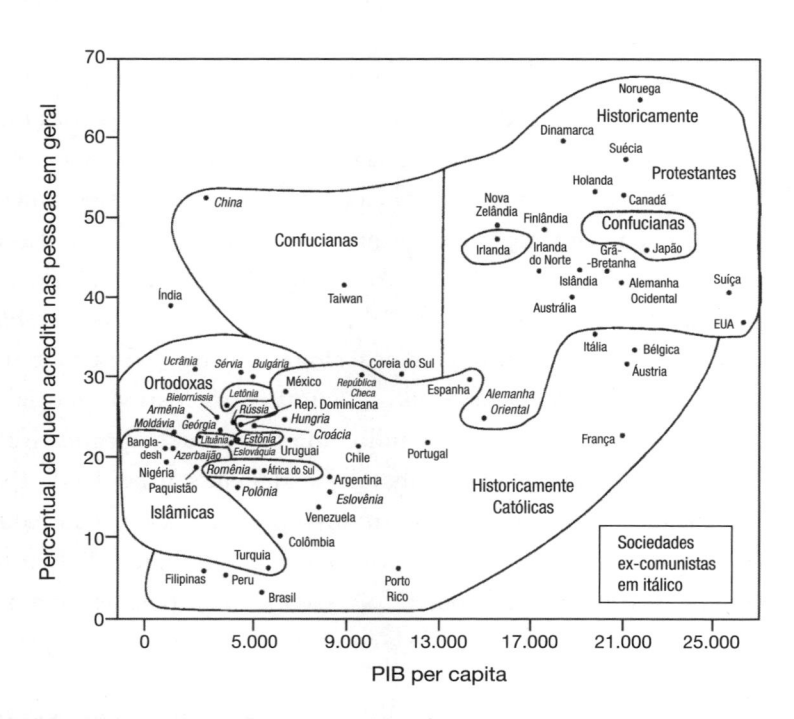

A relação entre confiança e desempenho econômico.

Quanto maior o grau de confiança numa sociedade, maior seu PIB per capita.

Observe que, em geral, países historicamente protestantes apresentam os maiores níveis de confiança, os países historicamente católicos tendem a apresentar níveis mais baixos de confiança e PIBs moderados e países muçulmanos tendem a ter níveis mais baixos de confiança e de PIB.

sociedades com os níveis mais baixos de confiança, como Nigéria, Filipinas e Peru, apresentavam os PIBs mais baixos dentre aquelas estudadas.

Isso se aplica a regiões dentro dos países também. Estudos sobre diferenças regionais em confiança nos Estados Unidos mostram que há uma forte correlação entre o percentual de pessoas que confiam umas nas outras em determinada região e seus indicadores de crescimento econômico, longevidade, saúde, criminalidade, participação eleitoral, envolvimento comunitário, filantropia e pontuação escolar infantil. As regiões com maior nível de confiança se saem melhor em todos os indicadores recém citados. Conforme se avança do norte para o sul do país, o nível de confiança diminui, e, junto com ele, os índices de saúde, participação eleitoral, notas escolares e todos os demais indicadores.[19]

No Capítulo 1, observamos a vantagem evolutiva do altruísmo. Indivíduos altruístas, ou cooperadores, identificam-se com uma teia social que é maior que eles próprios, e encaram seu bem-estar como inextrincável do bem-estar do sistema mais amplo. Como a cooperação gera comportamento recíproco, quando a cooperação é a norma, a comunidade prospera. Ernest Fehr, um distinto neuroeconomista austríaco do Instituto Max Planck, afirma que, em sua maioria, as pessoas são "altruístas condicionais, que acabam cooperando quando creem que os demais serão recíprocos".[20] Essa confiança de que os outros agirão de forma recíproca é uma característica essencial de culturas prósperas. Por outro lado, quando uma quantidade significativa de pessoas acredita que só pode sair ganhando se alguém sair perdendo (partindo do princípio de que se trará de um jogo de soma zero), a sociedade como um todo perde em confiança mútua, e cai naquilo que Eric Beinhocker denomina "a armadilha da pobreza". As cidades mais pujantes têm uma cultura de "coopetição", entrelaçando a competição no tecido resistente da cooperação.

Para testar algumas das condições de variabilidade altruística, Stanley Milgram, após deixa Harvard para lecionar em Yale, conduziu mais um experimento revolucionário. Ele preparou 300 cartas seladas e endereçadas e deixou-as cair pelas calçadas da cidade de New Haven. Algumas das cartas estavam endereçadas para uma pessoa fictícia chamada Walter Carnap, outras para institutos de pesquisas médicas e ainda outras para os Amigos do Partido Nazista e para o Partido Comunista. A tese de Milgram era de que pessoas que optam por pegar do chão e remeter uma carta que recém encontraram o fazem por pura vontade de ajudarem, já que não obtêm reconhecimento ou benefício por fazê-lo. Porém, elas não retornaram todas as cartas na mesma quantidade. O experimento de Milgram indicou que o altruísmo é mediado por julgamento social. As cartas endereçadas para institutos de pesquisas médicas tiveram uma taxa de 72% de retorno, seguidas de perto pelas cartas pessoais para Walter Carnap, com uma taxa de retorno de 71%. No entanto, apenas 25% das cartas endereçadas para Amigos do Partido Nazista e para o Partido Comunista foram remetidas.[21] O teste das cartas caídas no chão vem sendo usado desde então para aferir o grau de cooperação e tolerância de cada comunidade.

Aproveitadores tentam utilizar os benefícios das teias sociais, mas contribuem com elas. Seu comportamento egoísta, que muitas vezes é mascarado por charme e um talento para manipulação, sabota a viabilidade de sistemas altruísticos. Se todo mundo fosse um egoísta aproveitador, o sistema social entraria em colapso. O sociólogo Peter Hedström calcula que, se meros 5% de uma sociedade fossem compostos por egoístas, ao sabotarem o contágio da reciprocidade, eles iriam reduzir em 40% as ações altruísticas dos altruístas condicionais.[22] É por isso que a opinião da Escola de Economia de Chicago de que a sociedade é mais bem servida quando as pessoas buscam apenas maximizar seus próprios retornos está equivocada. Se as pessoas não investirem de modo altruísta em suas comunidades, então o solo no qual o sucesso individual e familiar pode germinar acaba sendo destruído. Como Darwin observou, grupos que são intencionalmente altruístas sempre sairão ganhando contra grupos não altruístas. Para fiscalizar o altruísmo dos grupos, evoluímos de tal modo que os aproveitadores despertam a ira de "punidores", pessoas que tomam a iniciativa de impor consequências àqueles que não têm qualquer responsabilidade para com os outros.

No extremo oposto dos aproveitadores charmosos encontramos os solitários, ou os esquisitões que vivem praticamente desconectados das teias sociais, em sua periferia, quase sem dar ou receber. Uma das principais funções do líder de uma comunidade é encontrar um equilíbrio entre esses tipos diferentes de pessoas, para que a comunidade siga promovendo a confiança, o compartilhamento e a coesão. Em épocas de vacas gordas, os melhores líderes de comunidades mantêm normas sociais positivas, criando uma base social estável que promove a confiança.

Nas vacas magras, porém, as normas sociais podem náos ser as mais adaptadas às mudanças nas condições. Nesses casos, as sociedades precisam da contribuição de "desviantes positivos", pessoas cujo comportamento foge das normas sociais de uma maneira que é mais adaptativa às circunstâncias. A expressão "desviantes positivos" vem da obra de Marian Zeitlin, pesquisadoras da nutrição pela Tufts University, a qual observou que em comunidades bastante desnutridas, famílias às vezes desenvolvem novos comportamentos que produzem melhores resultados para seus filhos. Em 1991, Jerry Sternins, que estudou com Zeitlin, tornou-se o novo diretor da instituição Salvem as Crianças no Vietnã numa época em que 65% das crianças do país sofriam de desnutrição. Sternins foi incumbido de reduzir a quantidade de crianças em inanição no prazo de seis meses, caso contrário seu visto não seria renovado.

Ele e sua esposa, Monique, começaram imediatamente a visitar vilarejos, usando as teias sociais já existentes para criar comitês de saúde formados por membros que tinham a confiança das comunidades. Os membros desses comitês entrevistavam todas as famílias no vilarejo e identificavam aquelas com as crianças mais saudáveis. Descobriram que os pais de crianças saudáveis estavam misturando minúsculos camarões encontrados em suas plantações de arroz e folhas de batata-doce na comida de seus filhos. Além disso, davam de comer a seus filhos quatro vezes ao dia, em vez de duas. Essas duas práticas produziam ótimos resultados, mas desviavam das normas sociais da comunidade.

Para encontrarem uma forma de ampliar a escala dessas práticas, os Sternins abordaram os comitês de saúde de vilarejos em quatro pequenas comunidades, com uma população total de 2 mil crianças. Depois que os comitês entendiam a eficácia da nova maneira de alimentar as crianças, e tentavam difundi-la, descobriam um princípio bem conhecido dos cientistas cognitivos: mudanças de atitude advêm de mudanças de comportamento, e não o inverso. O comportamento é uma experiência incorporada – depois que as pessoas alteram seu comportamento, então suas atitudes são alteradas. Ministrar aulas sobre práticas de como alimentar os filhos não iria funcionar. Em vez disso, o comitê de saúde do vilarejo ia de casa em casa, mostrando às famílias como catar camarão e colher folhas de batata, e como misturá-los na comida de seus filhos. Orgulhosos de seu sucesso, os membros do comitê saiam então descrevendo seus resultados em reuniões nacionais com líderes de comitês de saúde. Dentro de seis meses, a desnutrição infantil no Vietnã havia diminuído 80%. Os vistos dos Sternins foram renovados.

O motivo para comportamentos alimentares positivos em vilarejos vietnamitas não terem se espalhado antes da chegada dos pesquisadores foi o fato de serem praticados por "desviantes", famílias que se situavam na borda das teias sociais de seu vilarejo. Mas isso também foi o que libertou essas famílias para experimentarem com nossos métodos de alimentação infantil. Os comitês de saúde posteriormente conectaram esses desviantes positivos e suas ideias com o núcleo da teia social. Foi preciso que um desviante com elos fracos com a comunidade visse o que ela não conseguia ver por conta própria, já que suas práticas de saúde estavam restritas demais por fortes convenções sociais. E foi preciso a participação de moradores no seio da teia para gerar uma aceitação geral desses novos comportamentos.

Efeitos de bairro

Cidades são feitas de bairros, cada qual com suas próprias características. Acontece que, da mesma forma como as pessoas afetam os bairros, os bairros afetam as pessoas.

O cientista social Robert Sampson lecionou na Universidade de Chicago por 12 anos, e enquanto esteve lá, organizou o Projeto de Desenvolvimento Urbano em Bairros de Chicago (PHDCN, na sigla em inglês).[23] O PHDCN coletava dados que permitiam a Sampson comparar o desempenho social dos bairros da cidade, e identificar os determinantes básicos da saúde social de cada um deles, bem como o impacto que a saúde social tinha sobre crianças e adolescentes. Sampson comparou bairros das mais diversas faixas de renda, demografia racial e índices de violência. Durante sete anos, o estudo ainda fez um acompanhamento de 6 mil crianças, adolescentes e jovens adultos escolhidos ao acaso. As culturas de cada bairro, revelou-se, afetam de modo significativo o comportamento de seus residentes.

A pesquisa de Sampson demonstrou que os bairros com o melhor desempenho escolar também apresentavam os melhores índices de saúde, as menores taxas de criminalidade e os menores percentuais de gravidez na adolescência. Esses resultados estavam todos inter-relacionados. E o que era fascinante, eles persistiam ao longo do tempo e do espaço: os bairros com os melhores índices de desempenhos se mantinham no topo mesmo com a rotatividade de residentes partindo e chegando de outros bairros para ali morar. Em seu livro revolucionário, *Great American City: Chicago and the Enduring Neighborhood Effect*, Sampson concluiu que os próprios bairros tinham características duradouras que atraiam residentes e moldavam seus comportamentos. Sampson determinou que os dois fatores mais importantes a afetar a qualidade dos bairros eram a percepção de desordem e a eficácia coletiva, que ele define como "coesão social combinada com expectativas partilhadas de controle social".[24] Essas duas condições estão profundamente inter-relacionadas.

Desordem localizada

A percepção de desordem em determinado bairro assume duas formas: social e física. A desordem física se manifesta em pichação, prédios abandonados ou mal mantidos, lixo não recolhido e janelas quebradas. Já a desordem social se reflete em prostituição e tráfico de drogas escancarados, intoxicação em público, hostilização verbal, música alta e grupos de jovens baderneiros. Em seu artigo "On the Factors of Neighborhood Well-Being, Neighborhood Disorder, Psychological Distress and Health", Catherine Ross, Terrance Hill e Ronald Angel observam que a exposição a desordem em um bairro leva a perturbações cognitivas em seus moradores, que trazem consigo níveis mais altos de depressão, uma sensação de impotência e uma queda no bem-estar.[25] Um estudo conduzido pelo Atlanta VA Medical Center e pela Emory University indica que a exposição consistente a um bairro com desordem produz os mesmos efeitos cognitivos que o estresse pós-traumático.[26] Por outro lado, bairros que possuem ruas organizadas, repletas de árvores pelas calçadas e nenhum lixo pelo chão, moradores que se cumprimentam e música clássica tocando de cafeterias com mesas ao ar livre dão origem a uma sensação mais elevada de bem estar.

Em 1982, os cientistas sociais James Q. Wilson e George L. Kelling publicaram "Broken Windows" na *Atlantic Monthly*, introduzindo a teoria atualmente famosa das "janelas quebradas". Tentando entender os sinais crescentes de desordem urbana em muitos bairros, eles observaram que, quando um prédio tinha algumas janelas quebradas e tais janelas não eram prontamente consertadas, aumentavam as chances de que vândalos continuassem a quebrar janelas. Ao perceberem que o prédio não estava sendo cuidado, outros se mostrariam mais propensos a jogar lixo no chão em frente a ele. A aparente aceitação desses pequenos crimes comunicava uma norma social que apoiava a atividade criminosa, levando a um aumento nos furtos de carros e em invasões de propriedades.

A teoria das "janelas quebradas" propõe que o comportamento desordeiro é contagioso, e que, se uma cidade sinalizar de modo agressivo que crimes menos graves não são aceitáveis, isso dará um basta em comportamentos que de outra forma se espalhariam e levariam a crimes mais graves.

Essa teoria já teve consequências positivas e negativas para cidades. Inspirada nessas ideias, no fim da década de 1980, a cidade de Nova York passou a assiduamente limpar pichações que infestavam o sistema de metrô e a estimular que os proprietários privados fizessem o mesmo com pichações em seus prédios. Nos anos 1990, o departamento de polícia sob o comando do prefeito Rudy Giuliani começou a prender agressivamente pedintes e pequenos traficantes de rua, sinalizando a expectativa de uma norma social de comportamentos mais ordeiros. A polícia se concentrou especialmente em áreas visitadas por turistas, como a região da Times Square, onde a sensação percebida (e real) de segurança na cidade gerava uma impressão positiva sobre os visitantes. No entanto, esse policiamento agressivo também teve um impacto profundamente negativo, encarcerando por crimes menores uma proporção muito maior de jovens negros, diminuindo de forma considerável suas chances de uma vida bem-sucedida e introduzindo uma "cultura prisional" em suas comunidades.

Eficácia coletiva

Eficácia coletiva é a crença compartilhada de que uma teia social ou grupo pode resolver problemas em benefício da comunidade. Elos pessoais densos e o contágio social de comportamentos facilitam a eficácia coletiva, mas não são suficientes para gerá-la. A eficácia coletiva requer liderança pró-social, uma cultura compartilhada de altruísmo, a presença de confiança e poucos aproveitadores. Os grupos paroquiais e as associações de bairro no bairro de Auburn Gresham, zona sul de Chicago, que sobreviveu tão bem à onda de calor de 1995, apresentava um alto nível de eficácia coletiva. Sampson observou que, quando vizinhos compartilham expectativas de controle social em seus bairros, confiam uns nos outros e sentem uma coesão social, seus bairros geram índices muito melhores de bem-estar. Bairros com altos níveis de eficácia coletiva apresentam índices mais baixos de criminalidade, e são mais propensos a terem projeções melhores de criminalidade no futuro. Bairros com altos níveis de regulação social efetiva contam com pessoas para ficar de olho nos filhos uns dos outros, repreender adolescentes por comportamento barulhento pelas ruas, conferir a situação de cidadãos idosos e cuidar uns dos outros em geral. Além disso, apresentam índices mais baixos de gravidez na adolescência, menor mortalidade infantil e índices mais elevados de saúde e bem-estar. Isso se confirma quer o bairro seja negro ou branco, rico ou pobre.

A eficácia coletiva também parece estar fortemente correlacionada com altruísmo, e com baixos níveis de cinismo moral. Ao mapear a localização de todos os grupos sem fins lucrativos da cidade – associações de bairro, jardins comunitários, Associações de Pais e Mestres, vigilantes de bairro, associações de inquilinos e outros núcleos de ação coletiva – Sampson descobriu que sua densidade era um dos fatores que melhor previam a eficácia coletiva. E, como já vimos, um determinante-chave de sua densidade é a confiança.

Três graus de influência nos bairros

Quando Robert Sampson colocou sobre um mapa de Chicago os dados de seu estudo sobre bairros, um fenômeno interessante ficou evidente. Assim como as pessoas têm três graus de influência umas sobre as outras, revelou-se que o mesmo vale para os bairros. Quando a criminalidade é alta num deles, é mais provável que seja alta em bairros imediatamente adjacentes, e nos seus respectivos vizinhos. Se a taxa de homicídios em determinado bairro aumenta em 40%, seus vizinhos diretos experimentam um aumento de 9% em homicídios, e seus respectivos vizinhos, um aumento de 3%. Por outro lado, quando os indicadores de eficácia coletiva se elevam em certo bairro, as taxas de homicídios em bairros adjacentes, e em seus respectivos bairros vizinhos, diminuem.

Os três graus de efeito de bairro explicam algumas das disparidades raciais em Chicago, e outros lugares pelo mundo. Bairros brancos de classe média geralmente são adjacentes a outros bairros brancos de classe média, ou a outros ainda mais prósperos. Devido a padrões históricos de discriminação, bairros negros e latinos de classe média são tipicamente adjacentes a bairros de classe mais baixa. Portanto, um bairro negro de classe média pode apresentar um nível mais elevados de eficácia coletiva e ser visivelmente mais ordeiro que um bairro branco, mas estará em desvantagem devido a seus bairros adjacentes mais pobres. A boa notícia é que, quando uma cidade se concentra em melhorar a saúde, a segurança e o bem-estar de determinado bairro, o efeito dessa melhoria acaba se espalhando por três graus.

Capital social e comportamento social positivo

Teias sociais e confiança são os dois componentes-chave do capital social, definido pelo sociólogo de Harvard Robert Putnam, autor de *Bowling Alone: The Collapse and Revival of American Community*, como as conexões entre indivíduos – as teias sociais e as normas de reciprocidade e confiabilidade que emergem delas. Nesse sentido, o capital social está bastante relacionado com o que alguns chamam de "virtude cívica".[28] David Halpern, autor de *The Hidden Wealth of Nations* e chefe da equipe de Insight Comportamental do governo do Reino Unido, considera o capital social "nossa riqueza oculta, ou seja, os recursos não financeiros constituídos por habilidades locais, confiança e *know-how*, contatos úteis e trocas baseadas em cuidado".[29] Robert Putnam descreve dois tipos de capital social: formação de laços e construção de pontes. O capital dos laços é gerado pelas conexões entre grupos bastante similares, como famílias, imigrantes ou vizinhos. Muitas vezes, moradores de comunidades de baixa renda possuem um elevado capital de laços, baseado em fortes elos sociais.

Pessoas em redes de laços sociais defendem umas às outras. Equipes esportivas, bares locais e até mesmo gangues proporcionam um elevado capital de laços sociais. O capital de laços está profundamente vinculado à noção de "todos por um" e ao cuidado altruístico para com os filhos e os pais idosos dos outros. Os altos índices de sobrevivência durante a onda de calor de Chicago advieram do poder do capital de laços. Na Coreia do Sul, essa formação de laços é chamada de "woori", palavra que resume a noção de "nós juntos". Mas como esses agrupamentos apresentam laços coesos, tendem a ser bastante ensimesmados. Sociólogos chamam as lacunas situadas entre agrupamentos em rede de buracos estruturais.

O capital das pontes advém da conexão entre grupos ou redes; baseia-se nos elos sociais fracos que exploramos anteriormente neste capítulo. O capital das pontes é essencial para a descoberta de novas formas de fazer as coisas, ganhar uma vaga de emprego e encontrar investidores. Quando o elo entre agrupamentos atravessa buracos estruturais, as informações, opiniões e visões de mundo de seus membros são consideravelmente ampliadas. Como já vimos, pessoas que se deram bem na vida costumam praticar ativamente o *"networking"*, fazendo com que se encontrem em redes muito mais amplas do que pessoas de baixa renda. A obra de Putnam teve como foco duas redes de fortes laços sociais – ligas de boliche e coros comunitários. Ele percebeu que a decadência dessas redes acarretava na decadência da eficácia social dos bairros. Associações profissionais como o Instituto Americano de Arquitetos ou a Associação Médica Americana proporcionam a seus membros uma quantidade imensa de conexões com outras pessoas, e novas ideias que podem fazer seu trabalho deslanchar e expandir suas oportunidades. Tanto o capital dos laços quanto o das pontes se fazem necessários para que as comunidades e seus membros prosperem. Em 2001, Michael Woolcock, que leciona política pública na Kennedy School, em Harvard, propôs que um terceiro tipo de capital social, o capital dos elos que conectam as pessoas entre diferentes classes sociais, também é essencial para que uma comunidade prospere. Segundo ele, o capital das pontes estabelece conexões horizontais, enquanto o capital dos elos estabelece conexões verticais entre pessoas e instituições.[30]

Durante períodos estáveis de confiabilidade, o capital dos laços pode ser suficiente. Mas em épocas de VUCA, o capital de laços é isolacionista demais; o capital de pontes se faz necessário para expandir o *pool* genético de ideias e relacionamentos da comunidade. E o capital de elos se faz necessário para ampliar sua capacidade de atrair recursos adaptativos, o que é cada vez mais importante no combate à desconexão física e social dos pobres em lugares como os subúrbios remotos dos Estados Unidos, os *banlieues* da França e as periferias municipais em rápido crescimento nas cidades do mundo em desenvolvimento.

O capital social da liderança

Os estudos de Robert Sampson sobre Chicago rastrearam tanto as conexões dos residentes com seus líderes de bairro quanto as conexões de seus líderes entre si. Quanto pior o desempenho do bairro em indicadores de bem-estar, menores eram as chances de que seus moradores se sentissem conectados a um líder capaz de mudar as coisas para melhor. Bairros se beneficiam tanto de eficácia percebida quanto de eficácia real. Ao que parece, os bairros precisam antes de mais nada que seus residentes acreditem que seus esforços de melhorar o lugar onde moram farão a diferença. Só então, se esses esforços produzirem de fato resultados positivos, sua confiança na eficácia coletiva acaba aumentando.

O estudo de Chicago também mapeou o capital social de líderes empresariais, ministros, diretores escolares e reitores universitários, delegados de polícia, membros de câmaras de vereadores e diretores de associações sem fins lucrativos e comunitárias. Mais de 1.700 líderes foram entrevistados para mapear suas teias sociais e sua posição reputacional com relação aos outros. Cada líder indicou cinco outras pessoas a quem estavam conectados, a fim de determinar os núcleos mais centrais da teia de liderança. Os resultados indicaram que a influência dessas seis categorias principais de líderes estava diretamente relacionada com o grau de conexão de uns com os outros.

E quanto mais recíproco o seu relacionamento, mais efetivo ele era para cruzar elos fracos. Uma ministra, por exemplo, poderia pedir para que um homem de negócios a introduzisse para um reitor universitário, a fim de que ela pudesse passar o interesse de uma organização sem fins lucrativos em estabelecer laços com a universidade. O estudo de Sampson indicou que a densidade dos laços entre líderes e suas reputações estavam diretamente relacionadas à eficácia social e o bem-estar em seus bairros. Bairros com líderes poderosos, mas egoístas, que não se conectavam bem com outros, saíam-se pior.

Teias sociais e a densidade das cidades

O modo como os líderes municipais respondem a megatendências globais e aos resultados de suas ações está profundamente condicionado pela qualidade de suas teias sociais. Em 2004, Sean Safford, pesquisador do Centro de Desempenho Industrial do MIT, escreveu uma tese de PhD a respeito do papel das teias sociais no declínio das fábricas na região do "cinturão da ferrugem" nos Estados Unidos. Sua tese, "Why the Garden Club Couldn't Save Youngstown: Civic Infrastructure and Mobilization in Economic Crisis", mapeou as teias sociais de Youngstown, Ohio, e Allentown, Pensilvânia, e examinou o seu papel na determinação dos destinos divergentes das duas cidades.

A apenas 540 quilômetros de distância uma da outra, as duas cidades foram fundadas no século XIX e prosperaram quando se tornaram eixos geográficos de transporte. Ambas se tornaram centros siderúrgicos, financiadas por Andrew Carnegie e seu círculo. (Outra teia social bastante forte!) Passado mais de um século, em 1950, Allentown e Youngstown ainda eram bem similares. A população de Allentown era de 208.728 e a de Youngstown era de 218.816. As economias de ambas seguiram fundamentadas na indústria, sobretudo no setor de aço, embora em meados da década de 1950 sinais de um declínio iminente da indústria do aço já pairassem no ar. Os banqueiros e industriais de cada cidade solicitaram que associações cívicas locais contratassem consultores para estudar a situação e recomendar medidas futuras. Em ambos casos, os consultores recomendaram que as cidades diversificassem sua base industrial. Com o tempo, a siderúrgicas seguiram em declínio, e cada cidade encomendou mais estudos. Em 1977, uma greve exerceu um impacto terrível sobre a indústria do aço, e em 1983 as usinas de ambas cidades fecharam as portas.

Os destinos de duas cidades similares enfrentando as mesmas megatendências globais acabaram se revelando bem diferentes. Nos anos 1950, Allentown ouviu os conselhos de seus consultores; Youngstown, não. Como resultado, em 2015 a população de Allentown era 80% maior que a de Youngstown, e sua renda média era 30% mais alta. Como isso aconteceu? Na década de 1970, os líderes de Allentown decidiram diversificar o setor industrial da cidade atraindo eletrônicos e produtos químicos especiais, conectando essas indústrias a universidades locais e expandindo as redes de transporte da região. Líderes da comunidade criaram um fundo fiduciário privado para investir em novos negócios e desenvolveram diversos novos parques industriais para acolhê-los. Como resultado, o atual percentual da população de

Allentown que trabalha com eletrônicos, instrumentação e produtos químicos especiais é oito vezes mais alto do que o de Youngstown. Seus líderes foram bem-sucedidos em seus *lobby* para que um ramo da Penn State University se instalasse na cidade, para que pudesse se unir ao grupo estadual Ben Franklin Partnership a fim de desenvolver pesquisas e talentos para munir novos negócios em engenharia. Atualmente, Allentown é a cidade que mais cresce no estado da Pensilvânia.

Durante o mesmo período, os líderes de Youngstown pouco fizeram. Foi somente na década de 2000 que a cidade começou a diversificar sua economia, a aprimorar seus sistemas universitários e de faculdade comunitária e a se recuperar após décadas de declínio. Em sua tese, Sean Safford propôs que a diferença entre essas duas cidades estava nas teias sociais de seus líderes. As teias sociais e cívicas de Allentown reuniam uma ampla gama de agentes, muitos dos quais não estavam economicamente conectados, em poucos núcleos capazes de tomarem decisões estratégicas-chave para a comunidade. O mais importante desses núcleos eram as universidades locais e os Escoteiros da América. Como o conselho diretor dos Escoteiros era formado por CEOs que não costumavam fazer negócios entre si, ele se tornou um forte conector de um grupo economicamente diverso de pessoas que até então tinham apenas elos fracos entre si. Quando os líderes econômicos de Allentown decidiram formar a Lehigh Valley Partnership para atrair e estimular o crescimento de novas indústrias, escolheram o chefe dos Escoteiros, um jovem brilhante, ambicioso e eficiente que todos conheciam, mas que não estava preso de forma a alguma a panelinhas ou pontos de vista. Todos se ofereceram como mentores, e ele acabou se tornando um ótimo líder.

A liderança cívica de Youngstown, por sua vez, estava concentrada em poucas famílias distintas cujas perspectivas pouco fugiam dos próprios umbigos e cujas teias sociais em grande parte se sobrepunham. O presidente do Union National Bank, por exemplo, tinha lugar cativo nas mesas diretoras de 16 empresas e organizações sem fins lucrativos locais. Os principais núcleos cívicos da cidade eram o Garden Club e a Cruz Vermelha, liderados pelas esposas de homens que se frequentavam e que eram membros dos mesmos

CRIAÇÃO DE COMUNIDADES DE OPORTUNIDADE 309

country clubs; esses núcleos pouco ajudavam a cultivar visões diversas ou novas fontes de poder econômico.

Safford escreve: "Assim, em vez de servirem como fóruns de interação, eram simplesmente lugares onde o *status* social era afirmado".[31] Youngstown estava restrita por um forte capital de laços sociais entre líderes que a expunham a poucas perspectivas externas, e também por uma escassez de capital de pontes e de elos.

A visão de mundo cultivada pelo líder de uma cidade ou região também afeta o modo como ela se conecta à economia global, com resultados

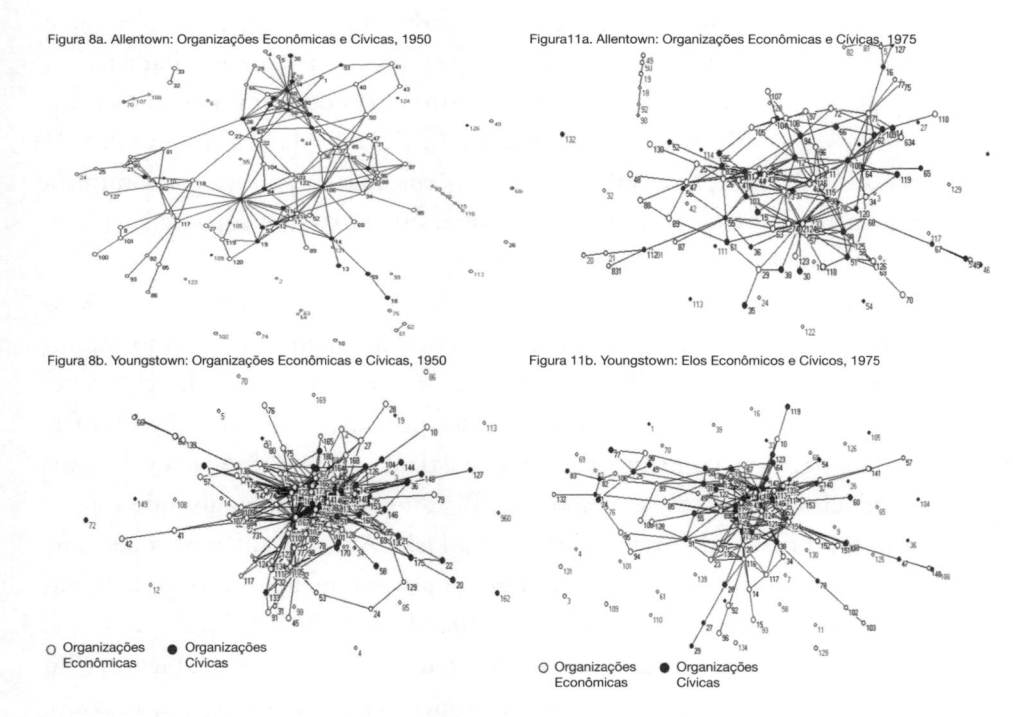

Figura 8a. Allentown: Organizações Econômicas e Cívicas, 1950

Figura 11a. Allentown: Organizações Econômicas e Cívicas, 1975

Figura 8b. Youngstown: Organizações Econômicas e Cívicas, 1950

Figura 11b. Youngstown: Elos Econômicos e Cívicos, 1975

○ Organizações Econômicas ● Organizações Cívicas

○ Organizações Econômicas ● Organizações Cívicas

Uma comparação de organizações econômicas e cívicas em Allentown e Youngstown.

Observe a difusão e a leveza com que os vínculos cívicos e econômicos de Allentown se interconectam em comparação com os de Youngstown, em 1950. No ano de 1975, as teias diversas de Allentown estavam reforçando e multiplicando conexões, ao passo que a rede centralizada de Youngstown começava a entrar em colapso. *(De Sean Safford,* Why the Garden Club Couldn't Save Youngstown: Civic Infrastructure and Mobilization in Economic Crises *[Cambridge, MA: MIT, 2004], pp. 42, 45)* drásticos. Assim como Allentown e Youngstown, em 1950, Birmingham, no estado do Alabama, e Atlanta, no estado da Geórgia, tinham dimensões populacionais e economias bastante similares. Mas seus destinos também se revelaram muito diferentes.

Birmingham foi fundada em 1871 por um grupo de comerciantes locais que examinaram mapas com rotas propostas de linhas férreas entre Alabama e Chattanooga e entre o norte e o sul do Alabama, e decidiram apostar adquirindo terras em torno do futuro cruzamento dos dois sistemas férreos. Seus fundadores a batizaram em homenagem à cidade inglesa de Birmingham, na esperança de que também pudesse um dia se tornar uma cidade industrial importante. A zona era abençoada com jazidas de ferro, carvão e calcário, as três matérias-primas usadas para produzir aço, e na virada para o século XX, as indústrias siderúrgica e carbonífera de Birmingham estavam a todo vapor. Ela recebeu o apelido de "a Cidade Mágica" e uma década depois "a Pittsburgh do sul". No entanto, sua cultura política era dominada pelas áreas rurais e brancas do Alabama, que se recusavam a ceder poder para as cidades em crescimento do estado.

Atlanta foi fundada em 1847 na interseção de duas linhas férreas, a Western e a Atlantic, bem onde cruzavam o rio Chattahoochee. Conforme sucessivas linhas férreas sulinas se conectavam ao mesmo terminal, a cidade foi crescendo e se desenvolvendo em um dos principais eixos dos sistemas férreos do país. Inicialmente economia de Atlanta foi impulsionada pelo setor algodoeiro, o qual, assim como o de Birmingham, acabou abrindo espaço para a indústria siderúrgica. Em 1930, a Delta Airlines, então uma pequena empresa de fretes sediada em Monroe, Louisiana, inaugurou voos de passageiros entre Birmingham e Atlanta, cobrando metade do valor de um bilhete de trem, visando atrair clientes para seus serviços ainda incipientes. Em 1950, a população de Atlanta havia aumentado para 331.314, apenas 2% menor que a de Birmingham, com seus 336.037.

No final da década de 1940, a Delta Airlines e uma de suas predecessoras, a Southern Airlines, procuraram os líderes tanto de Birmingham quanto de Atlanta para ver se cada uma das cidades estava disposta a investir em seus planos de desenvolver o primeiro eixo de transporte aéreo no país.

A Delta propôs que o eixo ficaria conectado a cidades do sul dentro de uma região delimitada, a seus eixos recém construídos em Chicago e Nova York e a sua primeira conexão internacional, a Cidade do México. Era um conceito brilhante, propondo conectar os buracos estruturais meridionais a centros nacionais e internacionais. A Delta propôs os benefícios da teoria dos laços sociais antes mesmo deles serem articulados!

Atlanta ofereceu um respaldo entusiasmado ao projeto da companhia aérea. A cidade emitiu títulos de dívida pública para ampliar seu aeroporto, e investiu pesado em novas pistas e terminais. A reação de Birmingham à solicitação da Delta foi elevar seu imposto local sobre combustível de aviação. Segundo certos comentários, os líderes municipais de Birmingham, chamados de "Grandes Mulas", temendo que os sindicatos de Chicago fossem acabar infectando seus trabalhadores não sindicalizados e que os mexicanos invadissem a cidade, recusaram a proposta da Delta.

Nos anos 1960, o movimento dos direitos civis varreu o sul do país. Em 14 de maio de 1961, membros da Ku Klux Klan atacaram brutalmente um grupo de manifestantes pacíficos do grupo Freedom Riders quando desciam de um ônibus na estação central de Birmingham. A polícia municipal, liderada pelo chefe Bull Connor, não intercedeu. Fotografias da violência chocaram o mundo. Em resposta, o prefeito de Atlanta, William B. Hartsfield, proclamou que a cidade estava "ocupada demais para praticar o ódio".[32] Em 1972, Maynard Jackson foi eleito prefeito de Atlanta, tornando-se o primeiro prefeito negro de uma grande cidade norte-americana. Ele capitaneou uma transformação ainda maior do aeroporto em um eixo de transporte aéreo internacional. Ele desenvolveu o MARTA, um dos primeiros sistemas de transporte ferroviário público do pós-guerra no país, a fim de conectar a cidade, o aeroporto e a região, deixando mais coeso o destino da cidade e de seus subúrbios, e ainda resistiu ao fatiamento dos bairros centrais da cidade por rodovias. Ao final dos anos 1980, Jackson encabeçou um esforço bem-sucedido para que Atlanta sediasse os Jogos Olímpicos de 1996, elevando seu prestígio internacional. Enquanto isso, um empreendedor local do ramo da mídia, Ted Turner, lançou a primeira rede mundial a cabo a transmitir notícias 24 horas por dia, a CNN. Atlanta era definitivamente uma cidade com o olhar no futuro, com redes de liderança diversas focadas em uma meta comum.

Na década de 1960, quando Atlanta avançava no quesito integração, Birmingham resistia com cães policiais, jatos d'água e detenções que levaram à famosa "Carta de uma Prisão em Birmingham", escrita por Martin Luther King. O mundo ficou chocado com a horrenda explosão de uma bomba dentro de uma igreja negra na cidade, matando quatro garotas inocentes e solidificando a reputação de Birmingham como uma comunidade atrasada e preconceituosa. Embora Birmingham esteja atualmente se esforçando para deixar esse legado para trás, 50 anos mais tarde, as consequências dessas visões de mundo distintas acabaram gerando destinos incrivelmente diferentes para cada uma das cidades.

Em 2013, a população da cidade de Atlanta chegou a 447.841, ancorando uma população regional de 5.529.420, 12 vezes maior que a da própria cidade. Durante o mesmo período, a população de Birmingham encolheu para 212.237, e a população de sua região metropolitana, de 1.114.300, era apenas cinco vezes maior do que a de seu núcleo urbano. E o que é ainda mais revelador: em 2011 a região de Atlanta tinha uma renda média de US$ 51.948 por residência, a oitava maior entre todas as cidades do país, enquanto para Birmingham esse valor era de US$ 39.274, o que a colocava na 124ª posição. O aeroporto Hartsfield-Jackson, de Atlanta, é o mais movimentado do mundo, 30 vezes mais ativo que o aeroporto Shuttleworth, de Birmingham. Atlanta tem problemas a solucionar – continua enfrentando dispersão geográfica e disparidade de renda. Ainda assim, provou ser muito mais uma comunidade de oportunidade para seus moradores do que Birmingham.

Novamente, a conectividade em transportes e teias sociais cumpriu um importante papel nos trajetos diferentes tomados pelas duas cidades. Os líderes econômicos de Birmingham eram dominados por uma mentalidade conservadora e rural. Já aqueles de Atlanta eram mais diversos e permeados de aspirações globais; os mundos sociais exemplificados pela Delta Airlines e pela CNN não estavam sobrepostos; na verdade, se reforçaram mutuamente e ampliaram o alcance da cidade.

Rumo a comunidades bem-resolvidas

Vivemos num mundo altamente conectado em que nossos relacionamentos, atitudes e comportamentos moldam resultados para nós mesmos, para nossos bairros e nossas cidades. As escolhas que fazemos agora contribuem para o metagenoma da cidade, influenciando seu nível de conectividade e sua prosperidade futura.

E assim como o nicho ecológico é a unidade comunitária básica em um ecossistema mais amplo, o bairro é o nicho que os moradores influenciam mais a fundo, sendo influenciados de volta. A saúde social de um bairro é crucial para seu funcionamento como uma comunidade de oportunidade, o alicerce de uma cidade e de uma região metropolitana sadias. E bairros sadios começam por pessoas resilientes, adaptáveis e bem moderadas.

CAPÍTULO 10

A ecologia cognitiva da oportunidade

Comunidades são formadas por muitos elementos – ruas, escolas, lojas, escritórios, parques, e assim por diante – mas nenhum deles é tão fundamental quanto o lar. Cidades são, acima de tudo, lugares para se morar. A moradia é a plataforma a partir da qual o sucesso familiar se desenvolve. E costuma representar a maior fatia de gastos de cada família. Lares seguros, bem localizados e economicamente acessíveis são uma condição fundamental para comunidades de oportunidade. Infelizmente, em 2015, 330 milhões de famílias urbanas ao redor do mundo viviam em moradias precárias, e o McKinsey Global Institute projeta que em 2025 esse número terá aumentado para 440 milhões, um terço das famílias urbanas mundiais, quase 1,6 bilhão de pessoas.[1]

Nos Estados Unidos, o Centro Conjunto para Estudos Habitacionais da Universidade de Harvard informou que mais de dois terços dos pobres norte-americanos gastam mais da metade de sua renda em moradia.[2] Somando-se a isso o custo de alimentação, transporte, água, luz, telefone, Internet, vestuário, educação e saúde, é difícil ver como conseguem fazer a conta fechar. Como resultado, muitas famílias de baixa renda costumam dividir moradia com mais uma ou duas famílias, vivendo em condições de superlotação, e se mudando com frequência, buscando acomodações baratas sempre que podem.

A habitação traz consigo um segundo custo que também pesa desproporcionalmente mais para quem ganha pouco: o transporte. Na Europa, os pobres moram em zonas habitacionais suburbanas e isoladas; no mundo em desenvolvimento, trabalhadores de baixa renda vivem em favelas informais que se espalham pelas periferias das cidades, levando muitas vezes de duas a três horas para se deslocarem até o trabalho; nos Estados Unidos, mais de 50% das famílias de baixa renda moram atualmente em subúrbios, onde gastam de 20 a 30% adicionais de sua renda em deslocamento primordialmente de carro. Somando-se a esse fardo, elas tendem a morar em lares com péssimo isolamento térmico e baixa eficiência energética, gerando altíssimas contas de utilidades públicas.

Aquelas famílias de renda mais baixa que conseguem encontrar um lugar estável para viver sobrevivem entre um contracheque e o outro. Qualquer cobrança médica inesperada ou emergência familiar pode desencadear uma bola de neve de contas em atraso e escolhas difíceis. Nos setores em que muitas famílias de baixa renda encontram emprego, quando um dos pais falta ao trabalho para cuidar de um filho doente, tem boas chances de não ser remunerado por tal dia, ser rebaixado de escalão ou despedido. Muitas vezes isso acarreta o não pagamento do aluguel e abre caminho para o atoleiro das famílias de baixa renda se tornarem sem-teto.

Essa vulnerabilidade afeta uma quantidade significativa de famílias. Um estudo de 2011 conduzido pela National Foundation for Credit Counseling revelou que 64% dos norte-americanos possuem menos de US$ 1.000 reservados para lidarem com uma emergência, e 30% não dispõem de um dólar sequer para isso, afora seus fundos de aposentadoria.[3] A poupança é outro elemento crucial da resiliência econômica familiar; porém, com os custos somados de habitação, transporte, serviços básicos e saúde, as famílias assalariadas nos Estados Unidos simplesmente subsistem, sem conseguirem poupar. Essa sensação de viver no fio da navalha prejudica sua sensação geral de bem-estar; o estresse da mera subsistência já é enorme. A Enterprise Community Partners chama isso de "insegurança habitacional".

De acordo com a Enterprise, em 2015, cerca de 19 milhões de famílias – um a cada quatro lares nos Estados Unidos – estavam ou sem teto para morar ou desembolsando mais da metade de sua renda em moradia. A maioria dessas famílias morava de aluguel. O estoque norte-americano de unidades acessíveis para locação é antigo, e em péssimas condições. Para piorar, enquanto a demanda está aumentando, a oferta de habitações economicamente acessíveis está diminuindo.

O Joint Center relatou que mais de 29% das unidades habitacionais locadas para famílias de baixa renda em 1999 foram abandonadas ou demolidas uma década mais tarde.[4] Em cidades com alto custo de vida, como San Francisco, onde o aluguel mediano em 2015 era de US$ 4.225 por mês, uma família tinha de ganhar US$ 169 mil ao ano,⁵ mais de duas vezes a renda mediana dos lares na cidade, para arcar com seus custos de locação de 30% de sua renda. Sendo assim, até mesmo famílias de classe média enfrentavam insegurança habitacional. O sonho americano está cada vez mais distante.

Para famílias de renda baixa ou moderada, esse desafio de encontrar e manter um lugar seguro, protegido e bem localizado para morar é bastante estressante. Menos de um quarto delas consegue encontrar habitações subsidiadas pelo governo. As demais vivem em lares tóxicos, com mal isolamento térmico e péssima manutenção, sujeitas a despejo se não conseguirem pagar o aluguel. Comunidades de baixa renda também estão repletas de fatores estressantes como criminalidade e violência; empregos com baixa remuneração e difíceis de encontrar; falta de acesso a atendimento de saúde; alimentação deficiente; e escolas abaixo da média. Esses estresses epidêmicos são presenças constantes. E, assim como os moradores desses bairros dispõem de reservas financeiras limitadas, eles também dispõem de parcas reservas emocionais para se protegerem de seu ambiente.

Embora tais comunidades sejam frequentemente caracterizadas por seu isolamento físico e social, elas estão sujeitas às mesmas tendências globais que afetam todas as comunidades no planeta – mudanças climáticas, globalização, aumento da desigualdade de renda, volatilidade financeira, epidemias e a migração de refugiados, entre outras. Essas macrotendências voláteis adicionam estresses episódicos àqueles endêmicos. Quando ocorrem estresses episódicos como o furacão Katrina, a supertempestade Sandy, o fechamento de fábricas ou ondas de despejos ou demissões, comunidades endemicamente estressadas e seus serviços sociais são sobrecarregados e simplesmente não conseguem reagir.

Uma base segura e ecologias cognitivas

Nos últimos 20 anos, avanços na ciência cognitiva aprofundaram nossos conhecimentos sobre como o cérebro e a mente humanos se desenvolvem, e também sobre a relação crucial entre saúde cognitiva e o bem-estar de indivíduos, famílias e comunidades. Esses avanços indicam para a importância de uma moradia protegida e estável como uma base segura sobre a qual o bem-estar pode se desenvolver. Em 1988, o psicólogo britânico John Bowlby publicou *Secure Base*, no qual propôs que o desenvolvimento de crianças saudáveis depende de "uma base segura a partir da qual uma criança ou adolescente pode fazer explorações ao mundo exterior e para a qual pode retornar ciente de que ao lá chegar será bem-vindo, alimentado física e emocionalmente, reconfortado caso aflito e acalmado caso atemorizado".[6]

Há uma profunda interdependência entre a segurança cognitiva de indivíduos, de suas famílias e de seus bairros, e entre sua saúde física e mental. O estado cognitivo coletivo de uma comunidade forma sua *ecologia cognitiva*, sua paisagem mental de pensamentos, sentimentos e relacionamentos. Ela influencia profundamente e é influenciada pelas teias sociais que a permeiam.

A ecologia cognitiva em que as crianças são criadas afeta sua saúde física e mental para o resto de suas vidas, somando-se ao metagenoma das percepções, reações e comportamentos de sua comunidade. Estresses endêmicos, como pobreza e insegurança habitacional, corroem a sensação de segurança de uma criança em desenvolvimento. Os estresses episódicos que se encontram além do controle de qualquer indivíduo ou comunidade colocam ainda mais em risco a essencial segurança cognitiva para o crescimento saudável das crianças.

A ecologia cognitiva de um bairro é especialmente afetada por tendências de aumento na violência. Durante a guerra do Vietnã, por exemplo, os Estados Unidos treinaram milhões de jovens no uso de armas e os transportaram para uma terra estrangeira onde muitos foram traumatizados e introduzidos à heroína, para então serem trazidos de volta ao lar sem um plano efetivo de como curá-los ou inseri-los no mercado de trabalho. Bairros pobres que já se mostravam desestabilizados pela falta de empregos, inflação e aumento nos custos da energia foram ainda mais abalados por um surto de violência e drogas, causado por veteranos que tentavam suportar as consequências de traumas sofridos por eles no Sudeste Asiático.

Em um estudo de 1976, "Violent Acts and Violent Times: A Comparative Approach to Postwar Homicide Rates", os sociólogos Dane Archer e Rosemary Gartner exploraram o efeito de guerras sobre as taxas de homicídio em 50 países remontando ao ano de 1900. Eles observaram que a maioria dos países passou por uma elevação pós-guerra em sua taxa de homicídios, quer a guerra tivesse sido travada dentro de suas fronteiras ou não, e quer o país tivesse saído vitorioso ou não. Durante a guerra do Vietnã, a taxa de homicídios nos Estados Unidos dobrou. Nos anos 1970, o mecanismo cognitivo dessa elevação não era entendido,[7] mas hoje sabemos muito mais a respeito dos efeitos do estresse pós-traumáticos em veteranos de guerra. Um estudo de 2010 conduzido pelos Fuzileiros Navais dos Estados Unidos, por exemplo, revelou que fuzileiros que sofriam de estresse pós-traumático tinham *seis vezes* mais chances de praticar comportamentos antissociais e agressivos.[8]

Existem muitos outros fatores externos que contribuem para a ecologia cognitiva de uma comunidade. O racismo persistente, por exemplo, experimentado por jovens negros do sexo masculino que são volta e meia parados e revistados reduz seu senso de eficácia individual e coletiva. E muitas cidades estão sendo agora inundadas por imigrantes fugindo dos horrores da violência intergrupal e de desalojamentos em suas terras natais, ou que simplesmente não suportam mais viver em lugares afetados pelas mudanças climáticas, enfrentando jornadas de grande sofrimento e levando consigo todos os efeitos dos traumas por eles experimentados. Esses e muitos outros fatores externos contribuem para o efeito de bairro descrito por Robert Sampson. Combinados com superlotação, instabilidade habitacional e toxinas ambientais, eles podem resultar em péssimos locais para a criação de crianças saudáveis.

Experiências infantis adversas

Alguns anos atrás, conheci o líder de uma empresa sem fins lucrativos do ramo de desenvolvimento habitacional que me disse: "Minhas comunidades sofrem de uma terrível superlotação. É comum termos 13 ou mais membros de uma mesma família morando na mesma residência. Inevitavelmente, certa noite um tio chega em casa bêbado e estupra uma jovem sobrinha. Todos na casa sabem o que aconteceu, todos se sentem cúmplices e todos ficam traumatizados pela experiência. Se conseguirmos transferir cada mãe e seus filhos para seu próprio apartamento seguro e ecologicamente sustentável, começaremos a ajudá-los a tocaram suas vidas para frente".

O estupro de uma criança é algo horrível. A comunidade médica rotula isso como uma "experiência infantil adversa", ou ACE, na sigla em inglês. ACEs, graves experiências traumáticas que afetam profundamente o desenvolvimento de uma criança, subdividem-se em três categorias: abuso, negligência e disfunção doméstica. Isso inclui abuso emocional, abuso físico, abuso sexual, negligência emocional, negligência física e emocional, ruído excessivo pela casa, despejo repentino, testemunhar a própria mãe ser sujeita a violência, dano a propriedade, *bullying*, exposição à violência na comunidade, infindáveis discussões entre os pais, abuso de substâncias dentro de casa, doença mental dentro de casa, separação ou divórcio dos pais e ter um dos pais mandado para a cadeia.[9]

Em 1993, o Dr. Robert Anda, epidemiologista dos Centros de Controle de Doenças, e o Dr. Vincent Filetti, médico residente do Kaiser Permanente, em San Diego, deram início a um estudo de uma década de duração junto a mais de 17 mil pessoas no sistema Kaiser Permanente a fim de entenderem melhor o impacto de experiências adversas infantis. Da população estudada por eles, cerca de 75% eram brancos e tinham diploma universitário; contudo, 12,6% apresentavam uma pontuação de ACE igual ou superior a 4 – o que significa que haviam passado por quatro ou mais experiências adversas na infância – indicando o quanto ACEs são prevalentes em nossa sociedade.

ACEs produzem um efeito dose/resposta – quanto maior a exposição a ACEs, mais profundos seus efeitos pelo resto da vida. Adultos que passaram por quatro ACEs ou mais quando crianças são duas vezes mais propensos a fumarem, 12 vezes mais propensos a tentarem suicídio, sete vezes mais propensos ao alcoolismo e 10 vezes mais propensos ao uso de drogas injetáveis. Quando jovens, têm quatro vezes mais chances de praticarem sexo antes dos

15 anos de idade, e 40% das garotas que experimentaram 4 ACEs ou mais ficam grávidas na adolescência.[10]

Há também uma forte correlação entre a pontuação ACE de uma criança e sua saúde. Adultos que passaram por quatro ACEs ou mais quando crianças têm 260% mais chances de sofrerem doença pulmonar obstrutiva crônica (DPOC) do que adultos com uma pontuação ACE de zero; são também 240% mais propensos a terem hepatite, e 250% mais propensos a contraírem doenças sexualmente transmissíveis. Quem passa por seis ACEs vê suas chances de desenvolver câncer pulmonar aumentarem em 300%, e sua expectativa de vida ser reduzida em 13 anos. Há ainda uma relação direta entre a quantidade de ACEs pela qual uma pessoa passa e o seu risco de ser hospitalizada devido a uma doença autoimune, como reumatismo.[11] Desde o estudo inicial de Anda e Filetti, dezenas de outros estudos populacionais sobre o efeito de ACEs em crianças foram conduzidos, e os resultados foram confirmados repetidamente. Essas terríveis experiências adversas infantis são prevalentes ao redor do mundo e nas mais diversas faixas de renda, mas encontram-se especialmente concentradas em comunidades de baixa renda.

ACEs e o cérebro

Quando encontramos algo que percebemos como uma ameaça, nosso cérebro envia mensagens ao hipotálamo, a parte cerebral que regula os sistemas autonômico e homeostático do corpo. O hipotálamo compara a ameaça com memórias no hipocampo, e se tais memórias estiverem associadas a perigo, ele libera hormônios que levam a glândula pituitária a instruir as glândulas adrenais a liberarem mais dois hormônios: cortisol e adrenalina. Essa rede de resposta a perigos em potencial é denominada eixo HPA (hipotálamo, pituitária, adrenal). Imagine que você esteja caminhando pela floresta e se depare com um urso. O eixo HPA libera adrenalina, a qual lhe prepara para lutar ou fugir acelerando seu coração e contraindo suas pupilas para concentrar sua atenção. Caso pareça que você precisará correr por um longo tempo, sua glândula pituitária libera cortisol, o que aumenta sua pressão sanguínea e seu nível glicêmico, e mitiga a resposta de seu sistema imunológico, fatores que elevam sua capacidade de correr longas distâncias. Mas depois que o urso se afasta, ou de você ter conseguido fugir dele, seu coração se acalma e o resto do seu corpo retorna ao normal.

Sob circunstâncias normais, o eixo HPA relaxa e seu sistema retorna a seu equilíbrio normal. Porém, caso o estresse seja contínuo, ou se os estresses forem traumáticos, o trajeto HPA é escancarado e permanece aberto, mesmo quando não se faz mais necessário. Uma criança que passa por diversas experiências adversas infantis tem seu HPA configurado permanentemente na posição "ligado". A criança também desenvolve um menor córtex pré-frontal, a parte estratégica do cérebro, e conexões de controle menos robustas entre ele e a amídala, a parte do cérebro associada às emoções, à agressividade e à memória. Esse circuito é uma parte-chave da autorregulação, sobretudo de nossa capacidade de regular reações a ameaças percebidas. Um eixo HPA hiperativo gera raiva e ansiedade contínuas.

Como resultado, crianças que sofrem estresses tóxicos contínuos ou ACEs frequentes são mais propensas a serem retraídas, menos aptas a regularem seu comportamento ou a prestarem atenção na escola e menos propensas a participarem de atividades ou desenvolverem amizades. Até a puberdade, elas ficam presas ao "modo de fuga", e após a puberdade acabam entrando no "modo de luta". Essa condição neurológica leva crianças a abandonarem a escola, a entrarem para gangues e a praticarem crimes e outros comportamentos de alto risco. Garotas que buscam carinho sem autocontrole muitas vezes acabam ficando grávidas. E então, na condição de mães ressentidas e estressadas, criam um ambiente que inflige a mesma condição para seus próprios filhos.

O dano neural decorrente de ACEs também é herdável. Sabe-se atualmente que ACEs causam variações de metilação em genes que contribuem para uma propensão ao desenvolvimento de distúrbios psiquiátricos como o suicídio, e que tais alterações são repassadas de geração em geração. Esse processo epigenético está prejudicando o metagenoma de comunidades com níveis mais elevados de trauma, perpetuando uma saúde física e mental deficiente e dificuldades na formação de teias sociais positivas.[12]

Superlotação e despejo

ACEs são causadas não apenas por experiências traumáticas diretas em crianças, mas também pelo ambiente em que a criança vive. Situações cotidianas caóticas, superlotação, barulhos excessivos e transitoriedade afetam negativamente crianças pequenas. A superlotação não depende apenas do tamanho da família em si, ou mesmo da renda familiar; na verdade, é causada pela densidade, ou número de pessoas, num mesmo recinto. Quando 10 ou 15 pessoas se amontoam em um mesmo lar, a densidade faz o contágio social decolar, e comportamentos negativos, como a dependência de drogas ou álcool, de um indivíduo afeta todos os demais. O índice de homens adultos mais velhos abusando garotas novas também fica substancialmente mais alto.

Estudos de Gary Evans, um pesquisador dos Departamentos de Desenvolvimento Urbano e Análise Ambiental e de Projeto da Cornell University, indicam que a superlotação produz um efeito negativo sobre comportamentos interpessoais, saúde mental, motivação, desenvolvimento cognitivo e níveis de cortisol de crianças. Pais em lares superlotados são menos cuidadosos com filhos pequenos, talvez por causa de suas próprias experiências adversas infantis. De acordo com a pesquisa de Evans, pais que criam filhos em lares superlotados conversam com eles com menos frequência, e usam palavras menos complicadas. Um estudo conduzido por Betty Hart e Todd Risley, da Rice University, calculou que, em quatro anos, crianças cujas famílias são sustentadas pela assistência social ouvem 30 milhões de palavras a menos do que crianças em famílias de alta renda. E o que é ainda pior, crianças de baixa renda acabam ouvindo 125 mil palavras desencorajadoras a mais, enquanto crianças de alta renda acabam ouvindo 560 mil palavras enaltecedoras a mais.[13] Isso também exerce seu efeito cognitivo.

Pais que criam filhos em lares superlotados são mais propensos a praticar um ensino punitivo, elevando significativamente seu nível de aflição. Como Evans observa: "Crianças em idade de ensino fundamental que moram em lares superlotados exibem níveis mais elevados de aflição psicológica e de dificuldades comportamentais na escola. [...] A superpopulação crônica influencia a motivação infantil na realização de tarefas. Independentemente da renda familiar, crianças de 6 a 12 anos de idade exibem declínios em comportamento motivacional e também demonstram um nível de desamparo aprendido – a crença de que não têm controle algum sobre sua situação, desmotivando-as de qualquer tentativa de mudança – muito embora tenham poder para tanto".[14]

Despejos habitacionais também são causadores de ACEs, e a Grande Recessão piorou muito o problema. Entre 2010 e 2013, a quantidade de casos de despejo no condado de Milwaukee aumentou 43%. Nas palavras de Matthew Desmond, um sociólogo de Harvard que estudou despejos em Milwaukee: "Seria de se pensar que os despejos fossem causados por perda de emprego, mas descobrimos que, na verdade, um despejo pode fazer com que alguém perca seu emprego".[15] E, uma vez despejadas, as pessoas apresentam níveis mais altos de depressão, miséria material e cuidados médicos inadequados.

Para onde as famílias despejadas acabam indo? Nos Estados Unidos, elas se mudam para casas de amigos ou parentes, acampam em seus carros ou procuram abrigos para moradores de rua. No restante do mundo, famílias que são desalojadas por guerras, mudanças climáticas ou conflitos intergrupais acabam em campos de refugiados. Todas essas soluções habitacionais são superlotadas, caóticas, barulhentas e transitórias. Quando uma criança é levada para um lugar como esse, em vez de receber uma base estável que tão desesperadamente precisa, seu mundo é ainda mais desestabilizado.

Quando uma porção considerável de determinada comunidade carece de uma base estável, ACEs e os problemas comportamentais e de saúdem que as acompanham permeiam suas teias sociais, e começam a retroalimentar a ecologia cognitiva da comunidade. Os mercados de trabalho do século XXI exigem pessoas com não apenas uma gama cada vez maior de habilidades técnicas, mas também com habilidades cognitivas de atenção, pensamento sistêmico e uso complexo da linguagem. Crianças que crescem em lares superlotados e caóticos, ou que sofrem abuso, são menos propensas a desenvolver essas habilidades.

Adicione toxidade e misture

Em 15 de abril de 2015, Freddie Gray, um afro-americano de 25 anos de idade, foi preso por policiais de Baltimore, teve suas mãos e pernas algemadas e foi jogado num camburão da polícia. No procedimento, Gray sofreu uma lesão na medula espinhal e morreu. Seis policiais foram indiciados. A morte de mais um jovem negro nas mãos da polícia foi a gota d'água para a comunidade. Pequenos protestos se ampliaram cada vez mais até a noite do funeral de Gray, em 27 de abril, quando Baltimore explodiu em tumultos e saques.

Freddie Gray não se destinava a ser um herói local. Não chegara a ser formar no ensino médio e fora preso mais de 10 vezes por posse de drogas. As cartas estavam marcadas contra Freddie desde o momento em que nasceu. Sua mãe era viciada em heroína. Ele foi criado em um bairro da zona norte e empobrecida de Baltimore, repleto de drogas, violência e criminalidade. Ele cresceu negligenciado em um ambiente caótico, que, como vimos, afeta negativamente o desenvolvimento cognitivo infantil. Mas para piorar as coisas, quando Freddie ainda era pequeno, ele e sua irmã gêmea, Fredericka, foram expostos a tinta a base de chumbo descascada; testes revelaram que ambos apresentavam níveis excessivos de chumbo no sangue. Ambos foram diagnosticados com DDA na escola, e acabaram abandonando os estudos. Freddie caiu nas drogas e Fredericka tinha surtos de violência.

Um nível sanguíneo acima de 5 microgramas de chumbo por decilitro tende a causar distúrbio grave no desenvolvimento cognitivo infantil, levando a uma insuficiência de função executiva, falta de autorregulação emocional e uma incapacidade de prestar atenção. Sem essas habilidades, as crianças costumam ser reprovadas na escola, abandonar os estudos e acumular fichas criminais. Quando Freddie tinha 22 meses de idade, exames de sangue revelaram que ele tinha 37 microgramas de chumbo por decilitro.

Dan Levy, professor-adjunto de pediatria da Johns Hopkins University, que estudou os efeitos do envenenamento plúmbeo na juventude, afirmou: "Nossa, os altíssimos níveis de chumbo apresentados nos exames do Sr. Gray muito provavelmente afetavam sua capacidade de raciocínio e autorregulação, e tinham um impacto profundo sobre sua capacidade cognitiva de processar informações. E a verdadeira tragédia do chumbo é que o dano causado é irreparável".[16] No segundo semestre de 2015, revelou-se que a cidade inteira de Flint, no estado do Michigan, estava bebendo água com cinco vezes mais chumbo do que o limite recomendado pela Agência de Proteção Ambiental dos Estados Unidos.

O chumbo é apenas uma das toxinas ambientais que afetam negativamente o desenvolvimento neural, prejudicando a inteligência de crianças, sobretudo se suas mães forem expostas durante a gravidez. Philippe Grandjean, professor de neurologia da Harvard Medical School, e Philip Landrigan, reitor de saúde global da Mount Sinai School of Medicine, em Nova York, escreveram no distinto periódico médico *Lancet* que uma pandemia de toxinas estava danificando os cérebros de fetos. "Nossa gravíssima preocupação é que crianças no mundo inteiro estejam sendo expostas a produtos químicos não reconhecidos como tóxicos que vêm silenciosamente corroendo sua inteligência, perturbando seu comportamento, entravando realizações futuras e danificando sociedades."[17] O Dr. David Bellinger, também da Harvard Medical School, calculou que os norte-americanos perderam 41 milhões de pontos em QI como resultado de exposição a chumbo, mercúrio e pesticidas a base de organofosfato.[18]

A Dr. Fredericka Perrera, diretora do Columbia Center para Saúde Ambiental Infantil da Mailman School of Public Health, observa que a exposição a produtos químicos tóxicos leva a um aumento na mortalidade infantil, a diminuição de peso em recém-nascidos, a déficits de funcionamento pulmonar, a asma infantil, a perturbações desenvolvimentais, a incapacidades intelectuais, a déficit de atenção com hiperatividade e a risco de câncer infantil. Exposição pré-natal ou no início de vida a álcool, nicotina ou cocaína pode ter efeitos devastadores e para o resto da vida no desenvolvimento arquitetônico do cérebro.

Experiências adversas infantis causam o que o Dr. Jack Shonkoff, diretor do Centro de Desenvolvimento Infantil de Harvard, classifica como "estresse tóxico". Não há muitas pesquisas a respeito do efeito combinado do estresse tóxico e de produtos químicos tóxicos sobre a cognição, mas ele não pode ser bom. Quando o sistema imunológico infantil é enfraquecido, um efeito conhecido do estresse tóxico, a criança acaba ficando mais vulnerável a neurotoxinas ambiental. Essa sopa tóxica é onipresente, mas geralmente invisível, encontrada muitas vezes em produtos químicos usados em materiais de construção, móveis, inseticidas e outros elementos da vida moderna cotidiana. É crucial que pesquisas futuras identifiquem seus componentes e seus efeitos somados. Além do chumbo, já foi comprovado que mofo, pestes, pesticidas e excesso de pó exercem um efeito adverso em crianças e suas famílias. Eles podem estar presentes em qualquer lar, mas costumam se concentrar em lares e bairros de baixa renda. Nessas casas com isolamento térmico deficiente, durante invernos rigorosos, famílias muitas vezes usam fogões a gás como aquecimento, adicionando toxicidade no ambiente fechado.

A vida urbana moderna é complexa, e está ficando ainda mais. Cada vez mais capacidade cognitiva é necessária para descobrir como navegar pelos sistemas de uma cidade. É preciso ter inteligência emocional e social para ir bem na escola, no trabalho e na vida pelas ruas. Crianças criadas em ambientes de alto estresse e repletos de toxinas acabam com bem menos chances de sucesso. E no competitivo século XXI, como uma cidade pode prosperar quando uma parcela considerável de seus residentes não é capaz de contribuir para sua economia e sua cultura?

Os tumultos de Baltimore revelaram o quanto é profunda a lacuna entre bairros prósperos e pobres na maioria das cidades norte-americanas. Será que o sonho americano é abrangente o suficiente para que cada uma de nossas crianças tenha a oportunidade de morar em um lar seguro e economicamente acessível?

Simplesmente não é possível construir uma sociedade em harmonia sobre uma base instável. Moradias seguras, economicamente acessíveis e livre de toxinas são uma pré-condição essencial para uma civilização próspera. Embora essa base seja essencial, ela não é suficiente. Temos também de reparar a ecologia cognitiva de comunidades dilaceradas por violência, traumas e experiências adversas infantis, e construir confiança, um elemento essencial para o desenvolvimento do capital social de uma comunidade. Quando as crianças passam por ACEs, tornam-se desconfiadas e menos aptas a confiar nos outros. Bairros com altos índices de ACEs são menos propensos a nutrir um senso de ordem e eficácia social necessário para que seus moradores prosperem.

As soluções

O dano corrosivo forjado por traumas disseminados na família ou no bairro pode ser superado, mas isso exige uma abordagem sistêmica. Há quatro pontos-chave de intervenção: a família, o lar, a escola e o sistema de saúde. Quando são integrados, ACEs podem ser mitigadas com sucesso. Na cidade portuária de Tacoma, estado de Washington, Michael Mirra, diretor-executivo da Agência da Habitação de Tacoma (Tacoma Housing Authority – THA), vinha enfrentando dificuldades para melhorar a vida de crianças em famílias sem-teto e adotivas, quando percebeu que não poderia fazer um progresso significativo a menos que as escolas locais fizessem parte da solução.[19]

A Escola Fundamental McCarver está localizada perto da sede principal da THA. A McCarver, a primeira *magnet school* do país, ou seja, uma escola pública com currículos especializados, foi originalmente desenvolvida como parte de um programa voluntário de desagregação, mas nos últimos anos sua qualidade vinha caindo consideravelmente. Sobrecarregada por uma população sem-teto e de baixa renda e uma epidemia de ACEs, a escola tinha um dos mais altos índices de evasão escolar da cidade, com 179% da população girando a cada ano. Esse nível de instabilidade minava os estudantes que entravam e saiam da escola, e dos alunos que permaneciam e eram incapazes de formar relacionamentos estáveis. A situação também era muito frustrante para os professores, que partiam para escolas mais estáveis. A combinação de alta evasão de alunos e estudantes tornou a própria escola uma geradora de ACEs.

Mirra percebeu que, para conseguir transformar as vidas de seus residentes, precisaria estabilizar sua permanência em um mesmo lar e transformar sua escola. Ele começou com 50 famílias sem-teto ou vulneráveis cujos filhos estavam no jardim de infância da McCarver, fornecendo a elas bolsas-aluguel com as quais cada família só precisava pagar US$ 25 ao mês como aluguel no primeiro ano, com a THA arcando com o restante. Pelos cinco anos seguintes, as famílias se comprometeriam a pagar uma fatia crescente de seu aluguel, chegando a US$ 770 por mês para um apartamento de dois quartos. Para ajudar as famílias a ganharem o suficiente para arcarem com o aluguel, a THA providenciava qualificação laboral para os pais, além de atendimento de saúde, programas educacionais para adultos e os conectava a mais de 30 tipos diferentes de serviços de suporte.

Ao mesmo tempo, a THA reuniu verbas filantrópicas para que a escola pudesse melhorar a qualidade de sua educação. Como resultado desses esforços integrados, no ano escolar de 2011-2012, apenas 4,5% dos alunos no programa da THA abandonaram a McCarver. A quantidade de pais empregados quadruplicou, e a renda média mensal dos lares sob o programa dobrou. A qualidade da educação na escola McCarver também deu um salto considerável, e está prestes a ganhar a certificação de International Baccalaureate. Rompendo difíceis barreiras de financiamento, a THA investiu parte de sua própria verba no programa de qualificação dos professores da escola. Em 2014, a evasão de professores havia caído para apenas dois ao ano.

O programa de Michael Mirra é inovador, caro e essencial. Mas sai muito mais barato do que não fazer nada. Indivíduos sem-teto podem custar até US$ 1 milhão ao ano para a cidade em custos com polícia, sistema judiciário, hospitais e abrigos emergenciais. A cidade de Denver, Colorado, descobriu que, ao oferecer moradias para sua população sem teto, acabou economizando uma média de US$ 31.545 ao ano por pessoa, reduzindo as visitas a salas de emergência em 34,3%, custos com pacientes internados em 66%, visitas a centros de desintoxicação em 82%, e dias e custos de encarceramento em 76%. Mesmo após reinvestir essas economias em moradia, serviços sociais e atendimento de saúde, o programa poupou US$ 4.745 ao ano por pessoa.[20]

Além de moradias, famílias e escolas, o sistema de saúde também representa um importante ponto de alavancagem, enfocado pela Dra. Nadine Burke Harris. A Dra. Burke Harris cresceu na cidade de Palo Alto, filha de imigrantes jamaicanos. Ela obteve seu mestrado em Saúde Pública por Harvard, e seu diploma médico pela University of California, Davis, e fez sua residência em Stanford. Em seguida, entrou para o California Pacific Medical Center, uma rede privada de saúde, vindo a abrir uma clínica no bairro de Bayview–Hunters Point, um dos mais pobres de San Francisco, com uma taxa de desemprego de 73% e uma taxa crônica de faltas à escola de 53%. Entre 2005 e 2007, havia 10 vezes mais violência nesse bairro do que na média do restante de San Francisco.

A Dra. Burke Harris se surpreendeu com a quantidade de problemas de saúde apresentados por seus pacientes pediátricos, e decidiu descobri o porquê daquilo. Uma vez ciente das experiências adversas infantis e do estresse tóxico, ela concluiu que esses eram os fatores provavelmente causadores da epidemia em Bayview–Hunters Point, e comprometeu-se a encontrar uma cura. O projeto da Dra. Burke Harris, atualmente chamado de Centro para o Bem-Estar Juvenil, desenvolveu uma abordagem multidisciplinar que parte de uma triagem inicial para a identificação de ACEs, já que prontas intervenções são capazes de restaurar padrões cognitivos saudáveis. Leva 90 dias para que um evento traumático inflija seu dano no cérebro; por isso, se medidas efetivas forem tomadas dentro desse prazo, o mal pode ser revertido.

O Centro para Bem-Estar Juvenil atende tanto crianças afetadas quanto seus pais, já que os problemas são interdependentes. Seus médicos e assistentes sociais começam por um levantamento conduzido na clínica, na residência e na escola a fim de determinarem a exposição de cada criança a adversidades e a extensão do impacto sobre seu bem-estar. A partir de então, o sistema de saúde, o lar e a escola unem forças para se tornarem parte da cura. O centro começa educando a família quanto às causas e sintomas do estresse crônico, e incute em seus membros estratégias para reduzir tal estresse.

Crianças e suas famílias também recebem tratamento psicoterápico por parte do Programa de Pesquisa sobre Trauma Infantil da UCSF e pelo

Programa sobre Estresse em Início de Vida e Ansiedade Infantil do Lucile Packard Children's Hospital. Além disso, o Centro para Bem-Estar Juvenil treina seus pacientes em meditação *mindfulness* e em habilidades de enfrentamento, que ajudam eles e suas famílias a desenvolverem sua resiliência cognitiva para lidarem com eventos estressantes futuros. E o programa de auxílio habitacional de San Francisco, o Hope SF, iniciou um programa que integra conscientização sobre traumas em todos seus trabalhos junto às moradias. Isso começa pelo reconhecimento dos efeitos dos traumas tanto pelos residentes quanto por seu próprios funcionários, passando então a soluções integradoras a cada nível do sistema.

Trauma vicário

Em 2003, minha esposa, Diana Rose, presidente e fundadora do Garrison Institute, e a destacada professora de meditação Sharon Salzberg deram início a um programa para encarar o estresse tóxico sofrido por trabalhadores em abrigos na cidade de Nova York para vítimas de violência doméstica. Assim, sob o guarda-chuva do instituto, elas fundaram o programa de Resiliência Baseada em Contemplação (CBR, na sigla em inglês), para compreender e aliviar o estresse tóxico experimentado pelos assistentes sociais. Esses trabalhadores costumam circular numa ecologia cognitiva invisível e arraigada de estresse tóxico que permeia profundamente não apenas as famílias, mas também os cuidadores que tentam prestar seu suporte.

Os efeitos do trauma podem ser repassados das pessoas traumatizadas para seus cuidadores na forma de trauma vicário, ou secundário. Esse fenômeno pouco conhecido é uma das causas principais de esgotamento, estresse, depressão e até mesmo suicídio que afetam assistentes sociais e trabalhadores em medicina que lidam com populações traumatizadas. Para que consigamos dar um fim à epidemia de ACEs e estresse tóxico, teremos de proteger os profissionais que entram em contato com as vítimas. O treinamento em CBR uma abordagem em quatro ramos para curar traumas vicários: ioga, pois o trauma é incorporado; meditação, para desintoxicar a mente; trabalho psicológico, para ajudar a explicar como o trauma vicário afeta os trabalhadores; e o desenvolvimento de comunidades, para ajudar os trabalhadores traumatizados a reconstruírem suas teias sociais e saírem do isolamento. A equipe do Garrison Institute já aplicou esse trabalho com sucesso junto a refugiados e trabalhadores de auxílio humanitário ao redor do mundo. Oferecer cuidados aos cuidadores é, de fato, um ponto de alavancagem essencial para na criação de comunidades sadias.

A ecologia cognitiva das comunidades é o solo da civilização, essencial para seu bem-estar. Assim como os estresses das mudanças climáticas, das doenças e da perda de biodiversidade reduzem as capacidades adaptativas de comunidades biológicas, os estresses da vida de baixa renda e da prevalência de estresse pós-traumático e ACEs estão reduzindo a capacidade adaptativa de nossas ecologias cognitivas. Essas condições são então exacerbadas por instabilidade habitacional, transmitidas através de contágio social e amplificadas por efeitos de bairro e toxinas ambientais. Eis uma receita para pessoas perturbadas e para bairros fracassados.

Bairros sadios requerem uma noção de eficácia coletiva e fortes teias sociais. Estresses ambientais e cognitivos tóxicos prejudicam a capacidade de os indivíduos confiarem uns nos outros e de desenvolverem coesão social. A instabilidade habitacional dificulta a conexão de famílias com seus vizinhos, prejudicando a confiabilidade e a consistência necessárias para a construção de fortes teias sociais. E esses déficits cognitivos tornam ainda mais difícil que moradores afetados consigam vislumbrar um futuro para trabalharem juntos a fim de planejá-lo. Assim, esses estresses formam um circuito de *feedback* negativo dentro do bairro, aumentando as chances de pobreza endêmica persistente.

Quatro estratégias para combater o estresse tóxico

Embora as pesquisas sobre estresse tóxico estejam em seus estágios iniciais, surgiram quatro estratégias para mitigá-lo. A primeira abordagem, uma base estável, leva-nos de volta à moradia, um lugar que deve ser física, psicológica e ambientalmente seguro. Está ficando cada vez mais claro que tal moradia é essencial para o bem-estar de famílias cronicamente estressadas, bem como para os funcionários sociais e de saúde que as atendem. A Enterprise Community Partners identifica quatro maneiras principais de aprimorar as moradias de famílias pobres e operárias. A primeira é multiplicar as oportunidades para que essas famílias se mudem para bairros melhores ao ampliar o bolsa-moradia Section 8 e outros programas federais. A segunda é aumentar drasticamente os investimentos a fim de melhorar os bairros de baixa renda, para que cada criança possa crescer numa comunidade de oportunidade. A terceira é elevar o salário mínimo, ampliar o acesso ao ensino superior e fazer outros investimentos para elevar a capacidade de remuneração de famílias de baixa renda. E o quarto é bastante surpreendente: redirecionar os subsídios habitacionais recebidos por famílias em melhores condições financeiras para financiar esses programas. Proprietários de casa própria recebem mais de US$ 100 bilhões ao ano em subsídios habitacionais por meio de deduções fiscais, juros mais baixos para financiamento e dedução de imposto sobre imóveis. Famílias que ganham mais de US$ 200 mil ao ano abocanham 37% desses subsídios, enquanto famílias que ganham menos de US$ 50 mil ao ano recebem apenas 4%. Se apenas 25% desses subsídios fossem redirecionados para famílias de baixa renda, isso poderia fornecer bolsas-moradia Section 8 para todas as famílias norte-americanas que ganham até 150% da linha da pobreza e para todas as famílias que atualmente desembolsam mais de 50% de sua renda em moradia.[21] Se metade dos subsídios para financiamento da casa própria fosse redirecionada para pobres assalariados, poderíamos desenvolver centenas de milhares de novas moradias acessíveis a cada ano.

A segunda estratégia é o exercício físico. Bruce McKewen, diretor do Laboratório de Neuroendocrinologia Margaret Milliken Hatch da Rockefeller University, demonstrou que, dentre seus diversos benefícios, o exercício físico estimula uma neurogênese, ou regeneração cerebral, saudável. Já vimos que pessoas que moram a 10 minutos de caminhada de parques e espaços abertos são mais propensas à prática de exercícios. A localização, formato e conectividade dos bairros também são importantes. Um estudo publicado no *American Journal of Preventive Health* revelou que crianças que moram em bairros com crescimento planejado e convidativos a caminhadas praticam bem mais exercícios do que aquelas que moram em ambientes projetados para deslocamentos com carro.[22]

As comunidades variam muito no quanto são convidativas a caminhadas. Em cidades, isso é afetado pela densidade residencial, a densidade de cruzamentos, o caráter comercial ou residencial de seus terrenos, a densidade de estações de metrô e a proporção entre a área construída de varejo e a área de terrenos de varejo. Em áreas suburbanas, esses fatores são exacerbados quando o bairro não tem calçadas e cruzamentos seguros entre ruas. Pessoas que moram em bairros agradáveis para caminhadas praticam em média 100 minutos a mais de atividades físicas por semana do que pessoas que moram em bairros voltados ao uso de carros. Essa quantidade de exercícios é grande o bastante para ter um impacto significativo em aspectos de saúde como a obesidade.[23]

A terceira estratégia para reduzir o estresse é o desenvolvimento de paz e espaço mental. O Dr. Richard Davidson, fundador do Centro de Estudos de Mentes Saudáveis do Waisman Center, filiado à University of Wisconsin, vem conduzindo estudos extensivos sobre os efeitos do treinamento em meditação *mindfulness* no estresse, e documentou seus benefícios neurológicos e imunológicos positivos.[24] Seu laboratório publicou pesquisas mostrando que, aplicadas a crianças, práticas contemplativas como a meditação são capazes de melhorar a autorregulação, a atenção e comportamentos pró-sociais como compaixão e empatia.[25] Práticas de redução de estresse também podem estimular o crescimento de estruturas cerebrais saudáveis no prazo exíguo de oito semanas. A meditação cultiva a capacidade reflexiva da mente, que é essencial para obtermos uma certa perspectiva sobre as condições estressantes de nossas vidas, nossas comunidades e do mundo, e para que possamos responder não de uma forma reativa, e sim sistemática, uma habilidade cada vez mais exigida no mercado de trabalho do século XXI.

A quarta estratégia para combater o estresse tóxico é o benefício de fazer parte de uma comunidade com conexões humanas apoiadoras e sadias. O estudo de Eric Klinenberg a respeito da resposta dos bairros de Chicago ao estresse de ondas de calor indica a importância das teias sociais para a resiliência individual e coletiva. Nossos cérebros não são pré-programados somente para lutar o fugir. Também já vêm pré-configurados para aquilo que os psicólogos chamam de "cuidar e fazer amizade" [*tend and befriend*], uma estratégia à qual as mulheres, em especial, tendem a recorrer. A escolha entre fugir e lutar ou cuidar e fazer amizade é influenciada pelo efeito de bairro de Sampson. Bairros com um alto grau de ordem percebida, ou uma sensação de eficácia coletiva, são mais propensos a reagiram de modo altruístico em períodos de volatilidade e estresse.

Traumas cognitivos e ambientais custam caro

Os Centros de Controle e Prevenção de Doenças, em um estudo baseado em dados de 2008, estimaram que os custos financeiros totais pelo resto da vida associados a apenas um ano de casos confirmados de abuso físico infantil, abuso sexual, abuso psicológico e negligência ficam entre US$ 124 bilhões e US$ 585 bilhões.[26] Os custos foram computados somando-se custos de atendimento de saúde no curto prazo, custos médicos no longo prazo, custos de assistência social para as crianças, custos de educação especial, custos de justiça criminal e perdas de produtividade. Multiplicando-se isso por uma década de novos casos, os custos irão sobrecarregar nossos orçamentos municipais, estaduais e federais – e isso sequer leva em consideração os efeitos cognitivos causados pelo estresse tóxico que atinge os cuidadores. Se investirmos de imediato na prevenção e no tratamento desses problemas, o benefício de longo prazo para indivíduos e para a sociedade serão imensos.

Os custos das toxinas ambientais são igualmente devastadores. Um estudo conduzido por Leonardo Trasande, professor-adjunto de pediatria, medicina ambiental e políticas de saúde pela NYU, revelou que, em 2008, os custos de doenças ambientalmente mediadas em crianças norte-americanas, incluindo envenenamento por chumbo, exposição pré-natal a metilmercúrio, câncer infantil, asma, deficiência intelectual, autismo e déficit de atenção com hiperatividade, foi de US$ 76,6 bilhões.[27]

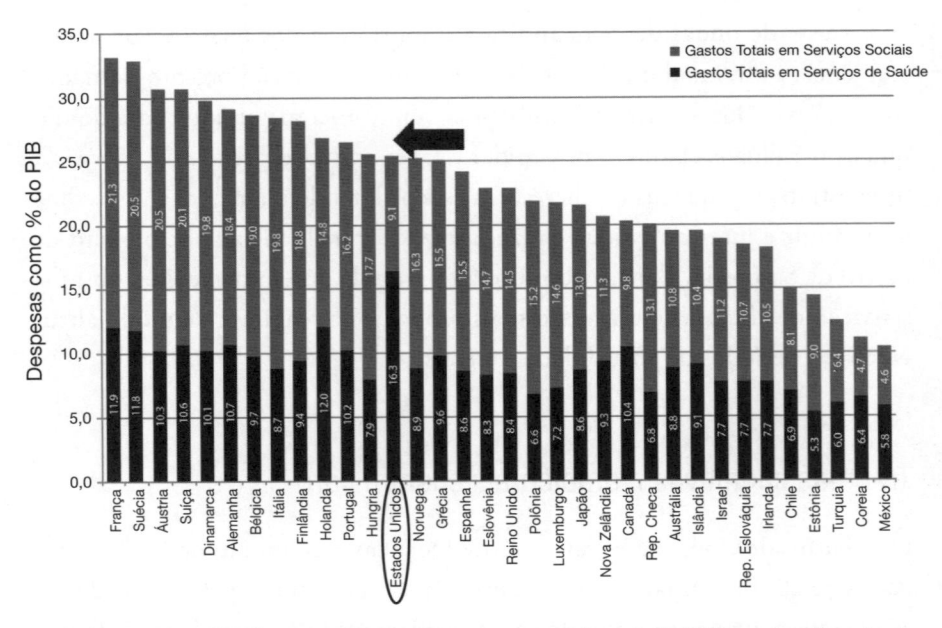

Os Estados Unidos gastam bem mais do que outros países da OCDE em atendimento de saúde, e bem menos em serviços sociais. O resultado são índices de saúde e bem-estar piores. *(De E. H. Bradley and L. A. Taylor, The American Health Care Paradox: Why Spending More Is Getting Us Less, 1st ed. [New York: Public Affairs, 2013])*

Esses custos nos ajudam a encarar o desenvolvimento de comunidades de uma forma completamente diferente. Investimentos em moradias seguras, sustentáveis e bem localizadas, escolas excelentes e sistemas de saúde proativos poupam o dinheiro das sociedades no longo prazo. Contudo, o investimento isolado em apenas um desses itens – moradia, educação, saúde – não é suficiente. Temos de investir em todos eles para arrancar pela raiz ACEs, estresse tóxico e trauma vicário, prevenindo custos humanos, sociais e econômicos insustentáveis mais tarde. E tais investimentos precisam ser acompanhados por regulamentações rigorosas visando à remoção de toxinas ambientais de nossos prédios, alimentos, solos, água e ar.

As verbas para esses serviços sociais já estão disponíveis, ocultas em nossos gastos governamentais. Em média, os países da OCDE gastam quatro vezes mais do que os Estados Unidos em serviços sociais, educação e habitação, e, como resultado, gastam apenas metade que os Estados Unidos em atendimento de saúde.

Esses serviços não médicos são determinantes significativos de saúde – moradias estáveis e economicamente acessíveis, serviços iniciais a crianças e suas famílias, uma educação excelente e cuidados psicológicos fazem uma enorme diferença na saúde de um país. Transferir gastos em saúde para serviços sociais não apenas melhora os indicadores de saúde como também as condições de oportunidade.

A transformação de trauma em resiliência

Recém estamos começando a compreender a interconexão entre o bem-estar das crianças e o de suas famílias, de suas moradias, de seus bairros e das cidades onde moram, mas o que sabemos é que de fato todos estão interconectados. Cada medida que tomamos para aliviar as causas tóxicas e as condições de pobreza econômica, psicológica e espiritual para cada criança garante o alívio dessas condições para todos nós.

Concluímos este capítulo com as raízes latinas da comunidade de oportunidade, a dádiva de poder conviver em sociedade e retornar com segurança para o porto seguro de nossos lares. Vivemos em uma época estressante. O estresse tóxico e os traumas são socialmente contagiosos, e fazem com que as pessoas se acomodem e se isolem. Desgastam as teias sociais e limitam o crescimento do capital social. E, embora este capítulo tenha se concentrado em comunidades de baixa renda, onde costumam estar mais presentes, os problemas descritos afetam toda e cada comunidade.

Porém, assim como melhoramos consideravelmente nosso conhecimento sobre as causas de traumas e estresses que afligem comunidades, também aprendemos bastante sobre como cultivar seu bem-estar. Podemos aplicar essas estratégias na tarefa de restauração da saúde ecológica, social e cognitiva de nossas comunidades, e costurar as soluções entre si para compor uma cidade bem harmoniosa que aprimore sua ecologia cognitiva e sua paisagem de oportunidades.

CAPÍTULO 11

Prosperidade, igualdade e felicidade

Em 1930, John Maynard Keynes, um dos maiores economistas do século XX, escreveu um artigo extraordinário, "Economic Possibilities for Our Grandchildren", no qual ponderou sobre qual seria a natureza da economia e da qualidade de vida das pessoas dali a cem anos no futuro. Como o ano de 2030 não está mais tão distante, já podemos vislumbrar alguns de seus esboços. À luz do que já ocorreu, parte do que Keynes previu parece incrivelmente visionário, mas ele também deixou de antever boa parcela do que transcorreu ao longo do século XX.

Keynes nasceu em 1883, em Cambridge, Inglaterra. Ele cresceu imerso num ambiente de rigor acadêmico, filosofia moral e ativismo social. Seu pai lecionava economia na Universidade de Cambridge numa época em que a matéria era considerada parte de um sistema mais amplo de moralidade que remontava aos primeiros pensadores e escritores, incluindo Aristóteles, da Grécia, Cautília, da Índia, e Qin Shi Huang, da China. A mãe de Keynes, Florence, era uma ativista social. Depois de receber seu diploma de graduação em matemática por Cambridge em 1904, a trajetória de Keynes o levou ao serviço civil e à academia. Na época que escreveu "Economic Possibilities for Our Grandchildren", já vinha refletindo havia algum tempo a respeito das implicações sociais de sistemas macroeconômicos. O artigo, escrito no início da Grande Depressão, começa assim:

"Neste exato momento, estamos sofrendo de um grave ataque de pessimismo econômico. É comum ouvir pessoas dizendo que a época de enorme progresso econômico que caracterizou o século XIX chegou ao fim; que os acelerados avanços no padrão de vida perderão impulso – ao menos na Grã-Bretanha; que o declínio em prosperidade é mais provável do que uma melhoria na década que tempos pela frente."[1]

Keynes intuiu uma conexão entre o grau de otimismo ou pessimismo em uma sociedade, o que chamou de "Espíritos Animais", e o desempenho da sociedade na melhoria do bem-estar de seus membros. Sabemos agora que, para uma sociedade prosperar de verdade, deve acreditar em sua própria eficácia coletiva, e, como cidadãos, devemos crer que o sistema em que vivemos nos oferece ao menos um fio de esperança de que podemos melhorar de vida no futuro.

Keynes enxergava uma relação positiva entre crescimento, prosperidade e felicidade. Ele previa um crescimento econômico composto ao longo do século seguinte, e supunha que, quando houvesse recursos suficientes para dar conta de todo mundo na Terra, a riqueza seria distribuída de maneira mais equânime. Keynes escreveu: "Finalmente, então, ficaremos livres para rejeitar todos os tipos de costumes sociais e práticas econômicas que afetam a distribuição da riqueza e das recompensas e penalidades econômicas, e que atualmente preservamos a todo custo, por mais desagradáveis e injustas que sejam em si mesmas, porque são tremendamente úteis para promover o acúmulo de capital". Acima de tudo, Keynes vislumbrava um mundo em que as pessoas ficassem essencialmente livres da necessidade econômica, com seus desejos materiais satisfeitos para que pudessem desfrutar de lazer e da busca por cultura enquanto trabalhassem 15 horas por semana. Em tal mundo, renda e riqueza seriam distribuídas de modo bastante equânime, porque, com prosperidade generalizada, indivíduos não teriam de defender suas vantagens econômicas.

O mundo ficou bem mais próspero do que o era na década de 1930, mas, como ainda não deixamos para trás nossos costumes sociais e práticas econômicas que preconizam o acúmulo de capital, a distribuição de renda ainda não foi equalizada. Em 2015, havia mais riqueza concentrada entre o 1% mais rico da população mundial do que entre os 99% restantes. Oitenta e cinco bilionários detinham tanta riqueza quanto toda a metade mais pobre da população mundial. O Fórum Econômico Mundial posicionou a desigualdade de renda como a tendência mais grave enfrentada pelo mundo em 2015,[2] e parece que o problema só está piorando.

Prosperidade em um futuro de restrição de recursos

Na época de Keynes, a qualidade de vida de um docente de Oxford era considerada esplêndida. Porém, na década de 1930, os mais distintos professores anglófonos careciam de benefícios materiais que muitas famílias atuais de classe média consideram a norma: calefação central, ar condicionado, máquinas elétricas de lavar e secar, televisões, computadores domésticos, *smartphones*, mais de um carro por família, fretes da noite para o dia e uma vasta gama de tecnologias como a Internet, WiFi, tomografia computadorizada e cirurgia por laparoscopia.

Keynes acreditava que, com o crescimento suficiente do Produto Interno Bruto, ou PIB, que mede a produção econômica de uma cidade ou país, o resultado inevitável seria mais felicidade e menos trabalho. Lamentavelmente, ele estava enganado. De 1970 a 2015, o tamanho médio de um lar nos Estados Unidos dobrou de dimensão, dobrando também sua quantidade de carros, e o número de TVs triplicou, tudo isso enquanto a quantidade de moradores por lar caiu pela metade! No entanto, apesar de todos esse sinais exteriores de prosperidade, os norte-americanos estão trabalhando mais horas e mais arduamente, com menos segurança no emprego. Tampouco os ricos estão livres de estresses e tensões profissionais: pela primeira vez na história, indivíduos de alta renda estão trabalhando mais horas por semana do que pessoas assalariadas. A ascensão da produção e do consumo não se confirmou como o caminho para a felicidade.

No início de nossa história econômica, nossa economia global apresentava um vínculo direto com os frutos da terra. A civilização era impulsionada pelo que cultivávamos, pelos animais que criávamos e por um pouco de água e vento. Estimativas de PIB global mostram uma inflexão ascendente durante os impérios grego, romano e bizantino, mas um crescimento surpreendentemente modesto até 1780. Durante esse período inicial, havia vastas diferenças em riqueza entre os suseranos e os vassalos que trabalhavam em sua terra, com uma diminuta classe média entre eles. Vale ressaltar que do fim do Império Romano até 1820, a Índia e a China produziram mais de 50% do PIB global.[3]

Então o que aconteceu em 1780, afinal? Tudo mudou, graças a James Watt e seus grandes avanços no motor a vapor em 1777. Até então, as economias mundiais eram abastecidas sobretudo pela energia advinda daquilo que se colhia. Os motores a vapor de Watt funcionavam a carvão, ou seja, a partir de energia concentrada que fora gerada milhões de anos atrás. O carvão foi seguido do óleo, que se mostrava mais eficiente, e pelos motores e geradores a base de óleo. O EROI expandido dessas novas formas de energia desencadeou a revolução industrial, e, junto com ela, a urbanização do mundo.

Nos quase dois séculos transcorridos entre 1780 e 1970, a proporção entre produto interno bruto, ou PIB, e o número de toneladas de recursos naturais extraídos permaneceu praticamente constante: cerca de dois trilhões de toneladas de recursos foram consumidos para cada trilhão de dólares de PIB. Em 1900, por exemplo, o PIB global foi de cerca de US$ 3 trilhões, e uns 6 trilhões de toneladas de matérias-primas foram extraídos. Em 1970, o PIB global havia aumentado para US$ 12 trilhões, e cerca de 25 trilhões de toneladas de materiais estavam sendo extraídos. Durante esses dois séculos, a maioria dos países do mundo desenvolvido testemunhou a formação de uma classe média bastante confortável.

No ano de 1970, o mundo abandonou o padrão-ouro e o dinheiro passou a ter menos ligação direta com a produção. De uma hora para outra, ficou mais fácil produzir dinheiro a partir de dinheiro do que a partir de mercadorias manufaturadas. Simulações segundo o modelo baseado em agentes mostram que, sob certas circunstâncias, aquelas pessoas com mais dinheiro no início de uma geração acabarão ganhando uma fatia desproporcionalmente maior de riqueza ao fim de tal geração, e essa foi a consequência exata que se viu. Um resultado do novo sistema econômico foi o aumento da desigualdade financeira. Assim, embora Keynes vislumbrasse que o crescimento econômico produziria uma distribuição mais equânime da riqueza e do bem-estar, na maioria das sociedades sua distribuição na prática acabou ficando cada vez mais desigual. Ele não previu nem a ascensão de uma classe média no mundo em desenvolvimento nem o declínio da classe média no mundo desenvolvido. E estamos descobrindo agora que a distribuição de bem-estar tampouco coincide com a distribuição da riqueza mundial.

Bem-estar e riqueza

Em 2013, a Unicef divulgou um relatório comparando o bem-estar de crianças em 29 dos países mais avançados do mundo. O relatório compilava dados sobre saúde, segurança, educação, fatores comportamentais, ambientes de vida, bem-estar material e enquetes subjetivas de "satisfação de vida" respondidas pelas próprias crianças. Os Estados Unidos ficaram nos últimos lugares em quase todos os quesitos, figurando na 26ª posição entre 29 países; somente Lituânia, Letônia e Romênia se saíram pior.[4] De alguma forma, há um enorme descompasso entre a prosperidade desse país e o bem-estar de suas famílias. De acordo com a visão econômica tradicional, crescimento e produtividade, mensurados pelo PIB, são os indicadores-chave para o sucesso de uma sociedade. O relatório de bem-estar da Unicef deixa patente o quanto essa visão convencional é incompleta. Cidades e países com aumento de renda vêm se confrontando com o paradoxo de um crescimento infeliz, no qual o aumento do PIB *per capita* não leva a uma elevação no bem-estar.

Nossas cidades primevas parecem ter sido bastante igualitárias. Engong Ismael, um antropólogo balinês, descreve isso como um sistema horizontal de castas com funções claramente definidas – cada qual respeitada por sua contribuição para a saúde da comunidade. Mas conforme as culturas urbanas se desenvolveram, foram se tornando mais hierárquicas. A maior parte dos grandiosos monumentos do passado foi construída por escravos ou por mão-de-obra cativa. Conforme uma cidade ia ficando mais próspera, se a lacuna entre os mais ricos e os mais pobres fosse percebida como vasta demais, a coesão social da cidade era prejudicada. Como lemos a respeito dos impérios maia e russo, quando condições ambientais estressantes são acompanhadas por uma débil noção de "nós juntos", se seguem as instabilidades sociais e até mesmo o colapso.

Pessoas se mudam para cidades porque buscam oportunidades, na esperança de melhorarem de vida, e não para se afundarem numa vida inteira de pobreza. A pobreza é profundamente debilitante, e sua persistência acaba limitando a capacidade de uma cidade prosperar. Um objetivo de qualquer cidade bem-resolvida deve ser o de oferecer a todos os seus habitantes oportunidades de reduzir seu sofrimento e elevar seu bem-estar. A prosperidade material não necessariamente leva à felicidade, mas a extrema pobreza certamente deixas as pessoas mais propensas a serem infelizes, a menos que acreditem que existe um caminho para uma vida melhor. Como já vimos, alguns aspectos da pobreza também têm um efeito de contágio negativo sobre a vida da cidade, incluindo estresse tóxico, estresse pós-traumático, moradias inadequadas ou inseguras, falta de emprego e uma educação de baixa qualidade incapaz de oferecer às pessoas uma chance de competirem com sucesso no século XXI. Aumentar a renda de um domicílio de baixa renda é um primeiro passo essencial para aprimorar fatores que contribuem para o bem-estar, como habitação, saúde e educação.

A urbanização está profundamente vinculada ao desenvolvimento econômico. Por boa parte do século XX, cidades eram sinônimo de riqueza. Aqueles países com a renda *per capita* mais elevada eram os mais urbanizados.[5] Mas para um número cada vez maior de cidades no mundo em desenvolvimento, a urbanização não necessariamente cresce em paralelo com o crescimento econômico, nem com o aumento de riqueza individual. As forças da guerra civil, da violência tribal e religiosa, da pobreza rural e das mudanças climáticas estão conduzindo a maioria das 200 mil pessoas que a cada dia, no mundo inteiro, mudam-se para cidades. E se a cidade a que chegarem não tiver as estruturas econômica, técnica, política e social necessárias para criar comunidades de oportunidade para esses migrantes e refugiados, tal cidade apresentará um crescimento populacional, mas não em prosperidade ou bem-estar.

Após a Segunda Guerra Mundial, o Banco Mundial concentrou boa parte de seus esforços no desenvolvimento econômico de cidades a fim de superar os efeitos negativos da pobreza. Em muitos casos, seus esforços produziram resultados econômicos positivos; contudo, muitas das pessoas que moram em cidades atualmente não viram sua felicidade melhorar. As complexidades e incertezas do mundo moderno são estressantes e difíceis de navegar. Até mesmo os ricos não tiveram sua felicidade muito melhorada pelo desenvolvimento econômico. Na prática, embora o dinheiro seja essencial para prosperar, há muitos outros elementos importantes para a felicidade. Mas até pouco tempo, tínhamos mais conhecimento sobre como desenvolver cidades prósperas do que cidades felizes.

Em 1974, o professor da USC Richard Easterlin publicou um artigo revolucionário, "The Economics of Happiness".[6] O artigo de Easterlin, que analisava a felicidade comparativa dos países, indicava que a elevação de renda aumenta a felicidade de indivíduos em países de mais baixa renda, mas conforme a prosperidade dos países cresce, chega um ponto além do qual nenhuma renda adicional torna as pessoas mais felizes. Esse fenômeno ficou conhecido como o paradoxo de Easterlin. Não resta dúvida de que muitas causas diretas de sofrimento entre pessoas pobres são mitigadas por um aumento em sua renda; porém, também está claro que a renda não é o único motivador da felicidade.

Em um estudo de 2009 envolvendo 450 mil norte-americanos, Angus Deaton e Daniel Kahneman descobriram que, entre os pesquisados, a felicidade parecia se estabilizar a partir de um nível de renda domiciliar de US$ 75 mil ao ano. E é interessante observar que o limite de US$ 75 mil nada tinha a ver com o custo de vida; as pessoas exibiam o mesmo nível de felicidade ganhando US$ 75 mil em cidades caras de se morar, como Nova York, do que em cidades com custo de vida bem menor. Um motivo para isso pode ser que, embora o custo habitacional seja maior em cidades grandes, o custo de transporte e alimentação é mais baixo, e há uma seleção bem mais ampla de bens e serviços. Na verdade, à medida que uma cidade dobra de tamanho, a quantidade de produtos e serviços disponíveis aumenta em 20%, e seus respectivos custos diminuem em 4,2%.[7]

Mas há um motivo mais profundo. A felicidade está ligada àquilo que Deaton chama de experiências sociais enriquecedoras. O Dr. Kahneman afirma: "A melhor coisa que pode acontecer a uma pessoa é passar um tempo cercada por pessoas semelhantes. Isso é o que as deixa mais felizes".[8] O modo como investimos nosso tempo também é um componente crucial de nossa sensação de bem-estar. Em outro estudo, Kahneman e seus colegas acompanharam como as pessoas passavam seu dia, solicitando que registrassem e avaliassem eventos a cada 15 minutos. Caminhar, fazer amor, fazer exercícios, brincar e ler ficaram entre as atividades classificadas como as mais prazerosas. Suas atividades menos felizes? Trabalhar, deslocar-se de casa para o trabalho e vice-versa e ficar no computador pessoal. Quantas pessoas realmente desfrutam de uma noite varrendo uma fila interminável de emails?[9]

Esse levantamento não deve nos iludir quanto ao valor do trabalho. Trabalhar pode ser profundamente gratificante e significativo, e também pode proporcionar relações sociais bastante ricas. O emprego é um elemento-chave do bem-estar. Pessoas desempregadas ou subempregadas apresentam em média uma menor expectativa de vida e piores indicadores de saúde. Quem perde o emprego na meia idade e tem dificuldade de encontrar um novo é mais propenso a sofrer de depressão, e tem duas ou três vezes mais riscos de ataque cardíaco ou derrame dentro de um período de 10 anos.[10] Sendo assim, um dos principais desafios das cidades no século XXI é desenvolver economias que geram empregos estimulantes e produtivos para todos os seus habitantes.

No passado, era comum mantermos o mesmo trabalho durante a vida toda, quer fosse como pastor, membro de uma corporação de ofício medieval ou funcionário de uma grande corporação. Hoje, alguém nascido na geração dos "*millennials*" terá passado por 11 empregos até chegar aos 40 anos de idade. Isso ressalta a necessidade de se adquirir muitas habilidades diferentes além de capacitação técnica. Um emprego satisfatório requer não apenas um elevado nível educacional, mas também a inteligência emocional e social necessária para se trabalhar bem em equipe. Esse leque mais amplo de qualificações será essencial em um mundo onde programador de computador poderá ser a vaga de entrada no mercado de trabalho, e não mais vagas de operariado. Conforme a agricultura vai ficando cada vez mais industrializada, pessoas ligadas ao campo invadem as cidades atrás de trabalho. No entanto, com os robôs assumindo cada vez mais os trabalhos até então braçais em nossas fábricas, a tendência é que haja menos vagas de emprego para pessoas de baixa escolaridade no futuro.

Afinal, qual *é* o futuro do trabalho em nossas cidades? Keynes previu que a automação levaria a mais tempo de lazer, mas para que isso aconteça é preciso haver uma distribuição mais ampla dos benefícios econômicos do que a nossa economia é capaz de garantir. No lugar do que Keynes vislumbrava, deparamos com menos oportunidades não apenas para quem tem baixa escolaridade como também para aqueles que têm boa formação educacional mas estão mal adaptados às rápidas mudanças nas condições de trabalho. Como pessoas desempregadas e subempregadas tendem a não serem felizes, esse é um problema que temos de enfrentar com um plano bem elaborado, caso contrário ele acabará dilacerando nosso contrato social.

Em 2005, quando o Instituto Gallup começou a conduzir enquetes junto a residentes selecionados de quase todos os países do mundo a fim de aferir seu estado de bem-estar, os respondentes foram questionados quanto a seu *status* empregatício, confiança no governo, confiança na qualidade da educação pública, segurança alimentar e diversas outras perguntas. Também foram instados a descreverem suas vidas como prósperas, árduas ou sofridas. A resposta a essa pergunta é um indicador-chave da estabilidade social de uma sociedade.

No período de 2005 a 2010, o PIB da Tunísia cresceu impressionantes 26,1%[11] e o do Egito cresceu incríveis 53,4%.[12] Pesquisas do Instituto Gallup revelaram mais uma coisa. Em 2005, 25% dos tunisianos afirmavam que estavam prosperando, mas em 2010, apesar do grande salto no PIB, a proporção de tunisianos que se dizia prosperando havia caído para 14%. Essas cifras eram ainda piores para o Egito. Em 2005, 26% dos egípcios se descrevia como prosperando, mas em 2010 esse percentual havia caído em mais da metade, para 12%.[13] Um motivo-chave para essas quedas foi que o crescimento veio acompanhado de inúmeros casos de corrupção, fazendo com que os benefícios não fossem distribuídos com justiça. Um estudo recente, por exemplo, mostrou que na Tunísia 22% de todos os lucros corporativos durante esse período foram para empresas pertencentes a parentes do presidente do país. Assim, talvez não devêssemos ter ficado tão surpresos quando protestos em massa ocorreram nesses países entre o fim de 2011 e início de 2012.

Sidi Bouzid é uma cidade situada no centro da Tunísia, com 39 mil habitantes e a cerca de 260 quilômetros ao sul de Túnis, a capital desse pequeno país no norte da África. O Fórum Econômico Global considera a Tunísia o país economicamente mais competitivo da África, à frente de nações europeias como Portugal e Grécia. A economia da Tunísia se beneficia acima de tudo de seu papel como uma ponte entre a União Europeia e os países árabes do norte da África. Infelizmente, pouco do comércio mediterrâneo que beneficia as cidades portuárias do país alcança os moradores de cidades interioranas como Sidi Bouzid. Essa desvantagem geográfica levou a uma taxa de desemprego de 41% na cidade, e ao mais elevado índice de pobreza do país – quase o dobro que a média nacional. Para piorar as coisas, Sidi Bouzid sofre de um grave problema de corrupção que põe em risco todo o esforço dos donos de pequenas empresas e empreendedores.

Sidi Bouzid era uma candidata improvável para atenção global, mas em 17 de dezembro de 2010, ocorreu um evento que abalou o mundo: Mohamed Bouazizi ateou fogo ao próprio corpo.

Aos 26 anos de idade, Mohamed trabalhava duro como verdureiro em um pequeno mercado local para sustentar a mãe, o tio e os irmãos, e para pagar a mensalidade da universidade de uma de suas irmãs. Todos os dias, Mohamed empurrava seu carrinho pelas ruas da cidade até o mercado e de volta, repleto de mercadorias. Seu sonho era economizar dinheiro suficiente para comprar uma pequena camionete, o que lhe permitiria entrar para a distribuição de alimentos, o próximo passo na escada de renda.

Em 17 de dezembro, Mohamed tomou US$ 200 emprestados de um agiota e comprou uma carga de frutas e vegetais. Uma policial atrás de suborno confiscou seu carrinho, sua balança e suas mercadorias por falta de licença, e multou-o em 10 dinares. Segundo a reportagem que Rania Abouzeid publicou mais tarde na *Time*: "Não era a primeira vez que aquilo acontecia, mas seria a última. Não satisfeita em aceitar a multa de 10 dinares que Bouazizi tentava pagar (US$ 7, o equivalente ao obtido em um bom dia de trabalho), a policial supostamente deu um tapa no jovem magricela, cuspiu em seu rosto e insultou seu pai falecido. Humilhado e abatido, Bouazizi foi até a prefeitura, na esperança de prestar queixas para autoridades municipais, que recusaram-se a recebê-lo. Às 11h30min, passada menos de uma hora do confronto com a policial e sem contar do acontecido à sua família, Bouazizi retornou ao elegante prédio branco de dois andares com persianas azul-celeste, derramou combustível em si mesmo e ateou fogo ao próprio corpo".[14]

O ato de Mohamed Bouazizi incendiou o país inteiro com passeatas de jovens, frustrados com a opressão da polícia, com sua própria falta de oportunidade de melhorar de vida, com a corrupção e com a distância cada vez maior entre ricos e pobres. Vinte e oito dias depois, em janeiro de 2011, o presidente da Tunísia, Zine El Abidine Ben Ali, renunciou ao cargo. Poucas semanas mais tarde, a chama que se acendeu na Tunísia acabou se espalhando para o mais populoso país árabe do mundo: o Egito.

Em 25 de janeiro de 2011, uma pequena multidão se reuniu junto à confeitaria Hayiss, em Boulaq, um dos assentamentos informais que se desenvolveu na periferia do Cairo na década de 1970. Os egípcios chamavam essas comunidades de *ashwaiyyat*, ou locais perigosos. Os primeiros a se assentarem em Boulaq foram pessoas que trabalhavam ali perto em uma fábrica de envase da Coca-Cola, uma fábrica de cigarros e nas linhas férreas do norte do Egito. Nos anos 1990, a favela tinha se transformado numa comunidade densa e próspera, com prédios de cinco andares, lojas e pequenas fábricas.[15] Como os *banlieues* de Paris e as favelas do Rio de Janeiro, Boulaq não fica longe dos bairros mais abastados, mas encontra-se separado do resto da cidade, nesse caso por trens linhas férreas, pelo canal al-Zumor e por uma cerca alta. Apenas duas pontes de pedestres e pontos de ônibus conectam a comunidade ao restante da cidade. A única presença governamental se dá na forma de visitas ocasionais da polícia para intimidar os moradores de Boulaq.

Durante o fim da década de 1990 e início da de 2000, o Egito se viu sobrecarregado pelas mesmas megatendências que afetavam o resto do mundo – crescimento populacional explosivo, urbanização acelerada e, no Oriente Médio, aumento da violência. Fazia décadas que o governo se sustentava pelas receitas de petróleo e gás, tarifas do Canal de Suez e auxílio estrangeiro vindo da União Soviética e dos Estados Unidos, que estavam competindo pela lealdade do país. Com a derrocada da União Soviética e a queda do preço do petróleo, o presidente Hosni Mubarak já não tinha mais receitas suficientes para seu povo. Em vez de formalizar e desenvolver a economia ou cobrar tributos mais elevados de seus parceiros abastados, Mubarak cortou verbas e serviços para lugares como Boulaq. Como consequência, nenhuma escola pública secundária foi construída em Boulaq, nem um único centro de saúde pública, apesar da população de 500 mil pessoas do bairro (maior do que Miami, Flórida). A Irmandade Muçulmana e sua rede de entidades beneficentes islâmicas preencheram a lacuna fornecendo educação e clínicas de saúde, bem como ajudando os moradores a construírem uma rede informal de tubulações de esgoto.

Em 25 de janeiro, ironicamente a data de um feriado nacional em homenagem à polícia, o pequeno grupo de protestantes na frente da confeitaria Hayiss saiu em passeata pelas pontes de pedestres de Boulaq rumo à praça Tahrir, no Cairo. O primeiro grupo de manifestantes a chegar resistiu à polícia até a chegada dos demais. Ao por do Sol, 50 mil manifestantes haviam tomado o controle da praça Tahrir. Até o fim daquela semana, a praça estaria tomada por milhões de pessoas. Passados 18 dias, o presidente Mubarak renunciou.

Levantes se seguiram na Líbia, no Bahrein e no Iêmen, mas o fermento social se espalhou além do norte da África e do Oriente Médio. Em meados de 2011, tumultos irromperam em Londres. Vale ressaltar que não ocorreram nas áreas mais pobres da cidade. Irromperam nas periferias, entre bairros de baixa e média renda e de classe média, onde falhas geológicas invisíveis da sociedade britânica criam barreiras para a ascensão social. Eles foram seguidos por demonstrações em Tel Aviv e Jerusalém, onde manifestantes protestavam contra a falta de moradias baratas, de empregos e de oportunidades, bem como contra a corrupção generalizada. Em 17 de setembro de 2011, o movimento Occupy Wall Street levou a questão da desigualdade para o coração do distrito financeiro dos Estados Unidos, fazendo uma pergunta fundamental: É justa a vasta diferença entre o 1% mais rico da América e o restante de seus cidadãos? Os manifestantes não propunham uma solução; ainda assim, o movimento Occupy se espalhou para mais de uma centena de outras cidades no país.

Protestos contra a desigualdade se seguiram pelo mundo. Em 2013, crescentes preocupações na China quanto a poluição e bairros tóxicos transbordaram em enormes passeatas pelas ruas de Pequim, Kunming, Ningbo,

Dalian, Qidong (logo ao norte de Xangai) e Guangzhou. Ao mesmo tempo, protestos contra tarifas de ônibus se alastraram em São Paulo, liderados por trabalhadores que acreditavam que os investimentos pesados em infraestruturas feitos pelo Brasil para sediar as Olimpíadas e a Copa do Mundo tinham levado a aumentos de impostos e nas tarifas de ônibus sem retornar qualquer benefício. Em setembro de 2014, 100 mil manifestantes interromperam a região central de Hong Kong defendendo seu direito à democracia. E na cidade de Ferguson, estado do Missouri, a morte a tiros de Michael Brown, um jovem negro, por Darren Wilson, um policial branco, deu início a tensos protestos que se espalharam pelo país.

Cada um desses protestos teve início em uma cidade. E cada um emanava não dos mais pobres da cidade, e sim daqueles que se sentiam injustamente privados de oportunidades devido à corrupção, à discriminação racial ou a outras barreiras estruturais em seus sistemas políticos e economias. O historiador militar Elihu Rose (meu tio) observou que praticamente todas as revoluções começam por uma reclamação válida à qual não se dá ouvidos. Tais protestos acabam partindo para a violência somente depois que outros mecanismos de reparação são tentados e o sistema não gera uma resposta. Cada uma dessas ondas de protestos pegou seu governo de surpresa. Como algum governo ou grande instituição global poderia não fazer a menor ideia de que uma revolução estava a caminho? Porque estavam examinando os dados errados. No Oriente Médio, o PIB estava crescendo, e os governos acreditavam que o aumento de produtividade representava uma rota suficiente para a felicidade. Estavam enganados.

O paradoxo do crescimento infeliz

Na maior parte da história humana, os governos não mediam seu PIB. A ideia foi desenvolvida pelo economista Stanley Kuznets, que a introduziu em um relatório de 1934 para o congresso dos Estados Unidos a respeito da economia e da Depressão. O primeiro a ressalvar que o PIB não media felicidade foi o próprio Kuznets, que incluiu em seu relatório um alerta visionário sobre os riscos de indicadores únicos, e a necessidade de entender melhor a distribuição de renda.

"O bem-estar econômico só pode ser adequadamente mensurado se a distribuição pessoal de renda for conhecida. E nenhuma mensuração de renda se dispõe a estimar o lado inverso da renda, isto é, a intensidade e o desconforto do esforço investido na obtenção de renda. O bem-estar de um país mal pode, portanto, ser inferido a partir de uma medição da renda nacional como definida acima."[16]

Kuznets fez uma observação notável: não apenas a quantidade de renda, mas também o modo como ela estava distribuída, era crucial para a felicidade de um país. Foi uma observação que acabou soterrada sob o conceito mediano de PIB durante 75 anos, mas após a crise financeira global de 2008, muitos acordaram para a realidade de que o crescimento a qualquer custo não estava servindo para deixar a população mundial mais feliz.

Os pesquisadores Carol Graham e Eduardo Lora, do Brookings Institute, vêm há mais de uma década estudando a relação entre crescimento e felicidade ao redor do mundo. Seus achados corroboram não apenas a noção de que a prosperidade e a felicidade nacionais não estão diretamente ligadas, mas também que altos níveis de crescimento parecem deixar as pessoas *menos felizes*, e não mais. Nas palavras de Graham: "Um crescimento econômico acelerado costuma trazer consigo maior instabilidade e desigualdade, o que torna as pessoas infelizes".[17]

O trabalho mais recente de Graham correlaciona felicidade atual com a crença na oportunidade de melhorar nosso futuro ou o futuro dos nossos filhos.[18] Quem acredita que o futuro pode ser melhor não apenas é mais feliz como também está mais disposto a trabalhar duro e investir na própria educação e na de seus filhos. Aqueles que acreditam que suas oportunidades são limitadas encontram-se separados do resto do mundo por barreiras físicas, sociais, educacionais e raciais, e estão menos dispostos a investir no futuro. Mesmo que aspirem a um futuro melhor, seu fardo adicional de estresse tóxico, ACEs e venenos no meio ambiente torna suas conquistas pessoas extremamente árduas. Lembra da tinta a base de chumbo com que Freddie Gray cresceu em Baltimore? Se as coisas tivessem sido diferentes, Freddie e sua irmã Fredericka talvez tivessem se tornado cientistas, assistentes sociais ou líderes comunitários, contribuindo para o avanço da cidade.

Em 1911, George W. F. McMechen, um advogado formado em Yale, mudou-se para o bairro próspero de Mount Royal, em Baltimore. Em todos os aspectos, McMechen representava as aspirações da comunidade de Mount Royal, incluindo escolaridade, ocupação, dignidade e liderança, exceto em um: sua pele era negra. Como reação à sua chegada, os vizinhos de McMechen redigiram um projeto de lei que imporia *apartheid* na cidade. Cinicamente preparada de tal forma a driblar a cláusula de proteção igualitária da 14ª Emenda da Constituição dos Estados Unidos, o projeto de lei declarava que os negros não poderiam se mudar para um quarteirão cujos residentes fossem em sua maioria brancos, e que brancos não poderiam se mudar para um quarteirão que cujos residentes fossem em sua maioria negros. Apelidada de "a Ideia de Baltimore", a legislação se espalhou por cidades do sul do país e das redondezas, e logo foi adotada por Birmingham, Saint Louis, Winston-Salem, Roanoke, Louisville e muitas outras. Tais cidades ainda sofrem com o legado dessa decisão.

Desde a fundação do país, a casa própria nos Estados Unidos vem sendo uma maneira das famílias gerarem renda e a repassaram para gerações futuras. Esse caminho foi retirado dos afro-americanos pelas "ideias de Baltimore", que viraram política pública graças às normas de financiamento imobiliário da FHA na década de 1930. Privados de uma importante oportunidade de geração de renda, os afro-americanos viram a lacuna entre si e as famílias brancas se ampliar, de tal modo que em 1992, quando Freddie Gray nasceu, gerações de seus antepassados sabiam que suas oportunidades eram limitadas. Descrentes quanto a um futuro melhor, eles se desconectaram da educação e do trabalho. Quando a polícia intimida jovens afro-americanos, chama-os por xingamentos racistas e prende-os por crimes de bagatela, jogando-os no sistema judicial criminal, jogam a pá de cal em suas aspirações. Sob má orientação, a política das janelas quebradas, que de fato reduz a desordem, pode infelizmente ter o efeito inverso de reduzir a eficácia social.

Embora as cartas estejam historicamente marcadas contra os afro-americanos, eles não estão sozinhos em seu pessimismo, ao menos nos Estados Unidos. Nesse país, 62% de todas as pessoas, qualquer que seja sua raça ou etnia, acreditam que seu filhos terão uma vida pior do que a sua. O trabalho de Graham mostra que a coorte menos otimista da população nacional, os brancos com baixa escolaridade e baixa renda, veem sua expectativa de vida diminuir, enquanto os pobres negros e hispânicos mostram-se mais otimistas quanto a seus futuros, e suas expectativas de vida estão aumentando.[19] Em contraste, moradores da América Latina estão bem mais otimistas quanto ao futuro; somente 8% dos chilenos acham que seus filhos terão uma vida pior do que a sua. Mesmo no Brasil, que vem sofrendo com uma economia estagnada, 72% das pessoas acham que seu futuro será melhor.[20]

Cidades são caldeirões de oportunidade, mas sua felicidade geral depende do grau de abertura de oportunidades para todos seus habitantes. As pessoas são capazes de identificar quando o acesso a oportunidades está injustamente distribuído. Mas isso também pode ser mensurado.

Mensuração da desigualdade de renda: o índice de Gini

O padrão global para mensurar a desigualdade de renda é o índice de Gini, desenvolvido pelo estatístico italiano Corrado Gini em 1912. Um coeficiente 0 no índice de Gini indica uma sociedade de absoluta igualdade, em que cada membro seu tem exatamente a mesma renda. No extremo oposto do espectro, um coeficiente de Gini de 1 (ou 100%) representa uma sociedade de desigualdade máxima, em que uma pessoa detém toda a renda e o restante da população nada possui. As Nações Unidas alertam que um coeficiente de Gini acima de 0,40 eleva o risco de convulsões políticas de uma sociedade.[21]

Ironicamente, Corrado Gini não tinha interesse algum em abordar o problema da desigualdade; ele era um fascista e um defensor da eugenia, a esterilização de qualquer grupo que pudesse ostensivamente diluir a pureza racial de um país. Gini postulou que, se a proporção entre pessoas de baixa e alta renda ficasse extrema demais, a maior taxa de natalidade das famílias mais pobres acabaria diluindo as virtudes genéticas das famílias abastadas, levando o país ao declínio e deixando-o vulnerável a ser conquistado. A solução dele para eliminar a pobreza era eliminar os pobres!

Atualmente, as cidades mundiais de renda mais equânime se encontram no norte da Europa. Copenhague tem um coeficiente de índice de Gini de 0,27, enquanto Hamburgo e Estocolmo têm um coeficiente de 0,34; já o coeficiente de Gini de Barcelona piorou de 0,28 em 2006 para 0,33 em 2012, devido à alocação de renda pela crise financeira global. Mas as cidades da Europa nem sempre foram líderes mundiais em igualdade.

A Revolução Francesa de 1789 pode até ter sido liderada por intelectuais, mas foi travada por agricultores famintos que se deslocaram até Paris e se assentaram nas favelas do Faubourg Saint-Antoine, em busca de trabalho em seus curtumes e oficinas. O bairro, por acaso, estava situado ao lado da prisão da Bastilha. Assim como os imigrantes atuais que economizam para envir dinheiro a suas famílias em sua terra natal, eles moravam em favelas superlotadas, com 15 pessoas ou mais dormindo no mesmo recinto. O custo do pão consumia 60% de seus salários, e embora Maria Antonieta pareça nunca ter dito, ao ser informada sobre a falta de pão, "Que comam brioches", a expressão pegou como um símbolo poderoso de desigualdade de renda. Quando o clamor da revolução emanou, eles estavam bastante motivados para invadir a Bastilha.

Em 1875, Berlim se tornou a cidade mais densamente povoada da Europa. Seus novos habitantes se apinhavam em *Mietskaseren*, ou armazéns humanos, construídos em imensos blocos, com cinco andares de altura e parca ventilação ou saneamento básico. Em 1930, o livro-denúncia de Werner Hegemann *Das Steinerne Berlin* (Berlim Pétrea) chamava Berlim de "a maior cidade-cortiço do mundo". Ainda em 1962, apenas 19% dos apartamentos Mietskaseren possuíam privada. Esses cortiços eram centrais de descontentamento.

Mas a Europa emergiu do colapso de seus impérios, da industrialização brutal, de seus experimentos com fascismo e nazismo e de suas duas guerras mundiais com um novo contrato social. Hoje suas cidades são as mais igualitárias do mundo, porque os líderes e o povo da Europa trabalharam intencionalmente para isso.

Em geral, quanto maior a cidade ou região metropolitana, maior sua tendência a ser desigual. Londres, a maior cidade do Reino Unido, possui uma fatia desproporcional tanto dos mais ricos quanto dos mais pobres da nação, assim como ocorre com Rio de Janeiro, Bogotá e Bangkok.[22] As cidades menos igualitárias são encontradas no mundo em desenvolvimento. Em cifras oficiais, as piores são Joanesburgo e Cidade do Cabo, ambas na África do Sul, com coeficientes de Gini de 0,75, o legado de meio século de *apartheid* promovido pelo próprio Estado. Suspeito que algumas cidades no mundo sejam ainda mais desiguais, mas por conta de corrupção e de má gestão, seus dados econômicos não são divulgados com a mesma precisão que na África do Sul.

Adis Abeba, a capital da Etiópia, vem pouco acima das piores posições do ranking, ocupadas pelas cidades sul-africanas, com um coeficiente de índice de Gini de 0,61, seguida de Bogotá, na Colômbia, com 0,59. Rio de Janeiro, no Brasil, com suas famosas favelas, apresenta uma pontuação de Gini de 0,53, e sua cidade-irmã São Paulo vem logo em seguida, com 0,50. Por uma década, a China sustentou que Pequim era uma das cidades mais igualitárias do mundo, com um índice de Gini de 0,22, mas após uma mudança na liderança do país em 2012, a China reconheceu que os números eram imprecisos; o índice de Gini do país pulou para 0,61, mas mediante um processo que ainda não era transparente.[23] Todas essas cidades com alta pontuação convivem com correntes efervescentes de instabilidade social.

Os Estados Unidos apresentam um coeficiente de Gini geral de 0,39, logo abaixo do nível de alerta, e muitas de suas cidades individuais não se saem tão bem. A cidade de Nova York e a região de Miami/Fort Lauderdale apresentam índices de Gini de 0,50, o mesmo que o de São Paulo. Nova Orleans vem a seguir, com um índice de Gini de 0,49, e San Francisco, Los Angeles e Houston são só um pouco mais igualitárias, todas com índices de 0,48. As dez áreas metropolitanas que mais se aproximam do nível europeu de igualdade são todas cidades de menor porte, nenhuma com uma população superior a 1 milhão de pessoas. Elas incluem Lancaster, na Pensilvânia; Salem, no Oregon; e Colorado Springs, no Colorado. Ogden, no estado de Utah, possui o mais baixo coeficiente no índice de Gini entre todas as cidades norte-americanas, de 0,386, embora, como referência, ele seja 40% mais alto que o coeficiente de 0,26 de Helsinque. Aparentemente, para quem deseja morar numa cidade, mas quer desfrutar da felicidade que advém da igualdade de renda, o melhor a fazer é procurar um município de porte médio!

O antigo filósofo grego Platão observou: "Se um Estado quiser evitar [...] desintegração civil [...] não deve permitir o surgimento de pobreza ou de riqueza extremas em qualquer seção do conjunto de cidadãos, pois ambas levam a desastres".[24]

Como já vimos no colapso das cidades maias, a queda de Moscou após a fome de 1603, a revolução francesa e a primavera árabe, a desigualdade acaba puindo o tecido social que mantém comunidades unidas – sobretudo em épocas de tensão. Vejamos o paradoxo argentino. Em 1913, a Argentina era um país em franco crescimento, o décimo mais próspero do mundo, e sua capital, Buenos Aires, era vista como uma das mais lindas do planeta. Era celebrada como o lar de uma das melhores casas de ópera mundiais, por seus amplos bulevares, pelos edifícios mais altos da América Latina e pelo primeiro sistema de metrô do continente; contudo, as *villas miserias*, ou favelas, rodeavam suas zonas industriais. Quando a depressão global chegou à Argentina em 1930, o largo precipício entre ricos e pobres do país – sua desigualdade de renda – determinou sua derrocada. Em reação a uma população agitada, um golpe militar fascista respaldado pelos ricos pôs um fim a sete décadas de democracia. Enquanto isso, a lacuna entre a opulência do centro da cidade e as condições de vida miseráveis de seus trabalhadores descontentes deu vazão a uma mobilização em massa em 17 de outubro de 1945. Desde então, o país patina em ciclos de calotes financeiros e reestruturação econômica. Atualmente, sua economia encontra-se nas mãos de especuladores de *hedge fund*, que compraram títulos da dívida Argentina a preço de banana.

Infraestrutura

A Cidade do México situa-se no coração da décima maior região metropolitana do mundo, lar de mais de 21 milhões de pessoas. Trata-se de uma metrópole pujante, a 16ª mais próspera do mundo,[25] mas sua prosperidade não está bem distribuída. Muitas das famílias mais afluentes da cidade moram e trabalham na segurança da região central, ou nos bairros do noroeste, com seus restaurantes e lojas chiques, convenientemente a poucos minutos de carro de suas atividades cotidianas. Somente 30% dos habitantes da Cidade do México possuem carro; exceto por aqueles que moram nos melhores bairros, suas ruas ficam repletas de tráfego e poluição. Os 70% que vivem nas periferias da cidade passam em média três horas por dia em seu deslocamento entre casa e trabalho, transportados por um sistema informal *collectivo* de ônibus e pequenos furgões independentes.

Como muitas das maiores cidades do mundo, a Cidade do México e sua região estão em franco crescimento, mas como esse não é planejado, a cidade não consegue proporcionar moradias perto de onde estão as vagas de trabalho de forma equânime. Uma das soluções para megacidades que seguem se dispersando, como a Cidade do México, é desenvolver múltiplos núcleos urbanos e conectá-los entre si por meio de um sistema de transporte de massa de alta capacidade. O plano-diretor de Singapura de 2014 divide a cidade-estado em seis regiões, cada qual com um denso núcleo central, bem como equipamentos de saúde e educação, espaços abertos, serviços cívicos e um sistema de transporte de massa soberbo para conectá-los.

A infraestrutura é a base sobre a qual a civilização se desenvolve; ela proporciona as condições necessárias para uma densidade sadia – as conexões entre trabalhadores e locais de trabalho, entre empresas e mercados; e fornece também um esquema para o fluxo de infraestrutura, o substrato sobre o qual comunidades desenvolvem sua saúde e bem-estar. Cidades não podem ter um vibrante futuro econômico com estradas congestionadas, aeroportos superlotados, uma rede elétrica frágil, conexões à Internet lentas, sistemas de tratamento de água e esgoto decrépitos, escolas ultrapassadas e ausência de informações onipresentes e de um sistema de gestão municipal inteligente. Praticamente todos esses sistemas precisam ser reprojetados, ou no mínimo atualizados, para reagirem de modo dinâmico aos desafios das mudanças climáticas, crescimento populacional, restrição de recursos, segurança cibernética e outras consequências das megatendências globais.

Uma das primeiras maneiras de multiplicar as oportunidades para todas as comunidades é servi-las com transporte público eficiente. O projeto e a construção de novas infraestruturas e o conserto e atualização daquelas já existentes também criam novos empregos. A China deu um salto econômico à frente com 25 anos de investimentos consideráveis em infraestrutura. Em contraste, há décadas que os Estados Unidos subinvestem em sua infraestrutura. Da última vez que voei para Hong Kong, decolei de Detroit. Que contraste essas duas cidades apresentam!

Mais uma vez, o bairro faz a diferença

A desigualdade de renda em cidades sempre tem uma dimensão espacial, refletida em seus bairros mais prósperos ou menos prósperos. Em 2010, nem um único morador dos três bairros mais afluentes de Londres requisitou seguro-desemprego, enquanto em seus bairros mais pobres, 28,9% da população recebem esse tipo de benefício.[26] As expectativas de vida diminuem em um ano para cada duas paradas rumo à zona leste pelo sistema de metrô de Londres. A faixa de expectativa de vida entre os melhores e piores bairros varia em 20 anos.[27]

Na China, uma permissão de residência, ou *houku*, é exigida de que alguém more e trabalhe na cidade. Mais de 800 milhões de chineses possuem apenas uma permissão de residência rural e, portanto, encontram-se privados das oportunidades econômicas da vida na cidade grande, embora estime-se que 150 milhões tenham imigrado ilegalmente para as cidades mesmo assim. Tecnicamente não residentes, não dispõem de qualquer acesso a saúde pública, educação e sistemas de assistência social, ou ao sistema de moradia municipal. Como resultado, acabam se apinhando em dormitórios e porões, e em apartamentos sublocados. Como seus filhos não podem ir à escola, os pais precisam deixá-los para trás em pequenos vilarejos isolados. Seus pais sem *houku* trabalham o dia inteiro para ganharem dinheiro suficiente para enviar a seus avós que estão cuidando das crianças. Uma matéria recente da *Economist* estima que em 2010, as vidas de 106 milhões de crianças foram profundamente perturbadas, a maioria delas "crianças deixadas para trás", como os chineses as chamam. Tong Xiao, diretor do Instituto de Crianças e Adolescentes da China, observa que danos emocionais e sociais "em crianças deixadas para trás são imensos".[28] As consequências econômicas integrais de trabalhadores urbanos sustentando com seus salários avós e netos em zonas rurais decadentes, pois não contam com os serviços educacionais, de saúde e sociais de regiões urbanas pujantes, ainda não foram examinadas. E esse problema não se atém à China; quase todos os países o enfrentam. Faz tempo que o subsídio cruzado entre famílias urbanas e rurais vem sendo um motivador da migração, mas em pleno século XXI, será que essa é a melhor maneira de fazê-lo?

Como vimos na obra de Robert Sampson, o efeito de bairro é extremamente potente. Raj Chetty e Nathaniel Hendren, pesquisadores da Universidade de Harvard, examinaram dados de milhões de famílias para estudar os efeitos da mudança de uma família pobre para um bairro diferente. Eles coletaram suas informações junto ao "Moving to Opportunity", um programa habitacional federal de 20 anos de duração que ofereceu bolsas-moradia para que famílias de baixa renda conseguissem pagar a diferença entre o aluguel que podiam pagar e os valores de mercado no bairro para o qual queriam se mudar. Mais de 5 milhões de famílias receberam essas bolsas-moradia, e cada uma foi então estimulada a se mudar. Algumas se mudaram para bairros de classe média, enquanto outras permaneceram em comunidades de baixa renda. Chetty e Hendren descobriram que as chances de uma criança pobre escapar da pobreza até sua fase adulta dependiam profundamente da escolha que os pais faziam quanto a onde estabelecer sua família, e também da idade da criança quando a decisão era tomada. Uma criança pobre nascida em Baltimore, por exemplo, e que tenha permanecido na cidade obtém uma renda 25% mais baixa quando adulta do que uma criança pobre que tenha nascido em Baltimore e subsequentemente se mudado para uma comunidade de renda mais mista.

Aquelas cidades que mais conferem mobilidade social ascendente têm algumas características em comum: escolas de ensino fundamental com melhores avaliações, uma proporção maior de famílias com dois pais, níveis mais elevados de grupos cívicos e religiosos e mais integração residencial entre famílias afluentes, de classe média e pobres. E quanto mais novas as crianças ao se mudarem para essas cidades, melhor sua situação econômica quando adultas, menor suas chances de se tornarem pais solteiros e maior suas chances de entrarem na faculdade. Essas características são indicativos iniciais de onde as cidades podem fazer investimentos para criar comunidades de oportunidade.

Cabe ressaltar que comunidades que geraram mais oportunidades para crianças pobres também ajudaram crianças mais abastadas a se saírem melhor. Se, por exemplo, uma criança cujos pais se encontravam entre os 25% de menor renda em Manhattan se mudasse para o condado de Bergen, no estado de Nova Jersey, logo do outro lado da ponte George Washington para quem está na cidade de Nova York, quando a criança chegasse aos 26 anos de idade, ganharia em média 14% a mais do que a média nacional de pessoas criadas por famílias pobres. Porém, para crianças cuja família era de classe média alta, com renda dentro do 75º percentil, aquelas que viviam no condado de Bergen também tinham um futuro melhor, ganhando 7% a mais do que a criança média em sua coorte de renda. Mesmo crianças que cresceram em famílias no grupo do 1% mais bem remunerado no país se saíam melhor aos 26 anos de idade se morassem no condado de renda mista de Bergen. Sendo assim, o lugar faz a diferença.[29]

Há muitos tipos de desigualdade

A disparidade de renda e a falta de acesso à infraestrutura não são as únicas formas de desigualdade generalizada que afetam o bem-estar dos residentes urbanos. O atendimento de saúde e a educação também são distribuídos de forma desigual. Indicadores de saúde estão ligados à efetividade dos sistemas de atendimento de saúde em âmbito nacional. Tóquio é considerada por muitos como a cidade mais saudável do mundo, e ainda assim seu custo em saúde por pessoa é apenas metade que o dos Estados Unidos. O que torna esse feito ainda mais impressionante é o fato da população de Tóquio incluir uma grande quantidade de idosos. Como isso é possível? Há muitas razões, incluindo o profundo comprometimento do Japão com a saúde de seu povo; um sistema de transporte soberbo que mantém baixos a poluição do ar, os gases do efeito estufa e os tempos de deslocamento; sólidas teias sociais; e uma dieta saudável repleta de peixes, vegetais e arroz. A cidade também está apinhada de templos, e pausas para refletir e meditar são estimuladas.

Apesar de gastar duas vezes mais por pessoa do que o Japão em saúde, os Estados Unidos aparecem na 33ª posição no ranking do "Relatório de Indicadores e Custos de Saúde" de 2014 da *Economist*, a mesma lista que colocou o Japão no topo.[30] Comparado a países semelhantes, os Estados Unidos deixam a desejar em expectativa de vida, mortalidade infantil, baixo peso no nascimento, lesões, homicídios, gravidez na adolescência, doenças sexualmente transmissíveis, HIV/Aids, mortes relacionadas a drogas, obesidade, diabetes, doenças cardíacas, doença pulmonar crônica e taxas de incapacitação.[31] E enquanto os indicadores de saúde pelo Japão e em outros países da OCDE são bastante consistentes, nos Estados Unidos eles variam amplamente, indicando a ausência de um sistema capaz de integrar moradia, atendimento de saúde, serviços sociais e sistemas alimentares saudáveis, e de disponibilizá-los a todos.

A criação de uma cidade sadia é uma atividade coletiva. Até mesmo para os cidadãos mais abastados, é difícil manter-se saudável se o restante da cidade se sai mal nesse quesito. Para uma cidade ser sadia, ela deve providenciar uma infraestrutura comunitária para água, esgoto e saneamento; sistemas de transporte em massa; e parques e espaços abertos para todos os seus cidadãos. Deve estabelecer políticas para desenvolver uma ampla gama de moradias economicamente acessíveis e capazes de atender às mais diversas necessidades de seus moradores. Deve exigir que todos os seus cidadãos se imunizem contra doenças infantis, e que envidem esforços conjuntos para prevenir a propagação de HIV/Aids, tuberculose, zika, *Staphylococcus aureus* resistente a meticilina e outros superpatógenos contagiosos e resistentes a medicamentos, já que a doença de alguns pode afetar a saúde de todos.

Igualdade educacional

Em 2011, os economistas marroquinos Benaabdelaali Wail, Hanchane Said e Kamal Abdelhak examinaram dados de 146 países a fim de aferir os níveis de desigualdade educacional de 1950 e compará-los a índices de Gini para os mesmos países. Eles concluíram que havia uma forte correlação entre igualdade em educação e igualdade de renda. Em suas palavras: "A distribuição educacional é um elemento-chave do capital humano, do crescimento e do bem-estar social".[32]

A igualdade educacional apresenta dois componentes principais: acesso e qualidade. Para maximizar o acesso, as circunstâncias dos moradores – onde moram, seu gênero, seus status socioeconômico, suas deficiências – não deveriam limitar sua oportunidade de sucesso acadêmico. Já a qualidade é alcançada pelo padrão de excelência estabelecido pelas escolas de uma cidade, e até que ponto a excelência está disponível para todos. Não é de surpreender que cidades como Singapura, Seul e Helsinque, classificadas entre as melhores do mundo em termos de acesso a educação de alta qualidade, também estão tão bem posicionadas em todas as demais categorias de bem-estar.

Em 1763, o rei Frederico, o Grande, da Prússia desenvolveu o primeiro grande sistema de ensino público do mundo. Ele ordenou que todos os municípios oferecessem e financiassem educação para cada menino e menina entre 5 e 14 anos de idade. As matérias obrigatórias eram leitura, redação, música, religião e ética – habilidades consideradas essenciais para cidadãos construírem uma sociedade moderna. O sistema logo adotou um excelente sistema de qualificação e avaliação de professores, um currículo nacional e jardim de infância obrigatório. O segundo sistema de ensino público foi desenvolvido na Dinamarca em 1814. Chamado de "Escolas para a Vida", combinava habilidades acadêmicas e não acadêmicas como introspecção, cooperação e alegria, o que fornecia tanto as habilidades técnicas para o sucesso quanto as habilidades reflexivas para o florescimento. No transcorrer do século XIX, tanto a Prússia quanto a Dinamarca perderam boa parte de seu território – o encolhimento de uma nação muitas vezes desencadeia um declínio cultural – mas a excelência e os valores de suas escolas públicas garantiram a esses países a capacidade cognitiva e social para conseguirem se adaptar. Hoje, a Dinamarca é um dos países mais felizes do globo, e a Alemanha, o mais próspero. Cada qual possui um sólido sistema de suporte e políticas bastante ecologicamente sustentáveis. Seu currículo universal acabou por criar comunidades com valores, ética e conhecimentos em comum que embasam a capacidade de se adaptar e prosperar.

Ao final do século XIX, os Estados Unidos adotaram um sistema de ensino público voltado a aprimorar a democracia, focado em leitura, redação, matemática, educação cívica e história. No início do século XX, seu currículo foi voltado a preparar trabalhadores para a economia industrial. Desde então, porém, o sistema de ensino não acompanhou as mudanças no mercado de trabalho e nos tipos de vagas disponíveis. Existe um descompasso nos Estados Unidos entre o que está sendo lecionado e a educação necessária para se ter sucesso num mundo de VUCA. Um relatório do Center for Urban Future a respeito da CUNY, a universidade pública da cidade de Nova York, ressalta que poucos dos seus 480 mil alunos em período integral e meio período estão sendo qualificados para satisfazer às necessidades dos maior empregadores da região. Num mundo em que robôs estão assumindo as tarefas braçais na indústria, as vagas de emprego que surgem no século XXI exigem formação em pensamento sistêmico, colaboração, análise crítica e rápida adaptabilidade, habilidades ausentes em muitos professores universitários titulares nos Estados Unidos, que foram formados no século XX.

Geoff Scott, professor emérito da University of Western Sydney, fez um levantamento junto a empregadores das principais profissões da Austrália para determinar quais eram as capacitações mais demandadas dos alunos recém-formados. A partir das respostas colhidas, Scott e seu colega Michael Fullen desenvolveram uma lista de competências necessárias para prosperar em um mundo cada vez mais volátil e complexo. Surpreendentemente, os empregadores não estavam atrás de conhecimentos específicos de cada vaga de emprego; estavam concentrados na "atitude mental, no conjunto de valores e nas capacidades pessoais, interpessoais e cognitivas identificadas repetidas vezes em estudos com recém formados com ótimo início de carreira e naqueles líderes que ajudaram a criar locais de trabalho e sociedades mais harmônicos, produtivos e sustentáveis".[33] Essas capacidades incluem caráter, cidadania, colaboração, comunicação, criatividade e pensamento crítico, qualidades que permitem aos funcionários pensarem como cidadãos globais, com uma profunda compreensão de valores diversos e com interesse genuíno em colaborar com os outros para resolver problemas complexos que afetam a sustentabilidade humana e ambiental.

Esses atributos, que chamávamos de habilidades sociais e cognitivas suaves, tornaram-se as habilidades concretas que as cidades requerem de seus cidadãos e líderes para que consigam prosperar. São as habilidades que as crianças com ACEs e exposições tóxicas têm dificuldade de desenvolver. São as qualidades que os robôs e computadores serão incapazes de oferecer. E são os atributos necessários em uma cidade bem-resolvida.

Estamos todos juntos nessa

Em 1972, Louisville, no estado do Kentucky, e Detroit, estado de Michigan, receberam determinações judiciais similares para acabar com a segregação racial em suas escolas. Ambas cidades viram-se obrigadas a criar planos regionais que reunissem em um mesmo sistema escolas urbanas com aquelas dos subúrbios, transportando alunos de ônibus desde seus bairros até outras escolas para assegurar uma integração racial. A divisão racial de ambas populações era de 80% brancos e 20% negros, mas cada cidade assumiu uma abordagem diferente para obedecer à ordem judicial. Louisville acolheu-a; Detroit subverteu-a.

Ambos planos começaram mal. Em Detroit, a Ku Klux Klan explodiu dez ônibus escolares no município suburbano de Pontiac. O juiz que ordenara os deslocamentos de ônibus dos estudantes de Detroit recebeu diversas ameaças de morte, sofreu dois ataques cardíacos e morreu antes do caso ser julgado pela Suprema Corte. Louisville tinha uma longa história de segregação racial; tendo sido uma das primeiras a adotar a "ideia de Baltimore", a cidade ingressou na década de 1970 com um sistema habitacional marcadamente segregado. A decisão judicial que obrigou o distrito escolar de Louisville a ser integrado com o condado vizinho de Jefferson também foi recebida com protestos, mas sem uso de violência. Contudo, figuras de liderança das famílias de elite de Louisville, incluindo membros-chave entre os Binghams, que eram donos do jornal local, e entre os Browns, donos do empregador mais visível da cidade, a Brown Forman Company, saíram em defesa da integração. Cinco anos mais tarde, o juiz que impusera o fim da segregação nas escolas foi celebrado em um banquete em sua homenagem. A diferença nos indicadores de ensino também foi considerável. Em 2011, 62% dos alunos de quarta série de Louisville pontuaram igual ou acima dos níveis básicos em matemática, um percentual duas vezes maior que o de estudantes de Detroit.

A abordagem de Detroit acabou intensificando a segregação da cidade. Em 2006, a divisão populacional de alunos no ensino público era de 91% negros e somente 3% brancos, enquanto as escolas públicas no município abastado de Grosse Pointe, que faz fronteira com Detroit, apresentava 89% brancos e somente 8% negros.

Detroit não estava sozinha. Para a maioria das cidades norte-americanas, as ordens de dessegregação escolar do início da década de 1970 levaram a uma fuga dos brancos para os subúrbios. Como resultado, o encolhimento populacional, a concentração de pobreza e a perda de uma base de arrecadação fiscal revelaram-se desastrosos. Regiões são ancoradas por seus núcleos municipais. Como o trabalho de Dean Rusk indicou, a saúde da cidade é determinante para a saúde de seus subúrbios. Estamos todos juntos nessa.

Louisville foi uma das poucas cidades nos Estados Unidos com coragem para reconhecer isso, o que é ainda mais impressionante porque está situada no sul. Ao integrar suas escolas urbanas e suburbanas, ela removeu a motivação de cidadãos temerosos de abandonarem a cidade. O município conclamou seus habitantes a serem cidadãos da região. A estratégia funcionou tão bem que, em 2003, o município e o condado de Jefferson fundiram seus governos em uma nova entidade política batizada Louisville Metro, que compartilha não apenas estudantes, mas também receitas fiscais, reponsabilidades pela infraestrutura e oportunidades de desenvolvimento econômico. Essa noção de destino em comum tornou-se um elemento-chave no apelo do projeto.

Louisville Metro é lar de uma grande diversidade econômica, englobando regiões censitárias em que mais de 50% dos moradores vivem abaixo do nível de pobreza e outras com menos de 10%. Como as escolas são todas operadas sob um mesmo sistema, não há correlação entre bairro e qualidade escolar. Na verdade, algumas das melhores escolas do condado de Jefferson encontram-se em seus bairros mais pobres, atraindo famílias brancas.

Depois que as escolas de Louisville foram integradas, foi muito mais fácil integrar seus bairros, usando programas como a bolsa-moradia Moving to Opportunity, que produziram resultados excelentes quando famílias com crianças pequenas se mudaram para bairros melhores. Entre 1990 e 2010, a segregação por bairros diminuiu em 20%.

O resultado prático é que Louisville conta com uma mão-de-obra mais bem preparada para o século XXI. Nas palavras da Câmara de Comércio em apoio ao plano de Louisville de integração via ônibus escolares, trata-se de "uma cidade diferente das outras, onde os docentes de qualquer escola são de fato qualificados, e sabem trabalhar em equipe".[34] Louisville intuiu aquilo que os dados mostram claramente agora: quanto mais desigual uma região, pior é o desempenho de todos, inclusive dos ricos.

Depois de estudarem cidades e regiões com mercados frágeis nos Estados Unidos, os cientistas sociais Manuel Pastor e Chris Benner observam que as regiões com a maior disparidade de renda entre o núcleo urbano e os subúrbios em 1980 apresentaram o menor nível de crescimento de empregos na década seguinte. Pastor e Brenner concluíram: "A pesquisa apresentada aqui sugere que igualdade não é um luxo, mas talvez uma necessidade. Por mais que a desigualdade de renda, a concentração de pobreza e a segregação racial resultem de uma cidade e uma economia regional em decadência, também são em si mesmos gatilhos do declínio. Estratégias de competitividade para cidades com mercados frágeis devem se concentrar na base – infraestrutura, bom governo e um clima positivo de negócios – mas sempre é aconselhável manter no centro disso tudo a igualdade".[35]

Felicidade

Se a riqueza e a renda fossem os principais determinantes da felicidade, a Cidade do Kuweit seria a mais feliz do mundo. E não é. Como o paradoxo de Easterlin previu, a renda não é o único determinante da felicidade, e como observou o economista Jeffrey Sachs: "Precisamos de sociedades que funcionem, não apenas de economias que funcionem".[36]

O primeiro governo a assumir uma perspectiva mais abrangente da felicidade foi o Reino do Butão. Em 1972, Jigme Singye Wangchuck, o Druk Gyalpo, ou Rei Dragão, de 16 anos do Butão, propôs que o papel do governo não era aumentar o produto interno bruto do país, e sim sua felicidade interna bruta. O conceito seguiu sendo desenvolvido por *think tanks* globais e foi inclusive adotado em algumas cidades e províncias, mas foi praticamente ignorado por outros países até a crise global de 2008. Quando a maré de crescimento financeiro baixou, deixou à mostra comunidades profundamente conturbadas. De uma hora para outra, a ideia de que a felicidade de uma sociedade e de seu povo fazia a diferença calou fundo.

Em 2009, a Gallup Healthways começou a fazer enquetes extensivas nos Estados Unidos e ao redor do mundo para aferir até que ponto comunidades estavam prosperando, sofrendo ou sobrevivendo. Em 2011, as Nações Unidas divulgaram seu Relatório de Felicidade Mundial e começaram a promover conferências bianuais sobre felicidade, juntamente com atualizações ao relatório. Ao mesmo tempo, a Organização para a Cooperação e Desenvolvimento Econômico (OCDE), uma ONG que abrange os 34 países mais prósperos do mundo, propôs seu Índice para uma Vida Melhor. A França, buscando deixar sua própria marca no bem-estar, contratou os célebres economistas Joseph Stiglitz, Amartya Sen e Jean-Paul Fitoussi para desenvolver seu próprio índice de bem-estar. O relatório de Stiglitz chamou a atenção para um descompasso entre a qualidade da saúde de um país e seu PIB. Desde 1960, por exemplo, a expectativa de vida na França aumentou em comparação com a dos Estados Unidos, enquanto seu PIB em relação ao norte-americano vinha diminuindo.[37]

Cada um desses índices tem sua ligeira diferença de abordagem, mas apresentam algumas características em comum. Ambos reconhecem a importância da renda familiar, saúde, educação, boa governança, teias sociais vibrantes e um ambiente sadio para o bem-estar. O Butão acrescenta a essa lista o bem-estar psicológico, a vitalidade comunitária, a diversidade e a resiliência culturais e o uso do tempo. A OCDE adiciona equilíbrio entre a vida dentro e fora do trabalho (outra forma de ver o uso do tempo), segurança e engajamento civil. O relatório de Felicidade Mundial da ONU contribui com um foco na confiança, generosidade e a liberdade de fazer escolhas de vida. Essa lista deve seguir crescendo e sendo refinada à medida que a ciência da felicidade for se sofisticando, integrando neurociência, economia comportamental, sociologia, saúde pública e informática urbana para definir e mensurar a saúde de comunidades.

A matriz da prosperidade/bem-estar/igualdade

Ao que parece, então, as melhores cidades do mundo equilibram prosperidade, igualdade e felicidade para criar bem-estar. Mas como podemos saber se uma cidade está fazendo um bom trabalho em equilibrar esses três atributos de uma população pujante? Embora haja grande disponibilidade de dados sobre renda, distribuição de renda e nível de riqueza por domicílio, e um crescente conjunto de informações a respeito de bem-estar, poucas abordagens combinam esses indicadores para apresentar uma avaliação integrada do desempenho de um cidade.

Meu colega Will Goodman e eu decidimos resolver isso. Começamos examinando indicadores de prosperidade e bem-estar das 100 maiores regiões metropolitanas dos Estados Unidos, e então sintetizamos os dados. A isso, somamos o índice de Gini para cada cidade, a fim de desenvolvermos uma matriz de prosperidade, bem-estar e igualdade.[38] As 10 regiões metropolitanas norte-americanas que encabeçam o ranking de prosperidade, bem-estar e igualdade são:

1. San Jose–Sunnyvale–Santa Clara, CA
2. Washington–Arlington–Alexandria, DC-VA-MD-WV
3. Des Moines–West Des Moines, IA
4. Lancaster, PA
5. Honolulu, HI
6. Madison, WI
7. Salt Lake City, UT
8. Minneapolis–Saint Paul–Bloomington, MN-WI
9. Ogden–Clearfield, UT
10. Seattle–Tacoma–Bellevue, WA[39]

Observe que todas essas são comunidades de médio porte, afora Lancaster, que é bem pequena. Elas contam com excelentes faculdades, universidades e sistemas de saúde, além de economias sólidas e em crescimento. Ao redor do mundo, cidades grandes costumam ser as mais prósperas, e as cidades médias, as mais felizes. (Para uma lista completa, consulte a nota 39 na página 419.)

A esfera cívica

As cidades mais duradouras vislumbram, cultivam e mantém uma extraordinária esfera pública. Somos inspirados por bibliotecas públicas que contêm vidas inteiras de conhecimento; museus que relembram o passado e o conectam ao futuro; centros de artes performáticas que nos permitem parar e mergulhar profundamente na linguagem da música, dança e teatro; parques que entrelaçam humanidade e natureza; e estádios esportivos que despertam nossa empolgação. Como um todo, com investimentos em transporte, habitação, saúde e educação, essas instituições de excelência e a infraestrutura de oportunidades tornam cidades boas em ótimas.

Jaime Lerner, o prefeito visionário de Curitiba, Brasil, descreveu a transformação da cidade como por meio de "acupuntura urbana" em seus pontos de alavancagem. Curitiba, a capital do estado do Paraná, tem uma população de 1,5 milhão. Em seu primeiro mandato, enquanto o resto do mundo estava rasgando suas cidades para acomodar mais carros, Lerner começou a proibir o trânsito de veículos em vias importantes, e passou a desenvolver uma cidade voltada para os pedestres. Ele criou uma rede de transporte público integrada, com preço único por viagem, por qualquer que fosse a distância, a fim de reduzir o custo de deslocamento para os moradores da periferia da cidade.

Em seguida, Lerner atualizou o código de zoneamento de Curitiba para entrelaçar o desenvolvimento imobiliário com o sistema de trânsito, exigindo maior densidade próximo a rotas de transporte e menor densidade longe delas. Não dispondo de verbas para construir um amplo sistema de metrô, Curitiba criou o primeiro sistema BRT (*bus rapid transit*) do mundo em 1974.[40] Para melhorar a educação, a cidade desenvolveu "Faróis do Saber", centros públicos com bibliotecas, acesso à Internet e programação cultural. Eles foram instalados perto dos centros de transporte para facilitar seu acesso à população. Na década de 1980, serviços de qualificação profissional e de assistência social também foram vinculados aos núcleos de transporte. De 1970 a 2010, a população de Curitiba mais do que quadruplicou, mas seus espaços verdes cresceram mais ainda, saindo e 0,1 m^2 por pessoa para 4,8 m^2. E seu sistema de parques urbanos vem se mostrando bastante eficiente na prevenção de enchentes durante chuvas torrenciais.

O programa "lixo que não é lixo" de Curitiba recolhe e recicla mais de 70% de seus descartes, e repassa verbas arrecadadas com a venda de recicláveis para serviços sociais. Os recicladores recebem na forma de vale-transporte, o que poupa verba municipal e ao mesmo tempo amplia seu acesso a empregos e educação. Uma universidade aberta financiada pelo programa de reciclagem oferece qualificação profissional sem gastar muito. Ônibus municipais aposentados são usados como salas de aula e centros de serviços ambulantes. O programa de desenvolvimento econômico de Curitiba também distribui oportunidades amplamente. Como muitas cidades do mundo em desenvolvimento, Curitiba está cercada por favelas desamparadas, mas está voltando esforços de incubação de negócios para o crescimento de pequenas empresas nessas comunidades. Galpões de empreendedorismo situados em comunidades de baixa renda são sustentados pelo Liceu de Ofícios, que oferece educação financeira e empresarial.

Como resultado desses esforços, Curitiba não é a cidade mais rica do mundo, mas concorre entre as mais felizes. Em 2009, 99% de seus habitantes se disseram felizes, e em 2010 a cidade foi premiada com O Globe Sustainable City Award. O prefeito Lerner afirmou: "Creio que algum remédio 'mágico' possa e deva ser administrado nas cidades, já que muitas estão doentes e algumas em fase terminal. Assim como os remédios necessários na interação entre médico e paciente, no planejamento urbano também é preciso fazer a cidade reagir; atacar uma área de modo a fazê-la se curar, melhorar e criar reações positivas em cadeia. Em intervenções de revitalização, é indispensável fazer o organismo trabalhar de uma maneira diferente".[41] A mágica de Curitiba veio da crença de que todos devem prosperar para que cada um também possa. Jaime Lerner compreendeu a verdade fundamental de que a felicidade e o bem-estar representam uma experiência coletiva. E trabalham para uma cidade melhor.

Rumo ao propósito das cidades

Nosso sistema econômico atual se baseia em premissas errôneas: de que os mercados são eficientes e de que a eficiência, em si, produzirá a melhor sociedade. A eficiência é uma função importante em sistemas lineares complicados, mas não tanto em sistemas complexos. Lamentavelmente, na segunda metade do século XX, economistas fizeram da eficiência em si nosso valor mais importante, louvando a destruição criativa e a tirania do mercado. O mercado eficiente exacerba a desigualdade. Conhece, nas palavras de Oscar Wilde, o preço de tudo e o valor de nada. Wynton Marsalis afirmou:

"O motivo pelo qual as coisas dão errado é que as pessoas criam coisas para celebrar a si mesmas, em vez de acolherem o todo"."

Mas as sociedades humanas e nossas cidades são sistemas complexos, e não complicados. E sistemas complexos apresentam uma função e um propósito. O propósito de nossas cidades e sociedades é o bem-estar, e não a eficiência.

Sistemas complicados podem ser maximizados. Já os sistemas complexos prosperam quando são otimizados. Uma cidade é otimizada quando todos os seus componentes estão prosperando – a ecologia em que ela encontra-se aninhada, o metabolismo que a sustente, a região que a contém e suas pessoas e negócios. Para conseguirem isso, líderes municipais precisam se concentrar na otimização do todo, e não das partes.

A prosperidade no século XXI requer uma transição cultural de uma visão de mundo de maximização individual para uma ecológica, reconhecendo que nosso bem-estar deriva da saúde do sistema, e não de seus núcleos isolados. Essa nova cognição é intensificada quando uma cidade define seu propósito como sendo o bem-estar de seu todo. Então, o sistema acabará naturalmente desejando igualar sua paisagem de oportunidades e a distribuição de saúde e bem-estar. Visando ao todo, uma cidade começa a ficar mais naturalmente adaptativa ao mundo de VUCA.

Financiando a cidade bem-equilibrada

Muitos países têm a capacidade financeira de tornar suas cidades mais harmoniosas. Com os títulos da vida pública com vencimento em 30 anos rendendo 2,62% ao ano em 2016, os Estados Unidos poderiam dividir seu orçamento nas categorias de capital e operacional, e contrair dívida, não para cobrir seu déficit, mas para investir em novas escolas, estradas e transporte público; sistemas inteligentes de energia renovável; sistemas circulares de água e efluentes; sistemas operacionais municipais inteligentes; habitações sociais; centros de saúde comunitários; parques e espaços abertos; e outros componentes de comunidades de oportunidade. Isso criaria milhões de empregos locais e o alicerce para o bem-estar futuro, reduzindo ao mesmo tempo seu impacto ambiental. E se o país investisse seu orçamento operacional doméstico em soluções embasadas em evidências para seus problemas de saúde, educação e traumas, poderia preparar melhor seu povo para prosperar no século XXI. Seus critérios de investimento deveriam ser determinados pelas metas de índices regionais de bem-estar, já que são mais propensos a refletirem as necessidades das comunidades, e menos propensos a serem distorcidos pelos *lobbies* da indústria que impregnam Washington.

Investimentos em infraestrutura, desenvolvimento humano e restauração da natureza tornarão os países bem mais resilientes às próximas megatendências da era de VUCA. Suas cidades serão refúgios de prosperidade, igualdade e bem-estar. A única coisa faltando é a vontade de colocar isso em prática. E isso requer compaixão.

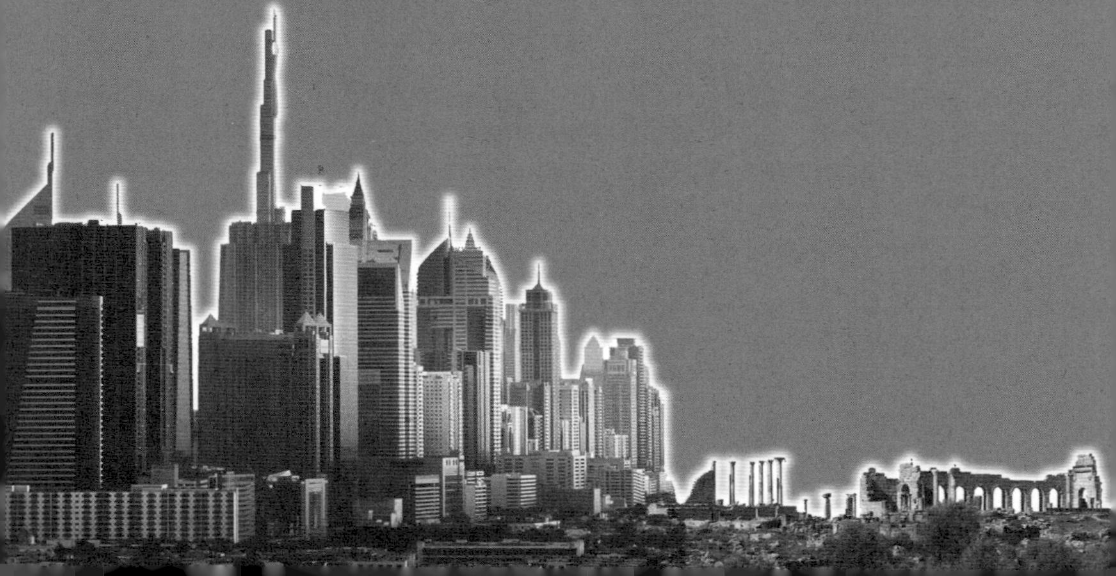

PARTE V

Compaixão

O quinto aspecto da cidade harmônica é a intensa compaixão, o desejo de aliviar o sofrimento de todos os seres. A compaixão harmoniza os humanos e a natureza em uma estrutura que dá sentido às atividades humanas. No âmbito físico, essa harmonia eleva a resiliência das cidade integrando tecnologia urbana e natureza. No âmbito operacional, eleva a resiliência das cidades por aprimorar sua capacidade adaptativa, para que possam evoluir em equilíbrio dinâmico com megatendências, focadas em seu objetivo primordial: o bem-estar dos sistemas humano e natural. No âmbito social, um comportamento marcado pela compaixão proporciona sentido e valores comuns, elementos-chave do altruísmo e da resiliência cultural. E no âmbito espiritual, reforça uma noção de propósito comum na cidade, dando origem a uma visão integrada de totalidade que gera resiliência, regeneração e o mais profundo bem-estar. A compaixão assegura a vontade de imaginar e criar um futuro melhor para todos.

Vivemos num mundo competitivo e agressivo. Todas as cidades bem-sucedidas devem contar com sistemas de proteção contra ameaças a si. Poderes políticos e econômicos são precondições para uma cidade pujante. E como as cidades não existem no vácuo, devem fazer parte de países fortes que lhes proporcionem, entre outras coisas, defesa, estado de direito, proteção de patentes, governança transparente e livre de corrupção e a preservação de direitos individuais e coletivos. Porém, embora necessária, a mera proteção não é suficiente. As cidades também devem cultivar sua capacidade de compaixão. Ao entrelaçarem proteção e compaixão, as cidades podem substituir o conceito de "mais forte" por "mais apta a se adaptar".

Altruísmo como um fator de proteção

Quando expostas à mesma doença, por que algumas pessoas ficam doentes e outras não? Porque dispõem de todo um leque de fatores de proteção. Quando indivíduos, famílias e comunidades são expostos a riscos ou estressores, os fatores de proteção são as condições ou atributos que aumentam suas chances de resultados positivos e que diminuem sua vulnerabilidade.

Fatores de proteção podem ser encontrados em nosso DNA. Certas pessoas, por exemplo, nascem menos suscetíveis ao alcoolismo do que outras. Fatores de proteção podem ser reforçados por inoculações, como vacinas para sarampo e caxumba. Ecologias cognitivas positivas são protetoras, garantindo uma base estável e resiliente que ajuda as crianças a lidarem com o estresse. E o altruísmo, a preocupação abnegada com bem-estar dos outros, é um fator de proteção. Indivíduos altruístas são mais felizes, mais flexíveis e menos propensos a se adoentarem. Bairros altruístas apresentam teias sociais mais sólidas e são mais resilientes frente a estresses. Cidades impregnadas de altruísmo são mais confiantes, inclusivas e tolerantes; possuem redes mais sólidas e mais diversas de voluntários; estão mais aptas a se planejarem para o futuro; e podem tomar as medidas necessárias para colocar em prática tais planos de modo efetivo. O altruísmo infunde os indivíduos com uma sensação de propósito que é maior do que si mesmos. Quando o altruísmo coletivo arregimenta uma população em torno de uma causa comum, acaba conduzindo a cidade rumo à harmonia.

Uma visão de propósito

Jane Chermayeff passou boa parte da vida prestando consultoria para museus infantis e planejando *playgrounds* científicos. Ela costumava dizer que, se deseja construir uma ótima cidade, planeje-a pensando nas crianças. A princípio, isso pode parecer simplista demais, mas e se uma cidade obedecesse a essa ideia em cada um dos seus projetos, departamentos e planos?

A CIDADE EM HARMONIA

Uma cidade que realmente funcionasse para as crianças seria, por exemplo, uma em que elas vivessem protegidas. Isso exigiria ruas seguras, com áreas protegidas para as crianças irem a pé e de bicicleta para a escola e pelos seus bairros. Isso significaria que nenhuma criança viveria com medo de receber uma bala perdida. Suas crianças estariam livres da ameaça das drogas. E imagine uma cidade em que a oportunidade cognitiva florescesse, em que não houvesse qualquer violência doméstica, abuso, negligência ou outras experiências adversas infantis. Para garantir isso, a cidade precisaria oferecer um amplo acesso a moradias acessíveis, atendimento de saúde e serviços sociais, e teria de atacar pela raiz os efeitos epigenéticos da pobreza endêmica.

Para que todas as crianças tenham uma oportunidade igual de prosperar, uma cidade precisaria de um sistema educacional exemplar, com escolas modernas, verdes e bem iluminadas, acessíveis a pé pelos alunos e oferecendo uma educação soberba, independentemente do nível de renda dos moradores de sua região. Se os professores recebessem salários respeitáveis e qualificação ao longo de toda a carreira, eles também morariam em lares seguros e confortáveis, com atendimento infantil suficiente e suporte a suas famílias.

Para que as crianças prosperem, suas famílias devem prosperar. Para isso, uma cidade precisaria ser um caldeirão de oportunidades para todos – o imigrante, o inventor, o analista de sistemas, o cardiologista – para que cada um cumpra com todo seu potencial. Uma cidade só pode alcançar esses objetivos se for fiscalmente equilibrada, e para isso precisaria ter um sistema de impostos equânime o suficiente para satisfazer às suas necessidades. Quando começamos a acompanhar os fios no tecido de uma cidade dedicada ao bem-estar das crianças, fica claro que, para ser bem-sucedida, a cidade deve se dedicar ao bem-estar de todos.

E se acrescentarmos a saúde da natureza ao propósito da cidade – inspirando-a a restaurar as áreas de manancial junto a seus corpos d'água e a entremear a natureza em suas ruas? Redes de parques, árvores, coberturas verdes e jardins comunitários aumentariam sua biodiversidade, alimentando pássaros e outros polinizadores nativos. Rios seriam recuperados, e bolsões de florestas e campinas na região seriam protegidos.

Na verdade, uma cidade pode escolher qualquer conjunto abrangente de metas de compaixão para humanos e a natureza, e obter um melhor resultado ao alcançá-las. Contanto que essas metas apresentem intenções profundamente altruístas e que a cidade se comprometa em fazer com tais intenções influenciem bastante em cada decisão, cada projeto e cada medida tomada, então essas metas atuarão como as regras de revoada de pássaros, norteando a evolução contínua da cidade rumo à harmonia – humana e natural. O altruísmo será seu maior fator de proteção. E a compaixão será sua fonte.

CAPÍTULO 12

Entrelace

A aptidão da cidade

Kenneth Burke, um dos mais importantes teóricos norte-americanos da literatura no século XX, escreveu que "as pessoas podem ficar inaptas por se adaptarem a uma aptidão inapta".[1]

O estado atual de muitas de nossas cidades é uma aptidão inapta. Elas podem estar suficientemente adaptadas ao crescimento a curto prazo, mas carecem da capacidade adaptativa de prosperarem no ambiente de intenso estresse do futuro. Estão aptas à inaptidão. E isso ocorre porque elas não compreendem seu verdadeiro propósito.

Lembrem-se que Donella Meadows escreveu: "a parte menos óbvia de um sistema, sua função ou propósito, é muitas vezes o determinante mais crucial de seu comportamento".[2]

Desde a ascensão de Uruk, a primeira cidade conhecida do mundo, o propósito das cidades sempre foi oferecer proteção e prosperidade a seus habitantes, supervisionar a justa distribuição de recursos e oportunidades e manter a harmonia entre os sistemas humano e natural. Nesta época de crescente volatilidade, complexidade e ambiguidade, a cidade bem-orquestrada possui sistemas para ajudá-la a evoluir rumo a um comportamento mais homogêneo, capaz de equilibrar prosperidade e bem-estar com eficiência e igualdade de modo a restaurar continuamente seu capital social e natural. E a existência de um propósito maior a ajudará a estabelecer o rumo para o cumprimento dessas metas.

O primeiro aspecto da cidade harmônica, a coerência, advém de uma visão de futuro disseminada, de indicadores de saúde da comunidade que refletem a visão e de um sistema de planejamento dinâmico, de governança e de *feedback* para manter a cidade avançando rumo à sua visão. O segundo aspecto, a circularidade, requer uma infraestrutura adaptativa, multiescalar e interconectada. Já a resiliência, o terceiro aspecto da cidade em harmonia, emerge da integração de tecnologias urbanas técnicas e naturais. O quarto aspecto, a comunidade, requer a base estável de uma ecologia cognitiva sadia, acompanhada de oportunidades bem distribuídas. O último aspecto, a compaixão, exige um sentido onipresente de propósito altruístico. Somadas, essas qualidades criam uma cidade que nunca para de se adaptar em uma época de VUCA, mediante a integração das escalas que vão do indivíduo à sua região mais ampla, ao mesmo tempo em que avança cada vez mais rumo a seu propósito altruístico. Sua população se adapta a uma aptidão apta. Paira no ar um interesse pelo todo.

Wolf Singer, diretor do Instituto Max Planck de Pesquisa Cerebral, em Frankfurt, observou que o cérebro saudável coordena suas diferentes funções não mediante um controle central, e sim por aquilo que ele chama de "vinculação por sincronia", em que os vários sistemas da mente apresentam um comprimento de onda em comum, e enviam mensagens de coordenação em seus pulsos, falando e escutando incansavelmente uns aos outros. Bondade, beleza, verdade, dignidade e compaixão compartilham entre si a assinatura cognitiva da coerência neurológica, vinculada por sincronia. Quando a mente está impregnada dessas qualidades, nos sentimos mais profundos, mais vivos e mais completos.[3]

Cidades saudáveis também são coesas por uma sincronia em que indivíduos, organizações, grupos de bairros, empresas e departamentos municipais mantêm-se sempre atentos a seu ambiente mais amplo e se adaptam a ele de forma independente, fazendo ajustes e aprimorando seu desempenho de um modo distribuído, mas coerente. E quando se encontram coesos pela sincronia da bondade, beleza, verdade, dignidade e compaixão, também se completam.

A composição da aptidão

Johann Sebastian Bach compôs o segundo livro de *O Cravo Bem Temperado* em 1742, quando a Europa passava pela drástica transição cultural da Reforma para o Iluminismo. O Iluminismo desencadeou o racionalismo científico, libertando a Europa de séculos de dogma religioso. Esse novo pensamento deu origem às revoluções Americana e Francesa, e à Revolução Industrial. O sagrado e o secular começaram a divergir. A filosofia e a ciência transferiram sua atenção do cosmo para o indivíduo, do sagrado para o humano, do complexo para o complicado. Mas Bach jamais hesitou, e suas maiores obras até hoje nos calam fundo porque integram um gênio harmônico com uma profunda aspiração espiritual, qualidades que foram separadas no Iluminismo.

Em 1747, três anos antes de falecer, J. S. Bach foi convidado por seu filho Carl Philipp Emanuel Bach a visitar a corte do rei Frederico, o Grande, onde o jovem Bach ocupava a função de organista principal. Frederico, o Grande, era poderoso, sádico e difícil de caracterizar: uma série de opostos. Ele era ao mesmo tempo um liberalizador e um déspota. Ele conquistou a Polônia de modo implacável, mas também criou o primeiro sistema público de ensino. Amava a natureza, mas drenou os pântanos para criar novos campos de cultivo, dizimando a biodiversidade da região. Acreditava no poder da ciência, e desdenhava da ideia de morais universais. Adorava a nova música moderna de sua era, encomendada para entreter e deliciar os sentidos, e não tinha interesse algum na crença de Bach de que o universo era um todo sagrado e integrado inundado de amor.

Sendo assim, o rei Frederico decidiu constranger J. S. Bach, conhecido então como o "Velho Bach". Antes da chegada do grande compositor ao seu palácio, o próprio rei, que era flautista amador, compôs (quase certamente com a ajuda do filho de Bach) um tema de 21 notas chamado Tema Real, cuidadosamente elaborado para ser impossível de harmonizar sob as regras estritas da composição à época. No momento em que J. S. Bach chegou de sua extenuante viagem de vários dias, sem ter ao menos uma chance de descansar ou tomar banho, Frederico o levou para conhecer sua coleção de 15 cravos, um instrumento de transição entre o clavicórdio e o piano. E então, defronte uma plateia de músicos qualificados, o rei desafiou o Velho Bach a criar uma fuga em três partes, harmonizando o Tema Real em três linhas harmônicas entrelaçadas, e a fazê-lo no ato.

O Velho Bach sentou-se diante de um dos cravos e improvisou uma peça magnífica de música fluente, incorporando o Tema Real 12 vezes em 17 minutos. Incapaz de harmonizar o tema diretamente, ele criou três variações que se harmonizaram entre si, e urdiu-as em uma tapeçaria musical extraordinária. A música alçou voo, com cada nota se movimentando de modo independente, mas em relação perfeita com as demais. A plateia ficou atônita. Bach criara algo completo a partir da inaptidão.

Desgostoso, o rei Frederico se recompôs e exigiu que Bach criasse uma harmonia em seis partes, algo que jamais havia sido feito. O Velho Bach respondeu que aquilo levaria um pouco mais de tempo. Poucas semanas após retornar para casa, ele produziu uma composição que integrava seis fugas em torno do Tema Real, intituladas "Uma Oferenda Musical". Era a resposta de Bach à questão de se a harmonia tinha limites – um testamento extraordinário à capacidade humana de criar harmonia magnífica além do dualismo do sagrado e do profano.[4]

O racionalismo científico que Frederico, o Grande, tanto admirava desencadeou tecnologias notáveis. Nos séculos seguintes, elas deram origem a um aumento extraordinário na prosperidade da humanidade e a uma enorme destruição ambiental. Foram usadas para salvar vidas e para destruí-las.

A tecnologia produziu cidades que seriam inimagináveis na época de Bach, avançando em ondas desde a torre de Jericó até as megacidades de hoje. Mas a essência dos humanos e da natureza não mudou. Ainda temos uma intensa sensação de paz e alegria quando nossas mentes ficam coesas pela sincronia da música, beleza, verdade, dignidade, amor e compaixão. Nossas cidades atuais contêm muitas conquistas técnicas que deixariam Frederico, o Grande, embevecido, mas pouco da harmonia que Bach e os desenvolvedores originais de cidades procuravam.

O propósito das nossas cidades deve ser a integração da ciência buscada pelo Iluminismo com a harmonia de Bach, a fim de compor as condições de aptidão para seus habitantes, seus bairros e a natureza.

O Grande Terremoto de Lisboa

Oito anos após o encontro de Bach com Frederico, o Grande, outro evento abalou as estruturas da religião na Europa, apressando o Iluminismo e dando origem à primeira reconstrução urbana daquela era. No Dia de Todos os Santos, 1º de novembro de 1755, um grande terremoto atingiu Lisboa, acompanhado 40 minutos depois por um poderoso maremoto, o qual, por sua vez, foi seguido de cinco dias de incêndios desenfreados. Oitenta e cinco por cento das edificações da cidade, incluindo praticamente todas as igrejas, ruíram, queimaram ou foram destruídas pela inundação. As extraordinárias coleções de arte de Lisboa, suas bibliotecas e os registros de suas extensivas colônias desapareceram por completo. O real Palácio da Ribeira, às margens do rio Tejo, desmoronou no terremoto, e depois foi inundado pelas imensas ondas do maremoto, tendo sua biblioteca real de 70 mil volumes destruída. Quadros de Ticiano, Rubens e Correggio jamais foram vistos novamente. A nova casa de ópera de Lisboa foi consumida pelas chamas. Estima-se que 25 mil pessoas, um décimo da população municipal, tenha morrido. O único bairro totalmente poupado foi o distrito da luz vermelha.

O Grande Terremoto de Lisboa abalou a fé dos crentes. Como uma tragédia de tamanhas proporções podia acontecer em um dia tão santo? Como igrejas, casas de Deus, podiam ser destruídas e seus ocupantes serem esmagados enquanto os bordéis da cidade eram poupados?

Qual papel será que Deus realmente cumpria nas questões humanas e nos desígnios da natureza? Será que aquilo era uma expressão de Sua raiva quanto à Inquisição ou um sinal de Sua ausência?

Intelectuais por toda a Europa aproveitaram o evento para promover a filosofia do Iluminismo, e as ciências dos fenômenos naturais. Immanuel

Kant escreveu três textos sobre o assunto, e propôs aquilo que se tornaria a ciência da sismologia. Jean-Jacques Rousseau concluiu que as cidades estavam povoadas demais, e propôs que as pessoas se mudassem para uma vida pastoral. O terremoto provocou Voltaire a escrever sua sátira *Cândido*, que ridicularizava a Igreja e a ideia de que o mundo era direcionado por uma divindade benevolente. A metáfora bastante usada "sobre firme base filosófica" foi substituída pelo conceito de que as certezas na verdade são instáveis. O Iluminismo substituiu os absolutos pelo relativismo.

Um mês após o desastre, o rei José I, que foi poupado do desabamento de seu palácio porque sua filha insistira que a família deixasse a cidade e fosse para o campo após a missa matinal, encontrou-se com o engenheiro-mor do reino, Manuel da Maia. Maia apresentou ao rei cinco planos para reconstruir a cidade, desde o uso dos escombros para reerigir as estruturas como antes até o arrasamento das ruínas e a reconstrução da cidade num local diferente, "traçando ruas sem restrição".[5] O rei optou por refazer a cidade do zero, no mesmo local onde sempre existira.

A Lisboa reconstruída tornou-se a primeira cidade moderna da Europa, projetada com amplas praças, avenidas largas e prédios erguidos para serem resistentes a terremotos. O plano de Maia determinava que cada quarteirão de um bairro fosse construído segundo um projeto universal, permitindo que componentes construtivos como janelas e portas fossem produzidos em massa. Isso promoveu um novo igualitarianismo,–fazendo com que os ricos já não pudessem se distinguir por meio de palácios ornamentados individualizados. A reconstrução de Lisboa deu origem à disciplina do planejamento urbano moderno, integrando tanto resistência quanto resiliência a futuros desastres.

O terremoto também acarretou uma mudança sísmica no modo de lidar com grandes populações sob estresse. A primeira reação do governo foi convocar o exército e preparar masmorras para os saqueadores, mas o secretário de Estado de Portugal, Marquês de Pombal, reconheceu a necessidade de unificar os habitantes de Lisboa em vez de reprimi-los. Ele conduziu um levantamento para conhecer sua perspectiva sobre o terremoto, e no processo descobriu que os abalos se deram em ondas no sentido leste, preparando a base para a ciência da sismologia. Ele expulsou do país os poderosos e fundamentalistas jesuítas, segundo os quais o terremoto fora um castigo pelos pecados do povo de Lisboa e, por isso, era inútil reconstruir uma cidade tão perversa.

Marquês de Pombal aproveitou a oportunidade criada pelo distúrbio para desmembrar as barreiras institucionais das velhas hierarquias e abrir alas para o potencial humano. Ele retirou poder da Igreja e das famílias influentes que enchiam a corte de intrigas, sempre atrás de vantagens. Ele ordenou a construção de 800 escolas nacionais primárias e secundárias. Além disso, adicionou matemática, ciências naturais e os filósofos do Iluminismo ao currículo da Universidade de Coimbra, e construiu nela um jardim botânico e um observatório astronômico. Sua meta era criar "novos homens", livres de preconceitos fundamentalistas, educados nas mais recentes teorias científicas, filosóficas e sociais. O poder central do rei foi reforçado, mas ele difundiu a base de seu apoio para uma classe influente de empreendedores. A reimaginação de Lisboa, com ruas simétricas irradiando a partir de praças, quarteirões com prédios padronizados e uma noção geral de harmonia acabou servindo de modelo para o grande plano que Haussmann viria a pôr em prática em Paris.

O poder da confiança

Para lidar com as próximas megatendências do século XXI, as cidades precisam de todas as soluções descritas neste livro – planos inteligentes, dinâmicos e regionais, sistemas de água e esgoto circulares, microrredes de energia renovável, sistemas alimentares regionais, sistemas de transporte multimodais, sistemas naturais e técnicos integrados, biodiversidade, prédios sustentáveis e consumo colaborativo. Elas precisam de moradias economicamente acessíveis e sistemas de saúde, educação e qualificação profissional. Para educar e inspirar seus cidadãos, elas precisam de museus, bibliotecas, centros de artes performáticas, núcleos de artes e criatividade. Para operarem bem, devem contar com governos inclusivos, transparentes, eficientes e livres de corrupção, capazes de alinhar seu progresso com metas de bem-estar claramente definidas e de intercambiar lições e melhores práticas com outras cidades. Precisam dar atenção suficiente à proteção de humanos e da natureza, mas intercedendo com leveza suficiente para que a inovação e o empreendedorismo prosperem. E têm de cultivar uma cultura generalizada de compaixão, alicerçada nos bairros, promovida em casas de culto, locais de reflexão e retiro, reforçada pela eficácia coletiva de empreendedores sociais com e sem fins lucrativos, financiada por laços de impacto social que capturam o valor futuro de uma sociedade sadia e que proporcionam as verbas correntes para tanto, e inspirada por uma liderança altruística. Este é o *meh* do século XXI. E só pode crescer no solo da confiança.

Quando os furacões Katrina e Rita se abateram sobre Nova Orleans, houve um aumento em furtos e violência. Quando os aviões do 11 de setembro destruíram o World Trade Center, os moradores da cidade de Nova York reagiram com uma incrível efusão de compaixão, conexão e coragem. Rebecca Solnit, autora de *A Paradise Built in Hell*, descreve como as pessoas costumam se unir para cuidarem umas das outras logo depois de um desastre. Após o terremoto de San Francisco e seu subsequente incêndio em 1906, as pessoas prepararam espontaneamente sopões para alimentar os desabrigados e tendas hospitalares para atender os feridos. A autora celebra esse auxílio mútuo: "Cada participante é ao mesmo tempo um doador e um beneficiário em atos de cuidado que unem as pessoas entre si [...] trata-se de reciprocidade, uma rede de pessoas cooperando para atender as necessidades e desejos umas das outras".[6]

A inata capacidade humana de ajuda mútua foi descrita pelo economista, geólogo e revolucionário russo Peter Kropotkin em seu livro de 1902, *Ajuda Mútua: um fator em evolução*. E ele estava certo – a ciência agora é clara: quando existe um estresse evolutivo, há uma pequena chance de que indivíduos egoístas saiam ganhando ao praticar seu egoísmo, mas há uma chance muito maior de que indivíduos altruístas em cooperação mútua acabem se saindo melhor do que aqueles que estão cuidando apenas de si mesmos. O ganho de aptidão do altruísta supera o do egoísta.

A tendência coletiva ao altruísmo durante uma crise surge apenas em uma sociedade com um alto grau de confiança. O problema é que inúmeros bairros em nossas cidades perderam essa capacidade. Quando uma cidade se encontra impregnada por ignorância, intolerância, fundamentalismo, egoísmo e arrogância, ela se torna inapta. A inaptidão se solidifica em paredes de racismo que privam as pessoas das oportunidades; em fundamentalismo que reprime a liberdade de expressão de todas as pessoas de uma comunidade; em egoísmo que distorce a distribuição de oportunidades; em medo que corrói sua ecologia cognitiva; e em ignorância que prejudica o surgimento de sabedoria.

Essas condições criam uma aptidão inapta – uma cidade assim jamais conseguirá se adaptar ao terreno instável das megatendências do século XXI.

O terreno da aptidão é preparado por uma sensação de eficácia coletiva e ordem pelos bairros. Os habitantes de uma cidade devem confiar que, individual e coletivamente, podem fazer a diferença, e devem perceber os resultados de sua eficácia coletiva palpavelmente na forma de ordem.

Para promover a confiança, uma cidade deve assegurar que seu terreno de potencialidades não se encontra dividido por montanhas de injustiça. Caso a distribuição de oportunidades seja percebida como equânime, então as pessoas crescerão rumo às oportunidades assim como as árvores crescem rumo à luz.

Em cidades pelo mundo, movimentos de protesto emergem após décadas de privação de oportunidades. Nos Estados Unidos, o movimento Black Lives Matter é um legado da "ideia de Baltimore" e de sua enteada, as cláusulas restritivas do departamento habitacional dos Estados Unidos que impediram durante gerações que famílias negras acumulassem capital imobiliário. Como vimos em Louisville, essas barreiras podem ser superadas. O futuro das crianças de um país não tem de ser determinado pelo código postal em que são criadas. Sabemos como dissolver as barreiras estruturais a oportunidades de moradia, educação, saúde e transporte – e quando isso acontece, as cidades desenvolvem uma enorme confiança entre seus habitantes. Tal confiança é o solo no qual a capacidade de adaptação floresce.

Impacto coletivo

O segundo fator necessário para gerar aptidão altruísta é a eficácia coletiva.

O aristocrata e pensador político francês Alexis de Tocqueville viajou aos Estados Unidos em 1831 com o encargo de estudar suas prisões. Na verdade, seu objetivo real era mais amplo: observar a sociedade norte-americana em primeira mão. Seu livro clássico, *Democracia na América*, escrito em 1835, celebrou a contribuição das instituições sociais informais e não governamentais do jovem país para sua resiliência nacional. Nele, Tocqueville descreveu o quanto elas colaboravam na geração da coesão social e na conectividade necessária para manter uma sociedade pluralista.

Nos Estados Unidos, as organizações não governamentais, ou ONGs, seguem reforçando a eficácia coletiva em nossas cidades. As cidades devem encorajar o florescimento de organizações tradicionais e novas como essas, baseadas em comunidades. A YWCA, fundada há mais de 150 anos, em sua missão de eliminar o racismo e conferir poder às mulheres, oferece moradia e serviços de saúde para mulheres de baixa renda. Casas de abrigo como a University Settlement e a Educational Alliance de Nova York, e incorporadoras comunitárias como a Asociación Puertorriqueños en Marcha (APM) da Filadélfia, com raízes profundas em seus bairros, também oferecem qualificação profissional, serviços sociais e uma voz coletiva para as comunidades a que atendem. Redes de serviços comunitários como a Federação de Filantropias Judaicas e a Catholic Charities compartilham melhores práticas com outras agências. Alianças regionais de moradias sociais como a Cleveland Housing Network, juntamente com parceiras nacionais como a Enterprise Community Partners, reúnem recursos para financiar a revitalização de bairros de baixa renda. E a organização nacional Trust for Public Land oferece suporte para que jardins comunitários levem alimentos frescos e natureza de volta para os bairros.

Muitos dos programas, porém, funcionam de modo independente entre si. Como uma cidade pode integrá-los para criar comunidades de oportunidade? Uma maneira é por meio de um processo chamado "impacto coletivo", um enfoque para enfrentar problemas profundamente entranhados que foi descrito pela primeira vez no *Stanford Social Innovation Review* por John Kania e Mark Kramer.[7] A abordagem tem suas raízes no trabalho da Strive, uma organização sem fins lucrativos dedicada à educação e à qualificação profissional, sediada em Cincinnati, Ohio. A Strive conquistou resultados excelentes apesar de cortes orçamentários locais e de uma recessão nacional que afetou Ohio com especial gravidade. Como a Strive conseguiu isso quando tantas outras organizações sem fins lucrativos trabalhando na mesma questão estavam perdendo terreno?

A Strive reuniu no mesmo barco um grupo principal de líderes comunitários – financiadores, educadores, autoridades eleitas, reitores e executivos empresariais – e fez com que todos remassem para o mesmo lado. Seus objetivos comuns, derivados de pesquisas extensivas, tinham como foco pontos de alavancagem estratégicos em desenvolvimento educacional infantil, como ingresso na pré-escola, notas em leitura e matemática na quarta série e taxas de conclusão do ensino médio. Em vez de se concentrarem em um único currículo ou programa educacional preferido, os parceiros da Strive comprometeram-se coletivamente com a ecologia inteira de programas segundo uma meta primordial: a excelência educacional. A meta foi então dividida em 15 redes de sucesso estudantil, cada qual focada numa parte diferente do ambiental educativo, como atividades extracurriculares. As decisões de financiamento se basearam em avaliações independentes de efetividade, com as áreas mais bem-sucedidas recebendo mais verbas. O sistema foi projetado com um ciclo de *feedback* para ajudá-lo a evoluir rumo à excelência.

Kania e Kramer passaram a estudar um amplo leque de iniciativas urbanas de sucesso, e, a partir de seus elementos em comum, derivaram cinco condições de impacto coletivo: uma agenda em comum; avaliações compartilhadas; ações integradas por meio de atividades de reforço mútuo; comunicação contínua; e investimento em infraestrutura para alcançar os objetivos (que eles chamam de "a espinha de suporte"). O escopo do modelo de impacto coletivo deve ser ampliado para integrar diversos setores sob um mesmo modelo de saúde comunitária, usando indicadores de saúde comunitária como guia.

Mas a transformação não pode ser simplesmente implantada nas comunidades; deve também crescer *a partir* das comunidades, tirando proveito do poder da ajuda mútua. Talvez o maior defensor da ajuda mútua tenha sido Mahatma Gandhi, cujas ideias deflagraram eficácia coletiva ao redor do mundo. Um exemplo soberbo é o movimento Sarvodaya Shramadana, fundado por A. T. Ariyanate no Sri Lanka. Inicialmente, Ariyanate dispôs-se a colocar em prática os princípios de autossuficiência de Gandhi estimulando estudantes e professores a construírem uma escola rural. Para levar materiais até o local, eles tiveram de construir uma ponte sobre um rio, e para levar os materiais até a ponte, tiveram de melhorar as estradas de acesso a ela. Quando terminaram, haviam não somente construído uma escola como também aprimorado consideravelmente a conectividade de seu vilarejo. E fizeram isso por conta própria, sem esperar pelo seu moroso governo federal. Investidos de poder por seu sucesso, começaram a enfrentar outros problemas do vilarejo, e a disseminar suas ideias de autossuficiência pelo país.

Sarvodaya significa "despertar universal" em sânscrito, e *Shramadana* significa "doar esforços". Em 2015, o movimento Sarvodaya Shramadana ajudou mais de 15 mil vilarejos com escolas, cooperativas de crédito, orfanatos, a maior rede de microcrédito do país e 4.335 pré-escolas. Ele oferece a comunidades sistemas de água potável, saneamento, energias alternativas e outras melhorias em infraestrutura. E quase todo esse trabalho é realizado por mão de obra voluntária baseada nas comunidades. O Sarvodaya treina milhares de jovens de ambos os sexos em métodos que motivam e organizam as pessoas em seus próprios vilarejos para satisfazerem às suas necessidades de infraestrutura e de serviços sociais, educacionais, espirituais e culturais. Trata-se de um modelo extraordinário de eficácia coletiva que desencadeia o engajamento, desenvolve confiança, promove resultados palpáveis e estabelece conexões entre escalas.

Paul Hawken descreveu o surgimento de centenas de milhares de organizações ambientais e sociais em diferentes locais ao redor do mundo como a "bendita inquietude". Em um livro com o mesmo título, ele observou que essas organizações estão começando a ter um impacto coletivo, atuando como um vasto sistema imunológico, trabalhando para curar as pessoas e o planeta. Tais movimentos surgiram de forma espontânea, sem uma liderança central, e estão lidando com grandes problemas cujo prazo de solução está se esgotando. Eles representam uma resposta superespinhosa para os problemas superespinhosos do século XXI.

Quando somados, uma visão de comunidade, o planejamento de cenários, uma liderança forte e compassiva, sistemas dinâmicos de *feedback*, investimentos em infraestrutura, as ferramentas de governança, impacto coletivo e autossuficiência ajudam a criar cidades bem-orquestradas.

Mas para serem verdadeiramente bem-sucedidas, as cidades precisam integrar duas visões de mundo. A primeira é uma abordagem sistêmica, uma compreensão de que a natureza é profundamente interdependente. A segunda é a aptidão evolutiva do altruísmo. As cidades só podem curar o seu todo se curarem todas as suas partes. Essa compreensão da interdependência de todos os sistemas vivos, humanos e naturais, é inerente a todas as religiões e à ciência; é a base da moralidade e da espiritualidade; e abre um caminho através das megatendências.

Altruísmo emaranhado é entrelaçamento

A física quântica teve início pelo estudo da partícula, mas logo observou que as partículas estavam inter-relacionadas. A teoria quântica postula que as partículas se encontram emaranhadas, ou interconectadas, pelo espaço – basta alterar o estado de uma delas para que sua irmã, mesmo do outro lado do universo, reaja instantaneamente, além da velocidade da luz. Albert Einstein chamou isso de "ação fantasmagórica à distância". O físico austríaco e ganhador do prêmio Nobel Erwin Schrödinger chamou isso de "emaranhamento quântico".

O emaranhamento é uma condição necessária da vida. Em isolamento, partículas subatômicas, átomos e moléculas não tem vida própria. A vida não existe como uma propriedade independente; ela emerge das relações entre energia, informação e matéria. E a entropia, o desgaste dos sistemas, a dispersão de calor e informação, tampouco é uma condição das partículas individuais; ela é uma qualidade de um sistema interdependente.

As cidades são emaranhados magníficos. Cada árvore, prédio, bairro e estabelecimento está entrelaçado com todos os demais. E assim como sistemas biocomplexos vivos advêm da mesma coleção de DNA, as cidades compartilham um metagenoma que une seus elementos entre si. Muitas vezes, nossa economia, tendências cognitivas e estruturas sociais amplificam expressões dissonantes de pedaços do código, criando desordem. Isso pode criar pequenas zonas de aptidão, mas acaba levando a ecologia mais ampla rumo à inaptidão. Nosso sistema econômico, por exemplo, ignorando aquilo que chama de "externalidades" de subsídios e isenções fiscais do governo, poluição e esgotamento de recursos naturais, estimula empresas a realizarem atividades aptas a elas, mas acaba criando uma aptidão inapta mais ampla para o bem-estar de suas comunidades e para a vida no planeta. A segregação racial pode criar uma comunidade que se considera apta a viver junta, mas na verdade "seu povo pode estar inapto por se adaptar à inaptidão".

Mas também evoluímos com um metacódigo inato que é capaz de nos unir em sincronia: o altruísmo. Quando o altruísmo flui através das ecologias sociais e cognitivas interdependentes de uma cidade, e encontra-se entranhado na moralidade de seus sistemas, é capaz de gerar sincronia. Quando o altruísmo influencia profundamente cada decisão, cada projeto, cada medida tomada por uma cidade, a cidade se torna um município extraordinário. Assim, a cidade se tornará bem-orquestrada.

O Dr. Martin Luther King Jr. escreveu: "Adequadamente entendido, o poder é [...] a força necessária para concretizar mudanças sociopolíticas e econômicas. [...] Um dos grandes problemas da história é que os conceitos de amor e poder sempre costumaram ser contrastados como opostos – diametralmente opostos – de tal forma que o amor é identificado como a resignação de poder e o poder como a negação do amor. Agora, temos que consertar esse engano. [...] O poder sem amor é irresponsável e abusivo, e o amor sem poder é sentimental e anêmico. Em seu ápice, o poder é amor implementando as demandas da justiça, e a justiça em seu ápice é poder corrigindo tudo que se coloca contra o amor".[8]

A cidade bem-orquestrada infunde amor em seu poder

Os gregos descreveram três tipos de amor: eros, filia e ágape. Eros é o amor apaixonado e sexual que nos preenche com a ânsia de fusão. Filia é uma atração profunda e abrangente, a propensão das coisas, uma qualidade do mundo natural, como a gravidade. Essa é a filia da hipótese da biofilia de E. O. Wilson, o amor humano pela natureza e pela própria vida, "a ânsia de se afiliar a outras formas de vida"[9] que exploramos no capítulo sobre o urbanismo verde. A filia nos entrelaça física e espiritualmente ao tecido do mundo. Ficamos emaranhados por ela. O terceiro tipo de amor, ágape, é um amor universal. O professor de teologia Thomas Jay Oord descreve o ágape como "uma reação intencional para promover bem-estar quando confrontado por aquilo que gera mal-estar. Em suma, o ágape retribui o mal com o bem".[10] Ágape é o impulso de criar uma sociedade baseada no bem-estar para todos.

Quando esses tipos de amor são entrelaçados no tecido de uma cidade, acabam criando uma cultura energizada e altruística. Adicionam intenção ao emaranhado da natureza. Eu chamo essa interdependência altruisticamente direcionada de "entrelace".

O entrelace encontra-se no cerne das principais tradições religiosas mundiais. No budismo, a combinação de altruísmo abrangente e com o reconhecimento de interdependência é denominada *bodhicitta*. No islã, a mescla de interdependência e altruísmo se chama *ta'awun*, e *ithar* é o auge do altruísmo. No judaísmo, *tikun olam* é o reconhecimento de que temos uma responsabilidade de consertar quaisquer rasgos no tecido do mundo com atos de bondade, ou *mitzvoth*. O líder hindu Mahatma Gandhi ensinava a *satyagraha*, o poder da ação não violenta rumo à verdade e à justiça social, e a carta encíclica "Laudato Si" do Papa Francisco convoca uma *ecologia integral* a fim de criar uma *comunhão universal* para que "nada e ninguém fique excluído".

A composição de um todo

A música de Bach foi composta por muitas notas, mas por si só as notas carecem de significado, de grandiosidade, de um sentido de propósito. A beleza de *O Cravo Bem Temperado* emerge de padrões de notas que se entrelaçam por entre escalas, onde um padrão de notas pode ser ampliado em um tema ao longo de muitos compassos, contribuindo para uma onda multifrasal maior, com cada frase composta em contraponto com a outra. Anota, ou partícula, mediante o poder do relacionamento, torna-se uma onda.

O universo se enleva não por suas notas, ou partículas, e sim por seus padrões complexos e adaptativos em constante desdobramento. Imagine um redemoinho, em que nenhuma gota d'água permanece fixa, mas ainda assim o padrão geral pode ser bastante estável. Música, arte, cinema, prosa, apresentações, cultos religiosos, preces e meditação são todos capazes de evocar esses padrões mais abrangentes, e ajudam-nos em nosso alinhamento com o todo, para que nossas vidas em turbilhão possam se encaixar em um sistema mais amplo, levando-nos a entender um pouco do universo e de nosso lugar nele. E o projeto de nossas cidades poderia fazer o mesmo.

No rescaldo do sofrimento espantoso causado pela guerra incivil de Ruanda, voluntários observaram que as pessoas mais traumatizadas em campos de refugiados exibiam capacidades incrivelmente diferentes para se recuperarem dos eventos indescritíveis pelos quais haviam passado. Aquelas que cultivavam uma crença cósmica profunda que lhes parecia explicar os eventos ocorridos mostravam-se muito mais propensas a se recuperarem do que aquelas descrentes. Era como se os traumas fossem cacos afiados cravados em suas mentes, e sua cosmologia lhes ajudasse a reunir os cacos em um todo coerente, como peças de um quebra-cabeça. Ter uma cosmologia é um fator de proteção.

Bach compunha sua música para produzir um todo como esse. Christopher Alexander, o teórico da arquitetura, escreveu: "Produzir um todo cura o produtor. [...] Uma Arquitetura Humana não tem apenas o poder de nos curar. O próprio ato de produzi-la é em si um ato de cura para todos nós".[11] E assim, uma cidade bem-temperada que reflete uma harmonia maior aumenta não apenas sua resiliência, mas também a nossa própria.

Lembre-se dos primeiros assentamentos humanos, com seus sistemas para compartilhamento da responsabilidade pela construção de valas de irrigação, para sua manutenção e para a distribuição equânime de sua água. Tais sistemas foram bem-sucedidos porque traziam em suas raízes o altruísmo, a justiça, e com eles adveio o prazer de fazer parte de uma sociedade bem-harmoniosa. Essas qualidades estão pré-programadas em nossa própria neurologia; são o alicerce de nosso bem-estar.

Conforme nossas cidades ganham diversidade étnica, não podemos depender de uma única religião ou credo, ou raça ou poder global para nos proporcionar uma linguagem comum de entrelace. Mas todos podemos recorrer a algo mais profundo: nosso sentido global de propósito. Quando o propósito de nossas cidades é compor um todo, alinhando humanos e a natureza, com a compaixão permeando seu sistema entrelaçado inteiro, então seus meios serão os meios do amor, e todos seus rumos serão rumos da paz.

NOTA DO AUTOR E AGRADECIMENTOS

As ideias deste livro foram enriquecidas por muitas pessoas, que expandiram meus pensamentos e me expuseram a um amplo leque de soluções. Sinto-me profundamente grato por tudo que pensam e fazem, e lamento não poder citar o nome de todas elas.

Os princípios da compaixão em ação neste livro me foram ensinados por meus pais, Frederick P. Rose e Sandra Priest Rose. Meu pai era um construtor que adorava os atos de criação. Quando eu era criança, ele começou a construir um conjunto habitacional no Bronx enquanto construía apartamentos e escritórios caros em Manhattan. Eu o acompanhava em visitas aos locais das obras, apreciando o cheiro de concreto, lama e fumaça de óleo diesel, e a cacofonia coordenada de trabalho, mas o que mais me tocava eram os rostos das famílias nas imobiliárias que alugavam unidades no conjunto habitacional popular, ávidas por um apartamento recém construído. Meu pai me ensinou a construir, e me inspirou a resolver as coisas.

Minha mãe, Sandra P. Rose, é profundamente comprometida com a igualdade humana. No início dos anos 60, ela trabalhou para devolver direitos eleitorais para afro-americanos que não vinham sendo tratados de forma igualitária como cidadãos. Por volta da mesma época, desenvolveu uma teoria de mudanças que desde então permeia sua vida: que nossas comunidades têm uma responsabilidade de ensinar toda e cada criança a ler igualmente bem. Ela entendeu que, mesmo com o voto, uma criança incapaz de ler com facilidade não teria uma oportunidade igual de prosperar. Minha mãe identificou os professores como o ponto de alavancagem, e passou a vida trabalhando para aprimorar o ensino oferecido por docentes em escolas públicas no núcleo urbano. A partir de seu trabalho, ficou claro para mim que, para verdadeiramente reconstruirmos nossas cidades, teríamos de fazê-lo de modo a nivelar a paisagem de oportunidades para todos.

Cresci numa casa repleta de música. Deparei pela primeira vez com Johann Sebastian Bach numa caixa de discos de 78 rpm pertencente aos meus pais, em que o grande humanitário Albert Schweitzer interpretava composições para órgão. Isso acabou me levando a *O Cravo Bem Temperado*. Há muitas gravações extraordinárias dessa obra, mas escrevi boa parte deste livro ao som da intepretação sublime de Gerlinde Otto para o Livro II.

Em 1974, quando comecei a refletir sobre como poderia integrar meu próprio senso de missão social e ambiental com o desenvolvimento imobiliário, uma pessoa destacou-se sobre as outras como um modelo a seguir: Jim Rouse. Rouse era um incorporador maravilhoso que tinha suas próprias opiniões, coragem e as habilidades organizacionais para criar uma nova cidade, Columbia, no estado de Maryland, fundada em princípios de responsabilidade ambiental, justiça social e igualdade racial. Rouse concebeu Columbia para que fosse, em suas próprias palavras, "uma cidade para pessoas em crescimento". Era um homem de tremenda integridade e compaixão.

Em 1979, Jim e sua esposa, Patty, formaram a organização sem fins lucrativos Enterprise Foundation (atual Enterprise Community Partners) e a organização com fins lucrativos Enterprise Social Investment Corp (atual Enterprise Investment) para levar liderança, financiamento e assistência técnica para a área emergente de renovação de comunidades de baixa renda. Jim e seu colega Bart Harvey, que o sucedeu na diretoria da Enterprise, tornaram-se mentores extraordinários, capazes de revolucionar sistemas com sua compaixão. Entrei para a família Enterprise como um membro do conselho, cliente e coconspirador, e aprendi muitíssimo junto a meus colegas de conselho, líderes da organização e seus funcionários. Outras organizações sem fins lucrativos que contribuíram para o desenvolvimento das ideias neste livro foram: American Museum of Natural History, Center for Neighborhood Technology, Center For Youth Wellness, Congress of New Urbanism, Educational Alliance, Garrison Institute, Greyston Foundation, The JPB Foundation, Max Planck Institute for Human, Cognitive and Brain Sciences, Mind and Life Institute, Mindsight Institute, Natural Resource Defense Council, Projects for Public Spaces, Regional Plan Association, Santa Fe Institute, Social Venture Network, Trust for Public Land, Urban

Land Institute, U.S. Green Business Council e Yale School of Forestry and the Environment.

Em 1989, fundei a Jonathan Rose Companies com a ajuda de minha assistente, Vivian Weixeldorfer. Seu apoio tem sido excepcional desde então, gerindo incansavelmente minhas inúmeras atividades relacionadas ao trabalho, à vida e à escrita. Nossa empresa cresceu, materializando muitas das ideias que coloquei no papel. Atualmente, esse trabalho vem sendo cumprido com a liderança de Sanjay Chauhan, Mike Daly, Christopher Edwards, Angela Howard, Chuck Perry, Theresa Romero, Kristin Neal Ryan, Nathan Taft e Caroline Vary. Sou muito grato por seu comprometimento em colocar essas ideias em prática.

Quando busquei entrelaçar entre si as muitas linhas de sabedoria social, ambiental, empresarial e espiritual, para encontrar um todo em meio ao que parece ser um mundo caótico, descobri meu maior professor, Nawang Gelek Rimpoche. Suas lições de interdependência, impermanência e equanimidade permearam cada aspecto do meu pensamento, pelo que me sinto profundamente grato. Também aprendi muitíssimo com o rabino Zalman Schachter-Shalomi e com o padre Thomas Keating. A profundidade, generosidade e amor desses três homens advêm de uma sabedoria e uma compaixão sem fim.

Em 1996, comecei a escrever artigos sobre os conceitos emergentes de novo urbanismo, edificações sustentáveis e crescimento inteligente. Agradeço a Chuck Savitt e Heather Boyer, da Island Press, que me encorajaram a transformá-los em um livro; e a Kathleen McCormack, Michael Leccese e David Goldberg, que me ajudaram a raciocinar sobre uma versão antiga dos elementos de crescimento inteligente deste livro. Enquanto minhas ideias amadureciam, Rosanne Gold me apresentou à minha editora, Karen Rinaldi. Desde o princípio, Karen expressou uma enorme fé no meu potencial, e quando lhe entreguei uma primeira versão expandida, ela me disse: "Leve o tempo que precisar para escrever seu melhor livro, não seu livro mais apressado". Sou muito grato a Karen por sua sabedoria e apoio. Jonathan Cobb ofereceu orientações bastante úteis para o rascunho inicial, e então Peter Guzzardi pegou o bastão – sua edição apaixonada e detalhada deu mais foco e aprimorou consideravelmente o texto. Hannah Robinson norteou o nascimento do livro em si, Adalis Martinez acrescentou um maravilhoso *design* de capa, William Ruoto projetou seu interior, Victoria Comella levou-o ao mundo com uma abordagem astuta e energética de RP, Penny Makras trabalhou em sua inserção no mercado com paixão, além de muitos outros nas equipes da Harper Wave e HarperCollins que trabalharam para tornar este livro possível. Agradeço também a meu advogado e amigo Eric Rayman, e a Nick Correale por auxílio com as imagens.

Quando eu estava lapidando o livro, fui convidado a dar palestras que ajudaram a organizar o desenvolvimento das ideias centrais. Duas das mais úteis foram para o ciclo Dunlop Lecture, no Joint Center for Housing Studies, em Harvard, a convite de Eric Belsky, e uma palestra TEDX no Met Museum, a convite de Limor Tomer e com a impecável edição de Julie Burstein, e Tanya Bannister ao piano.

Durante os anos em que me dediquei a escrever, muitos amigos e colegas me estimularam e apoiaram: especialmente Philip Glass, que teve a gentileza de ler as seções sobre música do livro; Paul Hawken, que foi de uma generosidade sem fim com seu tempo e suas opiniões, lendo muitos rascunhos e reescritas, oferecendo comentários instigantes e me encorajando a cortar o que devia ser cortado; Peter Calthorpe, Douglas Kelbaugh, Dan Goleman, Dan Siegel e Andrew Zolli, que opinavam sobre minhas ideias à medida que iam surgindo; a Dr. Rita Colwell, que me introduziu ao conceito de biocomplexidade; e o Dr. Bruce McEwan, que me orientou quanto aos rumos a serem tomados a partir de traumas.

Mas os mais importantes foram meus familiares – Diana, Ariel, Adam, Rachel e Ian – que toleraram discussões intermináveis acerca dessas ideias durante refeições e que colaboraram com referências e muitos refinamentos. Minha vida sempre foi enriquecida por seu amor e apoio.

NOTAS

PREFÁCIO: A CIDADE EM HARMONIA
1. Robert Venturi, *Complexity and Contradiction in Architecture* (New York: Museum of Modern Art, 1966), p. 16.
2. Jane Jacobs, *The Death and Life of Great American Cities* (New York: Vintage Books, 1961), p. 222.

INTRODUÇÃO: A RESPOSTA É URBANA
1. http://www.geoba.se/population. php?pc=world&page=1&type=028&st=rank&asde=&year=1952.
2. https://www.un.org/development/desa/en/news/population/world-urbanization-prospects.html.
3. Le Corbusier, *The Modular, A Harmonious Measure to the Human Scale*, vol. 1, p. 71; reprint 2004.
4. http://www.yale.edu/nhohp/modelcity/before.html.
5. W. J. Rittel and Melvin Webber, "Dilemmas in a General Theory of Planning," *Policy Sciences* 4 (1973): 155–69, http://www.uctc.net/mwebber/Rittel+Webber+Dilemmas+General_Theory_of_Planning.pdf.
6. http://www.acq.osd.mil/ie/download/CCARprint_wForeword_c.pdf Climate Change Adaptation Roadmap.
7. http://www.nytimes.com/2015/03/03/science/earth/study-links-syria-conflict-to-drought-caused-by-climate-change.html?_r=0.
8. https://www.upworthy.com/trying-to-follow-what-is-going-on-in-syria-and-why-this-comic-will-get-you-there-in-5-minutes?g=3&c=ufb2.
9. http://www.donellameadows.org/wp-content/userfiles/Leverage_Points.pdf.
10. George Monbiot, RSA Journal *Nature's Way*, Issue 1, 2015, pp. 30–31.
11. Stephanie Bakker and Yvonne Brandwink, "Medellín's 'Metropolitan Greenbelt' Adds Public Space While Healing Old Wounds," *Citiscope*, April 15, 2016.
12. Donella H. Meadows and Diana Wright, *Thinking in Systems: A Primer* (White River Junction, VT: Chelsea Green Publishing, 2008).

CAPÍTULO 1: A MARÉ METROPOLITANA

1. http://artsandsciences.colorado.edu/magazine/2011/04/evolving-super-brain-tied-to-bipelalism-tool-making/.
2. Edward O. Wilson, *The Social Conquest of the Earth* (New York: Liveright, 2012), p. 17.
3. Naomi Eisenberger, "Why Rejection Hurts: What Social Neuroscience Has Revealed about the Brain's Response to Social Rejection," http://sanlab.psych.ucla.edu/papers_files/39-Decety-39.pdf.
4. Ian Tattersall, "If I Had a Hammer," *Scientific American* 311, no. 3 (2014).
5. Um dos elementos-chave da cultura é sua visão de mundo arraigada. Visões de mundo delimitam o modo como pensamos. Na verdade, a história da expulsão do Jardim do Éden é uma história de mudança de visão de mundo.
6. Dennis Normil, "Experiments Probe Language's Origins and Development," *Science* 336, no. 6080 (April 27, 2012): pp. 408–11; DOI: 10.1126/science.336.6080.408.
7. http://www.newyorker.com/magazine/2015/12/21/the-siege-of-miami.
8. http://en.wikipedia.org/wiki/History_of_agriculture.
9. http://www.newyorker.com/magazine/2011/12/19/the-sanctuary.
10. K. Schmidt, "'Zuerst kam der Tempel, dann die Stadt,' Vorläufiger Bericht zu den Grabungen am Göbekli Tepe und am Gürcütepe 1995–1999." *Istanbuler Mitteilungen* 50 (2000): 5–41.
11. The Birth of the Moralizing Gods Science, http://www.sciencemag.org/content/349/6251/918.full?sid=5cc48fb0-a88f-4b50-aebb-00f4641c67dd; http://news.uchicago.edu/article/2010/04/06/archaeological-project-seeks-clues-about-dawn-urban-civilization-middle-east.
12. Luc-Normand Tellier, *Urban World History: An Economic and Geographical Perspective* (Québec: Presses de l'Université du Québec, 2009); online.
13. Isso era conhecido pelos climatologistas como o Evento 8.2K porque ocorreu 8.200 anos atrás.
14. "Uncovering Civilization's Roots," *Science* 335 (February 17, 2012): 791; http://andrewlawler.com/website/wp-content/uploads/Science-2012-Lawler-Uncovering_Civilizations_Roots-790-31.pdf.
15. Ibid.
16. Ibid.
17. Gwendolyn Leick, *Mesopotamia: The Invention of the City* (New York: Penguin, 2001), p. 3.
18. William Stiebing, *Ancient Near Eastern History and Culture* (New York: Routledge, 2008).

19. Os Princípios Norteadores de Chengzhou: o plano urbano de Chengzhou é um mapa de um Campo Sagrado, o quadrado nove em um. Os quatro quadrados de números pares nos cantos estão infundidos com a energia de *yin*; os cinco quadrados axiais de inteiros ímpares estão infundidos com a energia de *yang*. Esse equilíbrio entre yin e yang gerava o fluxo harmonioso de *qi*.

Cada lado de Chengzhou tinha 9 *li* (~3 km) de comprimento. Os limites da cidade eram definidos por muralhas de 20 metros de largura e 15 metros de altura. Para atravessá-las, havia três portões em cada lado, equidistantes uns dos outros e dos cantos. O interior da cidade era subdividido em zonas quadradas, com ruas seguindo os eixos cardeais, de portão a portão. Isso dava origem a três estradas principais norte-sul e três leste-oeste. Correndo em paralelo a essas avenidas principais ficavam seis avenidas menores. Sua dimensão era de nove vezes a largura de uma carruagem.

Cada um dos nove quadrados principais da cidade tinha sua própria função. O palácio ficava no quadrado do meio, o 5, e o templo ancestral, no quadrado à sua esquerda, o 7. Os altares de Sheji para o deus da terra e o deus dos grãos ocupavam o quadrado 3. O mercado, que era considerado menos importante, ficava situado no quadrado ao norte. O salão de audiências públicas ficava no quadrado 1.

O quadrado do palácio encontrava-se cercado por um segundo conjunto de muralhas e portões, formando uma cidade interna, tal qual a Cidade Proibida de Pequim.

Capitais regionais, e seus vilarejos associados primários e secundários, também obedeciam a dimensões similarmente prescritas. Como se acreditava que o formato das cidades era essencial para o fluxo de *qi* do céu para o imperador para a sociedade, seu formato permaneceu constante até a era moderna, ainda que sua arquitetura e seus jardins tenha evoluído com passar do tempo.

20. http://www.smithsonianmag.com/history-archaeology/El-Mirador-the-Lost-City-of-the-Maya.html#ixzz2ZfcGXkot.
21. David Webster, *The Fall of the Ancient Maya: Solving the Mystery of the Maya Collapse* (New York: Thames & Hudson, 2002), p. 317.
22. Kevin Kelly, *What Technology Wants* (New York: Viking, 2011).

CAPÍTULO 2: PLANEJAMENTO VISANDO AO CRESCIMENTO

1. http://eawc.evansville.edu/anthology/hammurabi.htm.
2. http://www.fordham.edu/halsall/ancient/hamcode.asp; http://www.uh.edu/engines/epi2542.htm.
3. http://www-personal.umich.edu/~nisbett/images/cultureThought.pdf.

4. R. H. C. Davis, *A History of Medieval Europe: From Constantine to Saint Louis*, 3rd ed. (New York: Pearson Education, 2006).
5. http://www.muslimheritage.com/uploads/Islamic%20City.pdf.
6. http://icasjakarta.wordpress.com/2011/01/20/the-virtuous-city-and-the-possiblity-of-its-emergence-from-the-democratic-city-in-al-farabis-political-philosophy/.
7. De Paul Romer na revista *Atlantic*, escrito por Sebastian Mallaby, July 8, 2010. http://m.theatlantic.com/magazine/archive/2010/07/the-politically-incorrect-guide-to-ending-poverty/8134/.
8. http://legacy.fordham.edu/halsall/mod/1542newlawsindies.asp
9. Daniel J. Elazar, *The American Partnership: Intergovernmental Co-operation in the Nineteenth-Century United States* (Chicago: University of Chicago Press, 1962).
10. *The Plan of Chicago* (New York: Princeton Architectural Press, 1993 reprint).
11. http://www.planning.org/growingsmart/pdf/LULZDFeb96.pdf; https://ceq.doe.gov/laws_and_executive_orders/the_nepa_statute.html.
12. http://lawdigitalcommons.bc.edu/cgi/viewcontent.cgi?article=1963 &context=ealr.
13. John McClaughry, "The Land Use Planning Act—An Idea We Can Do Without," Boston College *Environmental Affairs Law Review* 3 (1974), issue 4, article 2.

CAPÍTULO 3: A DISPERSÃO URBANA E SEUS DESCONTENTES

1. Kenneth Jackson, *Crabgrass Frontier: The Suburbanization of the United States* (New York: Oxford University Press, 1987).
2. "The Great Horse-Manure Crisis of 1894," *Freeman*, Ideas on Liberty.
3. http://www.livingplaces.com/Streetcar_Suburbs.html.
4. David Kushner, *Levittown: Two Families, One Tycoon, and the Fight for Civil Rights in America's Legendary Suburb* (New York: Walker, 2009), p. 7.
5. W. W. Jennings, "The Value of Home Owning as Exemplified in American History," *Social Science*, January 1938, p. 3, cited in John P. Dean, *Homeownership*, p. 4.
6. Federal Housing Administration, *Underwriting Manual: Underwriting and Valuation Procedure under Title II of the National Housing Act with Revisions to February, 1938* (Washington, DC), Part II, Section 9, Rating of Location.
7. Kushner, *Levittown*, p. 30.
8. Harry S Truman, president's news conference, July 1, 1948; http://www.presidency.ucsb.edu/ws/index.php?pid=12951.
9. http://www.policy-perspectives.org/article/viewFile/13352/8802.
10. Will Fischer and Chye-Ching Huang, *Mortgage Interest Deduction Is Ripe for Reform*, Center on Budget and Policy Priorities, June 25, 2013.

11. Sam Roberts, "Infamous Drop Dead Was Never Said by Ford," *New York Times*, December 28, 2006; http://www.nytimes.com/2006/12/28/nyregion/28veto.html?_r=0.
12. Richard Nixon, State of the Union Address, January 22, 1970.
13. http://www.uli.org/research/centers-initiatives/center-for-capital-markets/emerging-trends-in-real-estate/americas/.
14. http://news.forexlive.com/!/the-massive-us-bubble-that-no-one-talks-about-20121205; http://blog.commercialsource.com/retail-closings-new-numbers-are-on-the-way/.
15. http://www.brookings.edu/research/papers/2010/01/20-poverty-kneebone.
16. https://cepa.stanford.edu/sites/default/files/RussellSageIncomeSegregation report.pdf.
17. http://www.csmonitor.com/World/Europe/2012/0501/In-France-s-suburban-ghettos-a-struggle-to-be-heard-amid-election-noise-video; http://en.wikipedia.org/wiki/Social_situation_in_the_French_suburbs.
18. http://www.csmonitor.com/World/Europe/2012/0501/In-France-s-suburban-ghettos-a-struggle-to-be-heard-amid-election-noise-video.
19. Ibid.
20. http://www.athomenetwork.com/Property_in_Vienna/Expat_life_in_Vienna/Districts_of_Vienna.html.
21. http://www.nytimes.com/2002/10/04/us/2-farm-acres-lost-per-minute-study-says.html.
22. https://www.motherjones.com/files/li_xiubin.pdf.
23. http://io9.com/in-california-rich-people-use-the-most-water-1655202898.
24. http://people.oregonstate.edu/~muirp/landlim.htm; http://www.citylab.com/work/2012/10/uneven-geography-economic-growth/3067/.
25. http://scienceblogs.com/cortex/2010/03/30/commuting/.
26. https://ideas.repec.org/p/zur/iewwpx/151.html.
27. https://worldstreets.wordpress.com/2011/06/23/newman-and-kenworth-on-peak-car-use/.
28. 2015 Urban Mobility Scorecard, http://d2dtl5nnlpfr0r.cloudfront.net/tti.tamu.edu/documents/mobility-scorecard-2015.pdf.
29. http://www.brookings.edu/blogs/future-development/posts/2016/02/10-digital-cars-productivity-fengler?utm_campaign=Brookings+Brief&utm_source=hs_email&utm_medium=email&utm_content=26280457&_hsenc=p2ANqtz--94peln9ll-DLQyM4sYN0HX0-ncQ26aIuiwUsrPVoGnavPBBZtNF-oRxqW3vf8RFziZIr3LMpa8e9-_KQMBAqjbWMdBw&_hsmi=26280457.
30. http://www.ssti.us/2014/02/vmt-drops-ninth-year-dots-taking-notice/.

31. http://uli.org/wp-content/uploads/ULI-Documents/ET_US2012.pdf.
32. http://www.treehugger.com/cars/in-copenhagen-bicycles-overtake-cars.html.
33. Ibid.
34. http://www.jchs.harvard.edu/sites/jchs.harvard.edu/files/son2008.pdf.
35. Chris Benner and Manuel Pastor, *Just Growth: Inclusion and Prosperity in America's Metropolitan Regions* (New York: Routledge, 2012).

CAPÍTULO 4: A CIDADE DE EQUILÍBRIO DINÂMICO

1. http://envisionutah.org/eu_about_eumission.html.
2. Ibid.
3. Ibid.
4. Conversa no Garrison Institute, 11 de junho de 2013.
5. Comentários de Peter Calthorpe via texto ao autor, dezembro de 2013.
6. http://www.anielski.com/publications/gpi-alberta-reports/.
7. http://www.slate.com/articles/technology/future_tense/2013/03/big_data_excerpt_how_mike_flowers_revolutionized_new_york_s_building_inspections.single.html.
8. http://www.thomaswhite.com/global-perspectives/south-korea-provides-boost-to-green-projects/.
9. http://www.igb.illinois.edu/research-areas/biocomplexity/research.
10. http://www.brookings.edu/research/papers/2016/02/17-why-copenhagen-works-katz-noring?hs_u=jonathanfprose@gmail.com&utm_campaign=Brookings+Brief&utm_source=hs_email&utm_medium=email&utm_content=26459561&_hsenc=p2ANqtz-_xy1AxOwMnwgvdYwg3wghqfm 8ROOqgZhUNtvn7_.

CAPÍTULO 5: O METABOLISMO DAS CIDADES

1. http://en.wikipedia.org/wiki/Sparrows_Point,_Maryland.
2. Marc V. Levine, "A Third-World City in the First World: Social Exclusion, Race Inequality, and Sustainable Development in Baltimore," in *The Social Sustainability of Cities: Diversity and the Management of Change*, edited by Mario Polese and Richard Stern (Toronto: Toronto University Press, 2000).
3. Abel Wolman, "The Metabolism of Cities," *Scientific American* 213, no. 3 (September 1965): 178–90; e veja /courses/10/wolman.pdf.
4. http://www.economist.com/news/christmas-specials/21636507-chinas-insatiable-appetite-pork-symbol-countrys-rise-it-also.
5. http://www.ft.com/intl/cms/s/0/8b24d40a-c064-11e1-982d-00144feabdc0.html#axzz3P5iyrFue.

6. http://www.researchgate.net/publication/266210000_Building_Spatial_Data_Infrastructures_for_Spatial_Planning_in_African_Cities_the_Lagos_Experience.
7. http://www.bloombergview.com/articles/2014-08-22/detroit-and-big-data-take-on-blight.
8. Ibid.
9. http://articles.baltimoresun.com/2010-06-30/news/bs-ed-citistat-20100630_1_citistat-innovators-city-trash-and-recycling.
10. http://www.resilience.org/stories/2005-04-01/why-our-food-so-dependent-oil#.
11. Karin Andersson, Thomas Ohlsson, and Pär Olsson, "Screening Life Cycle Assessment (LCA) of Tomato Ketchup: A Case Study," VALIDHTML SIK, the Swedish Institute for Food and Biotechnology, Göteborg.
12. http://www.fao.org/docrep/014/mb060e/mb060e00.pdf.
13. https://www.nrdc.org/food/files/wasted-food-ip.pdf.
14. http://www.newyorker.com/reporting/2012/08/13/120813fa_fact_gawande?currentPage=all.
15. http://www.ruaf.org/urban-agriculture-what-and-why.
16. http://www.worldwatch.org/node/6064.
17. http://www.cbsnews.com/news/do-you-know-where-your-food-comes-from/.
18. http://www.usatoday.com/money/industries/retail/story/2012-01-21/food-label-surprises/52680546/1.
19. http://www.theatlantic.com/health/archive/2012/01/the-connection-between-good-nutrition-and-good-cognition/251227/.
20. "The Cognition Nutrition: Food for Thought—Eat Your Way to a Better Brain," *Economist*, July 17, 2008; http://www.economist.com/node/11745528.
21. http://www.cityfarmer.info/2012/06/03/detroit-were-no-1-in-community-gardening/.
22. http://dailyreckoning.com/urban-farming-in-detroit-and-big-cities-back-to-small-towns-and-agriculture/.
23. http://www.grownyc.org/about.
24. http://www.usatoday.com/money/industries/energy/2011-05-01-cnbc-us-squanders-energy-in-food-chain_n.htm.
25. http://www.veolia-environmentalservices.com/veolia/ressources/files/1/927,753,Abstract_2009_GB-1.pdf.
26. http://waste-management-world.com/a/global-municipal-solid-waste-to-double-by.
27. http://www.epa.gov/smm/advancing-sustainable-materials-management-facts-and-figures; http://detroit1701.org/Detroit%20Incinerator.html.
28. E-mail do Dr. Allen Hershkowitz, 21 de agosto de 2012.

29. Sven Eberlein, "Where No City Has Gone Before: San Fransisco Will Be the World's First Zero Waste Town by 2020," Alternet.
30. https://recyclingchronicles.wordpress.com/2012/07/19/conditioned-to-waste-hardwired-to-habit-2/.
31. http://www.seattle.gov/council/bagshaw/attachments/compost%20requirement%20QA.pdf.
32. Nickolas J. Themelis, "Waste Management World: Global Bright Lights," www.waste-management-world/a/global-bright-lights.
33. http://www.greatrecovery.org.uk, http://www.theguardian.com/sustainable-business/design-recovery-creating-products-waste.
34. *Solid Waste Management in the World's Cities: Water and Sanitation in the World's Cities* (2010), p. 43, http://www.waste.nl/sites/waste.nl/files/product/files/swm_in_world_cities_2010.pdf.
35. http://phys.org/news/2014-02-lagos-bike-recycling-loyalty-scheme.html.
36. Ibid.
37. Towards_the_circular_economy, Ellen McCarthy Foundation, 2012.
38. Ibid.
39. "Building an Ecological Civilization in China—Towards a Practice Based Learning Approach," http://www.davidpublisher.org/Public/uploads/Contribute/5658259511d47.pdf.
40. https://www.yumpu.com/en/document/view/19151521/guo-qimin-circular-economy-development-in-china-europe-china-/63.
41. http://europa.eu/rapid/press-release_MEMO-12-989_en.htm.
42. http://www.circle-economy.com/news/how-amsterdam-goes-circular/.

CAPÍTULO 6: ÁGUA É UMA COISA TERRÍVEL DE SE DESPERDIÇAR

1. Simon Romero, "Taps Run Dry in Brazil's Largest City," *New York Times*, February 17, 2015, p. A4.
2. http://learning.blogs.nytimes.com/2008/04/16/life-in-the-time-of-cholera/?_r=0.
3. Doug Saunders, *Arrival City: The Final Migration and Our Next World* (New York: Vintage, 2011), p. 136.
4. http://mygeologypage.ucdavis.edu/cowen/~gel115/115CH16fertilizer.html.
5. http://www.ph.ucla.edu/epi/snow/indexcase.html.
6. http://www.ph.ucla.edu/epi/snow/snowgreatestdoc.html.
7. http://bluelivingideas.com/2010/04/12/birth-control-pill-threatens-fish-reproduction/.

8. http://sewerhistory.org/articles/whregion/urban_wwm_mgmt/urban_wwm_mgmt.pdf.
9. http://web.extension.illinois.edu/ethanol/wateruse.cfm.
10. http://www.nytimes.com/2002/11/03/us/parched-santa-fe-makes-rare-demand-on-builders.html?pagewanted=all&src=pm.
11. http://www.cityofnorthlasvegas.com/departments/utilities/TopicWater Conservation.shtm.
12. http://www.nyc.gov/html/dep/html/drinking_water/droughthist.shtml.
13. Ibid.
14. "Urban World: Cities and the Rise of the Consuming Class," McKinsey Global Institute, 2012, p. 8.
15. http://www.impatientoptimists.org/Posts/2012/08/Inventing-a-Toilet-for-the-21st-Century.
16. http://www.lselectric.com/wordpress/the-top-10-biggest-wastewater-treatment-plants/.
17. http://www.sciencemag.org/content/337/6095/674.full?sid=fd5c8045-4dee-43e5-a620-ca6faba728dc.
18. Magdalena Mis, "Sludge Can Help China Curb Emissions and Power Cities, Think Tank Says," Reuters, April 8, 2016.
19. http://www.wateronline.com/doc/shortcut-nitrogen-removal-the-next-big-thing-in-wastewater-0001.
20. Petrus L. Du Pisani, "Water Efficiency I: Cities Surviving in an Arid Land— Direct Reclamation of Potable Water at Windhoek's Goreangab Reclamation Plant," *AridLands Newsletter* no. 56 (November–December 2004).
21. http://greencape.co.za/assets/Sector-files/water/IWA-Water-Reuse-Conference-Windhoek-2013.pdf.
22. http://www.sciencemag.org/content/337/6095/679.full?sid=349ace41-4490-4f6c-b5bf-4e68a7eb054fan.
23. Ibid.
24. http://www.pub.gov.sg/water/Pages/default.aspx.
25. http://www.infrastructurereportcard.org.

PARTE TRÊS : RESILIÊNCIA

1. C. S. Holling, "Resilience and Stability of Ecological Systems," *Annual Review of Ecology and Systematics* 4 (1973): 1–23.
2. http://www.newyorker.com/magazine/2015/12/21/the-siege-of-miami.

CAPÍTULO 7: INFRAESTRUTURA NATURAL

1. Edward O. Wilson, *Biophilia* (Cambridge, MA: Harvard University Press, 1984).
2. https://mdc.mo.gov/sites/default/files/resources/2012/10/ulrich.pdf.
3. http://www.healinglandscapes.org.
4. Richard Louv, *Last Child in the Woods: Saving Our Children from Nature-Deficit Disorder* (Chapel Hill, NC: Algonquin Books, 2005).
5. http://www.jad-journal.com/article/S0165-0327(12)00200-5/abstract.
6. http://ahta.org.
7. Irving Finkel, "The Hanging Gardens of Babylon," in *The Seven Wonders of the Ancient World*, edited by Peter Clayton and Martin Price (New York: Routledge, 1988), pp. 45–46.
8. C. J. Hughes, "In the Bronx, Little Houses That Evoke Puerto Rico," *New York Times*, February 22, 2009.
9. http://www.communitygarden.org/learn/faq.
10. Peter Harnik and Ben Weller, "Measuring the Economic Value of a City Park System," assistência adicional de Linda S. Keenan. Publicado pelo Trust for Public Land, 2009.
11. "Active Living by Design," New Public Health Paradigm: Promoting Health Through Community Design, 2002.
12. http://www.hsph.harvard.edu/obesity-prevention-source/obesity-consequences/economic/.
13. Sarah Goodyear, "What's Making China Fat," *Atlantic Cities*, June 22, 2012.
14. Sarah Laskow, "How Trees Can Make City People Happier (and Vice Versa)," Next City, February 3, 2015.
15. http://www.coolcommunities.org/urban_shade_trees.htm.
16. Sandi Doughton, "Toxic Road Runoff Kills Adult Coho Salmon in Hours, Study Finds," *Seattle Times*, October 8, 2015.
17. http://www.governing.com/topics/energy-env/proposed-storm water-plan-philadelphia-emphasizes-green-infrastructure.html.
18. John Vidal, "How a River Helped Seoul Reclaim Its Heart and Soul," *Mail and Guardian* (online), January 5, 2007.
19. Ibid.
20. Ibid.
21. http://www.terrapass.com/society/seouls-river/.
22. Ibid.

23. Curitiba Convention on Biodiversity and Cities, March 28, 2007.
24. Singapore Index on City Biodiversity, https://www.cbd.int/doc/meetings/city/subws-2014-01/other/subws-2014-01-singapore-index-manual-en.pdf.
25. http://www.moe.gov.sg/media/news/2012/11/singapore-ranked-fifth-in-glob.php; http://www.timeshighereducation.co.uk/world-university-rankings/2013-14/world-ranking.
26. http://www.nytimes.com/2011/07/29/business/global/an-urban-jungle-for-the-21st-century.html?_r=0.
27. https://www.cbd.int/authorities/doc/CBS-declaration/Aichi-Nagoya-Declaration-CBS-en.pdf.
28. "The Economics of Ecosystems and Biodiversity for Water and Wetlands," TEEB report, October 2012.
29. http://www.pwconserve.org/issues/watersheds/newyorkcity/index.html.
30. https://www.billionoysterproject.org/about/.
31. http://www.rebuildbydesign.org.

CAPÍTULO 8: EDIFICAÇÕES SUSTENTÁVEIS, URBANISMO SUSTENTÁVEL

1. E. F. Schumacher, *Small Is Beautiful* (New York: HarperPerennial, 2010); http://www.centerforneweconomics.org/content/small-beautiful-quotes.
2. http://www.eia.gov/tools/faqs/faq.cfm?id=86&t=1/.
3. Richard W. Caperton, Adam James, and Matt Kasper, "Federal Weatherization Program a Winner on All Counts," Center for American Progress, September 28, 2012.
4. http://thinkprogress.org/climate/2011/09/19/321954/home-weatherization-grows-1000-under-stimulus-funding/.
5. http://fortune.com/2015/01/16/solar-jobs-report-2014/.
6. http://citizensclimatelobby.org/laser-talks/jobs-fossil-fuels-vs-renewables/.
7. http://www3.weforum.org/docs/WEF_GreenInvestment_Report_2013.pdf.
8. http://www.usgbc.org/articles/green-building-facts.
9. A equipe de design incluía Richard Dattner, Bill Stein, Steven Frankel, Adam Watson, Venesa Alicea; from Grimshaw, Vincent Chang, Nikolas Dando-Haenisch, Robert Garneau, Virginia Little e Eric Johnson.
10. http://www.buildinggreen.com/auth/pdf/EBN_15-5.pdf.
11. http://www.gallup.com/poll/158417/poverty-comes-depression-illness.aspx.
12. http://living-future.org/living-building-challenge-21-standard.

13. http://energy.gov/sites/prod/files/2013/08/f2/Grid%20Resiliency%20 Report_FINAL.pdf.
14. Robert Galvin and Kurt Yeager with Jay Stuller, *Perfect Power: How the Micogrid Revolution Will Release Cleaner, Greener, and More Abundant Energy* (New York: McGraw-Hill, 2009), p. 4.
15. "Efficiency in Electrical Generation—Eurelectric Preservation of Resources," Working Group's "Upstream" subgroup in collaboration with VBG 2003.
16. http://www.eia.gov/cfapps/ipdbproject/iedindex3.cfm?tid=90&pid=44 &aid=8.

CAPÍTULO 9: CRIAÇÃO DE COMUNIDADES DE OPORTUNIDADE

1. "Building Communities of Opportunity: Supporting Integrated Planning and Development through Federal Policy." This framing paper was prepared by PolicyLink to inform the September 18, 2009, White House Office of Urban Affairs Tour to Denver, Colorado.
2. *Community Development 2020 : Creating Opportunity for All*. A Working Paper. Enterprise Community Partners, 2012. http://www.washington post.com/local/seven-of-nations-10-most-affluent-counties-are-in-washington-region/2012/09/19/f580bf30-028b-11e2-8102-ebee9c 66e190_story.html.
3. Eric Klinenberg, "Dead Heat: Why Don't Americans Sweat over Heat-Wave Deaths?" *Slate.com*, July 30, 2002.
4. "Adaptation: How Can Cities Be Climate Proofed?" *New Yorker*, January 7, 2013; http://archives.newyorker.com/?i=2013-01-07#folio=032.
5. Eric Klinenberg, *Heat Wave: A Social Autopsy of Disaster in Chicago* (Chicago: Chicago University Press, 2002).
6. "Adaptation: How Can Cities Be Climate Proofed?"
7. http://en.wikipedia.org/wiki/2003_European_heat_wave.
8. http://www.communicationcache.com/uploads/1/0/8/8/10887248/note_on_the_drawing_power_of_crowds_of_different_size.pdf.
9. D. W. Haslam and W. P. James, "Obesity," *Lancet* 366 (9492): 1197–209; doi:10.1016/S0140-6736(05)67483-1. PMID 16198769.
10. http://www.huffingtonpost.com/2012/04/30/obesity-costs-dollars-cents_n_1463763.html.
11. http://ucsdnews.ucsd.edu/archive/newsrel/soc/07-07ObesityIK-.asp.
12. Nicholas A. Christakis and James H. Fowler, *Connected: The Surprising Power of Our Social Networks and How They Shape Our Lives* (New York: Little, Brown, 2009), p. 131.

13. Mark Granovetter, "The Strength of Weak Ties," *American Journal of Sociology* 78, no. 6 (May 1973): 1360–80; https://sociology.stanford.edu/sites/default/files/publications/the_strength_of_weak_ties_and_exch_w-gans.pdf.
14. Ibid.
15. Ibid.
16. http://www.wttw.com/main.taf?p=1,7,1,1,41.
17. Francis Fukuyama, *Trust: The Social Virtues and the Creation of Prosperity* (New York: Free Press, 1995).
18. Eric Beinhocker, *The Origin of Wealth: Evolution, Complexity, and the Radical Remaking of Economics* (Boston: Harvard Business School, 2006), p. 307.
19. John Gottman, *Trust Matters*, http://edge.org/response-detail/26601.
20. E. Fischbacher and U. Fischbacher, "Altruists with Green Beards," *Analyse & Kritik* 2 (2005).
21. http://www.uvm.edu/~dguber/POLS293/articles/putnam1.pdf.
22. Peter Hedström, "Actions and Networks—Sociology That Really Matters . . . to Me," *Sociologica* 1 (2007).
23. Robert J. Sampson, *Great American City: Chicago and the Enduring Neighborhood Effect* (Chicago: University of Chicago Press, 2012); http:// www.positivedeviance.org/about_pd/Monique%20VIET%20NAM%20 CHAPTER%20Oct%2017.pdf.
24. Ibid.
25. Terrance Hill, Catherine Ross, and Ronald Angel, "Neighborhood Disorder, Psychological Distress and Health," *Journal of Health and Social Behavior* 46 (2005), pp.170–86.
26. https://www.ptsdforum.org/c/gallery/-pdf/1-48.pdf.
27. "Perceived Neighborhood Disorder, Community Cohesion, and PTSD Symptoms among Low Income African Americans in Urban Health Setting," *American Journal of Orthopsychiatry* 81, no. 1 (2011): 31–33.
28. http://infed.org/mobi/robert-putnam-social-capital-and-civic-community/.
29. David D. Halpern, *The Hidden Wealth of Nations* (Cambridge: Polity Press, 2010).
30. Michael Woolcock, "The Place of Social Capital in Understanding Social and Economic Outcomes," http://www.oecd.org/innovation/research/1824913.pdf.
31. Sean Safford, *Why the Garden Club Couldn't Save Youngstown: Civic Infrastructure and Mobilization in Economic Crisis,* MIT Industrial Performance Center Working Series, 2004.
32. http://blogs.birminghamview.com/blog/2011/05/16/the-picture-that-changed-birmingham/.

CAPÍTULO 10: A ECOLOGIA COGNITIVA DA OPORTUNIDADE

1. Jonathan Woetzel, Sangeeth Ram, Jan Mischke, Nicklas Garemo, and Shirish Sankhe, *A Blueprint for Addressing the Global Affordable Housing Challenge*, McKinsey Global Institute (MGI) report, October 2014.
2. http://www.jchs.harvard.edu/sites/jchs.harvard.edu/files/sonhr14-color-ch1.pdf.
3. http://www.nfcc.org/newsroom/newsreleases/floi_july2011results_final.cfm.
4. http://www.jchs.harvard.edu/sites/jchs.harvard.edu/files/americas rentalhousing-2011-bw.pdf.
5. http://sf.curbed.com/archives/2015/05/22/san_franciscos_median_rent_climbs_to_a_whopping_4225.php.
6. John Bowlby, *Secure Base: Parent-Child Attachment and Healthy Human Development* (New York: Basic Books, 1988), 11.
7. Dane Archer and Rosemary Gartner, "Violent Acts and Violent Times: A Comparative Approach to Postwar Homicide Rates," *American Sociology Review* 4 (1976): 937–63.
8. Stephanie Booth-Kewley, "Factors Associated with Anti Social Behavior in Combat Veterans," *Aggressive Behavior* 36 (2010): 330–37; http://www.dtic.mil/dtic/tr/fulltext/u2/a573599.pdf.
9. David Finkelhor, Anne Shattuck, Heather Turner, and Sherry Hamby, "Improving the Adverse Childhood Study Scale," *JAMA Pediatrics* 167, no. 1 (November 26, 2012): 70–75; published online.
10. http://acestudy.org/yahoo_site_admin/assets/docs/ARV1N1.127150541.pdf.
11. Nadine Burke Harris, "Powerpoint: Toxic Stress—Changing the Paradigm of Clinical Practice," Center for Youth Wellness, May 13, 2014, presented at the Pickower Center, MIT.
12. http://www.pbs.org/wgbh/nova/next/body/epigenetics-abuse/.
13. http://centerforeducation.rice.edu/slc/LS/30MillionWordGap.html.
14. http://www.human.cornell.edu/hd/outreach-extension/upload/evans.pdf.
15. "Evictions Soar in a Hot Market, Renters Suffer," *New York Times*, September 3, 2014.
16. http://www.washingtonpost.com/local/freddie-grays-life-a-study-in-the-sad-effects-of-lead-paint-on-poor-blacks/2015/04/29/0be898e6-eea8-11e4-8abc-d6aa3bad79dd_story.html.
17. http://www.theatlantic.com/health/archive/2014/03/the-toxins-that-threaten-our-brains/284466/.
18. Ibid.

19. Patrick Reed and Maya Brennan, "How Housing Matters: Using Housing to Stabilize Families and Strengthen Classrooms," a profile of the McCarver Elementary School Special Housing Program in Tacoma, Washington, October 2014.
20. http://denversroadhome.org/files/FinalDHFCCostStudy_1.pdf.
21. "An Investment in Opportunity—A Bold New Vision for Housing Policy in the U.S.," Enterprise Community Partners, February 2016, https:// s3.amazonaws.com/ KSPProd/ERC_Upload/0100943.pdf.
22. http://usa.streetsblog.org/2013/09/11/study-kids-who-live-in-walkable-neighborhoods-get-more-exercise/.
23. http://www.nyc.gov/html/doh/downloads/pdf/epi/databrief42.pdf.
24. http://www.investigatinghealthyminds.org/ScientificPublications/2013/.Rosenkranz ComparisonBrain,Behavior,AndImmunity.pdf.
25. http://www.investigatinghealthyminds.org/ScientificPublications/2012/ DavidsonContemplativeChildDevelopmentPerspectives.pdf.
26. http://www.cdc.gov/violenceprevention/childmaltreatment/economiccost.html.
27. http://wagner.nyu.edu/trasande.

CAPÍTULO 11: PROSPERIDADE, IGUALDADE E FELICIDADE

1. http://www.gutenberg.ca/ebooks/keynes-essaysinpersuasion/keynes-essaysinpersuasion-00-h.html.
2. http://www.pewresearch.org/fact-tank/2015/01/21/inequality-is-at-top-of-the-agenda-as-global-elites-gather-in-davos/.
3. http://www.ritholtz.com/blog/2010/08/history-of-world-gdp/.
4. http://www.unicef-irc.org/publications/pdf/rc11_eng.pdf.
5. David Satterthwaite, "The Scale of Urban Change Worldwide 1950–2000 and Its Underpinnings," International Institute for Environment and Development, 2005.
6. http://www-bcf.usc.edu/~easterl/papers/Happiness.pdf.
7. http://www.citylab.com/work/2015/06/why-groceries-cost-less-in-big cities/394904/?utm_source=nl_daily_link3_060515.
8. http://gmj.gallup.com/content/150671/happiness-is-love-and-75k.aspx.
9. http://www.sciencemag.org/content/306/5702/1776.full.
10. http://www.ncbi.nlm.nih.gov/pmc/articles/PMC1351254/.
11. http://www.gfmag.com/gdp-data-country-reports/158-tunisia-gdp-country-report.html#axzz2YBUSAgM0.
12. http://www.gfmag.com/gdp-data-country-reports/280-egypt-gdp-country-report.html#axzz2YBUSAgM0.

13. http://www.gallup.com/poll/145883/Egyptians-Tunisians-Wellbeing-Plummets-Despite-GDP-Gains.aspx.
14. http://www.time.com/time/magazine/article/0,9171,2044723,00.html.
15. Doug Saunders, *Arrival City: How the Largest Migration in History Is Reshaping Our World* (New York: Vintage, 2012), pp. 328–32.
16. Simon Kuznets, "National Income, 1929–1932," 73rd US Congress, 2d session, Senate document no. 124, 1934, pp. 5–7.
17. http://www.brookings.edu/research/articles/2010/01/03-happiness-graham.
18. Carol Graham, *The Pursuit of Happiness in the U.S.: Inequality in Agency, Optimism, and Life Chances* (Washington, DC: Brookings Institution Press, 2011).
19. http://www.brookings.edu/blogs/social-mobility-memos/posts/2016/02/10-rich-have-better-stress-than-poor-graham.
20. http://www.pewglobal.org/2014/10/09/emerging-and-developing-economies-much-more-optimistic-than-rich-countries-about-the-future/.
21. http://www.un.org/News/briefings/docs/2005/kotharibrf050511.doc.htm.
22. Danielle Kurtleblen, "Large Cities Have Greater Income Inequality," *U.S. News and World Report*, April 29, 2011.
23. http://www.theguardian.com/world/2014/jul/28/china-more-unequal-richer.
24. UN-Habitat, *State of the World's Cities 2008–2009: Harmonious Cities*, (Nairobi: UN-Habitat, 2008).
25. http://www.citylab.com/work/2011/09/25-most-economically-powerful-cities-world/109/#slide17.
26. http://blog.euromonitor.com /2013/03/the-worlds-largest-cities-are-the-most-unequal.html.
27. "Life Expectancy by Tube Station," *Telegraph*, http://www.telegraph.co.uk/news/health/news/9413096/Life-expectancy-by-tube-station-new-interactive-map-shows-inequality-in-the-capital.html.
28. http://www.economist.com/news/briefing/21674712-children-bear-disproportionate-share-hidden-cost-chinas-growth-little-match-children.
29. http://www.nytimes.com/interactive/2015/05/03/upshot/the-best-and-worst-places-to-grow-up-how-your-area-compares.html?abt=0002&abg=1.
30. http://www.eiu.com/Handlers/WhitepaperHandler.ashx?fi=Healthcare-outcomes-index-2014.pdf&mode=wp&campaignid=Healthoutcome2014.
31. Elizabeth H. Bradley and Lauren A. Taylor, *The American Health Care Paradox: Why Spending More Is Getting Us Less* (New York: PublicAffairs, 2013), pp. 181–86.

32. Benaabdelaali Wail, Hanchane Said, and Kamal Abdelhak, "Educational Inequality in the World, 1950–2010: Estimates from a New Dataset," in *Inequality, Mobility and Segregation: Essays in Honor of Jacques Silber, Edition: Research on Economic Inequality*, vol. 20, ed. John A. Bishop, Rafael Salas (Bingley, UK: Emerald Group Publishing, 2012), pp. 337–66.
33. "Assuring the Quality of Achievement Standards in H.E.: Educating Capable Graduates Not Just for Today but for Tomorrow," Emeritus Professor Geoff Scott, University of Western Sydney, November 14, 2014.
34. Alana Semuels, "The City That Believed in Desegregation," Atlantic City Blog, March 27, 2015.
35. Manuel Pastor and Chris Brenner, "Weak Market Cities and Regional Equity," in *Re-Tooling for Growth: Building a 21st Century Economy in America's Older Industrial Areas* (New York: American Assembly, 2008), p. 113.
36. World Happiness Report launch, Columbia University, April 24, 2015.
37. Relaório da Commission on the Measurement of Economic Performance and Social Progress. Professor Joseph E. Stiglitz, Chair, Columbia University, Professor Amartya Sen, Chair Advisor, Harvard University, Professor Jean Paul Fitoussi, Coordinator of the Commission, IEP, 2011, p. 45.
38. Para mensurar a prosperidade de áreas metropolitanas, utilizamos dados de 2011 do U.S. Department of Commerce Bureau of Economic Analysis a respeito de PIB real *per capita*. Para mensurar o bem-estar nessas áreas, utilizamos dados do levantamento do Gallup-Healthways de 2011 para seu Índice de Bem-Estar nos Estados Unidos. A metodologia do Gallup-Healthways inclui dados de questionários em seus principais "domínios": Avaliação de Vida, Saúde Emocional, Saúde Física, Comportamento Saudável, Ambiente de Trabalho e Acesso Básico. O Gallup-Healthways combina resultados de cada uma dessas áreas para chegar a uma pontuação total de Índice de Bem-Estar para cada área metropolitana.
39. Para ver a lista completa da matriz de prosperidade/bem-estar/igualdade, visite http://www.rosecompanies.com/Prosperity_wellbeing_Zscore.pdf.
40. O Bus Rapid Transit, ou BRT, trata ônibus como trens. Eles se movimentam por um corredor exclusivo, param em estações e descarregam e carregam passageiros rapidamente por meio de amplas portas laterais. No entanto, como o corredor é simplesmente uma faixa de rodagem das vias reservada à sua passagem, o BRT é bem mais barato de construir e operar do que linhas férreas, e bem mais flexíveis.
41. Jaime Lerner, *Urban Acupuncture* (Washington, DC: Island Press, 2014).

CAPÍTULO 12: ENTRELACE

1. Kenneth Burke, *Permanence and Change* (Berkeley and Los Angeles: University of California Press, 1935; 3rd ed., 1984), p. 10; https://books.google.com/books?id=E4_BU8v2TPUC&pg=PA10&lpg=PA10&dq="people+may+be+unfitted+by+being+fit+in+an+unfit+fitness&source=b l&ots=cow7nmf4ie&sig=fJJxTxML25m41GQ_kWlgHSR-__0&hl=en &sa=X&ved=0CD4Q6AEwCWoVChMIpc_e9d6ZxwIVzDw-Ch1s0A-z#v=onepage&q="people%20may%20be%20unfitted%20by%20 being%20fit%20in%20an%20unfit%20fitness&f=false.
2. Donella H. Meadows, *Thinking in Systems: A Primer*, edited by Diana Wright, Sustainability Institute (White River Junction, VT: Chelsea Green Publishing, 2008), p. 17.
3. Jean Pierre P. Changeaux, Antonio Damasio, and Wolf Singer, eds., *The Neurobiology of Human Values* (Berlin and Heidelberg: Springer-Verlag, 2005).
4. A história do rei Frederico, Bach e da "Oferenda Musical " é descrita em: James R. Gaines, *Evening in the Palace of Reason: Bach Meets Frederick the Great in the Age of Enlightenment* (New York: HarperPerennial, 2006).
5. Nicholas Shrady, *The Last Day: Wrath, Ruin, and Reason in the Great Lisbon Earthquake of 1755* (New York: Penguin, 2008), pp. 152–55.
6. Rebecca Solnit, *A Paradise Built in Hell* (New York: Penguin, 2009), p. 86.
7. http://www.ssireview.org/articles/entry/collective_impact.
8. Martin Luther King Jr., "Where Do We Go from Here?" Annual Report Delivered at the 11th Convention of the Southern Christian Leadership Conference, August 16, Atlanta, GA.
9. Edward O. Wilson, *Biophilia* (Cambridge, MA: Harvard University Press, 1984), p. 85.
10. Thomas Jay Oord, "The Love Racket: Defining Love and *Agape* for the Love-and-Science Research Program," *Zygon* 40, no. 4 (December 2005).
11. Christopher Alexander, *The Nature of Order*, 4 vols. (Berkeley, CA: Center for Environmental Structure, 2002), Vol. 4, pp. 262–70.

BIBLIOGRAFIA

Akerlof, George A., and Robert J. Shiller. *Animal Spirits: How Human Psychology Drives the Economy, and Why It Matters for Global Capitalism.* Princeton, NJ: Princeton University Press, 2009.

Alexander, Christopher. *The Nature of Order: An Essay on the Art of Building and the Nature of the Universe.* Vol. 1, *The Phenomenon of Life.* Berkeley, CA: Center for Environmental Structure, 2002.

———. *The Nature of Order: An Essay on the Art of Building and the Nature of the Universe.* Vol. 2, *The Process of Creating Life.* Berkeley, CA: Center for Environmental Structure, 2002.

———. *The Nature of Order: An Essay on the Art of Building and the Nature of the Universe.* Vol. 3, *A Vision of a Living World.* Berkeley, CA: Center for Environmental Structure, 2002.

———. *The Nature of Order: An Essay on the Art of Building and the Nature of the Universe.* Vol. 4, *The Luminous Ground.* Berkeley, CA: Center for Environmental Structure, 2002.

———. *The Timeless Way of Building.* New York: Oxford University Press, 1979. Alexander, Christopher, Sara Ishikawa, Murray Silverstein, Max Jacobson, Ingrid Fiksdahl-King, and Shlomo Angel. *A Pattern Language: Towns, Buildings, Construction.* New York: Oxford University Press, 1977.

Amiet, Pierre. *Art of the Ancient Near East.* Ed. Naomi Noble Richard. New York: Harry N. Abrams, 1980.

Anderson, Ray C. *Mid-Course Correction: Toward a Sustainable Enterprise: The Interface Model.* White River Junction, VT: Chelsea Green Publishing, 1998.

Architecture for Humanity and Kate Stohr. *Design Like You Give a Damn: Architectural Responses to Humanitarian Crises.* New York: Metropolis Press, 2006.

Arendt, Randall, Elizabeth A. Brabec, Harry L. Dodson, Christine Reid, and Robert D. Yaro. *Rural by Design: Maintaining Small Town Character.* Chicago: Planners, American Planning Association, 1994.

Ariely, Dan. *Predictably Irrational: The Hidden Forces That Shape Our Decisions*. New York: Harper, 2009.

Arthur, W. Brian. *The Nature of Technology: What It Is and How It Evolves*. New York: Free Press, 2009.

Aruz, Joan, and Ronald Wallenfels. *Art of the First Cities: The Third Millennium B.C. from the Mediterranean to the Indus*. New York: Metropolitan Museum of Art, 2003.

Babbitt, Bruce E. *Cities in the Wilderness: A New Vision of Land Use in America*. Washington, DC: Island/Shearwater, 2005.

Ball, Philip. *The Self-Made Tapestry: Pattern Formation in Nature*. Oxford, UK: Oxford University Press, 1999.

Barabási, Albert-László. *Linked: How Everything Is Connected to Everything Else and What It Means for Business, Science, and Everyday Life*. New York: Plume Books, 2003.

Barber, Benjamin. *Consumed*. W. W. Norton, 2007.

Barber, Dan. *The Third Plate: Field Notes on the Future of Food*. New York: Penguin, 2014.

———. *If Mayors Ruled the World*. New Haven, CT: Yale University Press, 2013.

Barnett, Jonathan. *The Fractured Metropolis: Improving the New City, Restoring the Old City, Reshaping the Region*. New York: HarperCollins, 1995.

Bateson, Gregory. *Steps to an Ecology of Mind*. Chicago: University of Chicago Press, 1972.

Batty, Michael, and Paul Longley. *Fractal Cities: A Geometry of Form and Function*. London: Academy Editions, 1994.

Batuman, Elif. "The Sanctuary: The World's Oldest Temple and the Dawn of Civilization." *New Yorker*, December 19 and 26, 2011.

Beard, Mary. *The Fires of Vesuvius: Pompeii Lost and Found*. Cambridge, MA: Belknap Press of Harvard University Press, 2008.

Beatley, Timothy. *Green Urbanism: Learning from European Cities*. Washington, DC: Island, 2000.

Beatley, Timothy, and E. O. Wilson. *Biophilic Cities: Integrating Nature into Urban Design and Planning*. Washington, DC: Island Press, 2011.

Beinhocker, Eric D. *The Origin of Wealth: Evolution, Complexity, and the Radical Remaking of Economics*. Boston: Harvard Business School, 2006.

Bell, Bryan. *Good Deeds, Good Design: Community Service through Architecture*. New York: Princeton Architectural Press, 2004.

Bell, Bryan, and Katie Wakeford. *Expanding Architecture: Design as Activism*. New York: Metropolis Press, 2008.

Benfield, F. Kaid. *People Habitat: 25 Ways to Think about Greener, Healthier Cities*. Washington, DC: Island Press, 2014.

Benner, Chris, and Manuel Pastor. *Just Growth: Inclusion and Prosperity in America's Metropolitan Regions.* London: Routledge, 2012.
Benyus, Janine M. *Biomimicry: Innovation Inspired by Nature.* New York: Quill, 1997.
Berube, Alan. *State of Metropolitan America: On the Front Lines of Demographic Transformation.* Washington, DC: Brookings Institution Metropolitan Policy Program, 2010.
Bipartisan Policy Center. *Housing America's Future: New Directions for National Policy Executive Summary.* Washington, DC: Bipartisan Policy Center, February 2013.
Bleibtreu, John N. *The Parable of the Beast.* Toronto: Macmillan, 1968.
Blum, Harold F. *Time's Arrow and Evolution.* 3rd ed. Princeton, NJ: Princeton University Press, 1968.
Bohr, Niels. *Essays 1958–1962 on Atomic Physics and Human Knowledge.* New York: Vintage Books, 1963.
Botsman, Rachel, and Roo Rogers. *What's Mine Is Yours: The Rise of Collaborative Consumption.* New York: Harper Business, 2010.
Botton, Alain de. *The Architecture of Happiness.* New York: Pantheon Books, 2006.
Brand, Stewart. *The Clock of the Long Now: Time and Responsibility.* New York: Basic Books, 1999.
———. *How Buildings Learn: What Happens after They're Built.* New York: Penguin, 1994.
———. *The Millennium Whole Earth Catalog: Access to Tools and Ideas for the Twentyfirst Century.* San Francisco: Harper San Francisco, 1994.
———. *Whole Earth Discipline: An Ecopragmatist Manifesto.* New York: Viking, 2009.
———. *Whole Earth Ecology: The Best of Environmental Tools and Ideas.* Ed. J. Baldwin. New York: Harmony Books, 1990.
Briggs, Xavier De Souza, Susan J. Popkin, and John M. Goering. *Moving to Opportunity: The Story of an American Experiment to Fight Ghetto Poverty.* New York: Oxford University Press, 2010.
Brockman, John. *The New Humanists: Science at the Edge.* New York: Barnes & Noble, 2003.
———. *This Explains Everything: Deep, Beautiful, and Elegant Theories of How the World Works.* New York: HarperPerennial, 2013.
Bronowski, J. *The Ascent of Man.* Boston: Little, Brown, 1973.
Broome, Steve, Alasdair Jones, and Jonathan Rowson. "How Social Networks Power and Sustain Big Society." *Connected Communities*, September 2010.
Broome, Steve, Gaia Marcus, and Thomas Neumark. "Power Lines." *Connected Communities*, May 2011.

Burdett, Ricky, and Deyan Sudjic. *The Endless City: The Urban Age Project*. London: Phaidon, 2007.

Burney, David, Thomas Farley, Janette Sadik-Khan, and Amanda Burden. *Active Design Guidelines: Promoting Physical Activity and Health in Design*. New York: New York City Department of Design and Construction, 2010.

Burrows, Edwin G., and Mike Wallace. *Gotham: A History of New York City to 1898*. New York: Oxford University Press, 1999.

Calthorpe, Peter. *The Next American Metropolis: Ecology, Community, and the American Dream*. New York: Princeton Architectural Press, 1993.

———. *Urbanism in the Age of Climate Change*, Washington, DC: Island Press, 2010.

Calthorpe, Peter, and William Fulton. *The Regional City: Planning for the End of Sprawl*. Washington, DC: Island Press, 2001.

Campbell, Frances, Gabriella Conti, James J. Heckman, Seong Hyeok Moon, Rodrigo Pinto, Elizabeth Pungello, and Yi Pan. "Early Childhood Investments Substantially Boost Adult Health." *Science*, March 28, 2014.

Campbell, Tim. *Beyond Smart Cities: How Cities Network, Learn and Innovate*. New York: Earthscan, 2012.

Capra, Fritjof. *The Web of Life: A New Scientific Understanding of Living Systems*. New York: Anchor Books, 1996.

Carey, Kathleen, Gayle Berens, and Thomas Eitler. "After Sandy: Advancing Strategies for Long-Term Resilience and Adaptability." *Urban Land Institute* (2013): 2–56.

Caro, Robert A. *The Power Broker: Robert Moses and the Fall of New York*. New York: Vintage Books, 1975.

Carter, Brian, ed. *Building Culture*. Buffalo: Buffalo Books, 2006.

Castells, Manuel. *The Rise of the Network Society*. Malden, MA: Wiley-Blackwell, 1996.

Chaliand, Gerard, and Jean-Pierre Rageau. *The Penguin Atlas of Diasporas*. New York: Penguin, 1995.

Chang, Amos I. T. *The Existence of Intangible Content in Architectonic Form Based upon the Practicality of Laotzu's Philosophy*. Princeton, NJ: Princeton University Press, 1956.

Changeux, Jean-Pierre, A. R. Damasio, W. Singer, and Y. Christen. *Neurobiology of Human Values*. Berlin: Springer-Verlag, 2005.

Chermayeff, Serge, and Christopher Alexander. *Community and Privacy: Toward a New Architecture of Humanism*. Garden City, NY: Doubleday, 1963.

Chivian, Eric, and Aaron Bernstein. *Sustaining Life: How Human Health Depends on Biodiversity*. Oxford, UK: Oxford University Press, 2008.

Christakis, Nicholas A., and James H. Fowler. *Connected: The Surprising Power of Our Social Networks and How They Shape Our Lives.* New York: Little, Brown, 2009.
Christiansen, Jen. "The Decline of Cheap Energy." *Scientific American*, April 2013.
Cisneros, Henry. *Interwoven Destinies: Cities and the Nation.* New York: W. W. Norton, 1993.
Cisneros, Henry, and Lora Engdahl. *From Despair to Hope: HOPE VI and the New Promise of Public Housing in America's Cities.* Washington, DC: Brookings Institution, 2009. *The City in 2050: Creating Blueprints for Change.* Washington, DC: Urban Land Institute, 2008.
Ciulla, Joanne B. *The Working Life: The Promise and Betrayal of Modern Work.* New York: Crown Business, 2000.
Clapp, James A. *The City: A Dictionary of Quotable Thoughts on Cities and Urban Life.* New Brunswick, NJ: Center for Urban Policy Research, 1984.
Clarke, Rory, Sandra Wilson, Brian Keeley, Patrick Love, and Ricardo Tejada, eds. *OECD Yearbook 2014: Resilient Economies, Inclusive Societies.* N.p.: OECD, 2015.
Climatewire. "How the Dutch Make 'Room for the River' by Redesigning Cities." *Scientific American*, January 20, 2012.
Costanza, Robert, et al. "Quality of Life: An Approach Integrating Opportunities, Human Needs and Subjective Well Being." *Ecological Economics* 61 (2007).
Costanza, Robert, A. J. McMichael, and D. J. Rapport. "Assessing Ecosystem Health." *Tree* 13, no. 10 (October 1988).
Cowan, James. *A Mapmaker's Dream: The Meditations of Fra Mauro, Cartographer to the Court of Venice.* Boston: Shambhala, 1996.
Cuddihy, John, Joshua Engel-Yan, and Christopher Kennedy. "The Changing Metabolism of Cities." *MIT Press Journals* 11, no. 2 (2007).
Cytron, Naomi, David Erickson, and Ian Galloway. "Routinizing the Extraordinary, Mapping the Future: Synthesizing Themes and Ideas for Next Steps." *Investing in What Works for America Communities.*
Darwin, Charles. *The Origin of the Species and the Voyage of the Beagle.* New York: Everyman's Library, 2003.
Davis, Wade. *The Wayfinders.* Toronto: House of Anansi Press, 2009.
Day, Christopher. *Places of the Soul: Architecture and Environmental Design as a Healing Art.* Oxford, UK: Architectural, 1990.
Deboos, Salome, Jonathan Demenge, and Radhika Gupta. "Ladakh: Contemporary Publics and Politics." *Himalaya* 32 (August 2013).

Decade of Design: Health and Urbanism. Washington, DC: American Institute of Architects, n.d.

Diamond, Jared. *Guns, Germs and Steel: The Fates of Human Societies*. New York: W. W. Norton, 1997.

Doherty, Patrick C., Col. Mark "Puck" Mykleby, and Tom Rautenberg. "A Grand Strategy for Sustainability: America's Strategic Imperative and Greatest Opportunity." New America Foundation.

Dreyfuss, Henry. *Designing for People*. New York: Simon & Schuster, 1955.

Duany, Andres, and Elizabeth Plater-Zyberk. *Towns and Town-Making Principles*. New York: Rizzoli, 1991.

Duany, Andres, Elizabeth Plater-Zyberk, and Jeff Speck. *Suburban Nation: The Rise of Sprawl and the Decline of the American Dream*. New York: North Point, 2000.

Ebert, James D. *Interacting Systems in Development*. New York: Holt, Rinehart and Winston, 1965.

Economist. Hot Spots 2025: Benchmarking the Future Competitiveness of Cities. London: Economist Intelligence Unit, n.d.

———. "Lost Property." February 25, 2012.

Eddington, A. S. *The Nature of the Physical World*. New York: Macmillan, 1927. Ehrenhalt, Alan. *The Great Inversion and the Future of the American City*. New York: Alfred A. Knopf, 2012.

Eitler, Thomas W., Edward McMahon, and Theodore Thoerig. *Ten Principles for Building Healthy Places*. Washington, DC: Urban Land Institute, 2013.

Enterprise Community Partners. "Community Development 2020—Creating Opportunity for All." 2012.

Epstein, Paul R., and Dan Ferber. *Changing Planet, Changing Health: How the Climate Crisis Threatens Our Health and What We Can Do about It*. Berkeley: University of California Press, 2011.

Ewing, Reid H., Keith Bartholomew, Steve Winkelman, Jerry Walters, and Don Chen. *Growing Cooler: The Evidence on Urban Development and Climate Change*. Washington, DC: Urban Land Institute, 2008.

Feddes, Fred. *A Millennium of Amsterdam: Spatial History of a Marvellous City*. Bussum: Thoth, 2012.

Ferguson, Niall. "Complexity and Collapse." *Foreign Affairs* (March-April 2010).

Florida, Richard L. *The Rise of the Creative Class*. New York: Basic Books, 2012.

Foreign Affairs: The Rise of Big Data. 3rd ed. Vol. 92. New York: Council on Foreign Relations, 2013.

Forrester, Jay W. *Urban Dynamics.* Cambridge, MA: MIT Press, 1969.
Foundations for Centering Prayer and the Christian Contemplative Life. New York: Continuum International Publishing Group, 2002.
Frank, Joanna, Rachel MacCleery, Suzanne Nienaber, Sara Hammerschmidt, and Abigail Claflin. *Building Healthy Places Toolkit: Strategies for Enhancing Health in the Built Environment.* Washington, DC: Urban Land Institute, 2015.
Freudenburg, William R., Robert Gramling, Shirley Bradway Laska, and Kai Erikson. *Catastrophe in the Making: The Engineering of Katrina and the Disasters of Tomorrow.* Washington, DC: Island Press/Shearwater, 2009.
Friedman, Thomas L. *Hot, Flat, and Crowded: Why We Need a Green Revolution—and How It Can Renew America.* New York: Farrar, Straus and Giroux, 2008.
Fuller, R. Buckminster. *Operating Manual for Spaceship Earth.* Carbondale, IL: Touchstone Books, 1969.
Gabel, Medard. *Energy, Earth, and Everyone: A Global Energy Strategy for Spaceship Earth.* New Haven, CT: Earth Metabolic Design, 1975.
Gaines, James R. *Evening in the Palace of Reason: Bach Meets Frederick the Great in the Age of Enlightenment.* New York: HarperCollins, 2005; HarperPerennial, 2006.
Galilei, Galileo. *Dialogue Concerning the Two Chief World Systems.* Trans. Stillman Drake. Berkeley: University of California Press, 1967.
Galvin, Robert W., Kurt E. Yeager, and Jay Stuller. *Perfect Power: How the Microgrid Revolution Will Unleash Cleaner, Greener, and More Abundant Energy.* New York: McGraw-Hill Books, 2009.
Gamow, George. *One Two Three . . . Infinity: Facts and Speculations of Science.* New York: Bantam, 1958.
Gang, Jeanne. *Reverse Effect: Renewing Chicago's Waterways.* N.p.: Studio Gang Architects, 2011.
Gans, Herbert J. *The Levittowners: Ways of Life and Politics in a New Suburban Community.* New York: Columbia University Press, 1967.
Gansky, Lisa. *The Mesh: Why the Future of Business Is Sharing.* New York: Portfolio/ Penguin, 2010.
Garreau, Joel. *Edge City: Life on the New Frontier.* New York: Doubleday, 1988.
Gehl, Jan. *Cities for People.* Washington, DC: Island Press, 2010.
Georgescu-Roegen, Nicholas. *The Entropy Law and the Economic Process.* Boston: Harvard University Press, 1971.
Gibbon, Edward. *The Decline and Fall of the Roman Empire.* New York: Penguin, 1952.

Gilchrist, Alison, and David Morris. "Communities Connected: Inclusion, Participation and Common Purpose." *Connected Communities*, 2011.

Glaeser, Edward. *Triumph of the City: How Our Greatest Invention Makes Us Richer, Smarter, Greener, Healthier, and Happier.* New York: Penguin, 2011.

Glass, Philip. *Words without Music.* New York: Liveright, 2015.

Gleick, James. *Chaos: Making a New Science.* New York: Viking, 1987.

Goetzmann, William N., and K. Geert Rouwenhorst. *The Origins of Value: The Financial Innovations That Created Modern Capital Markets.* Oxford, UK: Oxford University Press, 2005.

Goleman, Daniel. *Emotional Intelligence.* New York: Bantam, 1994.

Goleman, Daniel, Lisa Bennett, and Zenobia Barlow. *Ecoliterate: How Educators Are Cultivating Emotional, Social, and Ecological Intelligence.* San Francisco: Jossey-Bass, 2012.

Goleman, Daniel, and Christoph Lueneburger. "The Change Leadership Sustainability Demands." *MIT Sloan Management Review,* Summer 2010.

Gollings, John. *City of Victory: Vijayanagara, the Medieval Hindu Capital of Southern India.* New York: Aperture, 1991.

Gorbachev, Mikhail Sergeevich. *The Search for a New Beginning: Developing a New Civilization.* San Francisco: Harper San Francisco, 1995.

Gore, Al. *Earth in the Balance: Ecology and the Human Spirit.* Boston: Houghton Mifflin, 1992.

Gould, Stephen Jay. *Time's Arrow, Time's Cycle: Myth and Metaphor in the Discovery of Geological Time.* Cambridge, MA: Harvard University Press, 1987.

Gratz, Roberta Brandes. *The Battle for Gotham: New York in the Shadow of Robert Moses and Jane Jacobs.* New York: Nation, 2010.

Greene, Brian. *The Elegant Universe: Superstrings, Hidden Dimensions, and the Quest for the Ultimate Theory.* New York: Vintage Books, 1999.

Grillo, Paul Jacques. *Form, Function and Design.* New York: Dover, 1960.

Grist, Matt. *Changing the Subject: How New Ways of Thinking about Human Behaviour Might Change Politics, Policy and Practice.* London: RSA, n.d.

———. *Steer: Mastering Our Behaviour through Instinct, Environment and Reason.* London: RSA, 2010.

Groslier, Bernard, and Jacques Arthaud. *Angkor: Art and Civilization.* London: Readers Union, 1968.

Guneralp, Burak, and Karen C. Seto. "Environmental Impacts of Urban Growth from an Integrated Dynamic Perspective: A Case Study of Shenzhen, South China." www.elsevier.com/locate/gloenvcha. October 22, 2007.

Habraken, N. J. *The Structure of the Ordinary: Form and Control in the Built Environment.* Cambridge, MA: MIT Press, 1998.

Hall, Jon, and Christina Hackmann. *Issues for a Global Human Development Agenda.* New York: UNDP, 2013.

Hammer, Stephen A., Shagun Mehrotra, Cynthia Rosenzweig, and William D. Solecki, eds. *Climate Change and Cities.* Cambridge, UK: Cambridge University Press 2011.

Harnik, Peter, and Ben Welle. "From Fitness Zones to the Medical Mile: How Urban Park Systems Can Best Promote Health and Wellness." Trust for Public Land, 2011. www.tpl.org.

———. "Smart Collaboration—How Urban Parks Can Support Affordable Housing." Trust for Public Land, 2009. www.tpl.org.

Hawken, Paul. *Blessed Unrest.* New York: Viking, 2007.

———. *The Ecology of Commerce: A Declaration of Sustainability.* New York: Harper Business, 1993.

Hawken, Paul, Amory B. Lovins, and L. Hunter Lovins. *Natural Capitalism: Creating the Next Industrial Revolution.* Boston: Little, Brown, 1999.

Hayden, Dolores. *Building Suburbia: Green Fields and Urban Growth, 1820–2000.* New York: Pantheon Books, 2003.

Heath, Chip, and Dan Heath. *Switch: How to Change Things When Change Is Hard.* New York: Broadway Books, 2010.

Helliwell, John F., Richard Layard, and Jeffrey Sachs, eds. *World Happiness Report, 2013 Edition.* New York: Earth Institute, Columbia University, 2012.

———. *World Happiness Report, 2015 Edition.* New York: Earth Institute, Columbia University, 2016.

Hersey, George L. *The Monumental Impulse: Architecture's Biological Roots.* Cambridge, MA: MIT Press, 1999.

Hershkowitz, Allen, and Maya Ying Lin. *Bronx Ecology: Blueprint for a New Environmentalism.* Washington, DC: Island Press, 2002.

Herzog, Ze'ev. *Archaeology of the City: Urban Planning in Ancient Israel and Its Social Implications.* Tel Aviv: Emery and Claire Yass Archaeology, 1997.

Heschong, Lisa. *Thermal Delight in Architecture.* Cambridge, MA: MIT Press, 1979.

Hiss, Tony. *The Experience of Place: A Completely New Way of Looking at and Dealing with Our Radically Changing Cities and Countryside.* New York: Alfred A. Knopf, 1990.

———. *In Motion: The Experience of Travel.* New York: Alfred A. Knopf, 2010.

Hitchcock, Henry-Russell. *In the Nature of Materials, 1887–1941: The Buildings of Frank Lloyd Wright.* New York: Da Capo, 1942.

Holling, C. S. "Understanding the Complexity of Economic, Ecological, and Social Systems." *Ecosystems* 4 (2001): 390–405.

Hollis, Leo. *Cities Are Good for You: The Genius of the Metropolis*. New York: Bloomsbury Press, 2013.

Homer-Dixon, Thomas F. *The Upside of Down: Catastrophe, Creativity, and the Renewal of Civilization*. Washington, DC: Island Press, 2006.

Horan, Thomas A. *Digital Places: Building Our City of Bits*. Washington, DC: Urban Land Institute, 2000.

Housing America's Future: New Directions for National Policy. Washington, DC: Bipartisan Policy Center, 2013.

Howard, Albert. *An Agricultural Testament*. London: Oxford University Press, 1943.

Howard, Ebenezer, and Frederic J. Osborn. *Garden Cities of Tomorrow*. Cambridge, MA: MIT Press, 1965.

Howell, Lee. *Global Risks 2013*. 8th ed. Geneva: World Economic Forum, 2013.

Hutchinson, G. Evelyn. *The Clear Mirror*. New Haven, CT: Leete's Island Books, 1978.

Interim Report. "The Economics of Ecosystems and Biodiversity." Welling, Germany: Welzel+Hardt, 2008.

Isacoff, Stuart. *Temperament: How Music Became a Battleground for the Great Minds of Western Civilization*. New York: Vintage Books, 2003.

Jackson, Kenneth T. *Crabgrass Frontier: The Suburbanization of the United States*. New York: Oxford University Press, 1985.

Jackson, Tim. *Prosperity without Growth: Economics for a Finite Planet*. London: Earthscan, 2009.

Jacobs, Jane. *Cities and the Wealth of Nations: Principles of Economic Life*. New York: Vintage Books, 1985.

———. *The Death and Life of Great American Cities*. New York: Vintage Books, 1961.

———. *The Economy of Cities*. New York: Vintage Books, 1969.

———. *Systems of Survival: A Dialogue on the Moral Foundations of Commerce and Politics*. New York: Vintage Books, 1994.

Jencks, Charles. *The Architecture of the Jumping Universe: A Polemic—How Complexity Science Is Changing Architecture and Culture*. London: Academy Editions, 1995.

Johnson, Jean Elliott, and Donald James Johnson. *The Human Drama: World History From the Beginning to 500 C.E.* Princeton, NJ: Markus Wiener, 2000.

Johnson, Steven. *Emergence: The Connected Lives of Ants, Brains, Cities, and Software*. New York: Scribner, 2001.

Johnston, Sadhu Aufochs, Steven S. Nicholas, and Julia Parzen. *The Guide to Greening Cities*. Washington, DC: Island Press, 2013.

Jullien, François. *The Propensity of Things: Toward a History of Efficacy in China*. New York: Zone, 1995.

Kahn, Matthew E. *Green Cities: Urban Growth and the Environment*. Washington, DC: Brookings Institute, 2006.

Kahneman, Daniel. *Thinking, Fast and Slow*. New York: Farrar, Straus and Giroux, 2013.

Kandel, Eric R. *In Search of Memory: The Emergence of a New Science of Mind*. New York: W. W. Norton, 2006.

Katz, Bruce, and Jennifer Bradley. *The Metropolitan Revolution: How Cities and Metros Are Fixing Our Broken Politics and Fragile Economy*. Washington, DC: Brookings Institution, 2013.

Kauffman, Stuart A. *At Home in the Universe: The Search for Laws of Self-Organization and Complexity*. New York: Oxford University Press, 1995.

———. *The Origins of Order: Self-Organization and Selection in Evolution*. New York: Oxford University Press, 1993.

Kayden, Jerold S. *Privately Owned Public Space*. New York: John Wiley & Sons, 2000.

Kelbaugh, Doug. *The Pedestrian Pocket Book: A New Suburban Design Strategy*. New York: Princeton Architectural Press in Association with the University of Washington, 1989.

Kellert, Stephen R. *Building for Life: Designing and Understanding the Human-Nature Connection*. Washington, DC: Island Press, 2005.

———. *Kinship to Mastery: Biophilia in Human Evolution and Development*. Washington, DC: Island Press, 1997.

Kellert, Stephen R., and Timothy J. Farnham, eds. *The Good in Nature and Humanity: Connecting Science, Religion, and Spirituality with the Natural World*. Washington, DC: Island Press, 2002.

Kellert, Stephen R., and James Gustave Speth, eds. *The Coming Transformation: Values to Sustain Human and Natural Communities*. New Haven, CT: Yale School of Forestry and Environmental Studies, 2009.

Kellert, Stephen R., and Edward O. Wilson, eds. *The Biophilia Hypothesis*. Washington, DC: Island Press, 1993.

Kelly, Barbara M. *Expanding the American Dream: Building and Rebuilding Levittown*. Albany: State University of New York Press, 1993.

Kelly, Hugh F. *Emerging Trends in Real Estate: United States and Canada 2016*. Washington, DC: Urban Land Institute, 2015.

Kelly, Kevin. *What Technology Wants*. New York: Viking, 2010.

Kemmis, Daniel. *The Good City and the Good Life*. Boston: Houghton Mifflin, 1995.

Kennedy, Christopher M. *The Evolution of Great World Cities: Urban Wealth and Economic Growth*. Toronto: University of Toronto Press, 2011.

Kennedy, Lieutenant General Claudia J. (Ret.), and Malcolm McConnell. *Generally Speaking*. New York: Warner Books 2001.

Khan, Khalid, and Pam Factor-Litvak. "Manganese Exposure from Drinking Water and Children's Classroom Behavior in Bangladesh." *Environmental Health Perspectives* 119, no. 10 (October 2011).

King, David, Daniel Schrag, Zhou Dadi, Qi Ye, and Arunabha Ghosh. *Climate Change: A Risk Assessment*. Boston: Harvard University Press, n.d.

Klinenberg, Eric. *Going Solo: The Extraordinary Rise and Surprising Appeal of Living Alone*. New York: Penguin, 2012.

Koebner, Linda. *Scientists on Biodiversity*. New York: American Museum of Natural History, 1998.

Koeppel, Gerard. *City on a Grid: How New York Became New York*. Philadelphia: Da Capo Press, 2015.

Koren, Leonard. *Wabi-Sabi for Artists, Designers, Poets and Philosophers*. Berkeley, CA: Stone Bridge, 1994.

Kramrisch, Stella. *The Hindu Temple*. 2 vols. Delhi: Motilal Banarsidass, 1976.

Krier, Leìon, Dhiru A. Thadani, and Peter J. Hetzel. *The Architecture of Community*. Washington, DC: Island Press, 2009.

Krueger, Alan B. *The Rise and Consequences of Inequality in the United States*. Washington, DC: Council of Economic Advisers, 2012.

Kunstler, James Howard. *The City in Mind: Meditations on the Urban Condition*. New York: Free Press, 2001.

———. *Home from Nowhere: Remaking Our Everyday World for the Twenty-First Century*. New York: Simon & Schuster, 1996.

Kushner, David. *Levittown: Two Families, One Tycoon, and the Fight for Civil Rights in America's Legendary Suburb*. New York: Walker, 2009.

Lakoff, George. *Don't Think of an Elephant! Know Your Values and Frame the Debate: The Essential Guide for Progressives*. White River Junction, VT: Chelsea Green Publishing, 2004.

Landa, Manuel de. *A Thousand Years of Nonlinear History*. New York: Swerve, 2000.

Lansing, John Stephen. *Perfect Order: Recognizing Complexity in Bali*. Princeton, NJ: Princeton University Press, 2006.

Lauwerier, Hans. *Fractals: Endlessly Repeated Geometrical Figures.* Princeton, NJ: Princeton University Press, 1991.

Leakey, Richard, and Roger Lewin. *The Sixth Extinction: Patterns of Life and the Future of Humankind.* New York: Anchor Books, 1995.

Ledbetter, David. *Bach's Well-Tempered Clavier: The 48 Preludes and Fugues.* New Haven, CT: Yale University Press, 2002.

Lehrer, Jonah. *How We Decide.* Boston: Houghton Mifflin Harcourt, 2009.

———. *Proust Was a Neuroscientist.* Boston: Houghton Mifflin, 2007.

Leick, Gwendolyn. *Mesopotamia: The Invention of the City.* London: Penguin, 2001.

Leiserowitz, Anthony A., and Lisa O. Fernandez. *Toward a New Consciousness: Values to Sustain Human and Natural Communities: A Synthesis of Insights and Recommendations from the 2007 Yale FE&S Conference.* New Haven, CT: Yale Printing and Publishing Services, 2007.

Leopold, Aldo, and Robert Finch. *A Sand County Almanac: And Sketches Here and There.* Oxford, UK: Oxford University Press, 1949.

Longo, Gianni. *A Guide to Great American Public Places: A Journey of Discovery, Learning and Delight in the Public Realm.* New York: Urban Initiatives, 1996.

Louv, Richard. *Last Child in the Woods: Saving Our Children from Nature-Deficit Disorder.* Chapel Hill, NC: Algonquin Books of Chapel Hill, 2005.

———. *The Nature Principle: Human Restoration and the End of Nature-Deficit Disorder.* Chapel Hill, NC: Algonquin Books of Chapel Hill, 2011.

Lovins, Amory B. *Soft Energy Paths: Toward a Durable Peace.* San Francisco: Friends of the Earth International, 1977.

Lovins, Amory B., and Rocky Mountain Institute. *Reinventing Fire: Bold Business Solutions for the New Energy Era.* White River Junction, VT: Chelsea Green Publishing, 2011.

Mahler, Jonathan. *The Bronx Is Burning: 1977, Baseball, Politics, and the Battle for the Soul of a City.* New York: Farrar, Straus and Giroux, 2005.

Mak, Geert, and Russell Shorto. *1609: The Forgotten History of Hudson, Amsterdam, and New York.* Amsterdam: Henry Hudson 400, 2009.

Mandelbrot, Benoit B. *The Fractal Geometry of Nature.* New York: W. H. Freeman, 1982.

Marglin, Stephen A. *The Dismal Science: How Thinking Like an Economist Undermines Community.* Cambridge, MA: Harvard University Press, 2008.

Mayne, Thom. *Combinatory Urbanism: A Realignment of Complex Behavior and Collective Form.* Culver City, CA: Stray Dog Cafe, 2011.

Mazur, Laurie. *State of the World 2013: Is Sustainability Still Possible.* Washington, DC: Worldwatch Institute 2013. See esp. chapter 32, "Cultivating Resilience in a Dangerous World."

McCormick, Kathleen, Rachel MacCleery, and Sara Hammerschmidt. *Intersections: Health and the Built Environment.* Washington, DC: Urban Land Institute, 2013.

McDonough, William, and Michael Braungart. *Cradle to Cradle: Remaking the Way We Make Things.* New York: North Point, 2002.

McGilchrist, Iain. *The Master and His Emissary: The Divided Brain and the Making of the Western World.* New Haven, CT: Yale University Press, 2009.

McHarg, Ian L. *Design with Nature.* Garden City, NY: American Museum of Natural History, 1969.

McIlwain, John K. *Housing in America: The Baby Boomers Turn 65.* Washington, DC: Urban Land Institute, 2012.

———. *Housing in America: The Next Decade.* Washington, DC: Urban Land Institute, 2010.

Meadows, Donella H., and Diana Wright. *Thinking in Systems: A Primer.* White River Junction, VT: Chelsea Green Publishing, 2008.

Mehta, Suketu. *Maximum City: Bombay Lost and Found.* New York: Vintage Books, 2004.

Melaver, Martin. *Living above the Store: Building a Business That Creates Value, Inspires Change, and Restores Land and Community.* White River Junction, VT: Chelsea Green Publishing, 2009.

Miller, Tom. *China's Urban Billion: The Story behind the Biggest Migration in Human History.* London: Zed, 2012.

Mitchell, Melanie. *Complexity: A Guided Tour.* Oxford, UK: Oxford University Press, 2009.

Modelski, George. *World Cities: 3000 to 2000.* Washington, DC: Faros 2000, 2003.

Moe, Richard, and Carter Wilkie. *Changing Places: Rebuilding Community in the Age of Sprawl.* New York: Henry Holt, 1997.

Moeller, Hans-Georg. *Luhmann Explained: From Souls to Systems.* Chicago: Open Court, 2006.

Montgomery, Charles. *Happy City: Transforming Our Lives through Urban Design.* New York: Farrar, Straus and Giroux, 2013.

Moore, Charles Willard, William J. Mitchell, and William Turnbull. *The Poetics of Gardens.* Cambridge, MA: MIT Press, 1988.

Moretti, Enrico. *The New Geography of Jobs.* Boston: Houghton Mifflin Harcourt, 2013.

Morris, A. E. J. *History of Urban Form: Before the Industrial Revolutions*. Harlow, Essex, UK: Longman Scientific and Technical, 1979.

Morse, Edward S. *Japanese Homes and Their Surroundings*. New York: Dover Publications, 1961.

Mulgan, Geoff. *Connexity: How to Live in a Connected World*. Boston: Harvard Business School, 1997.

Mumford, Lewis. *The City in History: Its Origins, Its Transformations, and Its Prospects*. New York: Harcourt, Brace & World, 1961.

———. *The Myth of the Machine: The Pentagon of Power*. New York: Harcourt, Brace, Jovanovich, 1970.

Nabokov, Peter, and Robert Easton. *Native American Architecture*. Oxford, UK: Oxford University Press, 1989.

Narby, Jeremy. *The Cosmic Serpent: DNA and the Origins of Knowledge*. New York: Jeremy P. Tarcher, 1998.

Neal, Peter, ed. *Urban Villages and the Making of Communities*. London: Spon, 2003.

Neal, Zachary P. *The Connected City: How Networks Are Shaping the Modern Metropolis*. New York: Routledge, 2013.

Newman, Peter, and Isabella Jennings. *Cities as Sustainable Ecosystems: Principles and Practices*. Washington, DC: Island Press, 2008.

New York City Department of City Planning. *Zoning Handbook*, 2011 ed. New York: Department of City Planning, 2012.

New York City Department of Transportation. *Sustainable Streets 2009: Progress Report*. New York: New York City Department of Transportation, 2009.

Nijhout, H. F., Lynn Nadel, and Daniel L. Stein, eds. *Pattern Formation in the Physical and Biological Sciences*. Reading, MA: Addison-Wesley, 1997.

Nolan, John R. *The National Land Use Policy Act*. New York: Pace Law Publications, 1996.

Norberg-Hodge, Helena. *Ancient Futures*. N.p.: Sierra Club Books, 1991.

Novacek, Michael J. *The Biodiversity Crisis: Losing What Counts*. New York: The New Press, 2001.

OECD. *How's Life? Measuring Well-Being*. Paris: OECD Publishing, 2015.

———. *Ranking of the World's Cities Most Exposed to Coastal Flooding Today and in the Future. Executive Summary*. Paris: OECD Publishing, 2007.

Ormerod, Paul. *N Squared: Public Policy and the Power of Networks*. RSA, Essay 3, August 2010.

Orr, David W. *Design on the Edge: The Making of a High-Performance Building*. Cambridge, MA: MIT Press, 2006.

———. *Down to the Wire: Confronting Climate Collapse.* Oxford, UK: Oxford University Press, 2009.

Ostrom, Elinor. *Governing the Commons: The Evolution of Institutions for Collective Action.* New York: Cambridge University Press, 1990.

Pagels, Heinz R. *The Cosmic Code: Quantum Physics as the Language of Nature.* New York: Penguin, 1982.

———. *The Dreams of Reason: The Computer and the Rise of the Sciences of Complexity.* New York: Simon & Schuster, 1988.

———. *Perfect Symmetry: The Search for the Beginning of Time.* New York: Simon & Schuster, 1985.

Palmer, Martin, and Victoria Finlay. *Faith in Conservation: New Approaches to Religions and the Environment.* Washington, DC: World Bank, 2003.

Pecchi, Lorenzo, and Gustavo Piga. *Revisitng Keynes: Economic Possibilities for Our Grandchildren.* Cambridge, MA: MIT Press, 2008.

Peirce, Neal R., Curtis W. Johnson, and John Stuart Hall. *Citistates: How Urban America Can Prosper in a Competitive World.* Washington, DC: Seven Locks, 1993.

Pelikan, Jaroslav. *Bach Among the Theologians.* New York: Penguin Books, 2008. First published in 1986 by Wipf and Stock.

Pennick, Nigel. *Sacred Geometry: Symbolism and Purpose in Religious Structures.* New York: Harper & Row, 1980.

Peterson, Jon A. *The Birth of City Planning in the United States, 1840–1917.* Baltimore: Johns Hopkins University Press, 2003.

Piketty, Thomas. *Capital in the Twenty-First Century.* Cambridge, MA: Belknap Press of Harvard University Press, 2014.

Pittas, Michael J. *Vision/Reality: Strategies for Community Change.* Washington, DC: United States Department of Housing and Urban Development, Office of Planning and Development, 1994.

Pollan, Michael. *The Botany of Desire: A Plant's Eye View of the World.* New York: Random House, 2001.

Reed, Henry Hope. *The Golden City.* Garden City, NY: Doubleday, 1959.

Revkin, Andrew. *The North Pole Was Here: Puzzles and Perils at the Top of the World.* Boston: Kingfisher, 2006.

Ricard, Matthieu. *Happiness.* New York: Little, Brown, 2003.

Ricklefs, Robert E. *Ecology.* Newton, MA: Chiron, 1973.

Ridley, Matt. *Genome: The Autobiography of a Species in 23 Chapters.* New York: Perennial, 1999.

Riesman, David. *The Lonely Crowd: A Study of the Changing American Character*. Cambridge, MA: Yale University Press, 1961.
Rimpoche, Nawang Gehlek. *Good Life, Good Death*. New York: Riverhead Books, 2001.
Rocca, Alessandro. *Natural Architecture*. New York: Princeton Architectural Press, 2007.
Rodin, Judith. *The Resilience Dividend: Being Strong in a World Where Things Go Wrong*. New York: PublicAffairs, 2014.
Rosan, Richard M. *The Community Builders Handbook*. Washington, DC: Urban Land Institute, 1947.
Rose, Dan. *Energy Transition and the Local Community: A Theory of Society Applied to Hazleton, Pennsylvania*. Philadelphia: University of Pennsylvania Press, 1981.
Rose, Daniel. *Making a Living, Making a Life*. Essex, NY: Half Moon Press. 2014.
Rose, Jonathan F. P. *Manhattan Plaza: Building a Community*. Philadelphia: University of Pennsylvania Press, 1979.
Rosenthal, Caitlin. *Big Data in the Age of the Telegraph*. N.p.: Leading Edge, 2013. Rosenzweig, Cynthia, and William D. Solecki. *Climate Change and a Global City: The Potential Consequences of Climatic Variability and Change; Metro East Coast*. New York: Columbia Earth Institute, 2001.
Rosenzweig, Cynthia, William D. Solecki, Stephen A. Hammer, and Shagun Mehrotra. *Climate Change and Cities: First Assessment Report of the Urban Climate Change Research Network*. Cambridge, UK: Cambridge University Press, 2011.
Roveda, Vittorio. *Khmer Mythology: Secrets of Angkor Wat*. Bangkok: River Books Press, AC, 1997.
Rowson, Jonathan. *Transforming Behavior Change: Beyond Nudge and Neuromania. RSA Projects* (n.d.), 2–32. Web.
Rowson, Jonathan, and Iain McGilchrist. *Divided Brain, Divided World*. London: RSA, 2013.
Rudofsky, Bernard. *Architecture without Architects: A Short Introduction to Non-Pedigreed Architecture*. New York: Museum of Modern Art; distributed by Doubleday, Garden City, NY, 1964.
Rybczynski, Witold. *Home: A Short History of an Idea*. New York: Penguin, 1987.
Rykwert, Joseph. *The Idea of a Town: The Anthropology of Urban Form in Rome, Italy, and the Ancient World*. Princeton, NJ: Princeton University Press, 1976.
———. *The Seduction of Place: The City in the Twenty-First Century*. New York: Pantheon Books, 2000.
Saarinen, Eliel. *The City: Its Growth, Its Decay, Its Future*. New York: Reinhold, 1943. Sachs, Jeffrey D. *Common Wealth: Economics for a Crowded Planet*. New York: Penguin, 2009.

Sampson, Robert J. *Great American City: Chicago and the Enduring Neighborhood Effect*. Chicago: University of Chicago Press, 2012.

Sanderson, Eric W. *Mannahatta: A Natural History of New York City*. New York: Harry N. Abrams, 2009.

———. *Terra Nova: The New World after Oil, Cars and the Suburbs*. New York: Harry N. Abrams, 2013.

Saunders, Doug. *Arrival City: How the Largest Migration in History Is Reshaping Our World*. New York: Vintage Books, 2012.

Saviano, Roberto. *Gomorrah: A Personal Journey into the Violent International Empire of Naples's Organized Crime System*. New York: Picador, 2006.

Scarpaci, Joseph L., Roberto Segre, and Mario Coyula. *Havana: The Faces of the Antillean Metropolis*. Chapel Hill: University of North Carolina Press, 2002.

Schachter-Shalomi, Rabbi Zalman. *Paradigm Shift*. Northvale, NJ: Jason Aronson, 1993.

Schama, Simon. *Landscape and Memory*. New York: Alfred A. Knopf, 1995.

Schell, Jonathan. *The Fate of the Earth*. New York: Avon, 1982.

Schinz, Alfred. *The Magic Square: Cities in Ancient China*. Stuttgart: Axel Menges, 1996.

Schoenauer, Norbert. *6,000 Years of Housing*. New York: W. W. Norton, 1981.

Schorske, Carl E. *Fin-de-siècle Vienna: Politics and Culture*. New York: Alfred A. Knopf, 1979.

Schrödinger, Erwin. *What Is Life? The Physical Aspect of the Living Cell; and Mind and Matter*. Cambridge, UK: Cambridge University Press, 1944.

Senge, Peter, et al. *The Dance of Change: The Challenges of Sustaining Momentum in Learning Organizations*. New York: Doubleday, 1999.

Sennett, Richard. *The Conscience of the Eye: The Design and Social Life of Cities*. New York: Alfred A. Knopf, 1990.

Sheftell, Jason. "Best Places to Live in NY." *Daily News*, September 9, 2011.

Shipman, Wanda. *Animal Architects: How Animals Weave, Tunnel, and Build Their Remarkable Homes*. Mechanicsburg, PA: Stackpole, 1994.

Shorto, Russell. *The Island at the Center of the World: The Epic Story of Dutch Manhattan and the Forgotten Colony That Shaped America*. New York: Vintage Books, 2004.

Shrady, Nicholas. *The Last Day: Wrath, Ruin, and Reason in the Great Lisbon Earthquake of 1755*. New York: Penguin, 2008.

Singer, Tania. "Concentrating on Kindness." *Science* 341 (September 20, 2013).

Smith, Bruce D. *The Emergence of Agriculture*. New York: Scientific American Library, 1995.

Solnit, Rebecca. *A Paradise Built in Hell: The Extraordinary Communities That Arise in Disaster.* New York: Penguin, 2009.

Solomon, Daniel. *Global City Blues.* Washington, DC: Island Press, 2003.

Speth, James Gustave. *The Bridge at the Edge of the World.* New Haven, CT: Yale University Press, 2008.

———. *Red Sky at Morning: America and the Crisis of the Global Environment.* New Haven, CT: Yale University Press, 2004.

Standage, Tom. *The Victorian Internet: The Remarkable Story of the Telegraph and the Nineteenth Century's On-Line Pioneers.* New York: Walker, 1998.

Steadman, Philip. *Energy, Environment and Building.* Cambridge, UK: Cambridge University Press, 1975.

Steinhardt, Nancy Shatzman. *Chinese Imperial City Planning.* Honolulu: University of Hawaii Press, 1999.

Steven Winter Associates. *There Are Holes in Our Walls.* New York: U.S. Green Building Council, New York Chapter, 2011.

Stiglitz, Joseph E. *The Price of Inequality: How Today's Divided Society Endangers Our Future.* New York: W. W. Norton, 2012.

Stiglitz, Joseph E., Amartya Sen, and Jean-Paul Fitoussi. *Mismeasuring Our Lives: Why GDP Doesn't Add Up.* New York: The New Press, 2010.

Stohr, Kate, and Cameron Sinclair. *Design Like You Give a Damn: Building Change from the Ground Up.* New York: Harry N. Abrams, 2012.

Stoner, Tom, and Carolyn Rapp. *Open Spaces Sacred Places.* Annapolis, MD: TKF Foundation, 2008.

Stuart, David E., and Susan B. Moczygemba-McKinsey. *Anasazi America.* Albuquerque: University of New Mexico Press, 2000.

Surowiecki, James. *The Wisdom of Crowds.* New York: Doubleday, 2004.

Sustainable Communities: The Westerbeke Charrette. Sausalito, CA: Van der Ryn, Calthorpe & Partners, 1981.

Swimme, Brian, and Mary Evelyn Tucker. *Journey of the Universe.* New Haven, CT: Yale University Press, 2011.

Tainter, Joseph A. *The Collapse of Complex Societies.* Cambridge, UK: University Printing House, 1988.

Taleb, Nassim Nicholas. *Antifragile: Things That Gain from Disorder.* New York: Random House, 2012.

Talen, Emily, and Andres Duany. *City Rules: How Regulations Affect Urban Form.* Washington, DC: Island Press, 2012.

Tavernise, Sabrina. "For Americans Under 50, Stark Finding on Health." *New York Times*, January 9, 2013.

———. "Project to Improve Poor Children's Intellect Led to Better Health, Data Show." *New York Times*, March 28, 2014.

Teilhard de Chardin, Pierre. *The Phenomenon of Man*. Trans. by Julian Huxley. New York: Harper Torch Books, 1959.

Tellier, Luc-Normand. *Urban World History: An Economic and Geographical Perspective*. Québec, Canada: Presses de l'Université du Québec, 2009.

Thaler, Richard H., and Cass R. Sunstein. *Nudge: Improving Decisions about Health, Wealth, and Happiness*. New York: Penguin, 2008.

Thomas, Lewis. *The Medusa and the Snail: More Notes of a Biology Watcher*. New York: Viking, 1979.

Thompson, D'Arcy. *On Growth and Form*. Cambridge, UK: Cambridge University Press, 1961.

Tough, Paul. "The Poverty Clinic—Can a Stressful Childhood Make You a Sick Adult?" *New Yorker*, March 21, 2011.

Tufte, Edward R. *Visual Explanations: Images and Quantities, Evidence and Narrative*. Cheshire, CT: Graphics Press, 1997.

UN-Habitat. *State of the World's Cities 2012/2013: Prosperity of Cities*. N.p.: United Nations Human Settlements Programme, 2012.

United States of America. Office of Management and Budget. *Fiscal Year 2016: Budget of the U.S. Government*. Washington, DC: U.S. Government Printing Office, 2015.

Urban Land Institute. *America's Housing Policy—The Missing Piece: Affordable Workforce Rentals*. Washington, DC: Urban Land Institute, 2011.

———. *Beltway Burden—The Combined Cost of Housing and Transportation in the Greater Washington, DC, Metropolitan Area*. Washington, DC: Urban Land Institute–Terwilliger Center for Workforce Housing, 2009.

———. *Building Healthy Places Toolkit: Strategies for Enhancing Health in the Built Environment*. Washington, DC: Urban Land Institute, 2015.

———. *Infrastructure 2011: A Strategic Priority*. Washington, DC: Urban Land Institute, 2011.

———. *What's Next? Getting Ahead of Change*. Washington, DC: Urban Land Institute, 2012.

———. *What's Next? Real Estate in the New Economy*. Washington, DC: Urban Land Institute, 2011.

Van der Ryn, Sim, and Peter Calthorpe. *Sustainable Communities: A New Design Synthesis for Cities, Suburbs, and Towns*. San Francisco: Sierra Club, 1986.

Van der Ryn, Sim, and Stuart Cowan. *Ecological Design*. Washington, DC: Island Press, 1996.

Venkatesh, Sudhir Alladi. *American Project: The Rise and Fall of a Modern Ghetto*. Cambridge, MA: Harvard University Press, 2000.

Vergara, Camilo J. *The New American Ghetto*. New Brunswick, NJ: Rutgers University Press, 1995.

Von Frisch, Karl. *Animal Architecture*. New York: Harcourt Brace Jovanovich, 1974.

Wallace, Rodrick, and Kristin McCarthy. "The Unstable Public-Health Ecology of the New York Metropolitan Region: Implications for Accelerated National Spread of Emerging Infection." *Environment and Planning A* 39, no. 5 (2007): 1181–92.

Warren, Andrew, Anita Kramer, Steven Blank, and Michael Shari. *Emerging Trends in Real Estate*. Washington, DC: Urban Land Institute, 2014.

Watkins, Michael D., ed. *A Guidebook to Old and New Urbanism in the Baltimore/Washington Region*. Washington, DC: Congress for the New Urbanism, 2003.

Weinstein, Emily, Jessica Wolin, and Sharon Rose. *Trauma Informed Community Building: A Model for Strengthening Community in Trauma Affected Neighborhoods*. N.p.: Health Equity Institute, 2014.

White, Norval. *The Architecture Book: A Companion to the Art and the Science of Architecture*. New York: Alfred A. Knopf, 1976.

Whithorn, Nicholas, trans. *Sicily: Art, History, Myths, Archaeology, Nature, Beaches, Food*. English ed. Messina, Italy: Edizioni Affinita Elettive, n.d.

Whyte, William H. *City: Rediscovering the Center*. New York: Doubleday, 1988.

———. *The Social Life of Small Urban Spaces*. Washington, DC: Conservation Foundation, 1980.

Wilkinson, Richard G., Kate Pickett, and Robert B. Reich. *The Spirit Level: Why Greater Equality Makes Societies Stronger*. New York: Bloomsbury, 2010.

William, Laura. *An Annual Look at the Housing Affordability Challenges of America's Working Households*. Housing Landscape, 2012.

Wilson, David Sloan. *The Neighborhood Project*. New York: Little, Brown, 2011.

Wilson, Edward O. *Consilience: The Unity of Knowledge*. New York: Alfred A. Knopf, 1998.

———. *The Meaning of Human Existence*. New York: Liveright, 2014.

———. *The Social Conquest of Earth*. New York: Liveright, 2012.

Wolman, Abel. "The Metabolism of Cities." *Scientific American* 213, no. 3 (September 1965): 179–80.
Wong, Eva. *Feng-shui: The Ancient Wisdom of Harmonious Living for Modern Times*. Boston: Shambhala, 1996.
Wood, Frances. *The Silk Road: Two Thousand Years in the Heart of Asia*. Berkeley: University of California Press, 2002.
World Economic Forum. *Global Agenda: Well-Being and Global Success*. World Economic Forum, 2012.
———. *Insight Report: Global Risks 2012, Seventh Edition*. World Economic Forum, 2012.
Wright, Robert. *NonZero: The Logic of Human Destiny*. New York: Pantheon Books, 2000.
Wright, Ronald. *A Short History of Progress*. Cambridge, UK: Da Capo, 2004.
Yearsley, David. *Bach and the Meanings of Counterpoint*. Cambridge, UK: Cambridge University Press, 2002.
Yoshida, Nobuyuki. *Singapore: Capital City for Vertical Green (Xinjiapo: Chui Zhi Lu Hua Zhi Du)*. Singapore: A+U Publishing, 2012.
Zolli, Andrew, and Ann Marie Healy. *Resilience: Why Things Bounce Back*. New York: Free Press, 2012.

ÍNDICE

Números de página em *itálico* referem-se a ilustrações.

Abouzeid, Rania, 348–49
abuso, 320, 322, 325, 335, 379
abuso sexual, 320, 323, 325
ácidos graxos ômega-3, 176
aço, 159, 160, 175, 186–87, 190, 215, 307, 310
adaptação, 34, 37, 38, 187, 364, 396
    cidades e, 7, 15, 23, 24, 63, 79, 80, 96, 97, 125, 150, 151, 152, 167, 188, 214, 238, 251, 313, 377, 382
    natureza e, 6, 27, 32, 38, 42, 80, 146, 213, 238, 242, 243
    resiliência e, 217–18, 221, 238, 242, 243, 275
    teias sociais e, 282, 294, 298, 305
adolescentes, 299–300, 302
adrenalina, glândulas adrenais, 321–22
Aeroporto Internacional JFK, 244–45
aeroportos, 212, 244–45, 311, 312
Afeganistão, 7, 51, 57
África, 14, 32, 39, 40, 49, 56, 80, 114, 165
África do Sul, 172, 356
agência coletiva, 75–76, 77, 85, 283
Agência de Proteção Ambiental (EPA), 129–30, 233, 244, 326
agricultura, 10, 31, 42, 44, 45, 47, 49–50, 54, 56, 226, 255
    água para, 202–3, 209–13, 220
    al-Ubaid, 52-53
    dos maias, 61, 63
    em Shey, 156–57, 158
    EUA, 90, 115, 174–79
    mudanças climáticas e, 218, 220
    na China, 58, 60
    no Egito, 49, 72
    no Império Romano, 163-64
    secas e, 13, 220
    silos e, 51–53, 54, 58
    tecnologia e, 52, 63, 64
    urbana, 173–79
urbanização e, 50, 115, 346–47
água, 8, 10, 13, 16, 21, 42, 72, 74, 115, 149, 223, 230, 251, 277, 326
    alocação de, 52, 54, 81, 114, 213
    big data e, 137, 138, 139, 168
    circularidade e, 153, 157, 158, 160, 161, 167, 168, 172, 180, 191, 193–215
    conservação de, 193, 202–5, 211, 212, 256, 261
    doenças e, 196–200
    edificações sustentáveis e, 252, 256, 261, 262, 268–69, 270
    em cidade *versus* subúrbio, 115–16
    em Shey, 157, 158
    história *versus* qualidade de, 207–11
    irrigação e, 44, 47, 52, 157, 166, 195
    maias e, 61, 62, 63, 195
    natureza da purificação de, 200–201
    reciclagem de, 21, 145, 202, 207–11, 270, 274
    resiliência e, 219, 233–37, 241–44, 247, 251, 252, 253, 256, 261, 262, 268–69, 270
    saneamento básico e, 57, 90, 114, 196
    superlotação de, 140, 197
    ver também secas; inundações; poluição, água
água da chuva, 212, 214, 232, 249, 261, 262, 270
água dessalinizada, 211, 212
Ajuda Mútua (Kropotkin), 389
ajuda mútua, 388–89, 392
Alemanha, x, 1, 2–3, 13, 49, 186, 190, 201, 295, 355–56, 364
    guetos, 88, 107, 114
    Liga Hanseática e, 83-85
Alexandre, o Grande, 7, 72, 129

Alexandria, 67, 72–73, 97, 119–20, 129, 151, 159
algas, 206, 207, 237, 243, 245
alimentos, 12, 13, 16, 20, 21, 219, 223, 251, 277, 279, 289, 345, 347, 362
   bacias de detenção e, 242
   circularidade e, 153, 156–57, 158, 160–79, 181–82, 183, 185, 188, 194, 195, 206
   de jardins comunitários, 170, 174, 176–77, 228, 229
   dejetos, 172, 181–82, 183, 188
   edificações sustentáveis e, 253, 261, 269
   estrutura trófica e, 237–38
   no Império Romano, 162-64
   teias sociais e, 298–99
   ver também agricultura; milho; grãos
Allentown, PA, 307–9, *309*
altruísmo, 23, 36, 83, 225, 277, 296–97, 304, 335, 377, 378, 380, 382, 389–96
altruístas condicionais, 296-97
American Institute of Architects, 177, 259, 305
Amsterdã, 85–88, *87*, 114, 151–52, 191, 287
Anasazi, x, 89, 166, 195–96, 203
Anatólia, *43*, 45–46, 49
animais, 79, 147, 158, 162, 223, 237–38, 242, 270
   caça de, 33–34, 39, 42
   domesticação de, 42, 44
   em arte rupestre, 40, *40*
antissemitismo, 1, 101, 104, 109
apagões, 10–11, 193, 271
aquedutos, 164, 194, 195, 197
Argentina, 165, 357–58
Aristóteles, 70, 72, 81
armas, 34, 78, 110, 318
arqueologia, x, 34, 38–39, 45–47, 55, 63
arquitetura, 101, 103, 157, 224, 268
   altura da construção e, 92, 101
   Cidade Funcional, 3-5
   do universo, xii, 3, 47, 195
   romana, 19-954
arte, artistas, 23, 39–41, *40*, *41*, 46, 54, 55, 56, 62, 116, 385
árvores, 157, 195, 231–32, 233, 243
   plantação de, 137, 176, 233, 237, 239, 241, 244
   saúde e, 223–24
asma, 264, 265, 266, 327, 335

Assíria, *43*, 68–70
astecas, 62-63
astronomia, 61–62, 75, 195
ataques cibernéticos, 13, 144, 220
atendimento de saúde, 138, 143, 214, 223–24, 253, 362–63
   ecologia cognitiva e, 315, 316, 317, 328–31, 335–37, *336*
aterros sanitários, 180, 182, 184, 186, 206, 256
Atlanta, GA, 118, 210, 309–12
Austrália, 39, 112, 364–65
Áustria, *41*, 88–89, 97, 114, 184, 227
autossuficiência, 155–58

Babilônia, 68–70, 74, 75, 97, 99, 225
Bach, Johann Sebastian, x–xii, 3, 19, 20, 24, 27, 155, 383–85, 396, 397
bacias de detenção, 233, 242–43, 245, 247, 248, 249, 270
bactérias, 190, 200, 207, 238
bairros, 183, 299–303, 313, 319, 328, 332, 335, 378
   desigualdade de renda e, 358-61
   desordem e, 300–302
   diferenciados, 67, 70, 74, 87, 92, 96
   ecologia cognitiva e, 327, 328, 332
   três graus de efeitos de, 303
Baltimore, Md., 100–101, 159–60, 170–71, 175, 177, 243, 353, 361
   ecologia cognitiva e, 325–26, 327
Bangladesh, 12, 49
banheiros, 201, 203, 205, 212, 252, 261, 268, 270, 274
banlieues, 113–14, 305, 349
Barcelona, 114, 355
bebida, 46, 291, 320, 323, 378
Beinhocker, Eric, 294–95, 296
beleza, 74–75, 97, 99, 130, 269
bem-estar, xiii, 2, 6, 20, 22, 23, 24, 28, 33, 38, 77, 81, 117, 187, 214, 249, 255, 277, 369–70, 373, 377, 378
   crescimento inteligente e, 137, 138, 145, 151
   ecologia cognitiva e, 316, 330, 332, 333, 337
   Edmonton, 135–36, *135*
   natureza e, 223–24, 231, 232, 237, 249
   priorização, 65–66
   saúde e, 343–51

teias sociais e, 280–81, 286, 296, 301, 302, 303, 305–6
visão de, 96–97, 151
Berlim, 2–3, 184, 355–56
Bethlehem Steel, 159, 186–87
bibliotecas, 72–73, 82, 134
bicicletas, 118–19, 121, 124, 138, 185, 249, 265, 269, 379
bidonvilles (favelas), 113–14
big data, 137–42, 167–71, 247, 273
compartilhamento de, 141–42, 170–71
Big Dig, 237
Bijlmermeer, 3–4, *4*, 18
biocombustíveis, 207, 272
biocomplexidade, 146–50, 155, 161, 167, 179, 214, 275
biodiversidade, 158, 235–42, 247, 249, 261, 269
coerência e, 237–39
parques urbanos e, 239-42
perda de, 7, 12, 43–44, 95–96, 115, 220, 239, 245, 332, 383
biofilia, 223–24, 229, 395
Birmingham, AL, 309–12, 353
Bloomberg, Michael, 136, 139–40
bom temperamento (*musikalische temperatur*; temperamento equânime), xii, 20, 27
bondes, 100, 101, 102, 105–6, 109, 121, 122, 166
Boston, MA, 102, 219, 221, 227, 237, 265, 288, 293
Boulaq, 349, 350
Bowling Alone (Putnam), 304–5
brancos, 111–12, 159, 183, 351, 353, 354, 365, 366
teias sociais e, 302, 303, 310
Brasil, 143, 164, 174, 193–94, 207, 215, 268
biodiversidade e, 239, 241
prosperidade, igualdade e felicidade e, 349, 351, 354, 356, 371–72
Brenner, Chris, 124, 367
Bronx, South, 92, 177, 228, 248, 252
Via Verde em, 259–61, 262–63, 265–66
Brooklyn, 92, 201, 227
Brooklyn Grange, 177, 178
budismo, Buda, 6, 77, 78, 157, 158, 225, 395
bulevares, 88–89, 90, 93, 120
Bullitt Center, 270–71, 272

Burnham, Daniel, 90–91, 130
Butão, reino do, 368, 369

caçadores-coletores, 31, 33–34, 37, 39, 41, 42, 45, 46, 48
caliça, 256, 260
Califórnia, 21, 174, 202–3, 219
calor, 183, 200, 212, 243
ecologia cognitiva e, 327
edificações sustentáveis e, 252, 253, 258, 260, 267–68, 274
Heat Wave (Klinenberg), 284
Henrique, o Leão, príncipe, 83–84, 97
teias sociais e, 283–85, 334
calorias, 31, 37, 38, 42, 52–53, 56, 58, 61, 99, 153, 165, 171–73, 188, 277
comunidade e, 44–45, 47, 49
para construir o Coliseu, 161–64, 173
Calthorpe, Peter, 17–18, 130, 133, 134
câmbio, 78, 84, 85
caminhadas, 124, 133, 231, 236, 249, 257–58, 261, 266, 279, 291, 333–34, 346, 379
caminhões, 112, 116, 122, 181, 248
Canadá, 122, 135–36, *135*, 166, 229, 245
câncer, 224, 264, 281, 289, 321, 327, 335
caos, 28, 64, 79, 80, 144, 163, 220, 325
capital, 122, 130, 135, 244, 340
capital de laços, 304–5, 309
capital de pontes, 304–5, 309
capital social, 328, 337, 381
agrupamento social, 145-46
comportamento social positivo e, 304–5
de liderança, 305–6
capitalismo, 71, 103
carbono, 206, 242
carros, 83, 91, 94, 105, 106, 112, 117–23, 125, 138, 176, 251, 257, 324, 341, 358, 371
diminuição da paixão norte-americana por, 117-19
em Seul, 234–36
fabricação de, 175, 177, 186, 188–89, 239, 252
liberdade e, 102, 117, 122
movidos por bateria, 272
poluição e, 116, 143
reciclagem e, 186, 187
Carter, Jimmy, 252, 254

carvão, 1, 11, 99, 100, 101, 166, 252, 255, 272, 310, 342
Casa Branca, 252, 254
católicos, 86, 182, *295*, 386, 387, 390, 396
cavernas de Lascaux, *40*
cavernas, pinturas rupestres, 34, 40–41, *40*
Central Park, 227, 237
cerâmica, 46, 51, 80
cérebro, 28, 32, 35, 37, 39, 176, 382
    ACEs e, 321–23
    ecologia cognitiva e, 317, 321–23, 326, 327, 330, 333, 334–35
chefes de valas, 52, 54, 213
Chengzhou, 60, 129
Chicago, IL, 90–91, 101, 201, 310
    teias sociais em, 283–84, 285, 293–94, 299–300, 302, 303, 305–6, 311, 334
Chicago School of Economics, 280, 297
Chile, 172, 174, 354
China, chineses, xi, 82, 115, 167, 174, 206,215, 231, 342
    assentamento primordiais na, 47, 49, 57–60, 59, 67, 80, 129, 151, 166
    economia circular e, 190–91, 198
    EROI na, 167
    jardins na, 225
    natureza e, 6, 27, 32, 38, 42, 80, 146, 213,
    poluição na, 254
    porcos e sua carne na, 164-65
    prosperidade, igualdade e felicidade na, 351, 356, 359–60
    religião na, 77
    visão de mundo e, 75–76
Christakis, Nicholas, 286, 289–92
chumbo, 180, 185, 325–26, 327, 335, 353
chuva, 63, 193, 194, 201, 232
ciclos de vida, 147, 149, 172
cidade bem-orquestrada, 18-24
    fundação da, 373–74
    poder impregnado com amor em, 395-96
Cidade do México, 310, 358
Cidade Funcional, 3–5, 17, 60
Cidade Perfeita, A (al-Farabi), 81
cidade virtuosa, 81, 83
"Cidades e Biodiversidade" (encontro em 2007), 239-40
cidades inteligentes, 142–44, 214
cidades ubíquas (U-City), 142–43

ciência, 8, 9, 63, 65, 249, 252, 383, 385, 387, 389
    islã e, 80, 81, 82
ciência cognitiva, 40-41
circularidade, 20–21, 45, 47, 58, 86, 153, 155–215, 382
    e água (*ver* água, circularidade e)
    e alimentos (*ver* alimentos, circularidade e)
    e energia (*ver* energia, circularidade e)
    economia e, 185–91, *189*, 214, 215
    música e, xii, 20, *21*
    ver também reciclagem e reaproveitamento
círculo das quintas, 20, *21*, 155
civilização harapiana, 57, 67, 194
classe média, 10, 18, 89, 97, 103, 114, 207, 341, 342, 343
    EUA, ix, 2, 5, 90, 100, 107, 111–12, 159, 183, 228, 294, 303, 317, 361
    negros, 294, 303
classe operária, 118, 227, 228
    habitações e, 103, 104, 108, 114, 257, 333
cláusulas habitacionais restritivas, 101, 104–5, 389
coberturas
    coleta de água da chuva em, 212, 270
    jardins em, 241, 259, 265
    verdes, 233, 243, 252, 254, 259, 261, 265, 270, 274
códigos, primeiros, 68–71, 77, 97
códigos de construção, 139, 148, 202
códigos de zoneamento, 9, 70, 91–94, 96, 97, 111, 112, 152, 371
    crescimento inteligente e, 131, 134, 139, 148–49
    racialmente restritivos, 104-5
    subúrbios e, 109, 123, 125
coerência, 9, 11, 14, 18, 20, 27–153, 171, 214, 297, 382
    resiliência e, 237–39, 244, 247, 273
coesão social, 230, 231
cognição, 31–36, 38, 55, 151, 152–53, 176, 277, 325–26, 373
colaboração, 55–56, 80, 85, 214, 244, 285
colar de esmeraldas, 227–28, 249
cólera, 196–200
coleta e análise de dados, 138–39, 167–71, 236, 266, 273, 286, 360
Collapse (Diamond), 62

ÍNDICE   **447**

Colômbia, 16–17, 71, 356
combustíveis fósseis, 168, 190, 218–19, 252, 271
  ver também gás natural; petróleo
combustível diesel, 179, 262
combustível etanol, 202-3
comércio, 38, 49–53, 57, 64, 71, 78, 83, 99, 153, 277
  bem comum, 132, 186
  Departamento de Comércio, EUA, 93-94
  ver também empresas; mercados; comércio
comércio, 49, 50–51, 54, 56, 57, 67, 158
  ao longo do litoral, 70, 72, 73, 85–86, 348
  de Uruk, 55, 56
  difusão de ideias e, 79, 82
  dos gregos, 70–73
  dos maias, 62-63
  holandês, 86, 87
  Liga Hanseática e, 84-86
compaixão, x, 12, 14–15, 19, 22–23, 41, 78, 334, 377–97
  islã e, 81, 83
  ver também entrelace
competição, 34, 36, 72, 85, 176, 215, 240, 327, 377
completude, 19, 20, 22, 23, 76, 147, 213, 373, 377, 382, 384, 396–97
complexidade, x, xiii, 5–9, 11, 13, 15, 32, 33, 38, 45, 49–56, 78, 82, 97, 125–27, 129, 139, 145, 153, 158, 164, 172, 213, 214, 237, 273, 278, 345, 373, 381
  ecologia cognitiva e, 327
  EROI e, 166–67
  ver também biocomplexidade; VUCA
comportamento, 23, 36, 48, 53, 55–56, 81, 139
  alterações de, 182–85, 188, 204, 211, 233, 267–69, 271, 273, 282, 298–99
  capital social e, 304-5
  ecologia cognitiva e, 322, 324, 335
  grupal (coletivo), 126, 144–45, 147, 183
  primeiros códigos e, 69–70
  teias sociais e, 286–91, 296–300, 304–5, 312
compostos orgânicos voláteis (COVs), 264-65
compras, 2, 16, 18, 82, 109, 125, 259, 261, 345
computadores, 39, 126, 138, 143–44, 247, 267, 270, 346

comunicação, 35, 38, 51, 139, 163, 167, 168
comunidade, 2, 14, 19, 20, 22, 37, 38, 44–53, 64, 77, 83, 94, 96, 179, 238, 279, 297–374, 382
  auto-organização e, 145-46
  calorias e, 44–45, 47, 49
  comportamento pós-calamidades de, 217
  indicadores de saúde de, 134–36, *135*, 138, 152
  Jericó, 46–47
  moradias e, 101, 103, 197
  participação de, 129–34, 141–42, 247, 249
  prosperidade, igualdade e felicidade e, 339-74
  teste, 267
  uso misto, 17–18
  ver também ecologia cognitiva; teias sociais
comunismo, 96, 103, 107, 190–91
concentração, 38, 50, 53–54, 64, 82, 125–27, 153, 158, 277
conectividade, 12, 14, 17, 22, 38, 49–53, 56, 64, 82, 85, 97, 99, 125–27, 151, 153, 214, 229, 238, 248, 273
  comunidade e, 277–80, 285, 288–89, 304, 305–6, 312
  crescimento inteligente e, 137
  defesa *versus*, 88
  diversificação e, 167
  maias e, 62–63
  nas primeiras cidades, 125
  transporte e, 102, 109–10, 125, 235
confiança, 14, 38, 62, 97, 294–99, *295*, 304, 328, 387–90
confucionismo, Confúcio, 77, 78, 225, *295*
Congresso dos EUA, 94, 103, 106, 107–8, 215, 240, 253, 351–52
Congresso Internacional de Arquitetura Moderna (CIAM), 4–5, 17
conhecimento, 38, 45, 61, 148, 153, 240
  Alexandria e, 72–73, 97, 151
  islã e, 81–83, 97
  meh, 53–56
  teias sociais e, 293, 294
Connected (Christakis and Fowler), 286
conservação, 11, 15, 21, 193, 202–5, 211, 212, 288
  energia, 253–54, 273

construção, 92, 94, 123, 160–64, 201, 215, 228, 233
   de edificações sustentáveis, 254–58, 260, 261, 269–70
   do Coliseu romano, 161–64, 172–73
consumo, 21, 63, 142, 184, 191, 214, 341
   aumento no, 10, 12, 99, 112, 155, 184, 187
   colaborativo, 188–89
   de água, 168, 202–5, 261
   de alimentos, 171–74
   em estrutura trófica, 237–38
   energia, 251, 272, 273, 274
   resiliência e, 239, 241, 251, 272
controle, 28, 38, 50, 52–53, 56, 64, 153, 163, 278, 324
Convenção de Curitiba, 239–40, 241
cooperação, 31, 35–39, 48, 52–53, 55–56, 64, 85, 152–53, 191, 277, 295, 296–97, 389
Copenhague, 118–19, 152, 184, 355
Córdoba, 80, 88
Coreia do Sul, 120, 142–43, 215, 233–37, *234*, 304
corporações, 112, 143, 152
cortisol, 321, 322, 323
Crabgrass Frontier (Jackson), 99
Cravo Bem Temperado, O (Bach), x–xi, xii, 20, 27, 155, 383, 396
Crescente Fértil, 41–56, *43*
crescimento inteligente, 19, 129–44
   alavancas de governo e, 138–39, 144, 152
   auto-organização e, 145–50
   big data e, 137–42
   Envision Utah e, 130–36
   indicadores de saúde comunitária e, 134–36, *135*, 138
   modelo baseado em agente e, 144-45
   PlaNYC e, 136–37
   sistemas operacionais e, 139–44, 150
crianças, 20, 37, 39, 113, 176, 224, 277, 389–90
   ACEs de, 319–25, 328, 330, 365, 379
   bem estar das, 330, 343
   cadeirinhas para, 182
   descarte de efluentes e, 184
   ecologia cognitiva e, 318–28, 334, 335, 337, 378
   edificações sustentáveis e, 259, 260, 264, 265, 273

   propósito e, 78–79
   prosperidade, igualdade e felicidade e, 343, 354, 360–61, 365–67
   teias sociais e, 289, 291, 294, 298–300, 302, 304
criatividade, xiii, 39, 51, 83, 89
criminalidade, ix, 6, 16, 33, 159, 171, 228, 283, 353–54
   comunidade e, 300–303
   ecologia cognitiva e, 317, 322, 325, 326
crise energética (1973), 160, 175, 180, 252–53, 254
crise financeira (2008–9), 13, 123, 144–45, 281, 352
crises de inanição, 220, 226, 282
cristandade, cristãos, 79, 80, 83
Culture Matters (Harrison e Huntington), 295
Curitiba, 239, 241, 371–72

dados terceirizados, 142, 171
Darwin, Charles, 6, 297
De architectura (Dez livros de Arquitetura) (Vitrúvio), 73–75
declínio urbano, ix, 5–6, 110–12, 116, 124, 228
déficit de atenção com hiperatividade, 224, 325, 327, 335
dejetos, 233, 234, 243, 275
   alimentos, 172, 181–82, 183, 188
   circularidade e, 155, 157, 160–61, 165, 167–68, 179–87, 194, 196–200
   edificações sustentáveis e, 252, 256–57, 260–61, 269, 272, 274
   reciclagem e reaproveitamento, 167–68, 179–88, 198–99, 202, 256–57, 260–61, 269, 272, 274, 371
Delta Airlines, 310–11, 312
Democracia na América (Tocqueville), 390
densidade, 194, 210, 211, 236, 241, 248, 323, 334, 358, 386
Denver, CO, 121–22, 329–30
Departamento de Defesa, EUA, 12–13, 207
depressão de 1893, 174–75
depressão psicológica, 176, 224, 231, 266, 289, 300, 324, 331, 346
Descampado de Xia, 59–60
desconhecidos conhecidos, 12–14

desemprego, 113–14, 159, 231, 283, 330, 344, 346, 347
desenvolvimento imobiliário, 18–19, 100, 108–9, 123, 139, 178, 229, 259
desertos alimentares, 176, 248
design terapêutico, 224
Design with Nature (McHarg), 7
desigualdade, 12, 14, 23, 62, 63, 78, 165, 347–63
desigualdade de renda, 12, 63, 71, 220, 221, 281, 317, 340–41, 347–61, 367
    bairros e, 359–61
    índice de Gini e, 354–58, 363, 369
    infraestrutura e, 358–59
    instabilidade social e, 347–51, 354, 355, 357
deslocamentos de casa para o trabalho, 117, 121, 234–37, 257, 269, 311, 315, 362
desordem, 187–88, 300–302, 354, 394
despejo, 317, 320, 324
Detroit, Mich., 111, 169–70, 174–77, 180, 183, 227–28, 239, 359, 365–67
deusas, 46, 53, 54, 56
deuses, 45, 46, 53, 54, 56, 64
    "grandes", 48–49
    gregos, 75, 76
Dhaka, 12, 221
Diamond, Jared, 62, 165
Dilemmas in a Grand Theory of Planning (Rittel e Webber), 8–9
    Dinócrates de Rodes, 72, 129
Dinamarca, 84, 118–19, 152, 355, 364
Diocleciano, imperador romano, 194–95, 197, 214
dióxido de carbono, 168, 207, 219, 233, 237, 242, 275
discriminação imobiliária, 104
dispersão urbana, 1, 83, 95, 99–127, 130–31, 135, 153, 178, 312, 315, 358
diversidade, 11, 17, 18, 51, 53, 56, 64, 70, 97, 151
    de Viena, 88–89, 97
    econômica, 239, 367
    edificações sustentáveis e, 273, 274
    habitacional e, 107
    islã e, 80, 82, 151
diversificação, 167, 169, 170, 175, 179, 187, 307–8, *309*

DNA, 37, 45, 147, 148, 149, 153, 161, 238, 378, 394
    ambiental (eDNA), 148
    cidade, 139, 148, 168
doença, 12, 13, 46, 90, 157, 176, 209, 214, 264, 289, 362–63
    água, dejetos e, 184, 196–201
    ambiente e, 95–96, 258
    ecologia cognitiva e, 321, 326–27, 332
    maias e, 62, 63
    teoria dos germes para, 199
    teoria dos miasmas para, 197, 199
Donovan, Shaun, 246, 259
drogas, 46
    medicinais, 200, 231, 253, 265
    recreativas, ix, 14, 16, 159, 228, 300, 301, 318–19, 320, 323, 325, 379

ecodistritos, 271, 274–75
    em Singapura, 240–41
    impacto do comportamento humano e, 267–69, 271
    Living Building Challenge e, 269–71
    microrredes e, 271–74
    os outros 99% e, 253–54
    resiliência passiva e, 262–63, *263*
    saúde e (*ver* saúde, prédios verdes e)
ecologia, 7, 16, 22, 34, 43–44, 48, 152, 160, 161, 164, 167, 178, 245, 270, 277, 373
ecologia cognitiva e, 315–37, 378
    gravidez em, 300, 302, 321, 322
ecologia industrial, 161
economia, 8, 13, 23, 65, 66, 70, 83–86, 114, 143, 149, 152, 339–45, 348, 377
    circularidade e, 185–91, 189, 214, 215
    comunidades de oportunidade e, 280–82, 286, 294–96, *295*, 307–10, *309*
    confiança e, 294–96, *295*
    crescimento, 1–2, 255, 340–44, 351–54
    de Detroit, 175, 239
    desigualdade, 165
    dos maias, 62-63
    ecológica, 179, 185–91, *189*, 273
    edificações sustentáveis e, 251–56, 260–61, 263
    em Utah, 131–32, 133
    EUA, 2, 90, 108, 112, 113, 122, 123, 145, 175, 252–55, 271, 364, 394

Liga Hanseática e, 83, 84
    na cidade de Nova York, 136, 239
    resiliência e, 217, 218, 237, 239, 240, 247, 251–55
economia neoclássica, 280–81, 282
ecossistemas, 6–7, 15–17, 42–44, 149, 313
    definição, 238
    estrutura trófica e, 237–38
    mudanças climáticas e, 218, 221
    resiliência de, 217, 237–39, 241, 270
    Yellowstone, 15–16, 17
edificações sustentáveis, 19, 203, 212, 221, 251–75
Edmonton, 135–36, *135*
educação, ix, 5–7, 9, 16, 18, 20, 22, 53, 88, 105, 114, 175, 177, 182, 279, 379
    arquitetura e, 5, 103
    ecologia cognitiva e, 315, 317, 322, 324, 325, 326, 328–29, 330, 333, 337
    islã e, 80–83, 350
    prosperidade, igualdade e felicidade e, 351, 353–54, 365, 366
    pública, 132, 363–64, 383
    resiliência e, 240, 248, 253
    teias sociais e, 300
efeito de borda, 242
efeito dose/resposta, 320-21
eficácia coletiva, 302–3, 306, 319, 328, 335, 389–93
eficiência, xiii, 9, 11, 20, 87, 99, 115, 153, 235
    circularidade e, 155, 165–68, 171–73, 179, 185, 190, 191, 201, 203, 204, 205, 214
    de uso de recursos, 167, 171–73
    em cidades inteligentes, 143, 150
    energia, 126, 165–67, 252–55, 260, 267
efluentes, 167, 168, 179, 187, 190, 213, 238
Egito, 42, *43*, 49, 79, 119–20, 347, 349–50
    cidades antigas no, 56, 57, 67, 68, 76–77, 91, 96
eixo HPA (hipotálamo, pituitária, adrenal), 321–22
El Mirador, 60–62
eletricidade, 10–11, 99–102, 114, 115, 166, 183, 205, 207
    crise energética e, 252
    edificações sustentáveis e, 252, 260, 267–68, 270–74
elos fortes, 292, 294
elos fracos, 292–94, 304, 308

emoções, 322, 326, 346
empatia, 36, 334
empreendedorismo, 83, 91, 141, 152, 185, 372, 387
empregos, 16, 110, 159, 236, 279, 293, 304, 334, 341, 367
    bem-estar e, 346–47
    criação de, 5, 15, 21, 116, 118, 139, 167, 177, 179, 215, 254, 255, 261, 359
    ecologia cognitiva e, 316, 317, 318, 324, 325
    subúrbios e, 112, 114, 122, 123, 124, 159
empresa Smithfield Ham, 164–65
empresas, 85, 236, 242, 248, 294, 307–8, 368
    criação de, 5, 139
    pequenas, 5, 18, 100, 114, 169, 254, 372
energia, 10–11, 13, 15, 21, 53, 146, 248, 277, 318
    big data e, 137, 138, 168
    biocomplexidade e, 147–48, 149
    calorias e, 44–45, 47, 49, 172
    circularidade e, 153, 160, 161, 162, 164–68, 172, 180, 185, 188, 191, 194, 205–6, 209, 214
    dejetos queimados para gerar, 180
    espiritual, 57, 60
    mudanças climáticas e, 218-19
    no ecossistema, 238
    resiliência e, 251–57, 259, 263, 268–69, 271–75, 283
energia eólica, 236, 247, 255, 271, 272, 274
energia hídrica, 271, 272
energia solar, 252, 254, 255, 260, 267, 270, 271, 272, 274
engarrafamentos, 95, 109, 111, 117, 122, 133, 141–42, 234–37, 244, 358–59, 371
Enterprise Community Partners, 257, 259, 279, 316, 333, 391
Enterprise Green Community Guidelines, 257–58, 261
entrelace, 381-97
    altruísmo emaranhado como, 393–95
    aptidão e, 381–85, 389–94
    confiança e, 387-90
    eficácia coletiva e, 390-93
    Grande Terremoto de Lisboa e, 385-87
entropia, 187–88, 214, 238, 273, 394
Envision Utah, 130–36
epigenética, 36, 149, 238, 323, 379
Era Axial, 14, 77–79, 225

ÍNDICE   451

era neolítica, 45, 46, 58
escolha individual, 280–81, 282, 286
escravos, 55, 67, 102, 163, 293, 294, 344
esfera cívica, 370-72
esgoto, sistemas de esgoto, 197, 200–203, 205, 232–33, 242, 244, 245, 261
Espanha, 34, 49, 80, 86, 89, 172, 226, 355
especialização, 51, 56, 166
espécies, 147, 236, 238, 239, 243, 245
    extinção, 31–34, 42
especuladores imobiliários urbanos, 116
Estados Unidos, 89–96, 142, 165–84, 197, 349–50
    circularidade e, 165–84, 186–90, 195–97, 202–7, 209–11, 215
    códigos de zoneamento nos, 91–94, 104–5, 109, 111, 112
    comunidades de oportunidade em, 279, 281–94, 296, 299–303
    consumo hídrico reduzido nos, 202–4
    crise energética e, 160, 175, 180, 252–53
    declínio urbano nos, ix, 110–12, 116, 228
    dejetos nos, 172, 180–84, 201–2, 203
    democracia em, 85, 132, 364
    dispersão urbana nos, 1, 99–127
    ecologia cognitiva em, 315–16, 318–19, 324–36, *336*
    fervor anti-imigração nos, 14
    fundação dos, 132
    infraestrutura natural em, 227-30
    movimento ambiental nos, 94-96
    obesidade em, 289-91
    perturbações de rede em, 271
    planejamento europeu nos, 89–93
    prosperidade, igualdade e felicidade nos, 343, 345, 350, 351, 356–57, 359, 362, 364, 369–70, 373–74
    redução do consumo hídrico nos, 202–4, 251
    sistema alimentar nos, 171–79
estatuetas de Vênus, 40, *41*
estradas e rodovias, 9, 74, 94, 102, 109–10, 114, 164, 228, 231, 243, 311
    em Alexandria, 119–20, 243
    na Coreia do Sul, 234–37
estratificação social, 50, 53, 61, 62, 70, 87
estresse, 14, 21, 22, 65, 97, 146, 187, 217, 224, 229, 238, 265, 273, 341, 387
    comunidade e, 277, 283, 344

ecologia cognitiva e, 316–18, 321–22, 327, 330–35, 378
evolução e, 42–44
tóxico, 327, 330–37, 344, 353
estresse pós-traumático, 301, 318–19, 332, 344
estrume, 198–99, 201, 206
estrutura trófica, 237–38
estudos de impacto ambiental (EIA), 96, 97, 131
estufas, 177, 178
Europa, 13, 14, 17–18, 39, 79, 82–91, 198, 220, 226, 268
    descarte de dejetos na, 183, 184, 186
    igualdade de renda na, 257, 355–56
    indústria automotiva na, 175, 186, 252
    pós-guerra, 1–2, 103
    subúrbios na, 1, 100, 113–14, 315
    teias sociais na, 284–85
    uso de carro na, 118-19
eussociedade, 35-36
Evans, Gary, 323, 324
exoeletrogêneos, 207
experiências adversas infantis (ACEs), 319–25, 327–30, 332, 336, 353, 365, 379
    base segura e, 317-19
    combate ao estresse tóxico e, 332-35
    custo de traumas e, 335–37, *336*
    definição, 318
    soluções e, 328–31
    superlotação e despejo, 315, 317, 319 320, 323–25
    toxinas e, 317, 319, 325–28, 335, 336
    trauma vicário e, 331–32, 336
extinção, 31–34, 42, 95
Extraordinary Popular Delusions and the Madness of Crowds (Mackay), 287

fabricação, 51, 55, 73, 80, 109, 110, 159, 166, 175, 187, 215, 240, 293, 317, 342
    carro, 175, 177, 186, 188–89, 239, 252
    dejetos e, 179, 181, 188, 260
    teias sociais e, 306–7
família, 20, 31, 34, 50, 55, 81, 84, 88, 146, 157, 277, 343, 379
    ecologia cognitiva e, 315–18, 323, 324, 327–33, 336, 337
    edificações sustentáveis e, 257-60
    mães solteiras, 113

prosperidade, igualdade e felicidade da, 360–61, 367
subúrbios e, 101–2, 110, 111, 121, 123
teias sociais e, 282, 294, 298–99
Fannie Mae (Federal National Mortgage Association), 104, 122
Farabi, Abu Nasr Muhammad al-, 81, 83, 97
favelas, 87, 107–8, 113–14, 185, 274, 315, 349, 355, 356, 372
Federal Deposit Insurance Corporation (FDIC), 103–4
Federal Housing Administration (FHA), 103, 104–5, 109, 353, 389
feedback, ciclos de *feedback*, 138, 139, 146–50, 183, 187, 188, 233, 332
    edificações sustentáveis e, 251, 257, 268–69, 271, 273
Fenícia, fenícios, 43, 70
fertilizante, 157, 164, 181–82, 198–99, 201, 206–7, 243
Filadélfia, PA, 89, 122, 177, 232–33, 244, 390
Filipinas, filipinos, 198, 295
filosofia grega, xi–xii, 72, 75, 76, 77, 81, 96
filtragem, 200, 244, 261, 270
fim da segregação, escolas, 365-67
financiamento imobiliário, 94, 103–8, 110, 333, 353
    modelo baseado em agente e, 144-45
    subprime, 104, 108, 122–23, 178
física, 75, 77, 393–94
física quântica, 393–94
florestas, 193–94, 207, 218–19, 255, 270
Ford, Henry, 102, 175
formato em nove quadrados, 58, 59, 60, 151
Fórum Econômico Global, 255, 348
fósforo, 206–7
fossas sépticas, 198-99
Fowler, James, 286, 289–92
Framingham Heart Study, 289–90
França, 40, 49, 86, 89, 112, 113–14
    bem-estar na, 368–69
    teias sociais na, 284–85, 305
Francisco José I, Imperador, 88, 97, 227
Frederico, o Grande, rei da Prússia, 363, 383–85
fumo, 286, 291–92, 320
fundamentalismo, 14, 86, 152, 389
furação Katrina, 218, 219, 262, 317, 388

furacões, 218, 219, 283
Fusão de Música e Calendário (Zhu Zaiyu), xi

Gandhi, Mahatma, 392, 396
Garrison Institute, 331–32
    programa Clima, Mente e Comportamento, 268-69
gás do efeito estufa, 96, 116, 189, 206, 253, 255, 362
gás natural, 168, 218–19, 255, 349
gasolina, 118, 123, 173, 253, 262
genética, genes, 36, 37, 38, 45, 130, 158, 238, 282, 355
    ACEs e, 322–23
    biocomplexidade e, 147, 148–49
genoma, 148–51, 170
geometria, 73, 75
gestão, 166–67, 168, 169, 187
Gini, Corrado, 354, 355
Giuliani, Rudolf, 229, 301–2
glândula pituitária, 321–22
Glass, Philip, xii, 159
globalização, 12, 88, 175, 198–99, 317
Göbekli Tepe, 45–46, 48
Godunov, Boris, 219–20
Golfo Pérsico, 43, 50
Gottfried, David, 255–56
governança, xiii, 11–12, 23, 28, 47, 63, 72, 83, 84, 85, 132, 141, 150, 167, 173, 213, 220, 281, 367, 386–87
    alavancas de, 138–39, 144, 152
    economia ecológica e, 186, 191
    em Baltimore, 170–71
    em Uruk, 54–55, 56
    instabilidade social e, 347-51
    resiliência e, 240, 242
Grã-Bretanha, 197–201, 226, 340, 350
Graham, Carol, 352, 354
Grande Corredor, 49, 50, 57, 67
Grande Depressão, 4, 94, 102, 103, 106, 228, 339–40, 352, 357
Grande Terremoto de Lisboa, 385–87
"grandes deuses", 48–49
Granovetter, Mark, 292–93
grãos, 44, 45, 46, 49, 52, 54, 55
gravidez, 282, 326
    na adolescência, 300, 302, 321, 322
Gray, Freddie, 325–26, 353

Gray, Fredericka, 325, 353
Great American City (Sampson), 300
Grécia, 8, 348
Grécia, gregos, antigos, 49, 70–73, 225, 342
grelha urbana, 67–68, 70, 72, 74, 76, 89–90, 96, 124–25
guerra, 47, 56, 73, 76, 78, 80, 86, 87, 318–19, 324
Guerra Civil, EUA, 102-3
Guerra do Vietnã, 110, 318–19
guerras civis, 13, 220, 344, 396–97

Hamburgo, 201, 355
Hamurabi, 68–70, 77
Hanói, 173, 174
harmonia, x, xi, 15, 19–20, 35, 47, 54, 64, 65–66, 90, 377, 378, 383–85, 387
    China e, 57–60, 59, 75–77, 96, 129, 190, 225
    da natureza, xii, 15, 47, 95, 151
    do universo, 24, 57–60
Hart, Betty, 323–24
Hawken, Paul, 22, 393
Hickenlooper, John, 121–22
Hidden Wealth of Nations, The (Halpern), 304
Hill, Terrance, 300–301
hinduísmo, 77, 78, 396
Hipódamo, 70–71, 96, 97
hispânicos, 182, 183, 303, 354
HIV/AIDS, 264, 363
Holanda, 3–4, *4*, 18, 85–88, *87*, 89, 190, 191, 245, 287–88
Homer-Dixon, Thomas, 161–64
Homestead Act (1862), 102–3
Homo sapiens, 34, 36–66, 277
Hong Kong, 212, 351, 359
Hoover, Herbert, 93–94
Hope SF, 331
hospitais, 223–24, 257, 260, 262, 265, 266, 282, 321, 329, 331
Hunts Point Food Market, 168–69, 247–48
Hutchinson, G. Evelyn, 6–7, 237–38
Hwang, Kee Yeon, 234–36

Ianna, 53, 56
ideia de Baltimore, 353, 366, 389
identificação por radiofrequência (RFID), 137, 143

idosos, 248, 253, 259, 264, 282–85, 302, 304, 362
igualdade, xiii, 24, 50, 55, 78, 343, 369–70, 386
    educação, 363–65, 379
iluminação, 258, 260, 263, 267, 268, 273
Iluminismo, 280, 383, 385–87
imigrantes, 18, 86–87, 99, 110, 123, 132, 152, 177, 319
    em Nova York, 70, 90, 91–92, 229
    na França, 113–14
    impacto coletivo, 390-93
Império Bizantino, 79, 80, 342
Império Persa, persas, 7, 70–71, 72, 80, 99, 225–26
impostos, 71, 80, 83, 85, 112, 113, 131, 163, 169–70, 198, 230, 311, 333, 351, 366, 379
incentivos, 139, 168, 182, 186, 189–90, 251, 252, 255, 282
incerteza, 7, 14–15, 218, 345
    ver também VUCA
Índia, 7, 10–12, 14, 49, 57, 73, 193, 198, 215, 271, 342
    religião na, 77, 80
índice de Gini, 354–58, 363, 369
indústria química, 190, 248, 307
industrialização, 88, 90, 92, 99, 110, 111, 116, 159, 164, 173, 197, 212
    comunidades de oportunidade e, 306-8, 310
    edificações sustentáveis e, 255, 257, 258
    poluição e, 193, 231
informações, 21, 64, 82, 146, 153, 239 272–73, 281
    big data e, 137–38, 140–43, 167–71
    circularidade e, 166–71, 182, 187, 188, 213, 214
    energia, 238, 273
    feedback, 138, 146–50
    genética, 148–51
    teias sociais e, 286
infraestrutura, 23, 45, 79, 87, 88, 113, 114, 149, 159, 167, 236, 243, 367
    água e, 193, 194, 195, 201, 206, 213, 233
    da maximização à otimização de, 213-15
    descarte de dejetos e, 184, 185, 189–90
    desigualdade de renda e, 358–59
    ecodistritos e, 274
infraestrutura natural, 223–49, 251

Inglaterra, 89, 90, 197–201, 226–27, 310, 339
inovação, 16–17, 49, 50, 71, 99, 136, 150, 167, 171, 185, 236, 239
insegurança habitacional, 316–17, 318
instabilidade social, 62, 227, 344, 348–51, 354, 355, 357, 389
insumos, 167, 168, 179, 187, 190, 213, 238
Internet, 144, 214, 236, 273, 289
Internet das Coisas, 137-38
inundações, 12, 47, 49, 119–20, 168–69, 179, 210, 218, 219, 241, 248, 275, 283
investimento, 83, 106, 118, 145, 158, 163, 168, 175, 273, 304, 310, 333, 336
   descarte de água e, 181
   DNA como, 238
   edificações sustentáveis e, 251, 254, 255, 258
   em dívida *subprime*, 123
   em infraestrutura, 85, 120, 139, 152, 170, 190, 214, 215, 220, 221, 232, 251, 273, 359, 373–74, 392
   retorno energético sobre (EROI), 165–67
Irã, 42, 51, 53, 79
Iraque, 13, 42, 50, 79
irrigação, 44, 47, 52, 157, 166, 195, 210, 211, 214
islã, muçulmanos, 7, 79–83, 114, 151, *295*, 350, 395–96
   ascensão da cidade, 79-81
   conhecimento e, 81-83
   jardins e, 225–26
isolamento térmico, 15, 253–54, 258, 261, 263
Israel, 42, 350
Itália, italianos, 49, 92, 104, 114, 172, 197

Jacobs, Jane, x, 282
Japão, 12, 75, 175, 215, 241, 252, 362
jardins, 67, 90, 116, 173, 179, 212, 248, 261, 270, 287, 391
   como infraestrutura natural, 224, 225–26, 228–32, 241, 249
   em Detroit, 170, 174, 176–77
   em terraços, 241
   xerojardins, 203–4
Jericó, 46–47, 49, 50
judeus, judaísmo, 1, 77, 78, 80, 88, 390, 396
   habitação e, 101, 104, 109

Kaiser Permanente, 320–21
Keynes, John Maynard, 339–41, 343, 347
King, Martin Luther, Jr., ix, 311, 394–95
kivas, 195
Klinenberg, Eric, 284, 334
Kramer, Mark, 391–92
Kropotkin, Peter, 388–89
Kuznets, Stanley, 351–52

lacunas estruturais, 304, 310–11
Lagos, 169–70, 174, 180, 185
Last Child in the Woods (Louv), 224
latifúndios, 163
Le Corbusier (Charles-Édouard Jeanneret-Gris), 3–5, 60
LEED (Leadership in Energy and Environmental Design), 256–57
lei de Metcalf, 51, 285
Lei do Ar Limpo (1972), 95, 232, 233
leis, sistema legal, 59, 71, 81, 84–85, 91, 94–96
lençol freático, 165, 242, 270
Lewis, Frances, 198, 199
Lewis, Sarah, 198, 199
liderança, 129, 152, 163, 240
   teias sociais e, 285, 297, 302, 305–8, 311, 312
Liga Hanseática e, 83–86, 125, 151
linguagem, 34, 35, 39, 51, 55, 66, 132
   ecologia cognitiva e, 323–24, 325
Lisboa, 385–87
Living Building Challenge, 269–71
livre-arbítrio, 75, 76, 77
lixo, catadores, 184-85
lobos, 15–16, 17
Londres, 1, 90, 101, 197–201, 227, 231, 241, 350, 356
Los Angeles, CA, 105–6, 121, 175, 177, 356–57
Louisville, KY, 228, 353, 365–67, 389
Lübeck, 83, 84–85

maia, 44, 60–64, 145, 165, 166, 193–94, 195, 344, 357
malária, 185, 197, 291
mão-de-obra, 36, 47, 52, 67, 130, 162, 163, 175, 177, 187, 198, 226, 244
Maomé, profeta, 79, 80
Mar Báltico, 84-85

ÍNDICE

Mar Mediterrâneo, 42, *43*, 50, 70, 71, 119, 163, 348
maré metropolitana, 31–66
matemática, xi, 3, 61, 63, 81, 82, 195
matriz da prosperidade/bem-estar/igualdade, 369-70
McKinsey Global Institute, 204, 315
Meadows, Donella, 15, 23, 381
Medellín, 16–17, 71
medidores inteligentes, 269
Medina, 79, 80
megatendências, 12–15, 19, 21, 23, 62, 63, 97, 220–21, 306, 307, 349, 359, 377, 389
   ecologia cognitiva e, 317
   subúrbios moldados por, 108–10
meh, 53–56, 65, 97, 388
meio ambiente, 18, 20, 32, 33, 41, 62, 147 187, 281, 288, 353
   crescimento inteligente e, 129–33, 136–37, 139, 143, 152
   dejetos e, 180, 183, 188–89, 245
   ecologia cognitiva e, 323–25, 327, 333, 335–37, 336
   regulamentos e, 139, 143, 254–55
   resiliência e, 26, 218, 231, 235, 237, 239, 245, 247, 249, 252, 255, 258, 263–66, 269, 270, 274, 275
   subúrbios e, 110–11, 115–16
   transporte e, 116, 120, 188–89
Meio-Oeste, EUA, 252, 283
Mênfis, 67, 68, 91, 96, 151
mercados, 65, 71, 73, 80, 84, 99, 280–81, 287
   alimentos, 168–69, 173, 174, 175, 177, 247–48
mercados públicos, 174, 177, 178
mercúrio, 180, 185, 252, 326, 335
Mesa, AZ, 203–4, 210–11, 214
Mesa Verde, 195
Mesopotâmia, *43*, 50–58, 67–70, 75, 214
metabolismo, 149, 155, 158, 161
   comunidade autossustentável, 155–58
metabolismo, cidade, 21, 149, 153, 155, 159–91, 213, 214, 218, 229, 232, 237, 238, 275, 277, 373
   aumento da resiliência e, 167–82, 251
   construção do Coliseu romano e, 161–64
   energia e, 251–57
   EROI e, 165–67

   estrutura trófica e, 238
   império do porco e, 164-65
   informação e, 167–71
   introdução da ideia de, 160
   volatilidade e, 219
metagenoma, 148–51, 161, 277, 312, 318, 323, 394
metano, 205, 206, 219
metrôs, 101, 166, 245, 261
México, mexicanos, 57, 310, 311, 358
Miami, FL, 42, 61, 219, 221, 350, 356
micróbios, 190, 207
microrredes, 271–74
migração, 12, 23, 219, 220, 317
Milarepa, 155, *156*
Milgram, Stanley, 286–89, 292, 296–97
milho, 61, 165, 195, 202–3
Milwaukee, WI, 177, 228, 233
mindfulness e meditação, 331, 334, 362
Minneapolis, MN, 210, 274
Missouri, 3, 5, 9, 89, 105–6, 108, 165
mitos, 34, 40, 45, 61, 65
mobilidade social, 55, 361–62
modelo baseado em agente, 144–45, 342–43
Montanhas Wasatch, 130–31, 133
Montefiore Hospital, 260, 265
moradias, 1–5, 20, 22, 41, 45, 50, 58, 100–109, 112–15, 169, 279, 344, 345, 360–61
   alicerces de políticas nos EUA para, 102–4
   alocação de subsídios para casa própria, 108
   cooperativas, 103, 105, 106
   cortiços, 90, 92, 93, 114
   ecologia cognitiva e, 315–20, 327, 331, 332, 333, 335, 337
   economicamente acessíveis, 19, 71, 92, 100, 102, 103–4, 116, 133, 139, 152, 229, 257–61, 264, 279, 281–82, 315, 316, 317, 327–28, 333, 337, 350, 362, 390–91
   em Seul, 234, *234*, 236
   modelo baseado em agente e, 144-45
   multifamiliares, 103, 105, 106–7, 195, 257–61
   paradoxo do deslocamento urbano e, 117
   passivas, 263, *263*
   públicas, 3–5, 9, 17–18, 107, 331
   reação federal frente à falta de, 106–8
   reciclagem de uso ilegal, 140–41
   restrições a, 101, 102–7, 109, 353, 389

saúde e, 281–82, 362
saúde e, 353
unifamiliares, 94, 103, 105–9, 112, 253
ver também financiamentos
moralidade, xii, 11, 14, 35, 49, 53, 75, 77, 78, 93, 130, 339
islã e, 80–81, 83
Moscou, 220, 357
mosquitos, 185, 197, 291
motores a vapor, 99, 166, 342
movimento ambiental, 94–97, 176, 177
movimento Cidade Bonita (City Beautiful), 90–91, 93
movimento cidade-jardim, 90, 101, 241
movimento da reforma sanitária, 90
movimento de cercamentos, 226–27
movimento de parques urbanos, 90
movimento de reforma habitacional, 90, 92
movimento dos direitos civis, 294, 311–12
movimento Sarvodaya Shramadana, 392–93
Moving to Opportunity, 360–61, 367
mudanças climáticas, x, 6–7, 10–13, 23, 33, 37, 41–42, 44, 50, 95, 97, 344, 359
  circularidade e, 155, 191, 194, 195–96, 207, 210, 213
  ecologia cognitiva e, 317, 319, 324, 332
  Índia e, 10, 11, 12
  infraestrutura natural e, 241-43, 246–49
  maias e, 62, 63
  ocorrência natural, 219-21
  resiliência e, 217–21, 223, 230, 232, 239, 241–43, 246–49, 251, 253, 254, 275
  uso do automóvel e, 119-20
mulheres, 81, 102, 112, 174, 282, 291, 335
  mães, 320, 322, 326
muros, 47, 67, 86, 87, 263
  derrubamento de, 88–89, 227
  islã e, 80, 81

Nações Unidas, 13, 354, 368, 369
Namíbia, 207–8, 209
National Environmental Policy Act (NEPA), 94–96
National Housing Act (1934), 103–4
nativos americanos, x, 89, 211
  povo natufiano, 42, 46
  ver também anasazi; maias

natureza, x, xiii, 6–7, 8, 19–24, 31–32, 34, 38, 80, 275, 379–80
  alinhamento entre humanos e, 47–48, 54, 76, 95, 129, 151, 158, 177, 223
  beleza e, 74–75
  biocomplexidade e, 146–50
  circularidade e, 155, 182, 190
  evolução de, 6, 27, 65
  metabolismo e, 167
  na década de 1950, 2
  templos e, 46
negligência, 320, 325, 335, 379
negros, 229, 302, 311–12, 319
  empregos para, 110, 159, 293–94
  moradias e, 101–5, 109, 389
  prosperidade, igualdade e felicidade e, 351, 353–54, 365, 366
  teias sociais e, 283, 293–94, 302, 303
New Haven, CT, 5–6, 296–97
nicho ecológico, 6, 69, 313
Nigéria, 169–70, 180, 185, 295
nitrogênio, 206, 207, 242, 245
nível do mar, elevação no, 219, 221, 242, 246, 248
Nixon, Richard, 94, 96, 111
Norenzayan, Ara, 48
normas sociais, 268, 297–98, 301
Norte da África, 347–50
Noruega, 49, 71, 84, 295
notas musicais, afinamento de, xi–xii, 20, 27, 155
Nova Cidade de Songdo, 142–43
Nova Déli, 10–12, 237
Nova Jersey, 283, 361
Nova Orleans, LA, 12, 197, 218, 221, 356, 388
Nova York, ix–x, 85, 90–93, 171, 243–49, 283, 310, 345, 356, 364, 388, 390
  códigos de zoneamento em, 91–93
  contágio social em, 286–87
  crise financeira (nos anos 70), 110
  doenças em, 202
  econômica em, 136, 239
  edificações sustentáveis em, 251, 259–61, 265–66
  grelha urbana em, 70
  imigrantes em, 70, 90, 91–92, 114
  infraestrutura natural e humana integrada em, 243–46

ÍNDICE 457

jardins comunitários em, 228-29
Lower East Side in, 3, 92
movimento de reforma habitacional em, 90, 92
mudanças climáticas e, 221
parques em, 227, 237, 245
PlaNYC e, 136-37, 168-69, 241
pobreza em, 113
policiamento em, 301-2
Rebuild by Design em, 246-49
região metropolitana de, 91
remoção de rodovias em, 120
sistema alimentar em, 168-69, 177, 178-79, 245-46
sistemas operacionais inteligentes e, 139-41
suprimento hídrico de, 8, 196, 197, 202, 204, 243-44
transporte em, 100, 101, 102, 122
uso de energia em, 251
Novo Urbanismo, 17-18, 124-25
Nucor, 187, 188, 190

Oakland, CA, 105-6, 177
obesidade e sobrepeso, 230-31, 266, 282, 289-91, *290*
OCDE (Organização para a Cooperação e Desenvolvimento Econômico), países, 336, *336*, 362, 368, 369
Odum, Howard, 238, 273
Olmstead, Frederick Law, Jr., 90, 101, 227, 249
ônibus, 105, 106, 121, 141-42, 170, 231, 236, 311, 351, 358, 371
11 de setembro, 123, 388
oportunidade, 15, 18, 23, 65, 83, 84, 86, 101, 102, 114, 143, 167, 238, 270, 344, 351-54, 359, 379, 381, 387, 389
    comunidade de, 277, 279-313, 333, 337, 361
    etimologia da palavra, 279
ordem, x, xii, 68, 76-77, 187-88, 328, 335, 389
Organização das Nações Unidas para Agricultura e Alimentação, 172
organizações de desenvolvimento de comunidades, 116, 176, 229
    comunidade de oportunidade, 277, 279-313, 333, 337, 361, 391

jardins comunitários, 170, 174, 176-77, 228-29, 248, 261, 391
    ver também teias sociais
Oriente Médio, 14, 42, 70, 77, 119, 166, 252, 349, 350, 351
Origem das Espécies, A (Darwin), 6
Origin of Wealth, The (Beinhocker), 294-95
ostras, 245-46, 247

paisagismo, 90, 101, 225-26, 227, 247
palácios, 59, *59*, 67, 77, 194-95, 220, 386
papel, fabricação, 82, 181
Paradise Built in Hell, A (Solnit), 388
paradoxo de Braess, 235, 236-37, 281
paradoxo de Easterlin, 345, 368
parasitas sociais (caroneiros), 37, 48, 297, 302
Paris, 355, 387
Parque Yellowstone, 15-16, 17
parques, 90, 120, 279, 371
    como infraestrutura natural, 225-28, 230-32, 237, 239-43, 245, 249
    urbanos públicos, emergência, 226-28
pássaros, 126, 239, 241, 245
Pastor, Manuel, 124, 367
peixes, 126, 181, 200, 232, 236, 243, 247
Penn Design, 247-48
pensamento simbólico, 34-35, 39, 55
Pensilvânia, 165-66, 174
Pequim, 60, 351, 356
período ubaida, 50-56, 85, 125, 285
Peru, 57, 198-99, 220, 295
Pesquisa de Bem-Estar Gallup-Healthways, 266, 368
petróleo, 99, 160, 165-66, 168, 170, 189, 218-19, 232, 252-55, 262, 342, 349, 350
PIB (Produto Interno Bruto), 116-17, 248, 254, 255, 341-43, 347, 351-52, 369
PIB (produto interno bruto), 295, *295*, 368
piso vinílico, 264-65
Pitágoras, xi, xii, 3, 150
planejamento regional, 9, 91, 130-36, 160
planejamento urbano, 2, 8-9, 14, 23, 28-29, 66-97, 110-11, 160, 168, 386
    biocomplexidade e, 149-50
    Cidade Funcional, 3-5
    inadequação de, 111, 115
    na China, 57-60, *59*, 115, 129

Novo Urbanismo, 17–18, 124–25
  para crescimento, 67-97
planos hipodâmicos, 70, 124–25
plantas, 42, 44, 147–48, 158, 178, 223, 237, 242, 244, 249, 261, 270
PlaNYC, 136–37, 168–69, 241
plásticos, 180–81, 185, 190
Platão, 81, 357
pobreza, 5, 12, 16, 22, 90, 159, 220, 229, 240, 248, 266, 283, 305, 344, 345, 355, 366, 367
  água e, 197, 198–99, 234
  confiança e, 295, 296
  crescimento nos subúrbios, 112–15, 315
  ecologia cognitiva e, 315, 318, 332, 333
  habitação e, 103, 107, 113–14, 315, 360–61
poder, 23, 52, 53, 54, 58, 77, 78, 81, 83, 132, 219
  da confiança, 387–90
  da Envision Utah, 131
  econômico, 83, 377
  impregnado de amor, 395–96
  político, 83, 94, 96, 377
  teias sociais e, 285, 286, 291, 310
polícia, 301–2, 311, 325, 329, 348–49, 351, 353
política, 121–22, 132, 163, 310, 377
poluição, 159, 161, 181, 191, 245, 248, 281
  água, ix, 2, 95, 160, 164, 180, 184, 193, 199, 246, 275
  ar, 1, 11, 16, 95, 110, 116, 142, 143, 161, 180, 184, 231, 254, 272, 275, 358, 362
pontos de alavancagem, 15–17, 19, 168, 256, 258, 268–69, 332
população, 10, 14–15, 32, 36, 37, 89, 110, 157, 169, 175, 205, 226, 228, 366
  crescimento de, 1, 2, 12, 13, 21, 23, 34, 36, 41–42, 44, 47, 53, 54, 61, 63, 86, 97, 99, 108, 111, 119, 136, 144, 155, 160, 165, 184, 193, 195, 196, 207, 208, 210, 211, 212, 220, 240–41, 243, 310, 312, 349, 359, 371
  em Roma e no Império Romano, 163, 164, 188, 195
porco, 164–65
Portugal, 86, 348, 385–87
"Possibilidades Econômicas de nossos Netos" (Keynes), 339-40
povo hohokan, 210
pragas, 197, 226, 287

prédios de escritórios, 256, 261, 267–68, 270–71, 272
prefeitos, 239–41, 311
Primeira Guerra Mundial, 3, 103
Programa das Nações Unidas para Assentamentos Humanos, 184
programa de telemedicina, 282
programa HOPE 6, 17–18
Projeto de Desenvolvimento de Bairros de Chicago (PHDCN), 299-300, 302, 303, 305–6
projeto e construção, 254–57
prosperidade, xiii, 13, 16, 20, 22, 54, 70, 71, 86, 109, 114, 115, 234, 340–45, 352, 364, 381, 384
  circularidade e, 165, 184, 187, 195, 196, 214
  confiança e, 295, 296
  dos anasazi, 195, 196
  em um futuro com restrição de recursos, 341–43
  islã e, 80, 82
  Liga Hanseática e, 83, 85
  teias sociais e, 287, 295, 296, 305, 312
proteção, xiii, 11, 14, 16, 36, 37, 86, 88, 126, 377–81
Prússia, 363, 364, 383
Pueblo Bonito, 195
Pullman, carregadores, 293–94
Putnam, Robert, 304–5

qi, 57, 60

racionalismo, 75, 77, 280, 383, 384
racismo, raça, ix, 14, 34, 159, 319, 351, 365–67, 389, 394
  problemas habitacionais e, 101–5, 353
Ragtime (Doctorow), 102
razão áurea, xi–xii, 3
reabastecimento de lençol freático, 2
reação de lutar ou fugir, 33, 322, 334–35
Reagan, Ronald, 254, 281
Rebuild by Design, 246–49
recessão, 112, 116–17, 160, 178, 324
reciclagem e reaproveitamento, 21, 145, 157, 158, 164, 171, 288
  alterações comportamentais e, 182–85, 188

dejetos, 167–68, 179–90, 198–99, 202,
    207–11, 256–57, 260–61, 269, 270, 272,
    274, 371
  economia ecológica e, 185-91
reciprocidade, 35, 36, 37, 296, 297, 304, 306
recursos, 23, 34, 48–49, 167, 180, 270
  circularidade e, 155, 158, 167–68, 171–79,
    184, 187–91, 213–15
  distribuição de, xiii, 11, 13, 52, 54, 63, 381
  geração, 167, 173–79
  prosperidade e, 341–43
  uso eficiente de, 167, 171–73
recursos naturais, 13, 21, 90, 115, 219, 255,
    342
  consumo de, 2, 241
  exaurimento de, 12, 21, 97, 220, 251
rede sem fio, 143, 152
redes, 125, 126, 137–38, 153, 163, 224
  viárias, 235, 237
redes em malha, 272–73
redes inteligentes, 272–73
refrigeração, 248, 273, 274
refugiados, 1, 2, 12, 13, 234, 317, 319, 324,
    332, 396–97
regulamentos, 139, 143, 168, 204, 240, 251,
    254–55, 282, 336
  descarte de dejetos e, 186, 189–90
Reino Unido, 142, 172, 184, 224
Relatório de Felicidade Mundial, 368, 369
religião e espiritualidade, 14, 23, 39, 40–41,
    45–49, 51, 55, 61, 77–83, 194, 344, 377
  entrelace e, 395–96
  papel na temperança, 48-49
renda, 18, 80, 104, 112, 132, 159, 163, 188,
    207, 220, 230, 260, 307, 312, 341, 344
  baixa, 108, 113, 176, 180, 184, 197, 231,
    248, 253, 257–58, 260, 264, 266, 304,
    305, 315–17, 321, 323, 327, 329, 332, 333,
    337, 344, 354, 355, 360, 372
  cidade *versus* subúrbio, 124
  custos dos carros e, 118, 123
  ecologia cognitiva e, 315–17, 321, 323, 324,
    327, 329, 332, 333, 337
  felicidade e, 345, 368
  média, 118, 184, 350, 360
  mista, 103, 107, 124, 361
  moderada, 108, 317
  segregação por, 113–14

renovação urbana, 2–3, 5, 9, 18, 107–8
reservatórios, 63, 193, 196, 197, 211, 214, 244
resfriamento, 274
  natural, 262–63, 270
  ver também ar condicionado
Resilience and the Stability of Ecological Systems
  (Holling), 217
resiliência, 15, 21–24, 38, 149, 150, 217–75,
    316, 377, 378, 382
  ativa, 275
  biodiversidade e, 235–42
  biofilia e, 223–24
  circularidade e, 155, 160, 167–82, 195, 204,
    208, 213, 215
  cognitiva, 331
  da comunidade, 282, 283
  definição, 217
  edificações sustentáveis, urbanismo sustentável e, 251–75
  infraestrutura natural e, 223–49
  mudanças climáticas e, 217–21, 223, 230,
    232, 239, 241–43, 246–49, 251, 253, 254
  no metabolismo urbano, 167–82, 185
  passiva, 262–63, *263*, 275
  teias sociais e, 153, 313, 334
  trauma transformado em, 337
responsabilidade, 11, 12, 76, 77, 85, 131, 132,
    186
restaurantes, 173, 178–79, 182, 236
retorno sobre o investimento em energia
  (EROI), 165–67, 172–73, 179, 188, 342
revoada em bando, 126-27
Revolução Francesa, 355, 357, 383
Revolução Industrial, 76, 166, 342, 383
Ringstrasse, 88–89, 227
rio Amarelo, 49, 57, 58
rio Cheonggyecheon, 120, 233–37, *234*
Rio de Janeiro, 143, 194, 349, 356
rio Eufrates, 42, *43*, 51, 68
rio Ganges, 49, 57
rio Indo, 49, 57
rio Jordão, 46, 47, 51
rio Nilo, 42, *43*, 67
rio Tigre, 42, *43*, 51
rio Yangtzé, 49, 75
riqueza, 50, 52, 55, 63, 78, 90, 104, 163, 205,
    220, 227, 234, 287, 333
  capital social como, 304

islã e, 80, 81
prosperidade, igualdade e felicidade e, 340–51, 353, 361, 362
Risley, Todd, 323–24
Rittel, Horst, 8–9
ritual, 34, 39, 41, 45–47
RNA, 149, 168
Roland Park Corporation, 100–101
Roma, antiga, 54, 73–75, *74*, 85, 114, 161–65, 194–95, 225, 342
  coleta de água da chuva em, 211
  Coliseu em, 161–64, 173
  declínio de, 79, 80, 161, 163–67, 188
Rose, Diana, 329
Ruanda, 396–97
Rússia, 84, 198, 215, 219–20, 344

Safford, Sean, 306–9, *309*
Salt Lake City, 121, 130–34
Salzberg, Sharon, 329
Sampson, Robert, 299–300, 302, 303, 305–6, 319, 335, 360
San Diego, 105–6, 121
San Francisco, 71, 115, 120, 159, 268, 356–57, 388
  atendimento de saúde em, 330–31
  habitação em, 316–17, 331
  reciclagem em, 180–84, 188
  sistema BART em, 144
Sanitary Conditions of the Labouring Population, The (Chadwick), 197
São Paulo, 193–94, 207, 237, 268, 351, 356
saúde, 20, 22, 130, 151, 152, 176, 277–78, 350
  ambiental, 95–96
  circularidade e, 158, 180, 184, 196–200, 215
  cognitiva, 223, 318
  comunidade, indicadores de, 134–36, *135*, 138, 152
  da cidade e região, 124, 238–39
  dejetos e, 180, 184, 186, 196–200, 202
  ecologia cognitiva e, 317, 318, 321, 323, 324, 326–32, 335, *336*
  edificações sustentáveis e, 257–61, 263–66, *263*, 269, 270, 272, 274
  mental, 28, 292, 318, 320, 323
  natureza e, 223–24, 229–33
  pública, 180, 184, 196–200, 202

resiliência e, 217, 223–24, 229–33, 237, 238–39, 241, 254, 257–61, 263–66, *263*, 269, 270, 275
teias sociais e, 281–82, 286, 288–92, *290*, 298–303, 313, 362
Save the Children, 298–99
Seattle, 232, 243
  alimentar, 206, 248, 347
  Bullitt Center em, 270, 271, 272
  reciclagem em, 180, 183, 188
  Secure Base (Bowlby), 318
  segurança, 12, 14, 16, 22
seca, 21, 22, 145, 160, 193, 212, 275
  mudanças climáticas e, 13, 62, 63, 195–96, 207, 210, 219, 220, 232, 243
segregação, 88, 113–14
Segunda Guerra Mundial, 1–2, 4–5, 94, 102, 106, 114, 118, 166, 188, 210, 228
segurança, 110, 132, 139, 140, 144, 182, 196, 215, 269, 379
  ecologia cognitiva e, 315, 316, 318, 327–28, 333, 335
  teias sociais e, 279, 301–2, 303
sem-teto, 228, 264, 316, 324, 328, 329–30, 388
servos, 220, 342
setor de emergência, 265, 282
Seul, 120, 233–37, *234*, 363
Shey, 155–58, *156*, 179, 182
shopping centers, 101, 112, 125
siderúrgica Sparrows Point, 159, 186–87
Siegel, Dan, 27–28, 35
sindicatos, 175, 293, 294, 311
Singapura, 71, 183–84, 204, 211, 214, 240–41, 358, 363
Síria, 13, 42, 79, 220
sistema auto-organizável, 28, 145–50, 229
sistema de identificação de prédios, 140-41
sistema de posicionamento global via satélite (GPS), 141, 144
sistema hídrico de "quatro torneiras", 211-12
Sistema Interestadual de Rodovias, 109-10
sistema regional, 29, 124–27, 146, 153
  economia circular e, 187–90, *189*
sistemas administrativos, 52–55, 84
sistemas de serviços sociais, 138, 229, 317, 331, 336, *336*, 337
sistemas de telecomunicações, 274, 285

sistemas de veículos leves sobre trilhos, 121, 131, 170
sistemas hidropônicos, 178–79
sistemas lineares, 8, 21, 155, 161, 188, 202, 212, 213, 214
sistemas numéricos, 52, 61
sistemas operacionais, 139–44, 150
sistemas pluviais, 201, 232–34, 242, 244, 246, 247, 261, 274
sistemas sanitários, 57, 72, 92, 114, 139, 143, 194, 196
sistemas sociais, 6, 13, 36, 61, 66, 148, 277, 297, 364
  resiliência e, 217, 218, 237, 239, 240
Small Is Beautiful (Schumacher), 252
smartphones, 141–42, 170, 267
sobrevivência, 6, 33, 34, 42, 167, 173, 183, 194
socialismo, 103, 107
soja, 164–65, 194, 207
Split, 194, 195
Sprague, Frank J., 100, 101
Sri Lanka, 70, 392
St. Louis, 3, 89, 105–6, 210, 353
  Pruitt-Igoe em, 5, 9, 108
Staets, Hendrick Jacobsz, 86, 87
Standard Zoning Enabling Act (SZEA), 93–94
Sternins, Jerry, 298–99
Sternins, Monique, 298–99
Stiglitz, Joseph, 368–69
subúrbios, x, 2, 88, 97, 99–127, 176, 193, 210, 231, 234, 305, 311, 334, 366
  ascensão da pobreza em, 112–15
  dispersão urbana e, 1, 83, 99–127, 130–31, 153
  êxodo da classe média para, ix, 111–12, 159
  megatendências influenciando os, 108–10
  meio ambiente e, 115–16, 130–31
  na Europa, 1, 100, 113–14
  política habitacional e, 94, 103–4, 106–8
  sistema regional e, 29, 124–27
  transporte e, ix, 99–102, 105–6, 109–10, 111, 123, 124, 125, 251
  virada da maré em, 116–19
Suécia, 84, 172, 295, 355
Suffolk, VA, 206–7
suicídio, 320, 323, 331
sumérios, Suméria, 45, 54–56

superlotação, 315, 319, 320, 323–24, 325, 355
superpredadores, 33–34
supertempestade Sandy, 168–69, 219, 246–49, 262, 283, 317

Tacoma, WA, 328–29
Tailândia, 174, 356
taoísmo, 77, 78, 225
tecnologia, 13, 23, 31, 39, 65, 71, 78, 92, 99, 182, 207, 384–85
  agricultura e, 52, 63, 64
  água e, 203, 204, 208, 211
  conhecimento e, 73, 82
  da China, 76, 82
  prédios verdes e, 252, 255, 268, 272
  transporte, 100, 101, 122
teias sociais, 14, 31, 153, 228, 229, 362, 378
  capita social e, 304–6
  comunidades de oportunidade e, 279-313
  confiança e, 294–99, *295*, 304, 328
  contágio e, 286–88, 297, 301, 302, 323, 332, 337
  destino das cidades e, 306–12, *309*
  ecologia cognitiva e, 318, 319, 323, 324, 328, 332, 334–35, 337
  efeitos de bairro e, 299–303, 313, 319, 328, 332, 335
  eficácia coletiva e, 302–3, 306, 319, 328
  elos fortes e, 292, 294
  elos fracos e, 292–94, 304, 308
  mapa de, 285
  posição das pessoas em, 285–86
  seis graus de separação e três graus de influência e, 288–92, *290*, 303
telefone, 99, 115, 274
telefones celulares, 137, 138, 144, 184, 273, 274, 285
Tema Real, 383–84
temperatura, 218, 219, 232, 236, 241, 244, 249, 270
  ondas de calor e, 283–85
tempestades, 168–69, 219, 242, 243, 246–49, 263
  picos de, 247, 248–49
templos, xii, 45–49, 53, 54, *59*, 67, 213, 362
tendência de nojo, 208-9
tendências cognitivas, 33–34, 117, 150, 182–83, 194, 208–9, 282

teoria do equilíbrio de Nash, 235, 281
teorias das "janelas quebradas", 301, 353–54
Teotihuacan, 62–63
terras, 78, 84, 100–101, 102–3, 162, 164–65, 191
  cercamento de, 226–27
  uso de, 91–97, 109, 111, 114, 115, 117, 133, 178, 202, 211, 226–29, 243, 244, 310
  valor de, 115, 123
terremoto de Loma Prieta, 120
terremotos, 120, 146, 385–88
terrorismo, 12, 13, 14, 220
teste das cartas em cadeia, 296-97
Tibete, 155–58, *156*, 179, 182
Tóquio, 12, 362
toxinas, 20, 22, 95, 110, 139, 169, 180, 184, 185, 231, 232–33, 242, 248, 252, 258, 264–65, 281, 365
  ecologia cognitiva e, 317, 319, 325–28, 335, 336
transporte, 9, 16, 18, 19, 251, 252, 307, 310–12, 345
  big data e, 138, 139
  de alimentos, 172, 174, 179, 261
  ecologia cognitiva e, 315–16
  habitações sustentáveis e, 255, 257, 260, 261, 269
  na Coreia do Sul, 234–36
  subúrbios e, ix, 99–102, 105–6, 109–10, 111, 114, 115, 123, 251
transporte de massa, 120–22, 219, 358
transporte público, 114, 116, 117, 118, 175, 211, 279, 359, 362, 371
  edificações sustentáveis e, 257–58, 259
  retorno a, 120–22
  Utah e, 131, 134
trauma, 22, 301, 397
  custo de, 335–37, *336*
  ecologia cognitiva e, 318–19, 323, 328, 330, 331–32, 335–37
  transformado em resiliência, 337
  vicário, 331–32, 336
trens, 99, 100, 109, 114, 116, 121, 122, 124, 166, 310, 311
  carregadores de malas em, 293–94
tribos, 14, 31, 34–37, 49, 55, 68, 69, 344
Trust for Public Land (TPL), 229, 230, 391

Tunísia, 347–49
Turquia, 13, 42, 45–46, 50, 51, 71

Ulrich, Roger, 223–24
União Europeia (UE), 186, 191, 208, 348
União Soviética, 1, 4, 349–50
Universidade de Harvard, Joint Center for Housing Studies da, 315, 316
universo, 34, 61, 64, 76, 383, 396
  arquitetura do, xii, 3, 47, 195
  harmonia do, 24, 57–60
Ur, 54, 99
Urban Footprint, 134–35
Urban Land Institute, 16, 118
urbanização, 12, 14–15, 50, 55, 57, 78, 90, 115, 165, 166, 273, 344, 346–47, 349
  bacias de detenção e, 242–43
  EROI e, 166, 342
Uruk, 53–56, 58, 67, 97, 151, 381
Utah, 121, 130–36

vacinações, 291, 362, 378
vale do Indo, 57, 67, 70, 75, 194
vale do Nilo, 51, 56
valores de propriedades imobiliárias, 105, 108, 109, 230, 233, 237, 244, 252, 261
veteranos, 106, 107, 318–19
Via Verde, 259–61, 262–63, 265–66
Viena, 88–89, 97, 114, 184, 227
Vietnã, 298–99
violência, 78, 110, 111, 311, 349, 388
  ecologia cognitiva e, 317–20, 325, 328, 330, 331
violência doméstica, 320, 331, 379
"Violent Acts and Violent Times" (Archer e Gartner), 319
visão, 91, 94, 96–97, 111, 124, 129, 168
  crescimento inteligente e, 130–39, 145, 151, 152
  de propósito, 378–80
visões de mundo, 14, 38, 65, 75–79, 280–81, 304, 309, 311–12, 373, 393
Vitrúvio, 73–75, 97
volatilidade, xiii, 7, 14–15, 21, 23, 85, 129, 139, 215, 238, 381
  biocomplexidade e, 149-52
  do preço de combustíveis fósseis, 168

ecologia cognitiva e, 317, 335
normas sociais e, 298
resiliência e, 217–21, 237, 271, 275, 283
VUCA (volatilidade, incerteza, complexidade e ambiguidade), 14–15, 22, 28, 97, 145, 150–52, 185, 213, 214, 275, 277, 305, 364–65, 382
vulcões, 37, 220
vulnerabilidade, 144, 163, 165, 167, 210, 220, 224, 238, 243, 378
ecologia cognitiva e, 316, 327
suprimento alimentar e, 169, 174, 247–48

Washington, DC, 91, 106, 113, 141–42, 240
água em, 197, 205–6
modelo baseado em agente em, 144–45
Watt, James, 166, 342

Webber, Melvin, 8–9
Werckmeister, Andreas, xi–xii
"Why the Garden Club Couldn't Save Youngstown" (Safford), 306–9, *309*
Wilson, E. O., 36, 223, 395
Wolman, Abel, 7, 160–61, 170

Xangai, 237, 239
xerojardins, 203–4

Yamasaki, Minoru, 5, 9
Youngstown, OH, 307–9, *309*
YWCA, 281–82, 390

Zhou, Duque de, 60, 77, 129
Zipcar, 188–89

SOBRE O AUTOR

Jonathan F. P. Rose tem seu foco voltado para seu empreendimento, políticas públicas e trabalho sem fins lucrativos para a criação de cidades mais econômica, social e economicamente resilientes e igualitárias. Em 1989, fundou a Jonathan Rose Companies LLC, uma empresa de desenvolvimento, planejamento e investimento imobiliário multidisciplinar, voltada a desenvolver comunidades de oportunidade. A empresa tange muitos aspectos da saúde comunitária e ambiental, trabalhando com cidades e organizações sem fins lucrativos na construção de moradias sustentáveis e acessíveis para famílias de diversos níveis de renda, bem como instalações culturais, educacionais e de saúde.

Jonathan e sua esposa, Diana Calthorpe Rose, são cofundadores do Garrison Institute, que desenvolve maneiras rigorosas de aplicar práticas contemplativas em importantes questões sociais, educacionais e ambientais, promove novos campos de aplicação e ajuda na construção de uma sociedade mais resiliente e compassiva.

Jonathan é bacharel em psicologia e filosofia pela Universidade de Yale em 1974 e concluiu seu mestrado em planejamento regional na Universidade da Pensilvânia em 1980. Também é fundador da Gramavision Records e músico amador.